U0049806

Hotel Front Office Management

James A. Bardi◎著

袁超芳◎譯

張序

觀光事業的發展是一個國家國際化與現代化的指標，開發中國家仰賴它賺取需要的外匯，創造就業機會，現代化的先進國家以這個服務業爲主流，帶動其他產業發展，美化提升國家的形象。

觀光活動自第二次世界大戰以來，由於國際政治局勢的穩定、交通運輸工具的進步、休閒時間的增長、可支配所得的提高、人類壽命的延長，及觀光事業機構的大力推廣等因素，使觀光事業進入了「大眾觀光」（mass tourism）的時代，無論是國際間或國內的觀光客人數正不斷地成長之中，觀光事業亦成爲本世紀成長最快速的世界貿易項目之一。

目前國內觀光事業的發展，隨著國民所得的提高、休閒時間的增長，以及商務旅遊的增加，旅遊事業亦跟著蓬勃發展，並朝向多元化的目標邁進，無論是出國觀光或吸引外籍旅客來華觀光，皆有長足的成長。惟觀光事業之永續經營，除應有完善的硬體建設外，應賴良好的人力資源之訓練與培育，方可竟其全功。

觀光事業從業人員是發展觀光事業的橋樑，它擔負增進國人與世界各國人民相互瞭解與建立友誼的任務，是國民外交的重要途徑之一，對整個國家的形象影響至鉅，是故，發展觀光事業應先培養高素質的服務人才。

揆諸國內觀光之學術研究仍方興未艾，但觀光專業書籍相當缺乏，因此出版一套高水準的觀光叢書，以供培養和造就具有國際水準的觀光事業管理人員和旅遊服務人員實刻不容緩。

今欣聞揚智文化公司所見相同，敦請在本校觀光事業研究所兼任之李銘輝博士擔任主編，歷經多年時間的統籌擘劃，網羅國內觀光科系知名的教授以及實際從事實務工作的學者、專家共同參與，研擬出版國內第一套完整系列的「觀光叢書」，相信此叢書之推出將對我國觀光事業管理和服務，具有莫大的提升與貢獻。值此叢書付梓之際，特綴數言予以推薦，是以為序。

中國文化大學董事長

張鏡湖

李序

觀光教育的目的在於培育各種專業觀光人才，以爲觀光業界所用。面對日益競爭的觀光市場，若觀光專業人才的培育與養成，僅停留在師徒制的口授心傳或使用一些與國內產業無法完全契合的外文教科書，則難免會事倍功半，不但造成人力資源訓練上的盲點，亦將影響國內觀光人力品質的提升。

盱衡國內觀光事業，隨著生活水準普遍提升，旅遊及相關業務日益發達，國際旅遊、商務考察、文化交流等活動因而迅速擴展，如何積極培養相關專業人才以因應市場需求，乃爲當前最迫切的課題。因此，出版一套高水準的觀光叢書，用以培養和造就具有國際水準的觀光事業管理人才與旅遊服務人員，實乃刻不容緩。

揚智文化公司有鑑於觀光界對觀光用書需求的殷切，而觀光用書卻極爲缺乏，乃敦請本校教授兼研究發展處處長李銘輝博士擔任觀光叢書主編，歷經多年籌劃，廣邀全國各大專院校學者、專家乃至相關業者等集思廣益，群策群力，分工合作，陸續完成二十多本的觀光專著，其編輯內容涵蓋理論、實務、創作、授權翻譯等各方面，誠屬國內目前最有系統的一套觀光系列叢書。

此套叢書不但可引發教授研究與撰書立著，以及學生讀書的風氣，也可作爲社會人士進修及觀光業界同仁參考研閱之用，而且對整個觀光人才的培育與人員素質的提升大有裨益，欣逢該叢書又有新書付梓，吾樂於爲序推薦。

國立高雄餐旅學院校長

李福登

揚智觀光叢書序

觀光事業是一門新興的綜合性服務事業，隨著社會型態的改變，各國國民所得普遍提高，商務交往日益頻繁，以及交通工具快捷舒適，觀光旅行已蔚爲風氣，觀光事業遂成爲國際貿易中最大的產業之一。

觀光事業不僅可以增加一國的「無形輸出」，以平衡國際收支與繁榮社會經濟，更可促進國際文化交流，增進國民外交，促進國際間的瞭解與合作。是以觀光具有政治、經濟、文化教育與社會等各方面爲目標的功能，從政治觀點可以開展國民外交，增進國際友誼；從經濟觀點可以爭取外匯收入，加速經濟繁榮；從社會觀點可以增加就業機會，促進均衡發展；從教育觀點可以增強國民健康，充實學識知能。

觀光事業既是一種服務業，也是一種感官享受的事業，因此觀光設施與人員服務是否能滿足需求，乃成爲推展觀光成敗之重要關鍵。惟觀光事業既是以提供服務爲主的企業，則有賴大量服務人力之投入。但良好的服務應具備良好的人力素質，良好的人力素質則需要良好的教育與訓練。因此觀光事業對於人力的需求非常殷切，對於人才的教育與訓練，尤應予以最大的重視。

觀光事業是一門涉及層面甚爲寬廣的學科，在其廣泛的研究對象中，包括人（如旅客與從業人員）在空間（如自然、人文環境與設施）從事觀光旅遊行爲（如活動類型）所衍生之各種情狀（如產業、交通工具使用與法令）等，其相互爲用與相輔相成之關係（包含衣、食、住、行、育、樂）皆爲本學科之範疇。因此，與觀光直接有關的行業可包括旅館、餐廳、旅行社、導遊、遊覽車業、遊樂業、手工藝品以及金融等相關產業等，因此，人才的需求是多方面的，其中除了一般性的管理服務人才（如會計、出納等）可由一般性的教育機構供應之外，其他需要具備專門知識與技能的專才，則有賴專業的教育和訓練。

然而，人才的訓練與培育非朝夕可蹴，必須根據需要，作長期而有計畫的培養，方能適應觀光事業的發展；展望國內外觀光事業，由於交通工具的改進，運輸能量的擴大，國際交往的頻繁，無論國際觀光或國民旅遊，都必然會更迅速地成長，因此今後觀光各行業對於人才的需求自然更為殷切，觀光人才之教育與訓練當愈形重要。

近年來，觀光學中文著作雖日增，但所涉及的範圍卻仍嫌不足，實難以滿足學界、業者及讀者的需要。個人從事觀光學研究與教育，平常與產業界言及觀光學用書時，均有難以滿足之憾。基於此一體認，遂萌生編輯一套完整觀光叢書的理念。適得揚智文化公司有此共識，積極支持推行此一計畫，最後乃決定長期編輯一系列的觀光學書籍，並定名為「揚智觀光叢書」。依照編輯構想，這套叢書的編輯方針應走在觀光事業的尖端，作為觀光界前導的指標，並應能確實反應觀光事業的真正需求，以作為國人認識觀光事業的指引，同時要能綜合學術與實際操作的功能，滿足觀光科系學生的學習需要，並可提供業界實務操作及訓練之參考。因此本叢書將有以下幾項特點：

1. 叢書所涉及的內容範圍儘量廣闊，舉凡觀光行政與法規、自然和人文觀光資源的開發與保育、旅館與餐飲經營管理實務、旅行業經營，以及導遊和領隊的訓練等各種與觀光事業相關課程，都在選輯之列。
2. 各書所採取的理論觀點儘量多元化，不論其立論的學說派別，只要屬於觀光事業學的範疇，都將兼容並蓄。

3.各書所討論的內容，有偏重於理論者，有偏重於實用者，而以後者居多。

4.各書之寫作性質不一，有屬於創作者，有屬於實用者，也有屬於授權翻譯者。

5.各書之難度與深度不同，有的可用作大專院校觀光科系的教科書，有的可作爲相關專業人員的參考書，也有的可供一般社會大眾閱讀。

6.這套叢書的編輯是長期性的，將隨社會上的實際需要，繼續加入新的書籍。

身爲這套叢書的編者，謹在此感謝中國文化大學董事長張鏡湖博士及國立高雄餐旅學院校長李福登博士賜序，產、官、學界所有前輩先進長期以來的支持與愛護，同時更要感謝本叢書中各書的著者，若非各位著者的奉獻與合作，本叢書當難以順利完成，內容也必非如此充實。同時，也要感謝揚智文化公司執事諸君的支持與工作人員的辛勞，才使本叢書能順利地問世。

李銘輝

自序

為迎合下一世紀旅館產業將面臨之需求挑戰，本書《旅館前檯管理》第二版乃以一個嶄新的面貌呈現。以襄助旅館業教育學者培育英才時，如旅館前檯經理或總經理等職位，對需達成之全盤作業、科技設備、人力訓練、工作授權，及國際接待禮儀等各個層面的要求所浮現之難題，皆能迎刃而解。同時，本版亦致力鼓勵業界學員積極將自本書所習之各種管理理論，廣泛應用在千變萬化的旅館業務領域上。

相同於本書第一版，第二版仍以強調管理為內容發展的經緯。其呈現之結構可助益業界學員進修有如低層經理類之職位。本書各章以循序漸進的邏輯——旅館業的歷史回顧、前檯客務之巡禮、旅館顧客類別的介紹、對客服務的分析——將使每一學員深入瞭解前檯經理對旅館業務所扮演之重要角色。

相去於第一版者，本書第二版多增了一章篇幅，即房租最高銷售管理一章。此一管理概念在第一版付梓之際方才茲生於旅館營運業務。而今該管理概念儼然在業界有長足進展，已被廣為運用。故可想而知必為未來旅館管理階層人士亟需具備之管理利器。

本書諸多書評者一致建議須修訂舊版之人力資源管理一章，加強著墨在員工訓練的部分。茲因現下許多旅館餐飲教育單位皆已對此一議題特別增設課程，是而毋須在此多添水墨。然新增的章題「待客服務之訓練」，則可添益未來前檯管理人員去處理各種員工訓練的問題。

至於員工授權理論與應用，及全面品質管理二議題則被融入不同章節之內。由許多的案例可見，許多傳統的管理觀念已然被重新改寫，以便符合納入更多初級工作階層對事項之決策與作業等建議之新潮流。

另者，顧客安全一章亦增加了篇幅來介紹影響旅館營運至深的旅館律法單元，同時也不疏漏客房電子門鎖的相關資訊。

本版更添加某些較爲醒目的焦點專欄來表現其新穎深入的教學模式。每章以一則前言問題起始，先行給予學員一個簡短案例去思考。再藉由接下來介紹的章節內容中探討解答。最後在每章結尾則發表解決前言問題之道來襄助學習的成果。旅館春秋專欄乃由不同旅館同業之前檯經理、總經理及旅館其他部門經理表達之見解，爲本版增添了人際關係的層面。國際旅館物語的短文則介紹了學員們有心成爲國際勞工及從事國際事業生涯的資訊與機會，也提供旅館業教育學者與學員一個討論此一旅館議題的機會。本版另一特色，前檯經緯，含括各種不可預期卻慣而常見的案例狀況。每章結尾亦設立了個案研究的問題，提供學員應用理論的機會。

在概略流覽《旅館前檯管理》第二版內容之後，我相信讀者會喜愛本書。我亦期盼並感激讀者之不吝指正，且衷心期許從事旅館業未來專才之事業成功。

目錄

張序 i

李序 iii

揚智觀光叢書序 v

自序 ix

第1章　旅館管理概論 1

旅館業的先驅／旅館產業的發展／旅館產業的回顧／住宿業的類型／市場取向／銷售指標　服務的層級／旅館間業務合作關係／業界的成長分析／事業規劃／解決前言問題之道／結論／問題與作業

第2章　旅館組織與客務經理 47

旅館業的組織系統／組織系統／各部門主管職責／客務部的組織型態／客務部經理的功能／客務部人員之選用／解決前言問題之道／結論／問題與作業

第3章　有效的跨部門溝通 99

客務部在部門間溝通之角色／館內客務部與其他部門的互動關係／溝通過程分析／有效率的溝通中，全面品質管理的角色／解決前言問題之道／結論／問題與作業

第 4 章　前檯客務部的主要設備 129

前檯的結構與地位／前檯人工作業的配備與功能介紹／表單填寫與記錄／解決前言問題之道／結論／問題與作業

第 5 章　電腦管理系統 157

旅館電腦化管理系統的選擇／實施需求分析的程序／其他PMS系統選擇的考慮事項／財務上的考慮／PMS系統之應用／解決前言問題之道／結論／問題與作業

第 6 章　客房預訂 199

客房預訂系統的重要性／訂房系統的類型／訂房系統的使用客源／訂房預測分析／超額訂房（住房率管理）／最高銷售管理／預約訂房作業程序／旅館電腦管理系統的訂房作業／傳統訂房作業系統／解決前言問題之道／結論／問題與作業

第 7 章　最高房租銷售管理 247

客房住宿率／最高房租銷售管理的歷史回顧／最高房租銷售管理的使用／最高房租銷售管理的要素／最高房租銷售管理的應用／解決前言問題之道／結論／問題與作業

第 8 章　客房遷入 271

待客第一次接觸的重要性／住客資料的取得／住宿登記作業／對客親切款待／查詢是否預訂客房／檢閱住宿登記卡／客人信用卡的查核／信用卡種類／

分派客房／迎合顧客的要求／客房狀況清單／客房價格／銷售機會／分配客房鑰匙／建立住客檔案／電腦化管理系統的登記遷入作業／解決前言問題之道／結論／問題與作業

第 9 章　帳務作業處理 325

一般帳務作業／客帳作業的支出與支付單據／簽認轉帳種類／登錄客帳作業／轉帳方式／登帳及夜間稽核作業標準化的重要性／解決前言問題之道／結論／問題與作業

第 10 章　遷出作業 343

延誤登帳的處理／退房遷出作業程序／支付客帳與收帳的方式／特殊支付客帳的方法／預訂未來住宿客房／結清帳卡的處理／知會相關部門離館顧客／移除住客資料／轉移客帳至財務部門／電腦管理系統處理遷出報表／客史資料／解決前言問題之道／結論／問題與作業

第 11 章　夜間稽核 375

夜間稽核重要性／夜間稽查員／夜間稽核作業程序／製作夜間稽核報表的目標／製作夜間稽核報表／解決前言問題之道／結論／問題與作業

第 12 章　前檯服務業務管理 429

最佳服務的重要性／提供最佳服務的管理／全面品質管理應用／服務管理方案的發展／解決前言問題之道／結論／問題與作業

第 13 章 最佳服務之訓練 463

確認員工最佳服務之特質／篩選最佳服務特質的方法／發展新進人員訓練課程／新進人員訓練課程之執行／發展在職員工培訓課程 ／員工訓練課程之步驟／實施員工訓練課程／輪調訓練／訓練指導員的培育／員工授權的訓練／美國殘障人士保護法案／解決前言問題之道／結論／問題與作業

第 14 章 旅館產品促銷 499

前檯部在旅館行銷方案的角色／規劃前檯銷售方案／動機理論／動機理論之應用／前檯銷售之訓練課程／制定前檯銷售方案之預算／方案實施反應評估／規劃前檯銷售方案之範例／解決前言問題之道／結論／問題與作業

第 15 章 旅館安全 527

旅館安全部門之重要性／安全部門之組織／安全部門主任職務分析／館內安全部門與外僱保全服務／客房鑰匙安全管理／火災消防安全／緊急意外事件聯絡程序／旅館員工安全課程／員工安全訓練課程／解決前言問題之道／結論／問題與作業

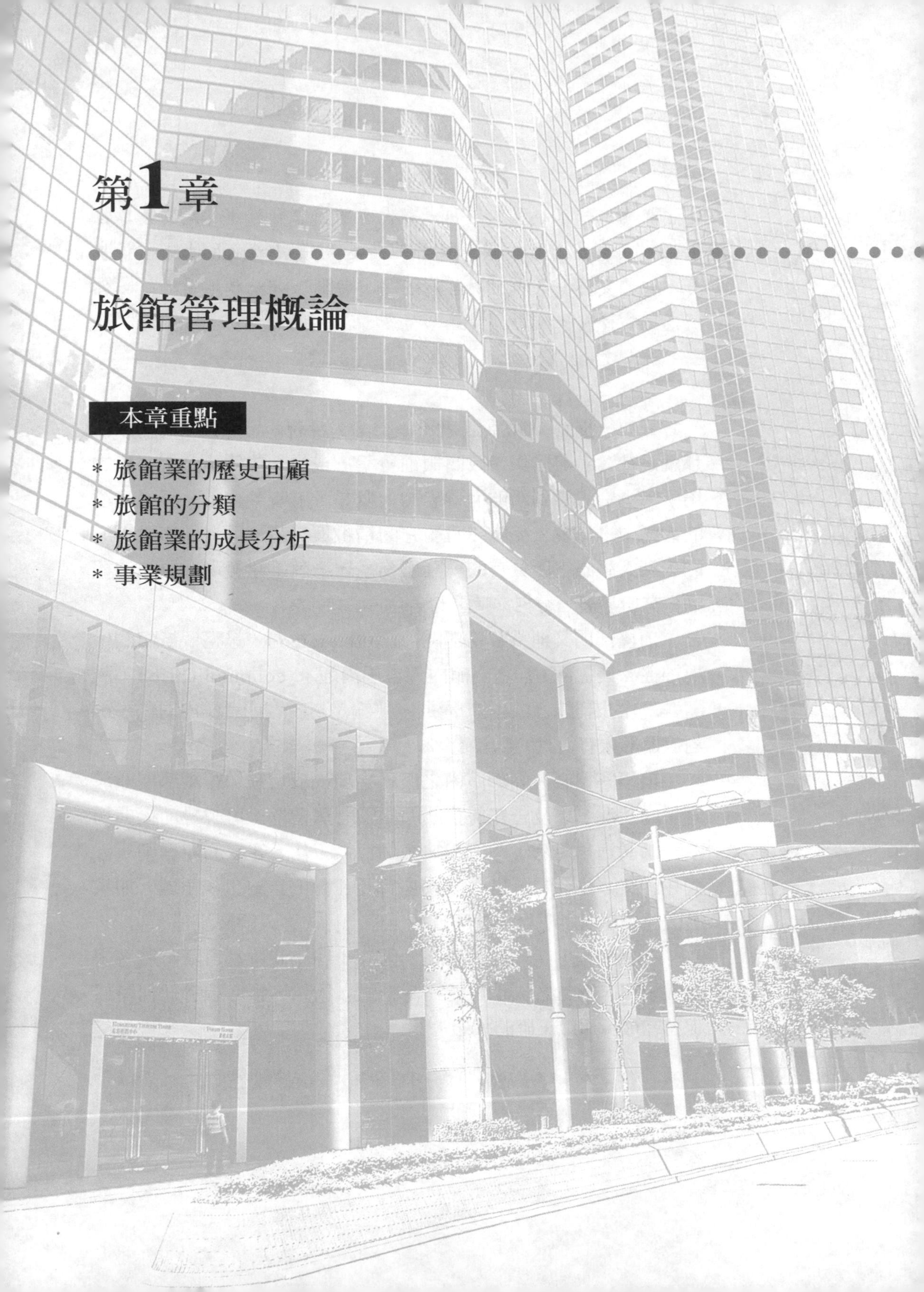

第1章

旅館管理概論

本章重點

* 旅館業的歷史回顧
* 旅館的分類
* 旅館業的成長分析
* 事業規劃

前言

怎麼辦呢？一家小型旅館和一家大型旅館都要錄用你成為某單位副理。兩家旅館都提供一樣好的待遇和福利，而且地點也相當好。他們要你明天做出明確的答覆，時間一分一秒地逼近了，你將怎麼抉擇呢？

只要一提到「飯店」，就不由得令人浮現新奇與興奮的印象，那就是社會名流雲集、政商領袖薈萃，或是一些親子旅遊聚集的場所。更令人感到新鮮而難忘的大概是身處豪華寬敞、舒適亮麗的大廳中，你會去品味和咀嚼它的精緻與美麗。可是你如果細心的去深入觀察它所具有的一套服務系統，就不難發現，原來前檯的作業扮演著一份相當吃重的角色。

前檯部門又稱爲客務部門（front office），是整個旅館的中樞神經，其主要工作爲對館內外之「溝通」（communication）與「客帳」的處理。有效率的溝通，無論是對賓客或者館內同仁，都對旅館形象有很大的影響。

前檯答覆客人關於館內之服務事項，或是提供行銷部門關於客房的狀況，以及告知房務部門相關訂房情形，可說是前檯在扮演一個溝通角色時，不可或缺的例行性工作。客帳的處理則牽涉到住客與非住客的帳務 —— 這些都是旅館的重要工作領域。如果客人對帳單有所質疑，則應就每一個項目向客人解釋清楚。

在旅館裡，館內的消費在一天二十四小時中都可隨時將客帳登入帳單，而且客人也可能隨時結帳，所以客帳必須於任何時候保持在最新與最正確的狀態。

旅館業的先驅

旅館產業的早期先驅所提供的歷史活動，可以讓我們回顧該產業的演進史。這些業界的巨人，例如，史塔特拉（Statler）、希爾頓（Hilton）、馬里奧特（Marriott）、威爾遜（Wilson）以及舒茲（Schultz）等人。其事蹟可使從業人員瞭解旅館界的傳承。由於這些旅館業先知的眼光和洞察力，刻劃了旅館業的新里程碑，亦將有助於相關從業者的生涯規劃。

艾爾斯華茲 M. 史塔特拉

瞭解現代旅館產業的歷史之前必須先知道以往那些先驅企業家們奮鬥的事蹟，由於他們的努力，贏得了無比的財富與聲譽[1]。史塔特拉（1863～1928）首先創立了連鎖性的旅館，即是有名的史氏旅館（Statlers）。他在1901年，美國舉辦汎美博覽會那年，於紐約的水牛城經營了一家旅館。隨後又在波士頓、克里夫蘭、底特律、紐約市和聖路易建造多家旅館。1954年，他將所屬的連鎖系統全賣給康拉德．希爾頓 [2]。

史氏設計了一種新奇的旅舍建築物型樣，為兩層的樓木質長方形結構體，共有2,084間客房，可容納5,000人住宿。不過它是暫時性的建築物，並覆蓋一層薄的膠膜以使建物看起來結實完整。在博覽會結束後就很容易地把它拆除了 [3]。

康拉德．希爾頓

康拉德．希爾頓（Conrad Hilton, 1887～1979）在第一次世界大戰結束後成功地崛起於旅館界。他趁著德克薩斯州石油正盛之時，購進了好幾家旅館，而成為旅館界大亨。1919年他買下了

圖 1-1
這家富麗堂皇的飯店說明了旅館業的方興未艾(Photo courtesy of Palmer House, Chicago, Illinois/Hilton Hotels)

德州西斯科（Cisco）地方的莫伯雷飯店（Mobley Hotel）。1925年，他在德州的達拉斯（Dallas）建造了希爾頓飯店 [4]。在二次大戰期間及戰後他在芝加哥已領有3,000間客房的史提芬飯店（即現在的芝加哥希爾頓）和帕爾馬旅館（Palmer House）（參閱圖1-1）以及紐約市的帕拉紮（Plaza）和華爾道夫（Waldorf-Astoria）飯店。1946年，他成立希爾頓飯店企業（Hilton Hotels Corporation），1948年，他成立希爾頓國際公司（Hilton International Company），此時，他擁有旅館數已超過了125家 [5]。1954年在併購史塔特拉連鎖旅館後，希爾頓實際上已創立了第一個美國現代式的連鎖旅館系統。易言之，這個旅館集團已施行標準作業程序，諸如旅館行銷、客房預訂、服務品質控制、餐飲、客房和會計作業系統等。

西查·里茲

西查·里茲（Cesar Ritz）是瑞士盧森（Lucerne）地方一家Grand National Hotel的旅館業者。由於他有一套獨特而優異的管理方式，該旅館成為歐洲最受歡迎的旅館，而里茲的名聲也隨之水漲船高，是旅館業界最受人尊敬的人物 [6]。

威廉·華爾道夫·亞士都與約翰·亞各·亞士都四世

1893年，威廉·華爾道夫·亞士都在紐約市第五大道，靠近第三十四街處，建立了十三層樓高的華爾道夫飯店。這家飯店結合了傳統歐洲大型華廈的氣派和私人宅邸般的溫馨與舒適，吸引不少富貴人家的光臨。亞氏當然對此飯店寄予無比的厚望與憧憬。其後數年，華爾道夫飯店與相鄰於旁的亞士都利亞（Astoria）飯店合併，該飯店是由亞氏表兄約翰·亞各·亞士都四世所興建。兩家飯店之間構築一條迴廊連接起來，因此，就成為有名的華爾道夫—亞士都利亞（Waldorf-Astoria）飯店。

這家飯店歷經數十年的風光，無數的世界名流人物曾經駐足和徜徉其中。命運總是捉弄人，1929年，它終於關起大門，結束了一代風華的歲月。在它的原址蓋起聞名於世的帝國大廈（Empire State Building）。不過，在紐約公園和來興頓（Lexington）大道附近，華爾道夫—亞士都利亞飯店又獲重建，為一幢四十二層樓，客房2,200間的建築物。在其開幕儀式中，當時的胡佛總統亦致電道賀。值得一提的趣聞是，胡佛總統也成為這家飯店豪華樓層（從二十八樓至四十二樓）的永久住客，這些樓層相當於現時的商務主管樓層，被譽為飯店中的飯店。1949年此棟大樓被康拉德·希爾頓所併購，1977年建物所在的土地同樣被希氏所購走。在1988年，飯店花了150萬美元重新整修而煥然一新。1993年元月，此飯店被指定爲紐約市之地標 [7]。

葛莫斯 威爾遜

葛莫斯 威爾遜（Kemmos Wilson）在1950年代建立了假日旅館（Holiday Inn）連鎖王國。其第一家則創立於田納西州的孟斐斯（Memphis）。經營初始，他的飯店是專爲家庭旅遊者而設的，但是隨後又擴展業務至商務旅客市場。他在房地產上的成就，一如其卓越的旅館管理技巧，證明了威爾遜此兩方面經營都相當成功。

威氏亦領頭創新高層建築結構的美學，包括了極爲成功的圓形建築概念，從而使得圓弧形的客房也十分有特色而實用。威氏亦成功的引介了整個旅館集團的訂房系統，該系統不但爲旅館業在生意銷售量上設定一個標準，並可附帶利用訂房資料去瞭解客源，以精確地作爲選定新旅館地點的可行性分析 [8]。

馬里奧特和馬里奧特二世

馬里奧特（J. W. Marriott, 1900～1985）於1957年，在維吉尼亞州，首都華盛頓區，和雙橋旅館（Twin Bridges Marriott Motor Hotel） 合作經營他的旅館帝國。馬里奧特飯店（參閱圖1-2）在1985年，老馬里奧特去世時，已長足成長，擁有包括休閒旅館在內的多家旅館。而於同年，馬里奧特二世也已取得霍華強森公司（Howard Jonson Company）。他出售部分事業給第一汽車客棧（Prime Motor Inns），自己保留了350家餐館和68個收費高速公路旁的生財單位。1987年，馬氏完成事業版圖的擴張，在中西部的內布拉斯加的奧馬哈（Omaha）設有全球訂房中心，

圖 1-2
開幕於1980年代的紐約市馬里奧特馬奎斯人飯店(Photo courtesy of Marriott Hotels and Resorts)

是美國旅館史上最大的訂房中心。同年，馬氏又取得邸第旅棧公司（Residence Inn Company）的所有權。這家連鎖旅館的每一間客房都是套房（all-suites），其目標乃針對停留期間較長的客源。馬氏亦跨進經濟型旅館經營的領域，其第一家旅店——費爾菲（Fairfield），於1987年在喬治亞州的亞特蘭大城開幕，除了供住宿外，另有非全日的餐飲供應及會議廳出租。亦即是有限服務（limited-service）的經濟型旅館 [9]。

安尼斯特．韓德森與羅伯特．穆爾

1937年，安尼斯特．韓德森（Ernest Henderson）與羅伯

特·穆爾（Robert Moore）在麻薩諸塞州的春田市開設第一家旅館——史東哈芬（Stonehaven）飯店後，即著手建立喜來登連鎖旅館（Sheraton chain）。短短兩年內，他們就購下波士頓三家旅館，且擴張營業版圖從佛羅里達至緬因州了。十年後，喜來登連鎖旅館已經是紐約證券市場第一家上市的旅館。1968年，喜來登成為ITT所屬的子公司，並且野心勃勃地規劃擴展，在全球各地都建立起橋頭堡，構成世界性的銷售網。1980年代，在喜來登總裁約翰 卡比歐爾塔斯（John Kapioltas）的領導下，該公司已得到全球性的認同，是旅館產業的先導者 [10]。

雷依·舒茲

在1980年代的早期，雷依·舒茲（Ray Schultz）成立了漢普敦客棧（Hampton Inn）連鎖旅館，隸屬於假日旅館集團之旗下。其旅館定位為有限服務的經濟型旅館，以迎合對價格敏感的商務客和觀光客。這種與高級旅館作市場區隔的經營方式，可謂是先鋒經營，證明其產品能被接受，也為旅館產業的歷史寫下非凡的一頁。

旅館產業的發展

旅館產業發展的歷史過程中亦充滿著值得矚目的新概念。新的概念導進新的服務產品。

高挑中庭的設計理念、有限服務旅館及管理技術等，這些變革相當引人注目。而一些新管理技巧，諸如行銷（marketing）、全面品質管理（Total Quality Management, TQM）等，也都提供了經理人新的管理利器。1980年代的美國經濟政策的成功，更促使旅館業的經營有利可圖。

中庭設計概念

過去幾年中，旅館業有很多顯著的進步，中庭大廳設計概念（atrium concept）就是其一。例如設計大樓中庭挑空的概念，可以由樓層的客房俯瞰從一樓大廳地面至最高層的屋頂。這種設計在1960年代由凱悅飯店（Hyatt Hotel）率先採用。

旅館設計型態相當醒目而顯眼的是位於亞特蘭大城的凱悅麗晶（Hyatt Regency）酒店，由建築師約翰波特曼（John Portman）所設計。其特色為挑空的大廳中庭高聳而直伸至第二十一樓，令人印象深刻。此舉亦改變了傳統高層旅館設計的理念，旅館自此不再只是供休息的地方，而且也是遊憩、休閒和娛樂的場所 [11]。

有限服務旅館

在1950年代，集結於市區的旅館轉而延伸至郊區，這與美國公路網的發展有很密切之關係。有限服務的概念（limited-service concept）——旅館提供住宿和有限度的餐飲服務及會議空間——在1980年代的早期異軍突起，一些主要的連鎖旅館紛紛採用此種概念以迎合那些精打細算的商務客人和旅遊客人（參閱圖1-3）。

管理技術的進步

管理技術的發展對服務品質之改進扮演相當重要的角色。例如近年來所採用的訂房系統、財產管理系統和住客退房遷出作業等，都是相當成功而進步的管理技術。在圖1-4中列舉的一些項目可說是首度被採用的前所未有的技術。

圖 1-3
馬里奧特的中庭是有限服務旅館的典型代表(Photo courtesy of Marriott Hotels and Resorts)

注重市場行銷

在1970年代，旅館業開始重視顧客需求的行銷導向。這種銷售技巧能發掘潛在性的客源，依據顧客需求而建立一套客戶管理系統。舉例言之，一般大型連鎖旅館建立起集團內部的訂房系統，以市場行銷而言，能獲得最大利益。對顧客而言，訂房時，只要一通電話，即能選擇遍佈各地自己所要的旅館，非常方便[12]。

全面品質管理

全面品質管理（Total Quality Management, TQM），時下已爲各飯店廣泛施行，是一種新發展的管理技術，能夠協助經理人員監督和瞭解產品製程及服務過程，以便作爲改進作業的根據。這種重視第一線工作對產品製程和服務過程的分析，於1990年代已蔚爲風潮。這種新的管理觀念，本書隨後將會詳細討論。

圖 1-4 旅館產業技術進程表

1846	中央暖氣系統之裝設
1859	昇降機之使用
1881	電燈之使用
1907	客房裝設電話
1927	客房裝設收音機
1940	冷氣機之使用
1950	電梯之使用
1958	裝設免付費電視
1964	假日旅館訂房系統裝設中央電腦系統
1965	客房電話裝設留言燈
	櫃檯電腦首度能顯示客房狀況
1970s（70年代）	電子收銀機之採用
	房門無鎖電子系統之裝設
	彩色電視使用準則之建立
1973	實施免費電視影片（喜來登飯店集團）
1980s（80年代）	使用資產管理系統
	客房內退房遷出制度採行
1983	客房內裝設個人電腦
	電話費電腦計費系統之採用
1990	付費影片電視控制系統實施
	客房內電視遊樂網路（電動玩具）之採用
	首度創立客房電視購物系統、旅客指南、螢幕傳眞、旅館設施與活動導覽、客房內連鎖旅館訂房、氣象報告以及全球網路訂房系統（World Wide Web Reservations）

Source: American Hotel and Motel Association; M. Schneider, "20th Anniversary," *Hotels* magazine, 20(8): 40 (August 1986) Copyright *Hotels* magazine, a division of Reed USA. Larry Chervenak, "Top 10 Tech Trends: 1975-1995," *Hotel & Motel Management* 210(14): 45.

旅館重整時期（1987～1988）

1987～1988年的經濟年間可謂是旅館業的重整階段。

1986年，美國國會修正1981年以來糾葛不清的「租稅法」（Tax Act）。該法清楚明定，凡是因不動產價值隨環境變動的貶損，不再列入扣除額內。經濟性發展的產業如旅館業者，其發展遂遭頓挫。就在此時，爲數頗眾的日本投資者趁勢進場，到處高價收購旅館及高爾夫球場。此一爭相收購之結果，乃炒熱美國旅館身價。直至1990～1995年間，經濟轉趨衰退而戛然叫停。那些建造過剩的旅館則苦不堪言，投資者發現，他們的資產已縮水至原來的50%，甚至更少。有些業者不得已棄守，拱手讓渡給原抵押債權人，而這些債權人也多數爲美國人 [13]。

旅館產業的回顧

關於不同的服務、不同的加盟方式，所涉及之不同的旅館、市場取向、地點區位、銷售指標、住房率和營業收入等都可成爲旅館分類的工具。圖1-5的分類可作爲旅館類型之參考。

住宿業的類型

旅館依其設施而言，在分類上並無嚴格的標準。旅館分類的界定都可以改變，端視其行銷層面、法律規範、區位地點、使用功能，或是個人偏好而定。本書所採用的分類型態均是一般公認且能接受的定義和說法。

圖 1-5　旅館產業分類一覽表

Ⅰ.旅館業之型態
- A.旅館
- B.汽車旅館
- C.全套房旅館
- D.有限服務旅館

Ⅱ.市場取向／地點區位
- A.住用型
  - 1.市區
    - a.旅館
    - b.全套房旅館
    - c.有限服務旅館
  - 2.郊區
    - a.全套房旅館
    - b.有限服務旅館
- B.商業型
  - 1.市區
    - a.旅館
    - b.全套房旅館
    - c.有限服務旅館
  - 2.郊區
    - a.旅館
    - b.汽車旅館
    - c.全套房旅館
    - d.有限服務旅館
  - 3.機場
    - a.旅館
    - b.汽車旅館
    - c.全套房旅館
    - d.有限服務旅館
  - 4.公路
    - a.汽車旅館

（續）圖 1-5　旅館產業分類一覽表

b.全套房旅館
c.有限服務旅館

III.銷售指標
A.住宿率
B.每日平均房租
C.房租最高銷售率

IV.服務水準
A.全程服務
B.全套房服務
C.有限服務

V.聯合方式
A.連鎖
1.加盟
2.公司直屬
3.會員聯繫
4.合約管理
B.獨立經營

一般旅館

一般旅館提供給顧客多樣化的住宿服務，其中包括訂房、公眾飲食和宴會服務、酒吧和娛樂場所、客房餐飲服務、有線電視、個人電腦、商品名店、個人停車服務、洗衣服務、會議室、美容院、游泳池和休閒設施、遊藝／觀光賭場（casino）、機場接送以及詢問服務。而旅館規模之大小可從小至20間大至2,000間客房。其可設立於市區、郊區和機場附近。顧客住宿期間之長短可從過一夜至長時期住宿，例如，數星期或數個月之久。而且這種

旅館春秋

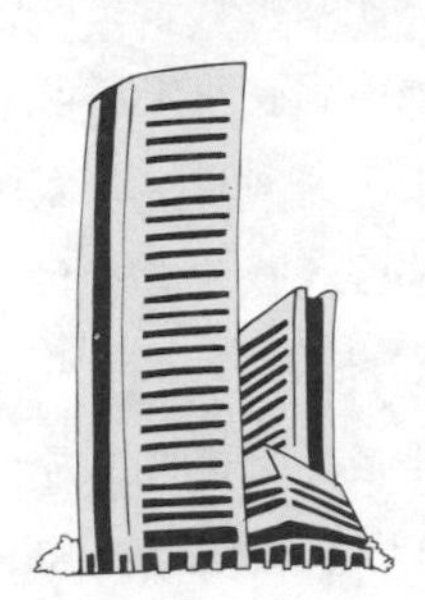

沙米・阿部基德（Sami Abuzeid）是美國首都華盛頓區「華盛頓馬里奧特飯店」的總經理。他説馬里奧特正致力於推行一種新的概念，稱之為「事務客房」。這種設計是給予商務客人能夠將客房同時當做小型辦公室使用。房間內的陳設包括一張可移動的書桌，一張精緻卻實用的辦公座椅，一個加長電線的電話，一座檯燈，書桌上還裝設兩三個電腦插座。其本意為讓客房有辦公室的氣氛，且能提升工作效率，但最重要的即在創造一個像家一樣，有舒適的氣氛與感覺。

場所通常因應需要有舉辦大型會議的能力，甚至提供娛樂性的博弈遊戲，如觀光賭博旅館（Casino Hotel），其主要獲益來源爲顧客之遊藝賭博。

汽車旅館

汽車旅館所能提供的，爲一種有限的服務，如客房預訂、自動販賣機、游泳池以及有線電視。通常客房數約在10～50間左右。汽車旅館大抵設於市郊公路旁或是機場附近。顧客也僅住一晚，或頂多住幾天而已。有些汽車旅館則設於速食店或簡易餐廳附近。

全套房旅館

旅館的所有客房爲套房之設計方式，是80年代市場區隔的一種概念。其服務是多方面的，包括客房預訂、客房內之起居室和臥室分開、小廚房、用餐室和客房餐飲服務、有線電視，錄放影機、購物服務、客衣洗燙、游泳池以及機場接送服務。此種旅館

旅館春秋

丹尼爾皮拉洛（Daniel Pirrallo）是德拉威爾州（Delaware）威爾明頓（Wilmington）地方一家叫希拉頓全套房旅館（Sheraton Suites）的總經理。皮拉洛說，他將客房裡的起居室兼做辦公室的功能，這是一種嶄新的服務，相當受到好評。不過這就需要裝置一些周邊設備以使顧客在房間使用電腦、印表機和傳真機時感到方便。須知道，顧客所要求的就是一間寬敞的套房，能夠有一個工作的空間和一個休閒輕鬆的地方。

他預估美國東部地區全套房旅館的住房率將達五至七成，而每日平均房租亦將達100～150美元。

的客房一般都在50～100間左右。其所在位置大致設於市區、城郊和機場。而客人住宿期間有僅住一晚者，或數晚者，或長期者皆有之。雖然它是一種較爲新穎概念的飯店，但在90年代已普遍設立於都市中。藉著大眾傳播媒體的推廣（mass marketing），以電視、廣播和網路，來推銷這種新概念的旅館。

有限服務旅館

有限服務旅館出現在業界，約在80年代中期。漢普敦客棧和馬里奧特旅館集團是少數幾家推出這種服務方式的旅館。

有限服務的概念主要是作爲市場區隔的經營手法，以爭取那些精打細算，對價格較敏感的商務客和觀光客。其服務的範圍包括客房預訂、簡單的用餐室和會議設施、有線電視、個人電腦、客衣洗燙以及機場接送服務。而此種旅館的規模大概在客房100～200間上下。有限服務旅館一般都設在市區、城郊和機場附近。其選擇的地點多數選在餐館之鄰，以便利住客用餐。住客則有僅過一晚者，但也不乏長期客。這種旅館當中也有些專爲商旅人士提

旅館春秋

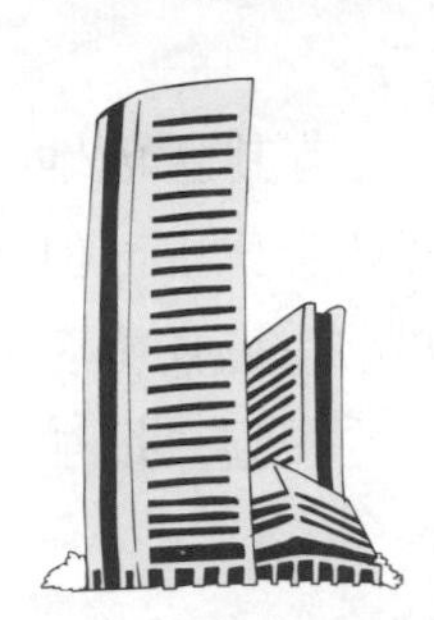

馬克歐文是賓夕法尼亞州艾靈頓（Allentown）地方漢普敦客棧的總經理。他掌管這家員工25人，客房124間的旅館。其主要客源為商務人士，年齡層大多為四十幾歲，一年當中總要跑上35～40個地方做生意，每個地方會在旅館裡停留一、兩晚。這些正直盛年而東奔西跑的商人被冠上「街頭戰士」的外號。他們並不屬於休閒遊樂市場之一份子，僅單純地隨工作而尋求棲身處。這些人的旅行花費均有預算，因此對房價也相當敏感。歐文的主要目標就是保持顧客100%的滿意及同仁的工作快樂與安全。他甚至努力去降低成本和提高營收。

他把自己的工作看做是在治理一個小型社區一樣，並致力於建立良好的工作道德。他努力提供客人和同仁好的服務而不會為討好一方去遷就另一方，這是他處事的原則。

他已經看出這種型態的旅館未來將是市場需求的主流。他預料在兩年內，艾靈頓地區的旅館住房率將從76%提高至79%。

供餐飲或是商務資訊之旅館。

市場取向

旅館業的市場取向分爲兩種不同的區隔：（1）長期住用旅館（residential hotels）——提供住客長期間住宿的旅館；（2）商用旅館（commercial hotels）——提供出外過客短期間住宿的旅館。前者包括一般旅館、全套房旅館和有限服務旅館。其服務則包含餐飲、娛樂設施、社交活動和個人服務。這些旅館所在位置通常位於市區與郊區地方，能讓住客方便地進行平日活動，像購物、娛樂、商業活動以及交通之往來等。商用旅館則以過境的旅客爲對象，其停留時間是短暫的。服務項目包含電腦化訂房系統、餐飲、宴會、酒吧和娛樂場所，也有個人化的服務、機場接送巴士等。這些旅館的所在位置均可分佈在任何地方。

雖然以此兩類來劃分旅館的範疇，但實際上仍有其灰色地帶，無法做嚴格的區分。例如，商用旅館雖以短期住客爲主，但也不乏長期住宿的旅客；同樣的，長期住用旅館亦常有過夜旅客的蹤跡。旅館業者爲拓展市場層面，當然保持彈性的營運以增加營收，這是無可厚非的。

銷售指標

銷售指標（sales indicators）即是指旅館住宿率和每日平均房租而言。這些資料對飯店投資者是非常重要的，可以此估算旅館的收益率。

如果要瞭解一家旅館是否經營良好，可從這三個因素瞭解清楚，那就是住宿率（occupancy）、每日平均房租（average daily rate）和房租最高銷售率（yield percentage）。所謂住宿率（或稱住房率）就是當日所銷售出去的客房與可銷售客房總數的百分比。每日平均房租就是當日總房租收入除以當日銷售房間數而得之。房租最高銷售率就是客房的銷售以原房價爲準，所賣出最高房價的效益而言，這也反應出旅館銷售客房的最大效益原則。

住宿率

住宿率能反應出旅館行銷部門以及前檯部門作業與銷售努力的績效。住宿率也是旅館投資業主瞭解總收入的決定性指標，易言之，其營運總收入（potential gross income）端視客房住宿數量、每日平均房租和房租最高銷售率的成績而定。但是住宿率並非是一成不變的，它每天、每月、每季、每年都呈現不同的數字。

每日平均房租

每日平均房租也是客房收入（room revenues）的指標之一，但要瞭解房租總收入，則還要視其房間銷售量。每日平均房租的高低也能影響顧客對其住宿經驗的期望。顧客當然期望，花更高的房租就須獲得更好的服務，乃理所當然。例如，客人投宿一晚，房租為150美元的旅館，總會期望比同地段55美元的旅館，要享受較多的服務。許多大型連鎖旅館集團則利用這種期望作出市場區隔，建立不同等級旅館去而迎合不同顧客群的需求。

旅館春秋

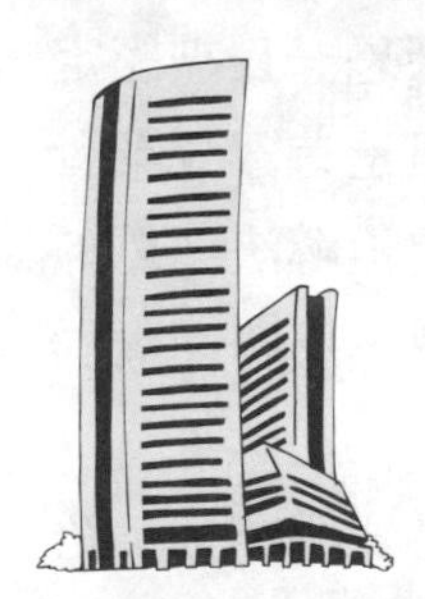

葛雷克．哥佛斯（Greg Goforth）是緬因州南波特蘭地區一家叫美莉馬諾飯店（Best Western Merry Manor）的總經理。他擁有新罕布什爾大學餐旅館理的學位。他認為客人總是喜愛乾淨、整潔有緻而舒適怡人的房間。他覺察到客房的電子設施裝置已是一種時代潮流，諸如電子語音信箱、傳真機、電子門鎖和一切的安全系統。

哥佛斯指出，波特蘭地區未來幾年內的旅館住房率將提升至70%以上。而每日平均房租之成長亦快過通貨膨脹的速度。他看到未來旅館的經營趨勢，應是提高產品的附加價值，而非那些套裝產品的企劃。

他的旅館開始採用許多先端的科技設備。行銷部門也在網際網路上介紹該旅館。同時客房換裝了電子門鎖，電話改換成能留存語音資料的系統，他評估，在必要時，客房內將裝上傳真機。

房租最高銷售率

房租最高銷售率則考驗經理人員的工作智慧，是否能達成以最高的房租達到最高房間銷售。我們將會在第7章詳細探討此一課題，在業界當中這是一種新的經營概念，值得在此先提出示知一下。於1990年代之前，旅館經理人員大多注重住宿率與每日平均房租的提高，以求達成營業目標。房租生產率的概念，促使經理人員運用更活化的手法去追求更高的營運目標。

服務的層級

在市場區隔（market segments）上，每一特定層面的客源，都有其各自特定的服務需求。此區隔分三種面向——即是全程服務（full-service）、全套房服務（all-suites）和有限服務（limited-service）。不過這三種服務面向多少有重疊之處，也容易引起混淆，有些業界人士甚至反對此三種服務面向的辭彙。究其原因，乃有的業者避免其旅館被貼上「廉價」的標籤，深恐一旦被認定了的話，其旅館即意味著低價格和低服務品質。但是有部分業者對此卻非常歡迎，因爲它爲那些出外人以便宜的房租解決了單純過夜住宿的需求。無論如何，以下的界說提出了每一服務面向的內涵。

全程服務即是一種服務之層次，它以廣泛的各式服務提供給客人各種方便，包括客房預訂、餐飲、宴會以及會議設施、休閒娛樂等。像馬里奧特飯店、文藝復興飯店（Renaissance Hotel）和假日飯店即是此一性質之旅館。

全套房式的服務，就如同前面所提過的，就是提供給那些要享受有份「家」的感覺的客人的一種服務層次。服務範疇包括客房裡各自獨立的寢室、客廳或是辦公室、小廚房、酒吧和各式備品，而房租也屬中等價位。這樣的旅館很受商務人士及家庭旅遊者的歡迎。馬里奧特套房飯店（Marriott Suites）和大使套房飯店（Embassy Suite Hotel）就是這種服務的典型飯店。值得一提的是，這股經營概念的風氣也吹到市區中老舊的商用旅館，紛紛將兩間相毗連的房間改裝成有寢室、客廳和廚房的套房。

有限服務的方式則強調基本的房間住宿功能和備品、公共設施的充實。房租尚包括大陸式早餐或晚間雞尾酒（有些旅館兩者皆供應），並省去一些空間如會議室和餐廳而轉爲實施客房內免付費電視影片和免費市內電話。漢普敦客棧與拉馬達旅館（Ramada Limited）則是此中典型的代表。

旅館間業務合作關係

旅館間的業務合作（business affiliations）係指連鎖店之間或是各自獨立旅館之間的合作關係。對這些不同型態合作的旅館，消費者倒也不難辨識，從它的品牌名稱、建物外觀和周遭環境等，都可以看得出來。對於這些旅館而言，長久以來的市場好評所建立的顧客忠誠度與接受度，才是旅館獲取長遠利潤的重要憑藉。

連鎖合作關係

只要一提到連鎖旅館，通常會令人聯想到常見的名稱，諸如假日酒店、馬里奧特、喜來登、日日客棧、凱悅、希爾頓或是耶克諾賓館（Econo Lodge）等。表1-1和表1-2列舉了一些連鎖店

表 1-1　美國連鎖旅館一覽表

連鎖旅館名稱	客房總數	連鎖家數
集團名稱：旅宿盟業集團（Hospitality Franchise Systems）		
日日客棧（Days Inns of America）	151,754	1,590
霍華強森（Howard Johnson）	57,739	540
拉馬達（Ramada）	120,853	813
超級8汽車旅館（Super 8 Motels）	76,725	1,254
公園國際客棧（Park Inns International）	6,790	53
鄉人賓館（Villager Lodge）	2,567	23
總計	**416,428**	**4,273**
集團名稱：全球假日旅館集團（Holiday Inn Worldwide）		
假日旅館（Holiday Inn Hotels）	241,839	1,366
假日套房酒店（Holiday Inn Suites）	468	2
假日皇冠酒店（Crowne Plaza Hotels & Resorts）	12,310	35
假日特級酒店（Holiday Inn Express）	25,199	288
假日休閒／宴飲（Holiday Inn Resort/Sunspree）	3,224	14
假日花園皇宮（Holiday Inn Garden Court）	0	0
假日特別旅棧（Holiday Inn Select）	2,788	10
總計	**285,828**	**1,715**
集團名稱：經選旅館國際集團（Choice Hotels International）		
客來攏休閒套房（Clarion Hotels/Suites/Resorts）	10,420	63
舒適套房客棧（Comfort Inns/Suites）	87,551	1,015
耶克諾賓館（Econo Lodge）	42,801	633
友誼客棧（Friendship Inns）	3,528	80
高品套房旅棧（Quality Inns/Hotels/Suites）	43,281	341
羅德威客棧（Rodeway Inns）	9,539	128

（續）表 1-1　美國連鎖旅館一覽表

連鎖旅館名稱	客房總數	連鎖家數
甜睡客棧（Sleep Inns）	3,672	51
總計	**200,792**	**2,311**
集團名稱：馬里奧特國際集團（Marriott International）		
馬里奧特庭園（Courtyard by Marriott）	34,873	239
費爾菲客棧（Fairfield Inn）	20,078	202
馬里奧特休閒套房（Marriott Hotels/Resorts/Suites）	109,000	274
邸第客棧（Residence Inn）	23,478	193
總計	**187,429**	**908**
集團名稱：優西國際集團（Best Western International）		
優西旅館（Best Western）	175,682	1,890
總計	**175,682**	**1,890**
集團名稱：希爾頓飯店公司（Hilton Hotels Corp.）		
康拉德飯店（Conrad Hotels）	0	0
希爾頓花園客棧（Hilton Garden Inns）	657	4
希爾頓飯店（Hilton Hotels）	47,178	49
希爾頓客棧（Hilton Inns）	40,545	157
希爾頓套房（Hilton Suites）	1,246	6
總計	**89,626**	**216**
集團名稱：IBL 有限公司（IBL Limited, Inc.）		
6汽車旅館（Motel 6）	86,717	769
總計	**86,717**	**769**

（續）表 1-1　美國連鎖旅館一覽表

連鎖旅館名稱	客房總數	連鎖家數
集團名稱：普羅莫斯旅館公司		
（Promus Hotel Corp.）		
大使套房（Embassy Suites）	26,018	110
漢普敦客棧（Hampton Inn）	53,787	482
赫姆伍德套房（Homewood Suites）	3,891	26
總計	**83,696**	**618**
集團名稱：ITT喜來登公司		
（ITT Sheraton Corp.）		
喜來登賭場旅館（Sheraton Hotels/Resorts/Casinos）	57,550	150
喜來登客棧／四點飯店（Sheraton Inns/Four Points Hotels）	16,448	84
豪華典集旅館（The Luxury Collection）	2,819	8
總計	**76,817**	**242**
集團名稱：卡爾森全球旅館集團		
（Carlson Hospitality Worldwide）		
鄉村旅館（Country Hospitality）	3,016	39
雷迪森飯店（Radisson Hotels）	52,596	210
總計	**55,612**	**249**

Source: *Lodging Hospitality* 51(7): 53-54 (August 1995).

表 1-2　全球主要連鎖旅館一覽表

國家	總部	客房數	旅館數
澳洲	南太平洋旅館公司 (Southern Pacific Hotels Corp.)	12,939	76
	利奇旅館集團，雪梨 (Rydges Hotel Group, Sydney)	2,981	21
巴西	歐松飯店，里約熱內盧 (Othon Hotels SA, Rio de Janeiro)	3,100	16
	熱帶飯店，聖保羅 (Tropical Hotels, Sao Paulo)	1,663	7
加拿大	四季／麗晶，多倫多 (Fours Seasons/Regent, Toronto)	12,909	38
	加拿大太平洋飯店，多倫多 (Canadian Pacific Hotels, Toronto)	10,961	26
	得爾他休閒飯店，多倫多 (Delta Hotels & Resorts, Toronto)	10,434	37
	加拿大拉馬達加盟公司，多倫多 (Ramada Franchise Canada Ltd., Toronto)	4,162	22
	奧柏奇總督飯店，蒙特婁 (Auberges des Gouverneurs, Montreal)	2,795	13
	珊德曼旅館，溫哥華 (Sandman Hotels & Inns, Vancouver)	2,567	17
	海岸飯店，溫哥華 (Coast Hotels, Vancouver)	2,567	17
中國	上海錦江集團，上海	6,857	17
古巴	古巴拿坎旅館，哈瓦那 (Cubanacan SA, Havana)	3,342	32
	卡維歐達飯店，哈瓦那 (Gaviota SA Hotels, Havana)	1,516	16
丹麥	海能飯店，阿爾堡 (Helnan Hotels, Aalborg)	2,822	12
多明尼加	亞力古羅休閒旅館集團，聖多明哥	4,557	17

（續）表 1-2　全球主要連鎖旅館一覽表

	(Allegro Resorts Corp., Santo Domingo)		
芬蘭	索可絲飯店，赫爾辛基 (Sokos Hotels, Helsinki)	7,139	44
	雷斯特爾飯店，赫爾辛基 (Restel, Helsinki)	4,580	28
法國	亞哥旅館集團，艾甫里(Accor, Evry)	256,607	2,265
	地中海俱樂部，巴黎 (Club Mediterranee SA, Paris)	65,128	262
	羅浮旅館集團(Societe du Louvre, Paris)	29,120	468
	康百麗旅館集團，雷幽里 (Hotels & Compagnie, Les Ulis)	18,939	362
	歐洲狄斯尼集團，馬尼瓦爾利 (Euro Disney, Marne-la-Vallee)	5,682	6
德國	美麗亭飯店，巴德薩爾茲弗蓮 (Maritim Hotels, Bad Salzuflen)	11,700	43
	史德根柏格飯店，法蘭克福／美國 (Steigenberger Hotels AG, Frankfurt/Main)	9,254	56
	特雷夫飯店，艾羅麗芬 (Treff Hotels, Arolefen)	7,698	46
英國	弗第普雷斯，倫敦(Forte Place, London)	88,153	888
	大陸飯店，倫敦 (Inter-Continental Hotels, London)	53,092	141
	國際希爾頓，沃福赫特福夏 (Hilton International, Watford Hertfordshire)	53,052	162
希臘	古雷科特爾集團，里新嫩，克里特 (Grecotel SA, Rethymnon,Crete)	4,580	18
	香德里思飯店，皮里亞斯 (Chandris Hotels SA, Piraeus)	1,508	5
香港	新世界／文藝復興飯店 (New World/Renaissance Hotels)	47,139	140
	國際香格里拉集團 (Shangri-La International)	13,627	27

（續）表 1-2　全球主要連鎖旅館一覽表

印度	塔吉旅館集團，孟買 (Taj Group of Hotels, Bombay)	8,045	50
	歐伯羅伊飯店，德里 (Oberoi Hotels, Delhi)	4,888	23
以色列	達恩旅館集團實業，特拉維夫 (Dan Hotels Corp. Ltd., Tel Aviv)	1,872	7
義大利	星星旅館集團，弗羅倫斯 (Starhotels SpA, Florence)	2,354	15
日本	王子飯店實業，東京 (Prince Hotels Inc., Tokyo)	24,087	58
	日亞航國際旅館，東京 (Nikko Hotels International, Tokyo)	15,369	38
墨西哥	福祿柏波薩達集團，墨西哥城 (Frupo Posadas de Mexico SA, Mexico City)	7,772	29
	古魯波希特集團，瓜達拉哈拉 (Grupo Situr, Guadalajara)	7,368	26
波蘭	歐比斯公司，華沙(Orbis Co., Warsaw)	9,946	47
南非	太陽國際集團，山德頓 (Sun International, Sandton)	6,140	34
	卜洛提旅館實業，開普敦 (Protea Hospitality Corp., Cape Town)	6,000	81
瑞典	斯堪地克飯店，斯德哥爾摩 (Scandic Hotels AB, Stockholm)	15,000	94
	麗索飯店，斯德哥爾摩 (Reso Hotels, Stockholm)	6,622	28
瑞士	莫文畢克飯店，亞德里斯威爾 (Movenpick Hotels International, Adliswil)	6,231	29
辛巴威	辛巴威太陽飯店，哈拉雷 (Simbabwe Sun Hotels, Harare)	1,657	21

Source: "Hotels' Giants: Corporate 200," *Hotels* 29(7): 48, Copyright *Hotels* magazine, a division of Reed USA.

的名稱、店數及擁有的客房數。身爲學生或從業人員應該隨時注意業界動態，瞭解其發展，像新開幕者、新整裝者或是組織重整者。有了這些資訊，對自我事業生涯規劃相當有助益。而訊息的來源可以從貿易刊物、《華爾街雜誌》（*Wall Street Journal*）和其他之報章雜誌等獲得。

連鎖合作關係（chain affiliations）通常有一主公司（或母公司）提供經營技術及市場行銷的指導；連鎖店的型態分爲加盟店（Franchise）、會員店（referral）、公司自有店以及委託經營店（management contract）。加盟店的業主擁有旅館之土地及建物的所有權，主店則提供訂房、廣告、經營技術和發展規劃的支援與協助。加盟店必須付給主店一筆費用，項目包括籌備規劃、商標與設備的使用、共同訂房中心和全國性推廣的費用 [14]。

任何投資旅館的老闆都想獲取投資的利潤，但又乏於經營旅館的經驗，或是缺乏業界資訊，或限於金融往來的信用，或者對不動產開發的陌生，則可能找上加盟的母店以尋求支援，不失爲一種可靠的途徑。一些有名的旅館集團，例如，日日客棧、喜來登或是希爾頓等，對於加盟店的規劃、土地的開發、建物的營造和管理輔導等，幾乎可以一手包辦。

會員連鎖

有些旅館以會員的方式（referral property）作爲連鎖營運，亦即是說，旅館本身以獨立之身分加入連鎖組織而成爲體系中的一員。雖然身爲其中的成員，但旅館只願獲得管理上、或市場推廣、或訂房支援等的協助。當然，支付之會費視其所接受的協助服務程度而定。同時，連鎖成員的品質也必須符合整個組織的要求。

直營連鎖

旅館直營連鎖（company-owned property）即是所有的連鎖成員其所有權與經營權均歸屬同一公司。由於一切營運都是業主統一發號施令，自成一系，以求和其他的同業競爭。舉凡地點區位的擇定、整體發展、市場行銷與推廣、經營管理等均由公司自有的技術營運。經營的專業人才由公司延用以負責操作。公司也擁有自己的訂房系統。有的直營公司爲了擴大營業或爭取市場優勢，允許少數非連鎖系統的旅館加盟而融入此一連鎖大家庭中，不過本質上仍不失爲公司直營連鎖系統。

委託經營連鎖

委託經營連鎖（management contract property）即是旅館委託一家知名度高、信譽卓著的旅館顧問公司（或本身即是旅館），提供經營管理和市場行銷的技術，並推派專業人員掌理營運，性質上類似會員連鎖經營。也就是說，多家旅館與旅館顧問公司之間簽訂合約，以旅館顧問公司馬首是瞻，成員間均有共同作業標準，而專業管理人員爲維護簽約雙方聲譽，也都能以兢兢業業的態度從事經營，俾使旅館能夠賺錢。委託經營連鎖店事實上可以自行決定契約的內容，是否成爲加盟店（franchise）之一員，或是以獨立經營的姿態出現。

獨立經營旅館

所謂獨立個體旅館（independent hotel）指本身獨立經營，沒有加盟任何旅館集團言。因此它也較能展現其溫馨與堪玩味的個性，是連鎖旅館無法做到的。獨立經營的旅館其特有風格包括老闆（業主）兼經理人員、房價彈性大、每間客房裝飾各異、餐廳氣氛感人等。這些旅館的類型可以是住用型的，也可以是商務型的；設置的地點分佈於市區、郊外、公路沿線以及機場附近。客房的數量範圍從50～1,000間都有。它們可能提供全程服務給客人，包括套房、餐廳、客房餐飲、宴會廳、藝品店、美容院、健身房、游泳池、電影院、洗衣服務、問詢服務、機場的客車接送。一些老舊的旅館常重新裝潢套房，其目的在與全套房旅館作業務上的競爭，以分享市場大餅（見圖1-6）。

既然如上所述，好處多多，那麼所有的旅館皆獨立個體經營不是很好嗎？這就要從美國的經濟角度來看。因爲無論大型連鎖旅館或小型飯店，都享有優惠稅率，對投資者之獲利而言，是有助益的。如果要蓋一座客房2,000間的飯店，投資數百萬美元是必要的。擁有專業人才的大型公司對於飯店的業務、財務和管理等

圖 1-6

這家富麗堂皇的飯店說明了旅館業的方興未艾(Photo courtesy of The Inn at Reading, Wyomissing, Pennsylvania)

較能得心應手。且大型企業對會計年度的損失較有能力彌補，因爲旗下所屬的公司通常在財務的盈虧具有互補的作用。

獨立經營的旅館業者也無法獲得諮詢和各種協助，除非業者曾經在業界有過實務操作的經驗。當業者投資購買旅館時，一如其他之投資，就得聘請專業人員來經營管理。而這位經理人則必須要綜理全盤業務，舉凡客務、房務、餐飲、安全、維修、泊車、財務以及市場行銷等皆是。而所有營業的開銷也必須達成損益平衡。旅館客房之所以能夠銷售，餐飲之所以能夠賣出，其原因在於營運管理已能有效運作和滲透市場。總之，獨立個體的旅館，其慘淡經營中仍然充滿著挑戰的變數。然而它也實際上帶給業主成就的滿足感與財務上的自主空間。

業界的成長分析

未來從事本業的人員必須有能力分析他們的客源，還要進一步知道何以客人會來光顧的原因。在行銷學的課程裡，會學到如何判定產品的買主在哪裡；同樣的，對旅館業而言，也需要有能力判斷潛在的客人在哪裡，否則經營起來將是事倍功半。在這個課程中，將提到如何評估人口統計資料（demographic data）（例如，人口規模、密度、分佈、數目等）然後再予歸類（例如，年齡、性別、婚姻狀況、職業別等）再利用心理統計資料（psychographic data）（例如，影響產品取向的感情和激勵所形成之壓力）對市場的影響。

另外一個重要問題即是：「何以客人會光臨本店？」業界人員應對此一課題百般加以思索，因爲這是對旅館有助益的。經理人員勢必張羅計畫以使公司獲利。而此計畫須深思熟慮一些原因，爲何客人會來我們這裡消費——旅館順應消費偏好和潮流，到底應增加那些設施加以迎合呢？綜合一些影響旅遊消費習性改變的原因有：約束時間的縮短（相對的，休閒時間就增加）、以自我爲中心的享樂意識之增長、可支配的所得增加、小家庭化的趨勢、商務旅遊型態的改變和旅遊經驗的擴增等因素。其他影響的原因尚有政治、經濟之因素，例如，政府社會福利與保險支出增加、都市空間的擁擠、海外美元的行情、油價行情、旅行的安全狀況以及國會立法對商業、勞動市場和航空事業等，在在都有些影響；當然無可避免的，對現行住宿業的銷售與成長也會產生衝擊。

休閒時間

休閒時間的增加，其原因爲：週休二日制的實施、支薪假日的增加、每週工作四十小時以下之風潮以及提早退休等，助長了住宿業的蓬勃發展。今日，更多的人充分享受休閒時間，例如，到未曾去過的地方探訪旅遊、追求新奇的事物、品嚐各地美食、參加體育活動、純粹輕鬆玩樂等，使得旅館業有更多的商機。

提早退休的觀念已逐漸普遍，很多人都想在工作職場上拼個幾年後便引退下來。早期50年代的嬰兒潮使然，使得現今退休人數節節升高。雖然這些人也作了第二工作生涯規劃，惟仍以部分工時的工作（part-time jobs）爲主。這些人可稱得上有錢又有閒的新階級，成爲旅館市場上的主軸客層。

自我享樂意識

若干年來，人們已逐漸培養出「休息是爲了走更長遠的路」的生活觀，試圖藉由休閒娛樂來放鬆自己，俾能保持工作的敏銳力和改善工作所積壓之彈性疲乏。18世紀和19世紀的職場倫理觀念，非常深厚地影響著美國人，認爲工作外的休閒娛樂純粹是富人階級之專利。時至今日，美國人已普遍能享受假期，藉此來經驗一段舒坦的感受，遠離工作的繁瑣。這種趨勢亦將延續至21世紀。滿足眾人追求逸樂需求的先決條件在於先滿足個人的需求，這種觀念已深植美國社會。

工作上所帶來的孤立與失落往往更需要休息。因爲現代人覺得，他們在工作上有愈來愈多的機會面對冰冷的電腦和機器而非是與人面對面的關係；人際間之往來接觸，則愈顯得重要。職場上的人們常有一股衝動，試圖遠離工作，去從事追求社會與心理的需求，以使內心得到平衡。出外旅遊正是一帖好的藥方，而旅館正可迎合與滿足最大的需求。

可支配所得的增加

所謂可支配所得（discretionary income）就是從薪資中扣除一些基本必要的花費，例如，餐食、治裝、房貸等費用後剩餘的金錢。以現代生活方式而言，這筆錢投入爲旅遊娛樂的支出，對旅館業的生存發展實有莫大的益助。可支配所得的增加，主要原因在於美國有很多是雙薪家庭。這幾年來，領有雙份薪水的家庭成長很多，婦女們相繼投入勞動市場。這股龐大的勞動力將有增無減。當一個家庭有了更多的收入去支付生活所需時，用來支配閒暇娛樂的產品與服務，亦顯得遊刃有餘。

不過，一般家庭並非經常有可支配的餘錢。它會受各種經濟因素的影響，例如，在經濟萎縮、失業增加時，可動用的餘錢就跟著減少。而不同的社會經濟狀況也影響著對可支配餘錢的使用情形。舉例來說，在利率低的時期，人們肯花些代價旅行，像支付較高的房租、車費、船票和機票等，而較少去考慮動用餘錢作短途旅行或速成的走馬看花的旅行。研究美國經濟的學者只要回顧一下，在經濟衰退期間或是1970年代的能源危機之時，可支配的餘錢花用在旅遊服務上則消逝無蹤矣。

小家庭制度

現代社會趨向小家庭的制度也有助於旅館業的成長。當兩個相同所得的家庭，一個是兩個孩子的四口之家，另一個是五個孩子的七口之家，毫無疑問地，前者將有更充裕的可支配所得。家庭的規模——即家庭的人口數，已見逐年減少。然而小家庭數卻有增無減。這意味著，整體社會可支配的所得總數相對增多。假若一個家庭僅有一或二人，其費用支出當然比那些三或四人以上的家庭要省很多。尤有甚者，生活在較少人口家庭者往往是外食居多，且旅行或休閒活動的品質也相對較高。

商務旅行

在今日高油價及通訊發達的時代，旅館的經理人不應再視商務客層為理所當然的主要客源。油價很明顯地影響到商務旅行；當作為動力燃油的成本增加時，空中及陸地運輸的費用相對也提高了。生意人絕不願意做超出預算的出差旅行。一旦出差費用高漲時，商家自然會酌減出差次數或外出的必要性。如果一件工作能夠透過電話聯絡，使用連線電話（conference call），或是使用有對方畫面的多人電話（Picture Tel）視聽會議，能迅速完成交易及任何協商的話，生意人絕不會風塵僕僕，千里尋求商機。至於短途商務旅行（指當天往返或留宿一夜）更不在話下，生意人能省則省，因為外出旅行的開銷總也是成本！

商務人士的客層經常占旅館營業收入很大的比率。但是業者宜經常注意經濟情況的變動，畢竟它絕對是旅館營運好壞的最大變數。

女性商務客

女性商務客層正迅速增加中，她們代表著另外一個層面的商旅市場。如前所述，商務市場會受到能源價格及通訊進步的影響。要爭取此一特殊客源層，非得展現更多的用心不可。旅館的女性住客通常需要更細密精緻的配備和周到的安全保護措施。所以在市場行銷的取向上，要有相當能吸引這一層面客源的服務產品，才能使她們樂意前來消費。

旅遊經驗

往昔，人們出外旅遊主要動機是因為有它的必要性，如經商或訪問親戚等因素。而今日，人們所以會出外旅遊，則包含多種因素，諸如教育、文化或是個人自我發展的追求。很多人都有一股欲望，想從他生活的環境中學得一些東西。人們大多學過本國及外國歷史，並且想看一看這些歷史的遺跡。文化的追尋，像藝術、戲劇、音樂、歌劇、芭蕾和博物館等，也會促使人們經常性的流動。享受戶外運動和自然勝景，甚至對運動隊伍的技術欣賞，都會造成旅遊之流動。終身學習的推動亦提供了很多人自我發展與充實生活的方針，無論是工作技巧的增進或是自己喜愛的事物，其相關知識的增長。生態旅遊（ecotourists）便是一個好的例子，其意義就是在假日旅遊中，特別對所遊覽的地區，它獨特的人文與自然環境加以研究，並從中得到自然所賦予的一種毫無矯飾的眞面目，浸淫其中的樂趣。

事業規劃

爲使本章的內容更加完備，我們將會談到旅館人的事業規劃，供有志此業的人士參考。在整個工作生涯的規劃裡，有幾項要探討的重要課題，那就是知識教育、實務經驗、職業公會、升遷管道和產業發展。

教育基礎

進入21世紀後，個人所受的教育程度在事業生涯上將發揮很大的作用。學校內的主修課程，像監督管理、成本控制、人力資源管理、食品生產管理、旅館管理、採購學、衛生學、裝潢設計、會計學和行銷學的學術基礎課程，將對個人工作技術與發展產生強大的推力作用。上述主修課程外之修習科目，如英文、人際溝通、電腦訓練、美術美學、經濟學、心理學、社會學、營養學、數理科學等，也相當能夠提升專業技術之領域。這些知識課程，如果再配合一些課外活動，如社團活動、學生自治、體育運動和其他興趣參與之活動，對未來的前途確有推波助瀾的效用。這些活動亦是整個大環境的縮影，同時亦是個人充分發揮技術技能、藝術才華和科學知識的憑藉。社團活動配合所學的結果，使課堂上的理論與實際的工作環境互爲印證。

個人所受的教育，確實有利於未來事業規劃打開一條坦途。學校畢業後，一旦踏入旅館業，就得運用學來的知識，培養自己成爲一位有效率且相當成功的從業人員。以個人的學識程度作爲憑藉，在業界展開令人興奮的工作生涯。

事實上，每個人在學成之後，對既得的知識必須充分消化與領會。社會上有很多養成教育（in-service education）的管道，其課程包括了業界實務新猷之傳授與訓練；而提供這些進修管道的則爲行業的協會或公會之類的組織、贊助廠商、社區學院、技術學校、通訊教育學校、商業刊物和其他的職業團體。這些組織團體，提供了從業人員不斷吸收本業的新知識，以使工作日日精進。

就如同其他行業的從業員一般，保持本業新技術之追求，同時也要學習新的觀念；飯店的從業員一樣地，也應有不斷追求專業新猷的自覺。而其中一項較獨特的相關技術爲電腦課程的訓練。在1980年代前就學唸書的現職人員，很少有機會接觸電腦以及不斷翻新的軟硬體，即使新近畢業的大學生也不會完全自覺到電腦日新月異的一股潮流。現職從業員不應該忽視這股現代潮流，應努力學習電腦，以探索它運用的概念。其次，熟悉電腦後，要有能力判定工作領域可否與電腦的妙用銜接。

旅館業的組織團體，如美國旅館協會（American Hotel & Motel Association）、旅館市場行銷協會（Hotel Sales and Marketing Association）和全國餐館協會（National Restaurant Association）即經常以通訊或講座方式，爲從業人員舉辦教育課程。這些組織在主辦職業講習時，往往引進最新的技術、產品和供應品的革新觀念；甚至於舉辦小型座談會時傳授新知識，例如人力資源管理、食品生產、市場行銷和庶務管理。社區學院和技術學校則提供一些特別的管理和專業技藝課程，俾使每位職場人員吸收新知識以免落於人後。舉凡上述這些進修課程，學員們都能從中習得知識與技能，並進而對現狀有能力省察而瞭解問題之所在。

通訊教學是學習新技術及新知識的另外一種途徑。最進步的遠距離教學（distance learning），透過衛星轉播、有線電視網或電腦連線的方式，無遠弗屆地來傳達知識。職業團體或組織則是這些課程的主辦單位，其籌設目的在使職場員工之素質與時俱進。

職場上的刊物或雜誌的發行，對職業員工也有莫大的幫助。員工們可以從中吸收新的觀念，例如，管理理念、應用技術、行銷原理、設備更新等。對一家獨立經營，看似與外界隔絕的旅館，這些刊物、雜誌適時提供知識與資訊的營養，不致使經理人員有如井底之蛙一樣。同時，這些刊物協助了經理人員，使他們感到緊緊地與旅館專業領域結合而不致脫節，更能進一步看穿問題盲點，而懷有對策。重要的是，旅館員工的士氣亦提高了。

總之，教育就是終身學習，並不因爲從大學或社區學院裡得了個學位而戛然停止。教育，只不過是對自己的工作生涯，一種承諾的開始而已。

工作經驗

個人在旅館基層的實務經驗，不管身爲櫃檯員、服務生、招待員、房務員、行李員或是園藝工，只要依規劃去發展個人工作生涯，這些基層經驗都是十分難能可貴的。因爲個人藉此可以學到同仁們的做事方法和部門間的互動關係，同時也會感染到旅館裡那股想去服務他人的衝勁，也就是說，服務客人的原則是：時效性的服務、管理的活學活用、服務概念的活用等。

個人的工作經驗恰好能印證課堂上的理論。可以將實務經驗與其他學員作一番比較。每個人可以依照自己的信念和行爲，在事業歷鍊中選擇適意的旅館工作。甚而，可思考自己要如何去解決客人的困難，對旅館設備如何作評估與建議，如何有效地組織工作以求更有效率，或是達成有效地節制成本。這些卓越的實務經驗，在在都能奠定你個人朝向成功生涯的礎石。

職業團體

所謂職業團體組織是指一群人的結合，共同致力於相同目標的達成而成立的一種組織。其目標是各式各樣的，像政治性的團體，無非是以游說立法爲職志，或是團體頒發證書給予會員，作爲其專業能力之憑證。不同的團體自有其不同的作用。

旅館業的職業團體組織對所屬成員的服務是多方面的。它最主要的作用當然是向政府發出業界心聲，爭取業界利益。組織運用會員所交的會費，從事游說地方、州和聯邦政府，促使各級政府重視業界意見。這類組織也常常辦一些有意義的講座或課程供會員們進修。團體組織也對成員提供有關的保險計畫服務，或是其他方面的服務計畫，以協助業者作有效的成本控制。旅館團體組織也能促進業界間的交流活動，無論是專業經驗、知識的交流或是純粹業者彼此間的聯誼。而交流結果往往能獲致一些好的意見與忠告，或是贏得友誼。

升遷管道

只要我們看一看旅館組織系統圖，便可以知道在大型飯店裡有很多的部門經理。到底哪個部門是你事業規劃的最高目標呢？選擇升遷的部門有：行銷部（業務部）、客房部（前檯與房務）、餐飲部和財務部等多種部門。至於要說哪個部門較好，實在也無法定論，每個部門都可能是你事業發展的捷徑。

旅館對一位從業員的工作要求是多方面的。每一位從業員都被要求瞭解飯店裡的所有設施，以及各部門的運作情形。這種全面性的瞭解必須反映出飯店的整體作業計畫。飯店的每一位員工亦必須要有良好的溝通技巧和圓熟的人際關係。這個行業當然也會要求從業員們在安排工作時，保持工作的圓融性與個人生活的機動性。所有從業員都被要求明白旅館業主及企業所扮演的角色，而在運作時都能遵循預算，不至於浪費資源。

新進人員踏入業界後，將會清楚明白，他們工作的每一個步驟，都是在累積一個紮實的背景，朝向總經理寶座之路。當你試著決定工作由何處著手時，以考慮各個部門經理的責任問題爲旨，想想可能涵蓋哪些不同型式的工作，並且要仔細查知每一項工作的步驟，以及這個步驟必須和誰搭配方能成功呢？

當你要朝著總經理之路邁進時，那麼，你極需要有多種部門的工作經驗來支撐你。如果你已事先作好心理準備，工作在你手上就會顯得駕輕就熟，而逐漸邁往達成公司目標之路。每個人在工作時都可能犯下錯誤，這和你有多麼豐富的旅館經驗是無任何關聯的。但無論如何，培養自己在各種不同部門的工作經驗，你成功的機率也就愈高。

旅館業成長因素之研究

促成旅館業成長的因素有很多，值得我們加以探討。不過這些因素也可以說是瞬息萬變的，不斷在醞釀和轉化中，很難一一列舉出來。然而，一些促成旅館成長的因素和重要活動的訊息，卻經常在刊物上披載出來。像班奈爾（Pannell），柯爾（Kerr）和福斯特（Forster）所主編的雜誌《住宿產業之走向》（*Trends in the Lodging Industry*）即是。他們經常討論到這方面的課題，諸如「新旅館的發展」、「規劃中的旅館」、「商務旅遊管理局的活動」、「區域經濟力」、「商業、休閒、藝術活動的發展及其行政空間之需求」以及「區域性旅館住房率與平均房租」。這些題材都可適合研究美國國內和國際間若干城市的旅館業成長因素。

最近一份雜誌*Hotel Business*裡的一篇文章認爲美國旅館業

的前景是非常被看好的。該文之所以有如此樂觀的看法是以供需關係的觀點、逐漸竄升的住房率與房租、消費者的信心以及全國不動產市場的復甦等種種因素來支持其說法 [15]。

國際旅館物語

從事旅館研究者應注意到國際間業界的就業機會。舉例來說，1995年元月間在義大利的波羅格那地區的優西國際旅館集團（Best Western International）就一口氣連開了四家三星級的旅館，此消息是來自最近一份名為《旅館》雜誌之報導。這是繼該集團在義國總數達83家旅館後又新開的店 [16]。雷迪森世界旅館集團（Radisson Hospitality Worldwide）同樣在亞洲及南非地區提供工作機會。也有不少旅館陸續在中國、印尼、印度、馬來西亞、菲律賓和越南開幕營運，一片欣欣向榮之景象。南非顯然是個相當有潛力的市場，因為它已擺脫過去政治交替時的陰影，而呈現穩定發展的狀況 [17]。

前檯經緯

當你在尋求一份工作時，要十分瞭解該企業的資產負債表情形，以及損益表上各項目的表現，來作為進入這家企業服務與否的參考。這些商業資料都可在電腦上查詢得到的。在考慮進入旅館服務之前，花點時間去深入瞭解這家公司的經濟潛力是必要的。其重點應包括旅館所在地區經濟繁榮狀況，以及旅館本身的財務表現。這些瞭解將使每一位新進人員終身受用不盡。

解決前言問題之道

大學畢業後的第一份工作提供了事業之路的機會。投入旅館行業後，你不可能久居組織中的某個職位一輩子。所以設定一個務實可行的職業生涯目標非常重要，例如期許自己三年之後要達成晉升客房部或業務部或餐飲部的中級主管，六年之後，要升任為高級主管（或總經理）。胸有定見，然後捫心自問：「這份工作是否有幫我達成目標的潛力？」另一方面，考慮當前的薪水固然要緊，但眼光放遠，未來待遇的前景應該更重要吧！

結論

本章主要在敘述旅館業的種種相關事項。首先由歷史的回顧開始，包括一些人物的介紹，諸如史塔特拉、希爾頓、里茲、亞士都、華爾道夫、威爾遜、馬里奧特家族、韓德森、穆爾和舒茲。我們也談到旅館發展史，像服務產品的形成、管理的趨勢、經濟因素——挑空的中庭概念、市場行銷重點、地理區位因素、有限服務旅館的出現、1987～1988年的重整期、全面品質管理（TQM）的採行、以及業界先進技術的介紹。我們也曾剖析過旅館的型態與經營取向，例如，住用型、商用型、機場、公路旅館的描述，這些旅館的存在與地理區位息息相關。我們也曾分析過銷售指標，像住房率和每日平均房租即是。而服務的層級，如全程服務、全套房服務和有限服務旅館，都介紹過了。又如連鎖和非連鎖旅館——加盟式、會員式、公司自有、合約委託經營式以及獨力經營，皆一一呈現其不同風貌。再回顧一些促使旅館蓬勃成長的大環境因素，例如，休閒時間增加、自我中心的享樂意識、可支配所得增多、小家庭的趨勢、全家旅遊的風氣、商務旅行的普遍、女性遊客增多和旅遊經驗的尋求。最後我們討論到影響學生之事業生涯規劃的幾項因素，包括教育基礎、工作經驗、職業團體、升遷管道以及研究旅館業的成長因素。

問題與作業

1.列舉數家你曾經去過的飯店名稱，並敘述一下各有何特點，哪些地方特別吸引你？

2.請說說看，過去你在旅館裡做過哪幾個部門？未來又想在哪一個部門工作？

3.在你仕處的區域範圍裡，共有幾家飯店？其各成立以來有幾年了？它們競爭的情形如何？這些飯店曾到過你的社區介紹其服務或設施嗎？

4.你如何區分住用型的旅館和商用型的旅館？

5.有哪四個地點區位是旅館最常設置的地方？爲何顧客會到這些旅館來？

6.請對所謂銷售指標（sales indicator）下一定義，並以實際工作經驗對此一概念作實例說明。

7.試舉出三種不同服務等級的飯店。此三者房租有何不同以及顧客對之期望如何？

8.列舉出數家你所知道的連鎖旅館集團名稱。

9.加盟連鎖旅館與公司自有連鎖旅館有何差別？又加盟連鎖旅館與會員連鎖旅館集團有何不同？

10.連鎖經營旅館與獨立經營旅館主要差別爲何？

11.請收集美國《華爾街日報》上刊登有關美國勞工假日時間的增加、個人娛樂的觀念、非生活必需之餘錢、或生意人外出旅行之形態等最新報導，並做出一篇報告。

12.列舉出你居住當地的一些好去處，譬如風景名勝、美術館、歌劇院等，並說明是否有教育、文化及個人發展的價值？它們的吸引力爲何？

13.比較一下，你的事業規劃與書中所提到的是否不同？本章所提出的人生規劃對於你的工作生涯有幫助嗎？

個案研究 101

城市學院的凱賽琳瓊斯教授對本學期所講授的一門課程「前檯管理」，打算抽出一些時間作實際的田野之旅，好讓學生能印證課堂上的知識。經過數堂課之後，她終於要帶領學生到學校附近的幾家旅館參觀。這地區因爲有多處名勝而聞名，幾家美國的知名大公司總部也設立於此。她指派一些學生幫她作參觀旅程的安排。

其中的一位學生，名字叫瑪麗亞，就住在該區，對當地十分熟稔，乃建議大家參觀市區內一家老字號的旅館，名爲聖湯姆斯飯店。她也建議隨後再參訪一家位於機場邊的飯店。另外一名叫里昂的學生，曾在家鄉一家有限服務旅館工作過；他知道他的旅館在城郊也有一間連鎖店，因此也提出建議。還有一名叫大衛的學生，正在應徵當地一家旅館的工作，他想得到一些有關全套房旅館的資訊。只見眾人七嘴八舌，踴躍提出建議。

這一班學生對所提出的旅館作了一番篩選後，終於決定分成四組人馬參訪。每組都將指派一名發言人，俾在小組討論中代表小組發表意見。發言時間每人限五分鐘，作參訪後的心得報告。

依自己的想像，你認爲每組的發言人會作什麼樣的報告呢？

個案研究 102

市郊的某社區最近獲悉，將會有一批新搬來的居民湧進該社區內。原來是有多家電腦廠商要搬遷進來，同時將提供兩萬五千個工作機會給社區居民。其中有一家公司更把總部遷移到此地，不久亦會帶進500名主要幹部。

當地的旅館協會找上了城市學院的凱賽琳瓊斯教授，希望她能協助旅館業者評估一下，這批新居民對業界的住房率和設備使用率產生之衝擊。

如果你是瓊斯教授，你將採取什麼樣的作爲？當然，在審慎行動前，必須從旅館業者經營的角度來看待此問題。再假設，你是這個社區的居民，且是飯店員工，這股衝擊會怎樣地影響你工作的前途生涯？

NOTES

1. Madelin Schneider, "20th Anniversary," *Hotels & Restaurants International* 20(8) (August 1986):35-36.

2. 1993 Grolier Electronic Publishing, Inc.

3. Paul R. Dittmer and Gerald G. Griffin, *The Dimensions of the Hospitality Industry: An Introduction*. (New York: Van Nostrand Reinhold, 1993), 87.

4. 1993 Grolier Electronic Publishing, Inc.

5. 1993 Grolier Electronic Publishing, Inc.

6. Paul R. Dittmer and Gerald G. Griffin, *The Dimensions of the Hospitality Industry: An Introduction*. (New York: Van Nostrand Reinhold, 1993), 52-53.

7. John Meyjes: Lou Hammond & Associates, 39 E. 51st St., New York, NY 10022.

8. Ray Sawyer, "Pivotal Era Was Exciting," *Hotel & Motel Management* 210(14) (August 14, 1995):28.

9. Marriott Corporate Relations, Marriott Drive, Dept. 977.01, Washington, DC 20058.

10. ITT Sheraton Corporation, Public Relations Department, 60 State Street, Boston, MA 02109.

11. Saul F. Leonard, "Laws of Supply, Demand Control Industry," *Hotel & Motel Management* 210(14) (August 14, 1995):74.

12. *Ibid.*, 74, 80.

13. *Ibid.*, 80.

14. Tony Lima, "Chains vs. Independents," *Lodging Hospitality* 43(8) (July 1987):82.

15. Shannon McMullen, "Optimism Dominates the Lodging Forecast: Leventhal," *Hotel Business* 4(8) (April 21–May 6, 1995):1, 56.

16. "Best Western Grows Bologna Base," *Hotels* 29(3) (March 1995): 4. Copyright *Hotels* magazine, a division of Reed USA.

17. Toni Giovanetti, "Asia, Other Emerging Markets Opening for Full-Service Chains," *Hotel Business* 4(15) (August 7–20, 1995):41.

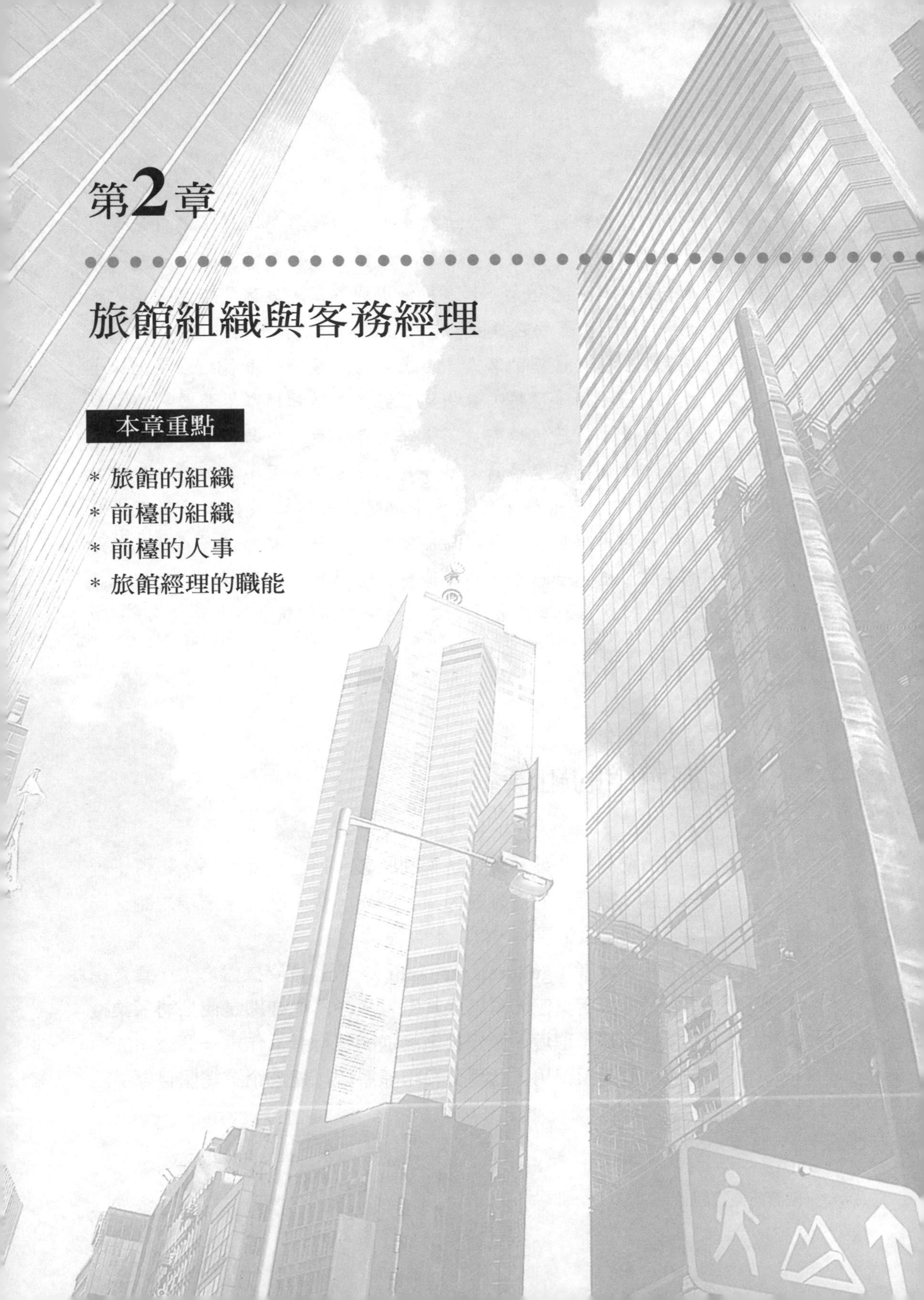

第2章

旅館組織與客務經理

本章重點

* 旅館的組織
* 前檯的組織
* 前檯的人事
* 旅館經理的職能

前言

一家旅館的總經理在辦公室裡思索，他始終想不通，為何最近公司同仁之間，大家相處得不好，這樣低潮的氣氛乃前所未見。然而老總卻無法完全覺查到這股低潮的程度，直到他接到老闆的一通電話，始豁然明白緣由；老闆告訴他一則員工之間的故事：

昨晚有位遷入住宿的客人，要求要額外多一張毛毯給在嬰兒床上的小兒子使用。櫃檯人員拖延了好久才通知樓層服務員，並且認為房務員應該已處理完成。惟客人等了兩個小時後，再度拿起電話說：你們樓層服務員怎麼一直都不來？如果不來的話，我看就拿妳穿的外套來給小孩當毯子取暖吧！客人很生氣地一面咆哮著，一面走出房外，發現備品室的門半掩，顯然沒有關好，於是進去找了張毯子出來。不料這時候恰巧被巡視樓層的安全警衛撞見，立即嚴正向客人表示，要以偷竊物品的罪名追究到底。

旅館業的組織系統

服務業的主要目標就是獲利賺錢。爲達成此目標，不得不經常注意影響業務的內外在因素，例如，景氣狀況、市場規劃、同業競爭以及員工規模、員工素質等。

總經理者（general manager），飯店實際操盤之人，負責指揮與督導飯店員工，以達成其重責大任，他亦即是使公司營業獲利、規劃整體環境、做好社區溝通的執行者；作爲一個公司的領導人，他還須善用、活用公司組織系統以達成企業總體目標。至於談到組織系統（organization charts），包含各層級和不同職位，每家飯店依其特有狀況而各異其趣，本章所列示者僅為範例而已。圖例所示各種職位並非每個飯店要有，端視需要而定。每個人在旅館工作生涯中也可能遭遇到多次組織系統的改變。人們既是組織運作中的參與份子，當然將會直接影響組織改變或重整的型態。在決策過程中組織的目標是最高無上的。然而它的運作必須有彈性，而非墨守成規，這樣組織才能發揮它的功效。本章重點即在指出住宿產業的組織結構，並據以說明「人」在此體系裡各應有的責任歸屬。

旅館的總經理經常將員工調任，使其遊走各部門間，以熟悉各個部門運作，這也是稀鬆平常的事。旅館之所以如此作法，似乎有其理由。以前檯經理（front office manager）而言，本來是負責指揮前檯的一切事務，但他可能表現出對飯店的財務部門（controller）有興趣，或是喜歡任職於專司市場行銷的業務部。那麼，公司為了儲備財務部的幹部，總經理會加重財務部工作與責任給這位前檯經理。而一旦調到業務部（director of marketing and sales）的話，前檯經理必也會經過一段痛苦的適應階段，方能瞭解市場狀況，亦才有能力提出好的產品與服務給予客人，進而創造利潤。

總經理通常會利用週會報告公司營運狀況或是新的企劃案讓員工知道，員工才有一股參與感，容易形成團隊意識。總經理要賦予熱心工作的同仁機會，使其參與其他部門的事務，或是經常告知公司近況；如此一來，相當有助於員工在組織體系裡的升遷規劃。

讓組織保持彈性化，往往會產生關鍵性的作用。為了順利處理一些特殊狀況，在營運當中，熟悉每個員工的優點與缺點，是相當重要的。當企業體逐漸出現運作遲滯的景象時，也許就是體制面臨一番調整的時機。例如，前檯經理可以協助行銷部門在廣告的工作上盡點力；或是在忙碌的週末充當飯店旅遊部門的解說員。至於餐飲部的主管，可以花點時間幫財務部的同仁做些財務報告，或是協同做預算控制的工作。像這樣跨部門間的合作，提

旅館春秋

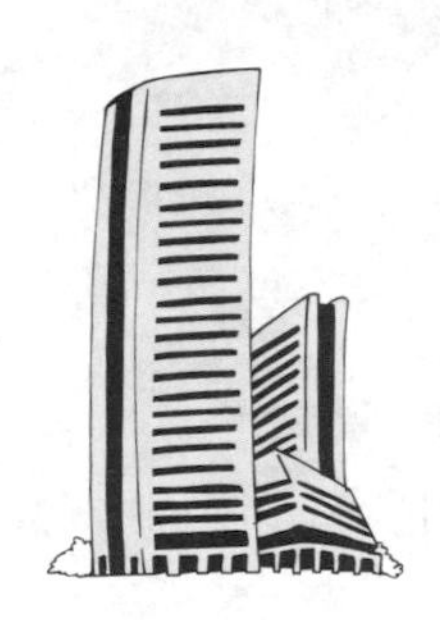

保羅渥斯特是紐澤西州亞特蘭大城裡，一家名為山得士旅館的前檯經理，這家旅館也兼營觀光賭場。他說道，在他的工作中最注重的是顧客服務與人員管理的技巧。他強調，他所有的工作都牽涉到與人的互動關係——與顧客、部屬及同僚。所以，顧客服務和人員管理技巧，幾乎可廣泛的運用在各方面。

他深信，唯有透過周全的訓練，員工才能做好對客服務的工作。因此，每位山得士旅館的新進人員，都被分發一本訓練手冊，並須經歷兩個星期的培訓課程。教室上的課程訓練和工作場上的實務訓練能使員工熟悉每日的操作要領與工作環境。這的確要歸功於良好的訓練了。他說，培訓工作將繼續不斷的做下去，而他從中亦學獲不少心得。訓練計畫在他的監督之下，他總會讓員工加強上課的印象，以便能充分運用所學，去應付任何發生的狀況。

渥斯特經理認為，給予第一線員工有機會做獨立的判斷與決定，是相當重要的。員工最需要知道的就是，他們是否充分授權去做決定；讓他們自己判斷與決定一件事情，會產生參與感，自然就對團隊有歸屬感了。在山得士旅館裡，每位第一線員工的行事，都是按操作指南來解決顧客的抱怨和投訴。渥斯特經理回憶他的前檯團隊，包括櫃檯員、話務員、接待員等，曾致力改善前檯的作業缺失，精益求精，並努力實踐他們的理想，令他印象深刻。

渥斯特經理經常與房務部門保持密切的業務聯繫。他亦參加了策略規劃委員會，參與制定旅館未來的營運計畫。部門和部門之間要交相合作，才能完成共同的目標。他說，一個部門的工作，如果沒有其他部門的人協同參與，就很難把工作做好。

供了組織穩定與發展的溫床。所以，組織的彈性運用，不但能消弭本位主義的弊病，同時亦能消除溝通協調的障礙。

組織系統

一個大型的全程服務的旅館（包括度假旅館），其組織系統的職位，皆列示在圖2-1裡。這家旅館企業應有如下之規模：

- 客房數在500間以上
- 位於市區或郊區
- 每日平均房租（average daily rate）爲90美元—— 總售房間數與總房租收入比
- 住宿率（percent occupancy）70%——出售房間數與可售房間數比
- 58%最高房租銷售率（percent yield）——每日平均房租乘以每日銷售房數與標準房價（rack rate）（即客房原價或最高價）乘以可售房數之比
- 年營業額1,250萬美元
- 全程服務
- 連鎖方式—— 公司自有
- 出差顧客（corporate guests）——企業體的職員，因常出差而成爲旅館常客，通常都享有特殊的折扣價
- 會議顧客（convention guests）——在旅館參加大型會議的客人，也享有特殊的房價折扣
- 會議與宴會廳
- 各式餐廳

圖 2-1　大型旅館組織系統圖（織繁複而龐大俾能對客人提供最細密的服務）

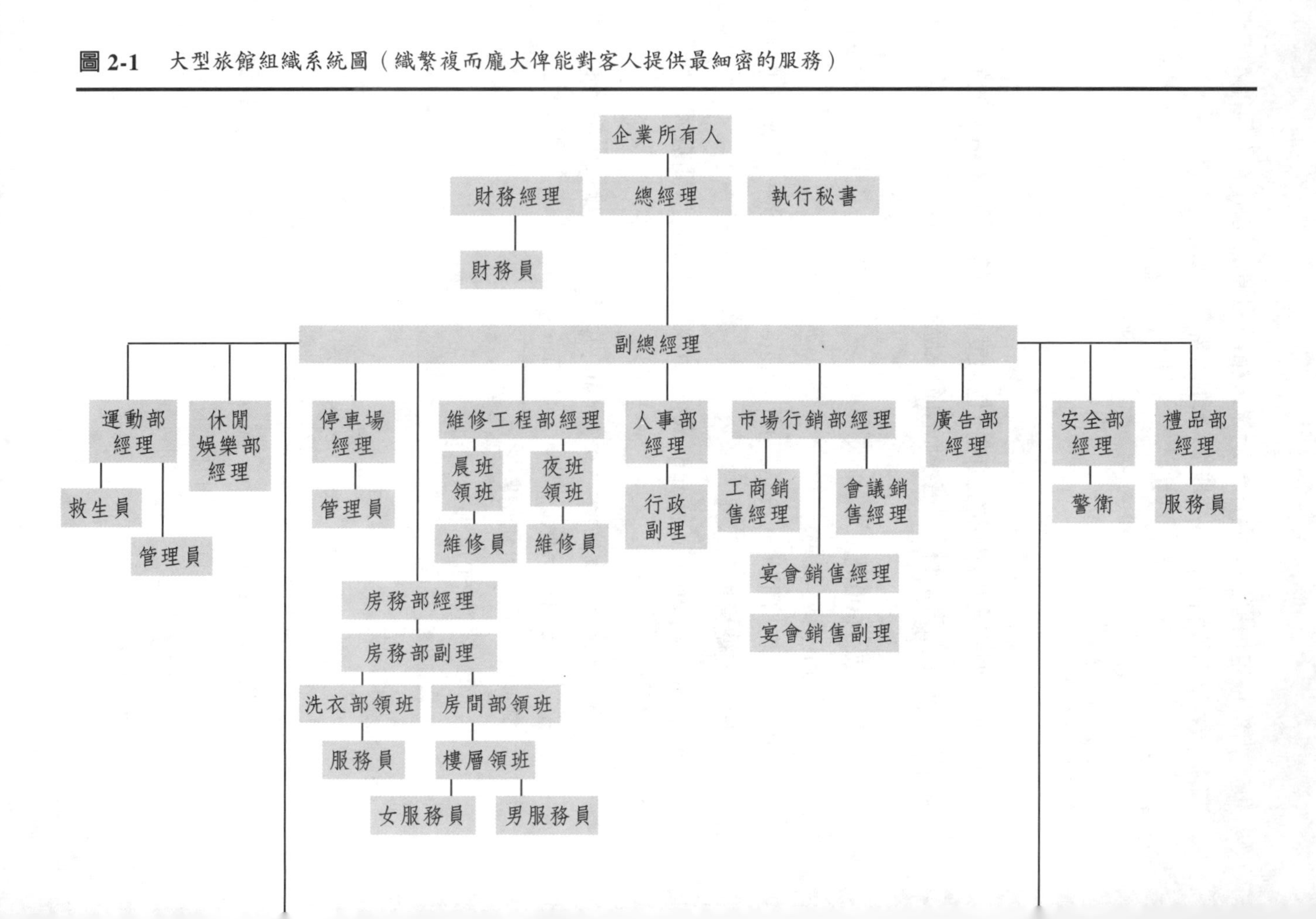

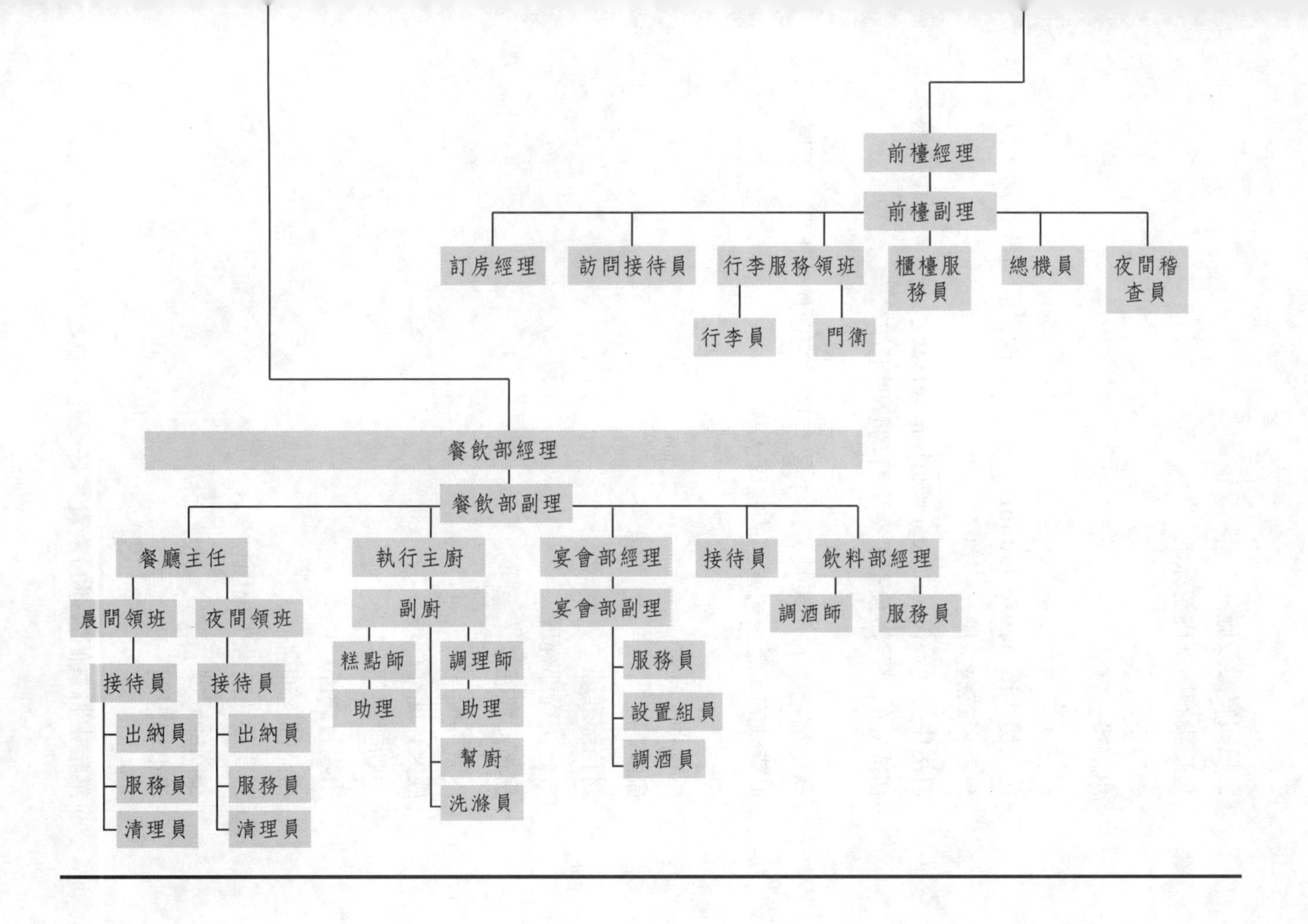
前檯經理
前檯副理
訂房經理
訪問接待員
行李服務領班
櫃檯服務員
總機員
夜間稽查員
行李員
門衛
餐飲部經理
餐飲部副理
餐廳主任
執行主廚
宴會部經理
接待員
飲料部經理
晨間領班
夜間領班
副廚
宴會部副理
調酒師
服務員
接待員
接待員
糕點師
調理師
服務員
助理
助理
設置組員
出納員
出納員
幫廚
調酒員
服務員
服務員
洗滌員
清理員
清理員

· 酒吧與娛樂設施
· 運動設施與室內游泳池
· 藝品店
· 出租辦公室
· 附設停車場
· 洗衣房（in-house laundry）—— 旅館自設有洗衣房，以作爲客衣送洗服務
· 訂房中心（referral reservation service）—— 連鎖旅館所成立的訂房辦公室，從事訂房管理工作

號稱住宿產業的企業體，爲了要有良好的運作，下列重要職位是不可或缺的，是公司營運的靈魂人物：

· 總經理
· 副總經理
· 財務部經理
· 維修工程部經理
· 房務部經理
· 人事部經理
· 娛樂休閒部經理
· 運動部經理
· 市場行銷部經理
· 禮品部經理
· 客務部（前檯）經理
· 餐飲部經理
· 停車場經理

企業業主將整個營運的重責大任委託於總經理，因此，這位

操盤大將必須領導組織內的各部門，做好對客服務工作，以使公司獲利。每個部門都必須有強化的組織與人力運用，這樣，主管們才有時間致力於思考，如何去增加部門營收。例如行銷業務經理、禮品店經理、前檯經理、餐飲經理和停車場主管皆須提出企劃以提升營業量，增加收益，並且改進成本控制的方法。一些不直接產生收益的部門主管，像財務部經理、維修工程部經理、房務部經理、人事部經理、娛樂休閒部經理和運動部經理，主要還是在幕後運作，其對客服務顯然是間接的。

舉例而言：財務部經理必須提出能夠反映成本和預算的報表，而這份報表的內容須清楚和明確。維修工程部經理（plant engineer）則須維持硬體設施的正常操作，並建立一套有效的維護計畫。房務部經理（executive housekeeper）的責任在於維持客房的乾淨整潔，以及公共區域的打掃整理，做好客房備品的庫存與盤查，並須有效地控制成本與人力的運用。人事部經理（human resources manager）的主要工作在協助各部門經理有關人事方面的督導與控制、招募新人以及設法維持公司人事穩定的發展。娛樂休閒部經理（recreation director）即是負責對客人提供遊樂方面的服務。運動部經理（athletics director）負責提供客人各項運動和健身設施，並對這些器材加以維護，俾保持在最佳狀態，使顧客得到最好的休閒運動服務，讓顧客在停留期間得到安全的保障和享受。

圖2-2勾畫出較小規模的旅館運作系統，這種規模的旅館營業狀況如下：

・客房200間
・位於郊區
・住房率65%

圖 2-2　旅館組織系統圖（此為中型旅館組織圖，大型全程服務旅館應具備之職位則較多而更細分化）

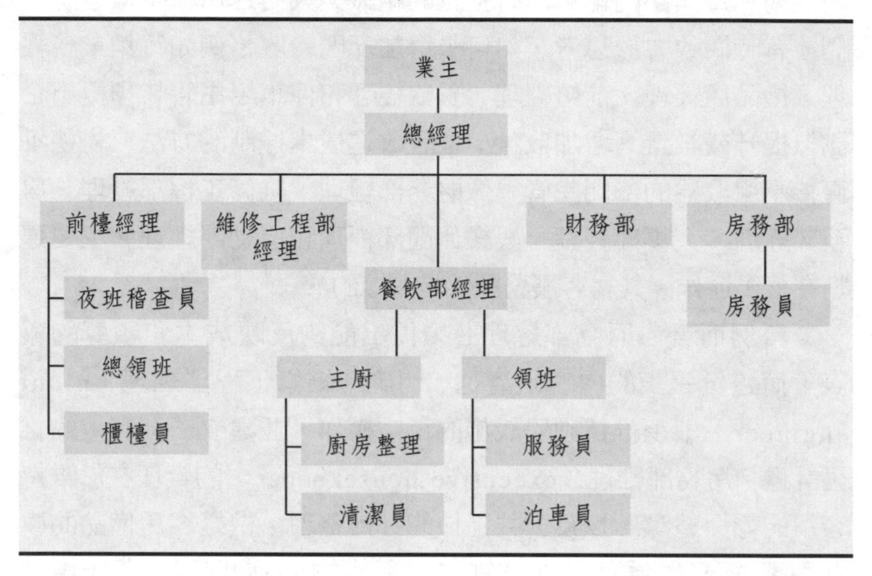

- 最高房租銷售率53%
- 年營收350萬美元
- 每日平均房租60美元
- 提供全程服務
- 屬加盟連鎖旅館
- 商務客層
- 當地社區客層
- 餐飲設施
- 酒吧
- 室外游泳池
- 訂房中心

所需部門主管則包括：

- 總經理
- 維修工程部經理
- 前檯經理
- 財務部經理
- 餐飲部經理
- 房務部經理

大型飯店分工細密，職務層級和幹部人員較多，以上所列的一些主管爲中型飯店的主要幹部，亦可謂是飯店的骨幹了。而這個組織系統圖與大型飯店相較之下，能夠提供給客人的服務也就減省多了。類似這種規模的飯店，顧客大抵停留一或二個晚上；爲著客人方便，飯店亦備有一個餐廳及酒吧。各部門的主管就是現場工作的監督者（working supervisors），亦即是實際工作的參與者和監督者。至於客衣送洗也止於附帶服務，並沒有專門部門管理。財務部主管負責財務會計和人事的管理與運用。維修工程部負責館內外設施的維護和保養。前檯經理和前檯接待負責客房預訂以及遷入登記、資訊傳遞、退房遷出等工作。餐飲部經理的工作則是密切配合廚師與接待服務員，共同維持餐食品質、成本控制和對客服務。房務部經理須經常檢查客房的狀況和乾淨之維護，並保持布巾品與儲藏室的整潔、消耗品的合理運用、做好對房務員的管理督導。

圖2-3顯示了小型旅館的組織系統，亦即是有限服務旅館的組織架構，與大型旅館相較之下，簡化了不少，其規模與營業狀況列示如下：

- 客房數150間
- 位於公路旁邊

圖 2-3　小型旅館組織系統圖（有限服務的旅館裡只有少數幾名幹部，且一人可能身兼數職）

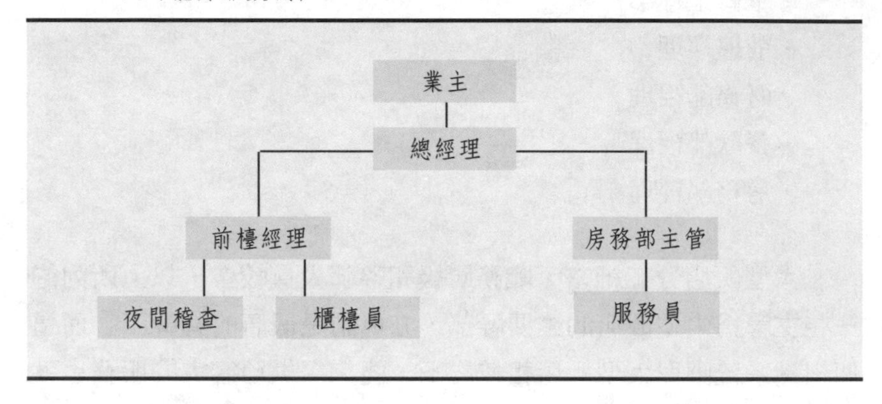

- 住房率60%
- 最高房租銷售率51%
- 年營業額180萬美元
- 每日平均房租55美元
- 有限服務
- 屬加盟式連鎖店
- 客衣送洗服務
- 度假客層
- 商務客層
- 免費大陸式早餐（continental breakfast）——果汁、水果、甜蛋糕與／或麥片粥
- 訂房中心
- 商務中心（business services and communications center）——針對商務客人之服務，包括：影印、電腦、傳真等

所需部門主管則包括：

・總經理
・前檯經理
・房務部經理
・維修工程部經理

當總經理在監督前檯和房務部的作業時，必也參與其中的實務工作，因此，總經理可以說是旅館督導的靈魂人物。在這種小型旅館中，他要隨時提供行銷企劃、客房預訂、維修保養、財務報表以及成本控制方法。前檯經理通常上固定班，以便能監督到前檯職員的早晚班，或甚至大夜班的夜間稽核。房務經理也是工作的督導者，必須隨時協助房務員（room attendants），做好客房和公共區域的清潔與維護工作。

這裡所顯示的組織系統圖，都是經過審愼評估後，設計出來的，俾能迎合服務客人的需求。組織的形成和用人政策必須考慮下列因素：有效的勞力運用、當地經濟狀況、組織的財務規劃。基本上，每家旅館均有其獨特之處，所以組織系統各異其趣，端視實際需要而定。但是，彈性原則卻是每家旅館的共同現象，唯有如此，才能做好服務的機動性及靈活調配人力。

各部門主管職責

一旦你踏入旅館生涯時，將不可避免地，會接觸到各個不同部門的主管。其中有的部門主管像是隱身不見，沒有接觸到客人；有的部門主管是站在第一線上，得隨時接觸客人。以財務部經理爲例，其工作以居幕後之行政支援爲主，就對客直接服務而言，似乎非顯而易見。至於安全部門主管，看起來旅館任何地方

旅館春秋

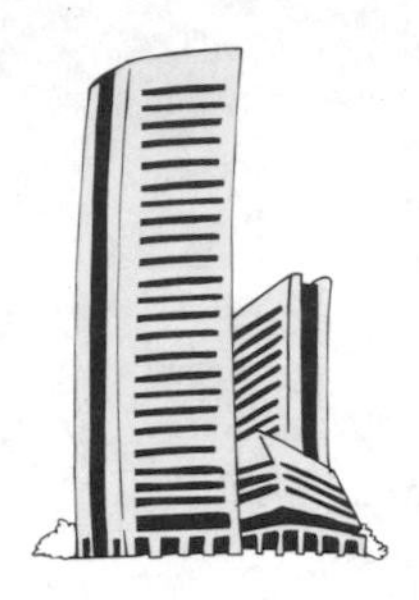

蓓琪是緬因州安卡那地方，一家名為超級8汽車旅館（Super 8 Motel）的前檯經理。打從1992年，她就踏進此一行業至今。她描述自己的工作內容可說包羅萬象，包括有：為旅館應徵新人及隨後的培訓與工作安排；市場推廣與行銷；維持旅館的正常運作，其中亦包含家具的採購、計算與發放薪資、回應客人的抱怨與投訴、處理特殊事件、監督每日員工的工作狀況、赴銀行存入營收款、備品的訂購、還有庫存量的清點與控制。

她認為一位訓練有素的員工，對提升旅館營運相當重要。她說道：「不管你有多少員工，重要的是每個人都有一致標準的動作——如此可使工作順手。」她強調，同仁們的培訓都要做到熟練為止，訓練時間約兩星期，但後續訓練工作將繼續下去。當組織為了維持良好的運作而使企業改變政策與作業方式時，員工培訓的工作更須持之以恆。

超級汽車旅館運用新裝備和技術以對客人作最精確的服務，其中包括總機印表系統的使用，客人的通話費可以馬上列印出來，當退房遷出時也就快速而簡單了。蓓琪小姐透過電腦系統將營運報表傳送至總公司。這麼一來，更增加作業的準確性。因為有愈來愈多的商務客人攜帶個人電腦，旅館方面便在客房內裝設與電腦相容的電話插座。旅館同時也備有傳真機供住客使用。

蓓琪小姐描述她所扮演的角色，即是旅館工作團隊的監督者。她的管理方式就是藉由充分授權，激勵員工，並讓員工清楚的知道每個人的職責，以使他們在執勤時做得更有勁、更有信心。她說：「我不會利用職權去帶領任何一位同仁，這樣，他們也會感覺舒服一點。」

都有其蹤跡，但是他的工作也非十分具體、清晰可見。餐飲部門主管的工作則相當具體而顯明，工作量多而繁忙。總經理必須總攬全局，他處理全館事務的角度，既要見樹，也要見林，站在職務體系的最頂端，負責監督所有部門的運作。究竟旅館的各個部門是如何相互協調，以提供客人良好的服務，並帶給業主利潤？

下面將就各職務一一說明。

總經理

若干年前，筆者曾邀請一位演講者到課堂上來講課。這名講者就是該社區裡一家旅館的總經理。他準備了相當豐富的教材來授課，並且講解該產業之組織與從業員之交互關係。當他介紹完各部門組織應有的工作內容，以及各部門主管應負的責任後，有位學員舉手問道：「如果所有的工作都已被各部門員工做了，那你總經理要幹嘛呢？」學員雖然外行，問得倒是眞誠，也讓人極度去思考，總經理這個角色，並不是想像中那樣簡單。實際上，要詳細說明此職位在管理上所扮演的角色，得花費一番工夫，包括工作數十年的經驗。所以，不得不明確地描述這職位在整個組織系統中的重要性。

領導與統御之能力，無疑的，是總經理所必須具備的資質。他要協調各部門經理，督促其員工，使營收業績達到公司要求。總經理需要運用各項管理技巧，例如，企劃、決策、組織、用人、控制、督導和溝通，以激發員工潛能，使其勝任崗位職責。在主管們有效率的督導下，對所有人員作績效考核。而工作效率的表現並不是在於把工作做好就算了，應該在於員工受到激勵和指導，達成總經理與員工共同計畫的目標。

總經理與部門主管們所構思規劃的方案，都必須契合公司營運的需要，才能強化在市場上的競爭力。在綿密的組織架構下，如果能夠物色適任的主管，相當有助於規劃方案之目標達成。至於，誰能被拔擢成爲一位勝任的主管呢？一位好的主管必須具備何種技能與優點呢？此主管的素質爲何？以他的眼光與視野，如何提升工作品質？新進員工如何與老員工相處，俾能逐漸適應環境以使工作進入狀況？這些課題都是身爲總經理的人所必須深思熟慮的，同時也要身體力行才能落實這些課題。

其次，關於作業報表（operational reports）——旅館營運的相關財務資料——總經理必須作分析瞭解。然而，一位精明能幹的總經理應該抓住報表上的重點，研判營運的獲利能力和營運效率。譬如說，餐飲部門的總成本中，食物成本的比率占多少？人事成本的比率如何？酒水飲料成本又占了多少比率？其他項目銷售呢？上述這些資料能否提供足夠的資訊讓餐飲部門作爲分析，瞭解其營運的成效？那麼，每日客房住宿率、每日平均房租、每日客房總營收，報表上所顯示的，是否指向營運獲利呢？總經理就是要根據這些重要指標，瞭解營業收入，以測量出各部門經理的營運績效。不過，這些指標數據仍有其彈性的，端視業主所建立的企業目標而定。

溝通的方式與目的，以及提供工作績效的回饋，是總經理必須具備的領導能力之一。總經理在整個溝通的過程中，扮演著主軸的角色。每個部門的主管接受總經理的指示而有所爲或有所不爲。固定每星期一次的幹部會議，是相互溝通最好的機會和場合。此外，個別與部門主管開會，溝通能更有成效。因爲這種一對一的雙人會議，主管們易於接受傳達，洞悉組織目標，從而對政策遵行不渝。

總經理對主管的要求亦須講求務實。舉例來說：市場行銷部經理設定下一季的客房業績要提高10%。那麼，總經理與行銷經理個別會議時，必須就所設定的目標，評估其合理性後，監督與敦促其下四個月中務必戮力達成。

總經理首要的工作是什麼呢？總言之，他／她必須領導全館員工達成組織獲利的目標。（**圖2-4**）學習和研究管理理論，觀察和瞭解經理們的行爲模式，以及實際的領導經驗和風格，接受幹部們建設性的建言和批評的雅量，對總經理言是不可或缺的。總

圖 2-4
旅館總經理之職責乃在指揮全館上下員工齊心努力，以提升旅館營利的成功目標（Photo courtesy of Red Lion Hotels）

經理這個職位代表著專業精神。這職位是旅館人生涯的最高目標，欲達成此目標，尚需累積豐富的工作經驗與教育知識背景。

總經理的職務與角色，無論是全程服務，或是有限服務的旅館，就如同前所討論的一樣。但在有限服務旅館裡，由於規模較小，人員編制有限，所以一些細微瑣碎的事，仍得親自處理；雖然如此，他／她還是要領導公司上下人員，使之成爲一個堅強且有歸屬感的團隊。總經理一旦施行全面品質管理（TQM）的政策，則必須運用管理的精神，去注意各種作業程序和發展的方法以改進缺失，使工作品質更加完美（關於此方面的介紹，容後詳細討論）。同時，作爲公司最高領導人，無論在大小旅館，也得讓各部門經理有所發揮，去做好帶領第一線幹部及基層員工的工作。不管是全程服務的旅館，或是有限服務的旅館，其最低獲利點乃寓於最少、最有效的成本利用，這一點也是全面品質管理所強調的。

副總經理

旅館副總經理（assistant general manager）之主要職務，即是負責執行業主、總經理和公司領導階層們的計畫方案與交辦事項。總經理和副總經理的關係，必須建立在互信、專業及良好的溝通上。副總經理與各部門主管一起工作，透過有效率的運作，達成每一部門所定下的目標。這個職位可說是介於管理階層與公司同仁的溝通渠道。如果副總經理被告知更多管理決策的緣由，那麼，他／她要求各級幹部達成上級的計畫和指示將有更大的說服力。

副總經理要常監督每一件工作的完成與否，尤其是在工作的開端之時，更須付注心力，使工作有好的開始與完美的過程，方能做好事情。居此一職位者亦須彙集和判讀各項統計報表，並與總經理作出結論，必要時提出建言。副總經理必須經常在館內到處走動，巡視各項作業情形，不但要對部屬指導和協助，也要將狀況回報給上級知道。副總經理這職位實在不簡單，須具備各種不同的職務經驗，諸如前檯作業、餐飲、市場行銷甚至財務管理等。依照旅館規模和用人的需求，通常大型旅館將這些職務上的責任歸兩大單位主管管理，即客房部經理和作業部經理。

有限服務旅館因規模較小，通常不設置副總經理這個職位。因此，各部門經理都直接向總經理負責，以使對客服務和預算運用能夠達到效率化。再者，小型旅館的總經理不但要親自處理瑣碎事務，同時也要帶領好整個旅館團隊，負起整體成敗之責。

餐飲部主管

餐飲部主管（food and beverage director）有稱爲餐飲部總監者，或稱爲餐飲部經理。其主要職務爲負責廚房、餐廳、宴會廳、客房餐飲和酒吧的營運。職責中尚包括監督餐飲部各廳、各單位的一些作業細節，可說是鉅細靡遺。所謂作業細節則是菜餚品質、衛生清潔、庫存管理、成本控制、員工培訓、廂房佈置、現金管理以及對客服務等，不勝枚舉。餐飲部主管必須有敏銳的眼光，洞悉菜色的流行趨勢、食物準備的種種成本與控制、以及廚房的用具和設備等。其工作必須要和餐飲部副首、經驗豐富的行政主廚、餐廳幹部、宴會廳經理、以及酒吧經理密切協調與配合。整個餐飲團隊的目標就是每天二十四小時提供高品質的菜餚與服務。要經常透過嚴謹的督導以使產品、服務和人員都處於高水準狀態，確保投資能有合理的回收。

雖然在規模較小的有限服務旅館裡有供應大陸式早餐或是雞尾酒時間，但通常不另設餐飲部的主管一職。那麼，對客人的餐飲服務管理，多是由前檯經理兼任。雖說如此，對於食物的衛生、原料採購貯存、市場行銷、服務標準等，一點也含糊不得，方能保證給客人良好的服務。

維修工程部經理

在所有對客服務中，維修工程部經理之職位是相當重要而不可或缺的。他率領一群團隊，像電氣工、鉛管工、冷凍空調員以及一般修復工等，不但提供幕後的對客服務，同時也對館內同仁提供一般設備修復的工作。在今日大家所倡言重視的預防維修和節約能源聲中，他必須衡量在預算之範圍內，擬定一套行動計畫，全面維護館內設施的良好運作。具備先進裝備和器械的知識，當為首要條件。而此位主管須有相當豐富的工程維修經驗，並且從不斷的自我學習中，以積極的態度提升工程技術和管理能力。

維修工程部經理與館內各個部門有著十分密切的關係。他是整個管理團隊中重要的成員，被委予重任，並提出有關設施的穩定性、裝備的維護和環境的控制等之建言。在整個旅館企業裡，維修工程部經理一直被視為公司營運的功臣。

有限服務旅館因規模較小，類似工程部經理的職位，一般稱之為維修經理（maintenance manager）。他主要的工作是維護空調（冷暖氣）設備、處理客房鑰匙問題，必要時協同房務員處理事情，以及協助對客安全之維護，使客人住得舒適與安心。有限服務的旅館所重視的就是高品質的服務，這些都需要由旅館員工用心把它做好。

房務部經理

房務部經理最主要的工作就是維護館內客房與公共區域的整潔。這位經理必須要和部內同仁齊心協力，才能把事情做好。每一位房務員必須接受完全的清潔技術訓練。樓層領班（floor inspector）即是管理各樓層的督導幹部，訓練與輔導房務員如何檢查客房（有些旅館並不設置樓層領班一職，視其作業需要或習慣而定）。在工作中，快而又有效率是房務作業與公共區域清潔的最高要求。

房務部經理應懂得如何去督導對作業不熟練的員工的技巧。語言表達方面要精確而有要領，以便能夠和房務員作有效的溝通。正確的規劃人力需求也是相當必要的，如此才能控制房務部的人事成本。房務部經理同時要做好各項物品的儲存與控制，例如：布巾類、備品類、家具、宣傳品、盆景等，進出之間，帳目明細，清楚有序。房務部經理也要像維修工程部經理一樣，觀念必須跟得上時代，時時進修，吸收新知，抱著終身學習的態度，這樣才會有進步。

要是旅館內設置有洗衣設備，成立洗衣部門，也歸屬房務部

國際旅館物語

旅館內的同仁如果有一些是外籍人士的話，則前檯工作人員與之溝通的能力和技巧是相當重要的。要是發生溝通不良的話，可能一件事情差之毫釐，失之千里。因此，前檯經理有必要為前檯員工開訓練課程，主要還是以國際語言的訓練為主。首先，可以從日常用語或與工作相關的語句開始訓練起。例如：「你好」、「你們的經理在哪裡呢？」、「我要如何協助你呢？」、「在xxx房號裡的客人有事，要我們前去協助。」、「麻煩您，請幫我將這張留言條送至xxx房號。」等一些常用語。

來管理。所以房務部經理對於一些洗滌設施，使用材料、成本控制等工作，要與洗衣部主管互相配合。

在有限服務的旅館裡，相當程度地倚重房務經理，以便管理同仁，使之提供清潔完好的房間給客人使用，以及做好布巾類和客衣送洗的工作。同時這位房務主管一樣和同仁做些瑣碎的事，不但做幕前的服務，也做幕後的工作。因爲有限服務的旅館規模較小，所以房務經理經常乘著電梯，往來各樓層之間，對客房作業員作巡查督導，也隨時給予激勵。

無論是全程服務的旅館或是有限服務的旅館，房務部與前檯及維修工程部之間的部門合作、溝通是非常重要的。有時候，旅館要騰出清潔的房間出售，以及安排定期的維修保養，所以部門之間的合作是非常重要的。除此之外，無論旅館規模如何，行銷部門努力去爭取的顧客，仍得靠房務經理把公共區域做得清潔有緻，給予人好印象，才能吸引客人上門。

人事部經理

在全程服務的旅館裡，由於規模較大，人員編制多，需要一位人事部門經理（human resources manager）來統籌人事，使公司人力不虞匱乏，對館方及員工都有好處。掌管此職的經理需依聯邦、州和地方政府的法律行使人事相關的業務，招募人員時則歷經刊登廣告、篩選、面談、錄用、環境認識、培訓以及表現評估等程序。各部門主管透過人事部經理的行政作業與規章制定，從而領導員工行事。

要錄用一名餐飲部或客房部的同仁，頗需要相當的時間與程序配合，茲舉例如下：

- 擬稿和刊登分類廣告
- 面談前置作業、面談、測驗和錄取合格者
- 環境認識、培訓與績效評估

在大型豪華旅館裡，每個職位都必須有所謂的工作說明書，通常勞工組織（collective bargaining unit）（工會）均會要求提出，使職務明確化，勞工行事方有所依循。人力資源部經理先要協助做工作分析，隨後才能據以製作工作說明書。它的內容就是針對特定職務的工作範圍作一詳細敘述，如此，人事部經理再據以製作工作規範，作爲特定職務的人選資格標準。

旅館也有一套員工的成長計畫，提供給員工自我成長的機會。不過，這套計畫中包含了很多各種領域的計畫，每個計畫亦都經過反覆的評估。每一部門的主管都會有工作壓力，例如，遵循預算的範圍內行事、品質控制的程度、規定的最低銷售業績、或是其他必須達成的目標等，在在都形成一種壓力。如此的話，人事經理應當適時的協助各部門主管，以減輕其負擔，例如，擬

訂員工激勵的方案、建構員工生涯規劃、加薪獎勵措施、以及建立一套合於企業文化的人才延攬政策。

有限服務的旅館大多沒有設立人事經理一職，但所應負的責任仍然存在，只不過分散至各部門主管的肩上罷了。雖然人事作業應強調良好的企劃和執行，以小規模之有限服務旅館而言，工作效率良窳，最主要還是要靠各主管們通力合作，才能達成預定目標。

市場行銷部經理

這個經理職位的頭銜被冠上「市場」兩字，可見它是相當被強調行銷的工作取向。居此職位者，在整個旅館中，堪稱是活躍於各個部門的要角。市場行銷部門的經理，不僅要設法招攬館外的生意，例如，大小型會議、結婚宴會、餐廳和酒吧等業績的促進，尚且須主導館內各式各樣銷售的企劃。

這是一個充滿挑戰與刺激性的職位，其人選應有無盡的創意方能夠勝任愉快。行銷部門的經理必須不斷地對新興市場情勢作評估與分析，並且時時刻刻對現有的市場需求提出研究與檢討。非但如此，對於競爭中的同業之促銷活動要瞭若指掌，更要突出奇想，秀出好點子，企劃出令人拍案叫絕的活動。與社區的人士、公司機構、機關團體等保持密切往來，做好公共關係，甚至與各部門主管齊心協力，建立服務品質的規範和企劃執行的程度的追蹤，連小細節都要求務必徹底執行。總之，居此位者，要充滿精力和爆發力，不僅要努力提高營業績效，達成營收目標，也要促使各部門向既定的目標成功地邁進。

某些有限服務的旅館會聘顧全職（full time）或半職（half time）的行銷經理，這要視旅館業務需要而定。行銷的工作並非全由行銷經理包辦，也有由總經理和前檯經理來分擔一些。全程服務旅館的行銷經理，其職責（包括餐飲行銷業務）之範圍與內容繁複多端，可以作爲有限服務旅館的行銷經理業務上的參考。至於對一般公司企業、機關團體、觀光旅遊的客房行銷，旅館業之間的競爭是相當激烈的，每家旅館都會擬訂一套客房行銷計畫。

客務部（前檯）經理

對於客務經理角色的描述，本章在隨後會更詳細而深入的探討。客務經理主要的職責包括審查夜間稽核（night audit）的各項報表，每日檢查前檯出納作業的工作狀況以及接待員全天候對客服務的工作品質，分析各種營運報表，監督訂房作業，督導前檯人員與其他部門主管作有效溝通，檢查每日登記遷入與退房遷出的作業情形，培訓和指導員工，建立前檯部門館內銷售計畫，遵照規定以做好預算及成本控制，預測客房銷售情形，同時要與企業界人士和社區活躍人士保持良好的關係。前檯經理工作的進行需要和前檯副理、夜間稽查員、訂房經理以及服務中心領班（bell captain）配合無間，即使一些作業細節也不能忽視，這樣才能營造出一個高效率的部門。

以上所述爲客務經理的主要工作和職責。客務部門在溝通聯絡上之角色有如中樞神經般重要，如館內銷售、跨部門對客服務與財務運作等，可說厥功甚偉。職是之故，前檯經理的特質必須是：能夠充分掌握顧客需求及細膩的心思，對員工有領導統御才能，善於部門間的溝通，各項財務資料與報表的傳遞。這份多彩多姿的工作，能夠提升一個人的工作觀，對旅館的財務管理及人際溝通上，都具有前瞻性的認知。

財務部經理

財務部經理是旅館的內部會計師。他／她必須負責旅館每日營業的實際有效性財務資料，做好稽核管理。在旅館企業中，每一天所產生的若干財務報告，無論是給業主、管理階層或是客人看的報表，都要求產生實效，俾反映營業眞正的狀況。要做好這些工作，必得仰賴精通會計作業的員工，不但要準備好財務統計報表，而且要提供各項營業資料，使總經理能有效監督各部門的運作。總經理就是這樣靠財務部經理給予的資料，去掌握整體企業的動向。那麼，這些財務資料與報表有哪些呢？主要爲：現金流動、折扣、保險成本評估、員工福利成本分析、投資機會、電腦技術運用、銀行往來等。

財務部門所須處理的事務尙有：應付帳款（accounts payable）——旅館應付給廠商的款項；應收帳款（accounts receivable）——旅館應向顧客收取的欠款；分類帳（general ledger）——旅館各項營業活動所發生之帳，財務部人員加以分門別類，以使帳務系統化稱之；損益表（profit-and-loss statement）——某一期間對收入與支出有系統的表列出來；平衡表（balance sheet）——旅館某一期間財務平衡狀況的表述。看來，的確是一個相當忙碌的部門呢！

前檯經緯

宴會的主人瞭解到晚宴的菜單份量可能不夠二十名受邀客人食用。為了不讓客人掃興，他前往櫃檯，要求找出宴會廳領班來商討解決之道。惟櫃檯人員找了好幾次，始終無法聯絡上宴會廳領班。後來才曉得，原來領班生病到醫院掛急診去了。那麼，依你的看法，如何幫助櫃檯人員解決這個急迫的問題呢？

在有限服務的旅館裡，總經理通常與夜間稽查員一起充當財務經理的角色（也有些旅館整日的帳務工作由白天稽核員來做，反而眞正夜間稽核的工作由較低薪的櫃檯員兼任操作）。當然，還有較小規模的旅館，其財務狀況被視爲大企業財務體系的一個部分而已，所以有完整的帳務資料來襄助總經理扮演好另一個財務主管的角色。

安全部經理

安全部經理（director of security）須與各部門經理密切配合，控制各項物料與成本，確保飯店員工的操守，另一方面亦確保客人的安全。這位經理人對於旅館相關訓練課程，如消防、職業和環境安全等，負有監督之責；且協同各部門主管把前述工作落實。旅館內部一旦狀況發生，或有違規違法事件，安全部經理的耳邊總是流長蜚短，謠言滿天飛。因此，安全部經理的主要責任就是教育員工，養成人人對任何異常狀況的警覺心，以杜絕犯罪事件在館內發生。

令人遺憾的是，住宿產業往往易捲入一些法律訴訟案件，近年來尤甚之，使得旅館營運成本增加。法律實際上也提供諸多規範，以使旅館有處理準則。惟預防性的安全警戒措施，仍是旅館安全部門的中心主題。安全部門的經理人一般而言都有安全工作的淵源，例如，警察，或軍中偵防工作，或爲情治人員。他／她對於犯罪的心理或犯案的進行，有相當程度的瞭解。他／她對周遭的人、事、物常須保持高度警覺性。

這個職位在較小型的有限服務旅館裡，通常由前檯經理或是總經理兼任。在旅館的各個定點與停車場之間來回巡邏，是必要的安全行動。旅館主管雖要四處巡視，提供安全服務，但身爲總經理也不能就此忽視訓練、培養員工心中時時懷有警戒心。

停車場經理

確保顧客有一安全的停車空間，維護車輛安全，這個責任就落到停車場經理（parking garage manager）的肩膀上了。此人必須負責監督屬下的停車管理員，維護場裡顧客愛車的安全。另外，維護停車場的設施完整，作業上與工程部門及房務部門密切配合，也是其重要工作之一。有些旅館往往會把車位租給附近的商家或人士。停車場的收入要非常精確，須有一套會計程序處理，使現金收入與記錄相符。此位經理也要作財務預算、編制人員與訓練人員。停車場經理亦須在客人車輛故障時，適時提供支援服務。而提供各種車輛服務資訊更是經理的經常性工作。比起一些館內服務，這些林林總總的工作似乎微不足道，但對整體旅館服務而言，仍是不可或缺的一環。

客務部的組織型態

圖2-5所顯示的是以客務部經理爲首的典型客務部組織系統圖。其成員包括櫃檯員、出納員、訂房經理、夜間稽查員、話務總機、行李員、房匙管理員以及電梯操作員。惟不見得每家旅館都具備以上所有的職位。有些端視業務量而靈活運用，在某種情形下，櫃檯員身兼數職，除了接待工作外，尙兼充出納、總機與訂房員。在全程服務的大型旅館裡，才需要細分以上所列的各個職位。

任用客務部編制內的員工，則使旅館營運發生人事費用，這是不爭的事實。客務部經理有責任向總經理提出人事評估報告，並作出部門人事成本預算，因爲這和整個旅館的薪資水準是息息

圖 2-5　前檯部門組織圖

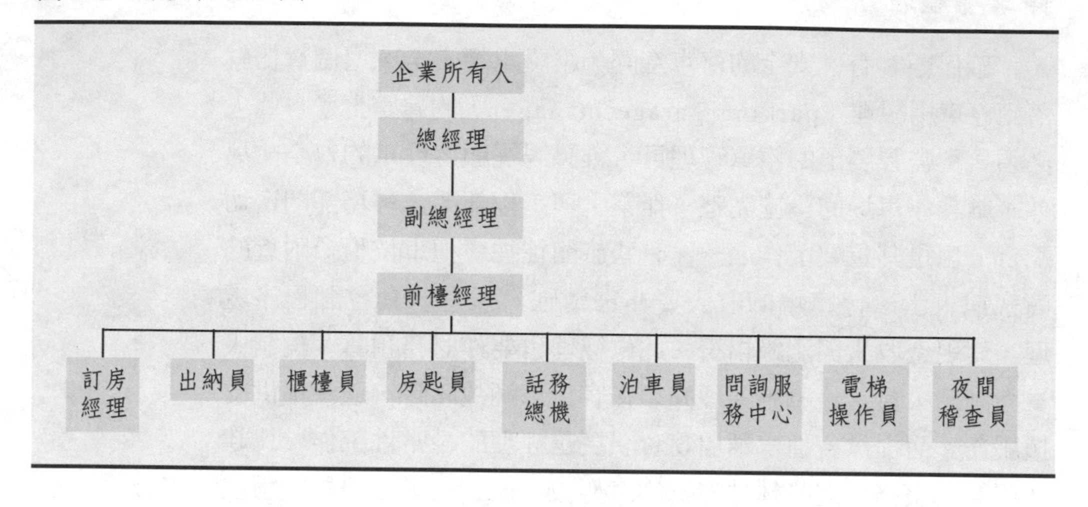

相關的。

客務部的每個職位各有自己的工作範圍。櫃檯員（desk clerk）的工作較為廣泛，包括確認訂房、住宿登記、分配客房、分發房匙、與房務員聯繫溝通、回答電話詢問、提供當地名勝及資訊、收受現金等，還必須充當旅館和客人之間、或是旅館與社區間的溝通橋樑。

出納員（cashier）的工作則是客人退房時，客帳的結清、處理客人的金錢事宜，以及錢幣之兌換。每家旅館都設有此一職位，當旅館客滿（full house）時，住客辦理退房的時候，出納員有條不紊的處理客帳，就發揮了相當的功能，無形中減輕櫃檯不少工作。就算旅館一下子湧進400名參加會議的住客，一旦辦理退房，亦能在短時間內完成所有退房手續。旅館出納還有最完善的退房制度——例如，快速退房（express checkout）可藉由客房內或大廳之電腦的幫助而加快退房速度；旅館亦可使用信用卡事先刷卡（prior approved credit）方式對客人徵信；或隨時登帳

旅館春秋

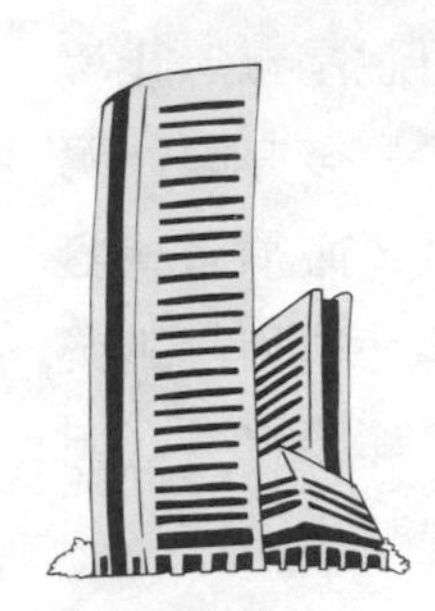

紐約城的馬里奧特·馬基斯大飯店總經理喬根季思貝的旅館生涯，打從進入德國柏林的「柏林旅館學校」就開始了。他工作過的飯店有：南非約翰尼斯堡總統飯店、以及該飯店連鎖的所在地，波查那、約旦、沙烏地阿拉伯、杜拜和斯里蘭卡都曾服務過。他於1981年加入馬里奧特旅館集團，先後在邁阿密馬里奧特、巴巴杜斯馬里奧特、波特蘭馬里奧特、奧勒岡馬里奧特和波斯頓柯普利馬里奧特飯店擔任管理級職務。直到1992年始升任為馬里奧特馬基斯大飯店的總經理。

季思貝總經理認為他扮演的角色應該是去想像未來，規劃一幅未來景象，並確信能達成這項計畫。他必須要和其他部門同僚溝通，讓每個人瞭解公司的目標。他還得確定公司的各種水準，要遠超過顧客們的期望，因此他對這些期望也必須瞭若指掌。他不能讓自己太過主觀來決定事情。他須創造一個環境，讓人們努力獲致成功，並憑優異表現獲取報償，且讓人們經常能發現己身長短處而加以改善。行銷也是令他感到吃重的工作。處在顧客群中，要讓客人覺得他們備受尊重。他得至現場監督巡視，參與價格決定、銷售以及策略制定。季思貝深切瞭解到，企業尤如一個三角形，三個頂端各為顧客、員工與老闆們；他的責任就是維持這三角的平衡，以使企業組織不至於崩潰。

季思貝說，他從來不知道旅館會發生什麼事情，所以總經理這個職位充滿著刺激與挑戰。他會因為他的計畫奏效，顧客因而喜歡上門，甚至同僚樂於工作而欣慰不已。他津津樂道地說，旅館這個工作，就是給那些喜愛服務他人並熱衷於工作的人而設的。

季思貝感覺到傳統式的事業生涯規劃逐漸改變了。每個人在今日餐旅業中的角色瞬息萬變，必須精通各種技能才能適應之。他嚴肅地告訴年輕學子，不要將自己所學局促於一隅，需接受各項訓練，除非他一直甘於某種固定職務。若想要成為總經理，就得精通各個領域的工作。

（bill-to-account）使客帳保持在最新狀態以待客人隨時退房，但往往在退房尖峰時間櫃檯出納總是忙碌不堪。

訂房經理（reservations manager）在一般的大型旅館皆有設此職位。此經理負責客人的訂房請求，並記錄客人特殊的要求，以達最完美之服務。訂房工作有其特殊性，可說是永無止境的，須針對顧客需求而提供住宿資訊和服務項目，事後亦需作訂房之確認。訂房經理爲了確保有效出售的房間數量，必須有一套周全訂房控制系統，以使作業保持順利。此經理同時須和行銷業務部保持良好的聯繫與溝通，無論在旺季或淡季，都要有一套因應的方案。

夜間稽查員（night auditor）主要爲處理每日客房所發生的各類客帳，並檢查帳目是否平衡。此人也須兼做大夜班的櫃檯員（晚間十一時至翌晨七時）。如果能有會計概念，工作更是駕輕就熟，可以很容易解決帳務上之問題。所以旅館會要求擔當此職務者要具備櫃檯經驗，同時亦要和財務部保持良好的溝通。

總機話務員（telephone operator）在旅館裡有著相當吃重的角色。住客和經理人在電話中的要求，需要迅速的處理。他／她也要有緊急事件處理的能力。由於通話帳務系統（call accounting）的引進，運用電腦計費，住客每通電話均能正確而毫無遺漏的登入客帳裡。所以，藉由電腦的幫助，現在的總機員工作量比起以前減輕了許多，電話費記帳也迅速而容易多了。當有必要時，總機員也可以協助櫃檯接待或出納處理忙碌的工作。

服務中心領班（bell captain）其下屬有行李員以及門衛，是旅館中重要人物之一。當旅館某部門電腦當機或失靈時，他們可能要爲其奔走代勞，分攤一些工作。他們也幫客人提行李或保管行李，向客人介紹旅館的環境與設施，幫客人跑腿、供應備品，提供客人館內資訊，並促銷館內各種設施，也介紹當地一些風景名勝與遊樂場所。對旅館業而言，他們是旅館不可或缺的一環。

房匙員（key clerk）此一職位通常見於大型全程服務旅館，

圖2-6
問詢服務中心可提供旅客當地各種觀光名勝與娛樂資訊（Photo courtesy of Stouffer Hotel, Denver, Colorado）

但如果採用電子插卡式者，就沒有這個職位了。房匙員主要工作即是分發客房鑰匙給住宿之客人，並對房匙安全上的問題採取必要安全措施。他／她也要處理顧客及旅館主管的來往郵件。不過，現在很多旅館已不再設此職位。

電梯操作員（elevator operator），其工作爲代客操縱電梯上下，同樣的，這個職位已不復見於旅館中，而由客人自己操縱或電扶梯所取代。但也有些旅館將此職位移爲大廳指揮員（traffic managers），告知客人關於電梯之方向。在大型旅館中，他們往往在大廳中向客人致意表示歡迎，當住客辦理住宿遷入或退房遷出時，告訴客人應行走的方向。

問詢服務中心（concierge）則提供廣泛的服務資訊，諸如遊藝、運動、娛樂、交通、旅遊、教堂服務等，（圖2-6）甚至代尋照顧嬰兒的褓姆也在服務範圍之內。因此，這些人必須相當熟悉當地情形，以便應付顧客各種不同的需求。他們也幫顧客買戲票和代訂餐廳。旅館的問詢服務中心都設於大廳內，並設有一櫃檯以服務住客。

圖 2-7　在中小型有限服務的旅館中，前檯人員總是相當精簡

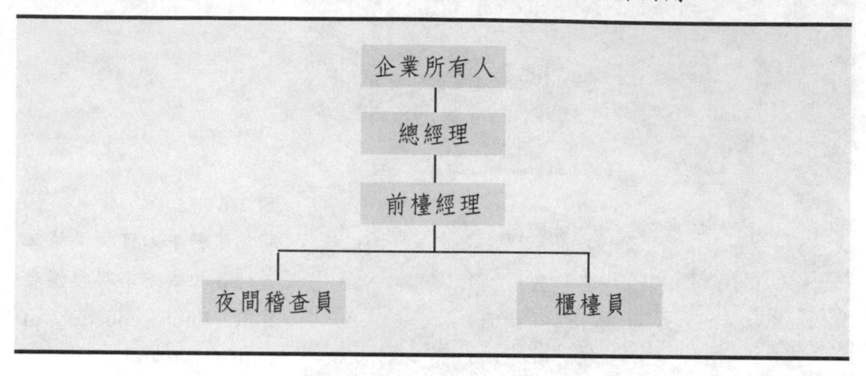

圖2-7的組織系統圖，描繪了一個比大型旅館單純的人力配置。例如櫃檯員擔任多方的工作，像訂房、住宿登記等，此外亦兼出納、總機或櫃檯其他工作。只要客人提出服務的要求，櫃檯就要馬上做出專業性的服務。在中小型有限服務的旅館裡，總經理在必要之時，也得幫忙處理訂房、住宿遷入和退房遷出的工作。

夜間稽查員的角色，在小型旅館和大型旅館有很大的差別。因為在小型旅館中，沒有很多部門轉來的帳，如餐廳、宴會廳、酒吧、藝品店或溫泉浴室等，夜間稽查員主要統計的只有房租、服務費與稅而已。由於電腦的使用，更大大地減輕了不少的工作，並節省了許多時間。像前面所提及的，這個工作都是在半夜，即凌晨時間，客人退房之前，統計的工作已經完成。

客務部經理的功能

一位成功而稱職的客務部經理（或稱前檯經理），必然會將旅館企業的獨特文化與精神，反應在顧客的服務上。應用管理的理念，他／她的行事風格，必然會影響前檯同仁，並以溫馨、關懷、安全與效率的服務，散播在每一位客人之上。客務部經理須訓練其部屬瞭解旅館電腦管理系統（property management systems, PMS），亦即使用電腦軟硬體，從事訂房、住宿登記、客房銷售、客帳登錄和其他相關作業的處理。他／她還要保持服務品質和利潤有同比率的提升，以及維持一個良好的溝通管道。

客務部經理在一些工作要素上須作效率化之管理，諸如同僚員工、裝備設施、房間銷售、部門預算和銷售機會。這位經理就是要協調上述的要素，以達成企業的目標利潤。

前檯的員工必須受到適當的訓練，以確實執行企業的既定方針和政策。前檯經理不能光憑臆測，認為員工都知道應該做哪些事。每一位員工需要有明確的指示和指導，才能清楚如何做好服務工作，前檯員工的工作態度，對該服務企業而言，起著相當重要之作用。為了確保員工的工作態度良好，旅館須培養出一股激勵員工的氣氛，讓同仁表現最好的一面，提高士氣與發揮團隊精神。

客務部經理能掌控的管理工具各式各樣，但自從電腦的出現之後，旅館電腦管理系統提供客務部經理寬廣的管理空間，以及更方便的管理掌控。他／她能夠輕鬆地秀出所要的資料，例如住客的代號名稱、公司行號、出差客的住宿頻率、某一大型會議所產生的金額收入，並且能將此資料傳送至行銷業務部門。

客房一旦未能當晚售出，就永遠無法再彌補了。對客務部經理而言，這才是最大的挑戰。因此，和行銷部門緊密的配合是必要的，以便作有效之廣告和產品銷售策略，進而創造業績。前檯人員如能不斷地施予訓練，使其不致漏失每個空房之銷售，便能確保達成企業的營業目標。

客務部經理和總經理都必須做好預算編列，因為客務經理每天經手且控制大量的金額，薪資與備品的預算、每日銷售的預測，還有對每個住客的收入之精確記錄，在在顯示客務經理必須運用相當的管理技巧。

要用一個概念來描述客務部經理特徵的話，那就是「運動團隊成員」。客務部經理無法單打獨鬥來完成企業給予的目標。總經理會定下一個營業目標和標準，以便讓各個部門有所遵循。副總經理則提供各部門主管關於營業現況，以使各部門的作業均能符合企業之需求。財務部主管提供企業之營收狀況及各種財務資料給客務部經理，以讓其瞭解是否達到營業預定目標。餐飲部經理、房務部經理和維修工程部經理也都對客人提供服務；如果沒有這些部門經理人與客務部經理無間的合作與溝通，實在難以對客人提供服務。而行銷部門的經理亦設計各種促銷方案以吸引客人的到來。行銷方案的效果，也使得客務部經理容易銷售房間。人事部的經理提供勝任的團隊人力給客務部經理，以使該部門達成總經理設下的營業目標和作業標準。

工作分析與職務描述

所謂工作分析（job analysis）就是列出一連串的工作細節，以作為一套完整的職務描述之基礎。職務描述（job description）詳列了某一職位中之員工，應有的一連串的工作責任之內容。在旅館產業中，雖然沒有什麼所謂「特殊的」工作，但有些工作是每天必須去執行的。藉由工作分析，使人們能安排與規劃職務描述來一一列出每日的工作程序。這些工作程序配合本身的責任，以及跨部門的合作基礎，從而形成一套完整的職務描述。事實上，職務描述是一種管理工具，它對員工的指導方針與專業訓練，起著很大的效用。它也幫助人事部門確保每位新進員工能夠工作順利，行事有所依循，從而作爲制定工作規範（job specification）之參考基礎。以下所述者爲典型客務部經理之工作分析：

7:00晨間	與夜間稽核討論前一夜的工作情形。注意夜間稽核的帳務是否平衡。
7:30	與訂房員討論當天訂房情形及應注意事項。
8:00	向櫃檯早班人員問好，並給予夜間稽核報表和訂房報表。協助櫃檯員辦理客人退房遷出之工作。
8:30	與房務主管會商，瞭解是否有些潛在的問題是櫃檯人員需要注意的。之後與維修工程部主管會商，瞭解哪些問題是需要讓櫃檯人員注意的事項。
9:00	與行銷部經理討論推出何種促銷案以增加客房收入。與宴會廳經理討論住客在館內宴會時之費用轉帳問題，尤其是有爭議問題之帳如何解決。
9:30	與主廚會談，以知道各餐廳之每日特別菜單，並加以影印，分發至總機話務員。
9:45	與櫃檯人員討論當天的工作；處理有問題的客帳。
11:00	與總經理討論下一年度財務預算問題。
12:30午間	處理未來一週的訂房預測情形
1:00	與企業界客戶共進午餐

2:15	與櫃檯員控制和分配有訂房之房間（room blocking），尤其是團體訂房。
2:30	與財務主管商討次月之營業預算。並檢討上個月的預算目標達成率。其次和房務主管聯繫房間檢查的工作事項。
2:45	聯繫維修工程部人員關於十八樓管路間之各項修理問題
3:00	向下午班的同仁值勤前講話，告之關於訂房、房間分配、可售房間狀態等應注意事項。
3:15	協助櫃檯人員辦理團體旅客遷入工作。
4:00	對前來應徵櫃檯職務的人員進行面談。
4:45	協助櫃檯人員辦理住客遷入工作。
5:15	閱讀與研究商業期刊中之一篇關於對員工授權的文章。
5:45	打電話聯絡夜間稽查員，告知今日與工作有關的各種狀況，以便值勤時多加注意。
6:00	聯絡安全室主管，以便瞭解目前在會議廳舉行的藝術畫展，其安全佈置情形和應加強事項。
6:30	填妥客務部各項機器的維修與保養之申請單。
6:45	草擬與安排明日的各項工作行程。

以上的工作分析顯示出客務部經理忙碌的工作行程，包括與客務部同仁之互動，以及館內各部門主管之溝通和協調。客務部經理必須能夠規劃預期的營業收入和相關支出，同時也要和客人打成一片，增進公共關係。

以工作分析爲基礎，客務部經理的職務描述就如同圖2-8所列示的一樣。職務描述可說是一項相當有效的管理利器，因爲它將客務部經理的基本工作和職責範圍非常清楚而詳細的記載下來。這些指導原則可讓一個主管運用良好的管理方式，將客務部管理得有條不紊。這些一一列示的條文對一位沒有經驗或是僅有滿腹理論的主管而言，要去穩健圓滿的實踐，也可說是一項挑戰。

圖 2-8 以工作分析為基礎所製成之客務經理的職務描述

職務描述

職位：客務部經理

對誰負責：總經理

崗位職責：

1. 查閱夜間稽查員製作之各項報表。
2. 監督訂房作業的各種細節，確保訂房的正確性。
3. 與櫃檯人員作有效的溝通。
4. 監督櫃檯人員每日的工作事項：訂房、住宿登記和退房遷出。
5. 與各部門主管有效的溝通，關於對客服務的應注意事項。
6. 與行銷業務部門討論如何提高客房銷售、推銷旅館產品和對客服務事項。
7. 協調各部門主管和財務部主管，對於有爭議之客帳的處理方式。
8. 制定關於客務部的各種預算。
9. 制定未來一星期、一個月及日後重要時期的客房銷售預測報表。
10. 和企業界、社區重要人物保持良好的互動關係。
11. 監督客務部人員的值勤及工作態度。
12. 執行上述工作、臨時性必要工作及上級交辦事項。

工作檢討週期：

1. 每一個月 ________（日期）
2. 每三個月 ________（日期）
3. 每六個月 ________（日期）
4. 每一年 ________（日期）

管理的技巧

管理員工的技巧，有多種書籍論述，但本身有相當充分的經驗也是非常重要的。很多專家分析認爲管理員工有它複雜性的一面。也許你曾經上過其他的管理課程，告訴你一些管理的概念或細節。本章亦有若干概念告訴你，俾協助發展管理的能力與方式。

發展你的管理能力與方式的第一個步驟，便是先瞭解自己在整個團隊中所處的地位如何。身爲一個客務部經理，會被賦予若干責任和權力。這些責任與權力是管理領域中參與、成長和限制的範圍。雖然這是整個團隊中單純的一個範疇，但是明確的權力與責任能在管理實務中讓你有所依循。此時，經理人應該環顧，在這個組織裡，個人的生涯目標爲何。如果你有志於邁向總經理之路，那你必須立下一個目標。設法瞭解旅館各個部門的運作，能提供你優異表現的機會，以及累積豐富的經驗。你必須非常清楚本身參與活動的舞台和設定成長計畫。那麼，你就有能力決定如何以最好的方式領導旅館團隊，使業績扶搖直上和獲得自我成長。

一個新主管（不管二十歲或六十歲）的第一個管理概念應致力於員工的激勵。要用什麼來幫助他或她呈現其最好的一面？重點是在員工個人身上，每個人都有不同的激勵誘因。譬如說：值勤的排班表，如何地費盡心思規劃，對一位兼差（moonlighter）打工的夜間稽查員而言，下午班（下午三至十一時）可是一點興趣也沒有，因爲他在別的公司有一份正職，而在旅館一週大概只上班兩天。但也有人喜歡下午班，因爲他／她已經習慣了這種生活方式，在上午班工作反而興緻缺缺。學費獎勵辦法，對一位要完成四年大學課程的人可能是最好的激勵方式。不過，這種誘因，對一位不想接受高等教育的人，可說是毫無激勵作用。對櫃檯員或是訂房員職位的晉升可能有鼓勵作用，但對一位新進總機話務員而言，則較關切其上班時間是否符合照顧家庭的需要，升遷的激勵就不太有作用。有很多的個案，主管無從瞭解，如何激勵他／她的員工。所以，如何有效激勵每個員工，對主管來說的確是很有挑戰性。能夠好好運用激勵的技巧，經理人能提升的，不但是照顧到員工的利益，也同時能兼顧到旅館的利益。

主管的另外一個責任，就是讓每個不同個性的人在崗位上適得其所。這是經常性不斷要做的工作，然而往往主管因為太過忙碌，以至於無法抽空瞭解員工個人與整體團隊的關係，殊不知這種關係是建立積極和有效率團隊的重要因素。客務部的員工們有時爭著引起主管之注意或好感，這雖是司空見慣，但主管仍須正視加以處理，視為其工作之一部分。一旦主管表現出對此工作的優越能力，日常性的工作也就能勝任愉快了。員工此時需要瞭解經理面臨壓力時的反應情形，他們也會去試圖瞭解，主管面對最高層峰時，是否會考慮員工們的立場或利益。幾乎新任主管都會被如此方式的考驗。當你面對這種挑戰時，也毋須氣餒，反而應勇於面對它，因為未來的挑戰可能接踵而來。

當處理完不同個性員工之間可能的衝突時，經理必須掌握住員工的優點與缺點。誰是團體中非正式的領袖？誰是事件或狀況的主導者？誰是主要埋怨者？同仁們的公正意見或許仍是其餘多數人的想法。往往同事之間都明瞭工作伙伴的缺點，他們甚至十分清楚哪些人值得信賴，可以處理客滿後、住客退房的情況；哪些人有能力處理會議團體的住宿遷入工作。團體中的非正式領袖可以協助主管且提出好的意見出來。

有些主管傾向對員工的不妥協態度，這種反應是基於一種假設，即是主管對客務部的一切事情都可發號司令。當然，權威是重要的，但是主管要維持其權威和行事目標與員工一致，則必須有一套領導策略才可。

對人員加以適當的訓練，將使主管的行事更易推行。當訓練能夠計畫、執行和追蹤，人們容易犯錯的困擾也會隨之減少到最低程度。如前所述，每項職務描述都清楚的條列出，但其灰色地帶——如顧客抱怨處理、提升旅館的形象、銷售館內其他部門之商品、帶領新進員工——這些是無法在職務描述中表達出來的。因此，在職訓練（on-the-job training）是必要的，尤其旅館有新產品或新的服務方式時，有必要做在職訓練，看錄影帶的示範是最好的一種方法，因爲各種狀況的處置方式都會很清楚的秀出來，易於瞭解和體會。其功能並不只是顯示專業技巧而已，還表達了營業目標、服務業之服務本質，以及本館的風貌和特色。

員工們在上班中總有一些衍生的需要和工作相關聯的需求。主管們要盡力去迎合他們。例如某一新職員欲更改班別，原因是跟同班的同仁合不來，這時主管就要加以開導，並教之與人相處之道。其實，員工們有可能形成一個好的團隊，但是，彼此間要相互忍讓才行。某一資深的員工也許會向你問起關於他升遷的問題。你一時之間也不知如何回答，不過，倒可以向他暗示，你以後會多留意此問題。員工也明白，有些這類的問題是急不來的。總之，多傾聽他們的心聲，那麼，他們的訴求會從工作中表現出來，你也可以一眼望穿。例如，一個需要額外收入的員工，他會要求超時工作，以賺取加班費。日後，當其他同仁因病請假或公休度假去了，這位員工便可補班以賺取外快。

館內溝通的重責大任通常落在客務部門。從與客人應對而言，這個部門在旅館當中是最醒目的。其他的各個部門都知道，透過此一部門，可以將一些資訊傳遞給客人。假若疏忽傳遞訊息給客人，可想而知，當客人退房時，客務部人員將首當其衝面對客人的怨聲載道。

愈是有系統的溝通方式，愈是對任何人都好。譬如交接班留言，如果有必要延至下一班去完成時，櫃檯員可以將之記載於交接簿（message book），它是一種活頁的簿子，櫃檯每一班都可將重要的交接事項記錄於此簿本上。這種溝通工具對客務部是無比的重要，無論任何事情或活動，只要與客務部有關的資訊，都要翔實的寫下來。另外，旅館的每日集會活動一覽表（daily function sheets）的表單也要從各單位集中至櫃檯，且都必須不斷地將最新的活動傳遞過來，使之保持在正確的狀態。集會活動表在公共區域，尤其是大廳，或者是客房內電視裡的電子活動布告欄，客務部人員要負責處理這項工作。萬一有住客投訴客房的缺陷，客務部人員必須將此投訴轉知相關人員或單位。然後，客務部人員、客務部經理、房務部人員、房務部經理，甚至工程維修部經理要聯繫檢討，以確保問題的解決。

館內服務、房間預訂、轉帳（city ledger accounts）——即所有非住客在館內消費所形成的應收帳的集合——應付帳、館內種種活動以及住客的訪客留言，都是客人可能要求的資訊。櫃檯員和總機話務員如果被問起上述問題時，都要對答如流，或是知道要傳遞至相關人員。

有些作業要領是由經驗所累積的。作爲櫃檯其中的一位成員，特別是總機話務員，這份差事確實壓力很大，因爲它不容許任何差錯。一有外來電話要找部門主管，就必須設法找到他，或是外邊打給客人的電話，亦要確信已經轉給客人，總之，分分秒秒都要守著崗位。如果傳錯旅客留言，或是誤解對方意思，那麼，旅館服務就大打折扣了！

最後，我們來探討授權給員工方面的問題。現代經理人需要有多方的訓練和工作經驗，俾能管理從業員每天都可做好份內事情。而授權的目標便是確信員工們能獨立處理事務，不必樣樣請示核准。從事授權，則主管必須訓練好員工和付出耐心；因員工早已習於在上級的監督下從事工作，不太可能適應獨立思考的工作環境，去應付任何的挑戰。

客務部人員之選用

客務部人員的名額多寡，是根據整體預算比例和住宿的遷入遷出所產生之工作量而決定的。住宿客人與旅館互動的頻率增加，或要求更多的服務，也會影響員額的安排。客務部經理必須擬訂薪資和時薪工資而據以決定勞務成本，同時也要考慮兩者的比例。如果客務部經理能依照既定計畫執行，其結果，執行的花費必與預算相去不遠。**表2-1**顯示出人事成本是如何決定的。**表2-2**則以客房銷售的收入和成本相互比較，據此可以對收入與勞務支出作事先評估。

解決前言問題之道

客務部與房務部員工的合作關係不好，反映了對工作重要性的缺乏瞭解外，也顯示雙方缺乏相互的尊重。住客向櫃檯要求多一張毛毯時，櫃檯員必須在短時間內追蹤是否已完成客人要求。由於櫃檯員是不能離開崗位的，當班的行李員可適時代勞至房務部，要求拿一張毯子給客人。這種情形之所以發生，是因爲房務員可能在處理其他緊急要事，或房務員是新進員工，對客人的迅速服務缺乏警覺性所致。實際上，客務部經理可以事先預留一些布巾類的東西，以備不時之需。

表 2-1　前檯客務人力安排過程表

步驟 1. 需求預估（先行審核前檯客務部的預算）

	10/1	10/2	10/3	10/4	10/5	10/6	10/7
櫃檯服務員							
夜間稽查員							
出納員							
詢問接待員							
電話總機員							
行李部領班							
行李服務員							

步驟 2. 人力工作排班表

	10/1	10/2	10/3	10/4	10/5	10/6	10/7
櫃檯服務員 1	7–3	7–3	7–3	7–3	X	X	7–3
櫃檯服務員 2	9–5	X	9–2	10–6	X	7–3	9-Noon
櫃檯服務員 3	3–11	3–11	3–11	3–11	3–11	X	X
櫃檯服務員 4	X	X	X	3–7	7–3	3–11	3–11
夜間稽查員 1	11–7	11–7	11–7	X	X	11–7	11–7
夜間稽查員 2	X	X	X	11–7	11–7	X	X
出納員	8–Noon	X	9–2	9–Noon	X	X	11–3
詢問接待員 1	Noon–8	Noon–8	Noon–8	Noon–5	Noon–5	X	X
詢問接待員 2	X	X	X	X	X	Noon–5	Noon-8
總機員 1	7–3	X	X	7–3	7–3	7–3	7–3
總機員 2	3–11	3–11	3–11	X	X	3–11	3–11
總機員 3	X	7–3	7–3	3–11	3–11	X	X
行李服務領班	7–3	7–3	7–3	7–3	X	7–3	X
行李員 1	9–5	X	X	10–6	7–3	3–11	7–3
行李員 2	3–11	X	3–11	3–11	3–11	X	3–11
行李員 3	X	3–11	8–2	X	X	X	11–5

(續)表 2-1 前檯客務人力安排過程表

步驟 3. 給薪預算

10/1	10/2	10/3	10/4	10/5	10/6	10/7
類別：櫃檯員=$745.00						
8 hrs @ $5.25 = $42.00 8 hrs @ 6.00 = 48.00 8 hrs @ 4.75 = 38.00 $128.00	8 hrs @ $5.25 = $42.00 8 hrs @ 6.00 = 48.00 $90.00	8 hrs @ $5.25 = $42.00 8 hrs @ 6.00 = 48.00 5 hrs @ 4.75 = 28.75 $113.75	8 hrs @ $5.25 = $42.00 8 hrs @ 6.00 = 48.00 8 hrs @ 4.75 = 38.00 4 hrs @ 4.75 = 19.00 $147.00	8 hrs @ $4.75 = $38.00 8 hrs @ 6.00 = 48.00 $86.00	8 hrs @ $4.75 = $38.00 8 hrs @ 4.75 = 38.00 $76.00	8 hrs @ $5.25 = $42.00 8 hrs @ 4.75 = 38.00 3 hrs @ 4.75 = 14.25 $94.25
類別：夜間稽查員=$404.00						
8 hrs @ $7.50 = $60.00 $60.00	8 hrs @ $7.50 = $60.00 $60.00	8 hrs @ $7.50 = $60.00 $60.00	8 hrs @ $6.50 = $52.00 $52.00	8 hrs @ $6.50 = $52.00 $52.00	8 hrs @ $7.50 = $60.00 $60.00	8 hrs @ $7.50 = $60.00 $60.00
類別：出納員=$76.00						
4 hrs @ $4.75 = $19.00 $19.00	0 0	5 hrs @ $4.75 = $23.75 $23.75	3 hrs @ $4.75 = $14.25 $14.25	0 0	0 0	4 hrs @ $4.75 = $19.00 $19.00
類別：詢問接待員=$275.50						
8 hrs @ $6.00 = $48.00 $48.00	8 hrs @ $6.00 = $48.00 $48.00	8 hrs @ $6.00 = $48.00 $48.00	5 hrs @ $6.00 = $30.00 $30.00	5 hrs @ $6.00 = $30.00 $30.00	5 hrs @ $5.50 = $27.50 $27.50	8 hrs @ $3.50 = $44.00 $44.00
類別：電話總機員=$518.00						
8 hrs @ $4.75 = $38.00 8 hrs @ 5.00 = 40.00 $78.00	8 hrs @ $5.00 = $40.00 8 hrs @ 4.00 = 32.00 $72.00	8 hrs @ $4.00 = $32.00 8 hrs @ 5.00 = 40.00 $72.00	8 hrs @ $4.75 = $38.00 8 hrs @ 4.00 = 32.00 $70.00	8 hrs @ $4.75 = $38.00 8 hrs @ 4.00 = 32.00 $70.00	8 hrs @ $4.75 = $38.00 8 hrs @ 5.00 = 40.00 $78.00	8 hrs @ $4.75 = $38.00 8 hrs @ 5.00 = 40.00 $78.00
類別：行李服務員=$410.00						
8 hrs @ $4.00 = $32.00 8 hrs @ 4.25 = 34.00 $66.00	8 hrs @ $4.00 = $32.00 $32.00	6 hrs @ $4.00 = $24.00 8 hrs @ 4.25 = 34.00 $58.00	8 hrs @ $4.00 = $32.00 8 hrs @ 4.25 = 34.00 $66.00	8 hrs @ $4.00 = $32.00 8 hrs @ 4.25 = 34.00 $66.00	8 hrs @ $4.00 = $32.00 $32.00	8 hrs @ $4.00 = $32.00 8 hrs @ 4.25 = 34.00 6 hrs @ 4.00 = 24.00 $90.00

前檯客務部薪資=$1375
前檯經理=$600/wk
訂房經理=$475/wk
行李領班=$300/wk

(續)表 2-1　前檯客務人力安排過程表

步驟 4. 總結		
前檯服務員		$745.00
夜間稽查員		404.00
出納員		76.00
詢問接待員		275.50
電話總機員		518.00
行李服務員		410.00
薪資		1,375.00
		$3,803.50
	×	.27
稅金/福利	=	1,026.95
	+	3,803.50
每週給薪預算總數	=	$4,830.45

表 2-2　一週客房銷售預算與人力給薪預算比較表

	10/1	10/2	10/3	10/4	10/5	10/6	10/7
昨日客房銷售數	135	97	144	147	197	210	213
退房數	-125	-10	-72	-75	-5	-15	-125
續住房數	10	87	72	72	192	195	88
抵店客數	+72	+40	+50	+125	+10	+15	+35
未訂房客數	+20	+20	+30	+10	+10	+5	+50
訂房未到房數	-5	-3	-5	-10	-2	-2	-3
售出客房數	97	144	147	197	210	213	170
本週售出客房總數（7日售出客房總數）							1,178
本週售出客房總收入（平均每日客房售價爲50美元）							$58,990
本週給薪預算（見表2-1）							$4,830.45
本週給薪對售房收入之百分比（〔給薪×100〕÷售房收入）							8.2%

部門主管必須研究出何以這種服務的疏失，其根本的原因在哪裡？是否因爲訓練、激勵和授權的不足，都是必要檢討的。

結論

本章介紹了有關住宿產業的組織系統和結構，以及各個部門經理的崗位職責。環顧客務部經理所扮演的角色，即可知道客務部的許多事務。一個成功的客務部經理，起始於有效的監督管理，例如，對部屬、裝備、客房備品、財務管理和市場行銷之卓越的管理。經過分析這些種種因素，客務部經理實在可以有效的帶領這個部門把事情做好；至於達成利潤目標，或是提供給客人好的服務，那就更駕輕就熟了。

要明白客務部經理的角色和功能，我們只要透過工作分析和職務描述，就可全然瞭解。這種方式可讓未來任何主管很快瞭解其主要的責任範圍，以及與其他各部門間的相互關係。

客務部裡有很多不同的職位，他們各有不同的對客服務方式。但周全的培訓、充分的授權和彈性的作業方式可以組成一支成功的服務團隊。

業績預測、工作安排、主管的作風、員工激勵、適當的人力、工作授權以及有效的溝通，可說是一位主管應充分具備的能力。一個好主管的養成，大多經過不斷的教育、嘗試與錯誤中長期的歷練而成。

問題與作業

1.如果你是業界人士，那麼，請繪出你工作的飯店之組織系統圖。從你進入這家飯店以來，飯店的組織系統圖是否改變過？如果有的話，你認爲改變之原因爲何？

2.請試比較大型旅館與小型旅館之組織系統圖有何差異？一個小型旅館如何以有限的人力去運作？

3.如果你是從事旅館工作的人，請描述你旅館的總經理每天做了哪些工作？又，你部門的主管，每天做哪些工作？而上述這兩者在工作上怎樣配合，以使旅館運作順利。

4.客務部門的組織架構爲何？請試述大型旅館中，客務部有哪些職位？哪些職位對於客人的服務最爲重要？

5.假若你在旅館中做過前檯的工作，你認爲前檯經理應做哪些事情？你若沒有做過前檯的工作，那你得去問問前檯經理，深入瞭解這個職位所事爲何？

6.客務部經理擁有哪些有效資源可供利用？試列出這些用以服務客人和督導員工的資源並說明其重要性。

7.試說明客務部經理與旅館內各部門主管之間的關係。並列舉實例。

8.試說明在寫出職務描述之前，爲何要先有工作分析，其道理何在？你認爲這種程序是必要的嗎？何以要（或不需要）？

9.在準備一個計畫時，需要哪三個步驟方得克竟其功？

10.你認爲你的主管是如何地發展出他個人的管理風格？你認爲你自己要怎樣去發展你的管理風格？

11.所謂督導的技巧（the art of supervision），對你有什麼意義？將來你當上主管的要職，你會如何看待這一概念的重要性？

12.試述爲何去嘗試對個人的激勵，將會有助於你從事督導工作？

13.在你工作的地方，有哪些人物其行爲會引起你很大的注意？你的主管是如何應付和管理他們？設若你是一位主管，你的處理方式會有何不同？

14.就一般而言，一名受過良好培訓的前檯職員，將會帶給客務部經理哪些好處？

15.請舉一些實例來說明客務部經理是如何與其他部門、與旅館客人、與所有大衆作溝通？

個案研究201

仙蒂．蔡任職於時代大飯店，職位是人事部經理。她被告知去更新客務部經理伊莎貝拉．馬蒂南茲的職務描述。於是她面見了伊莎貝拉，談談關於其應配合製作職務描述的種種程序，並徵詢建議事項。伊莎貝拉對這事感到有些焦慮不安，因爲她害怕仙蒂認爲她工作得不好。最近人事部門舉發了財務部門對員工福利措施的不當，導致該部門兩名資深員工被炒魷魚。

當會談結束後，仙蒂要求伊莎貝拉在一星期內逐條列出她應該做的典型工作範圍，並且交代：「內容須簡單扼要！」伊莎貝拉鬆了一口氣，因爲這並不是件難差事，只要確信能夠書面作業上寫得漂亮就行了。

當天，伊莎貝拉拿出她的工作記錄簿，並仔細翻閱她近兩個月來的工作行事和行程，並把重要部分摘取出來，作了筆記。其中有重要客戶的姓名、講習會內容，和館內重大事項的記載。逐一整理出來後，讓這些資料有序的條條列出，她認爲這樣做已經不錯了。隔了幾天，她再重新檢閱一遍，把一些曾忽略掉的事項加了進去。

一週終於過去，仙蒂·蔡打電話給伊莎貝拉，問她能否再會面，逐條討論工作責任之範圍。在會談之前，伊莎貝拉已將這份資料交給仙蒂過目。兩人會談當中，仙蒂雖然對伊莎貝拉的報告資料印象深刻，但仍然不瞭解，到底她的實際工作爲何。她就問起這份報告資料是如何寫出來的。伊莎貝拉即告之其完成之詳情，並認爲已充分表達其工作之職責範圍。仙蒂就要求伊莎貝拉跟根據標準的工作分析制度，把她每日工作行程劃分爲每項十五鐘一個段落。

有鑑於財務部之前所發生過的事件，如果是你，該如何告訴伊莎貝拉去完成這項交辦工作？爲什麼仙蒂·蔡會要求伊莎貝拉記錄每日行程？又工作分析，對總經理而言，有何用處？

個案研究202

奧古斯特・德凡克是時代飯店的房務部經理。他向總經理喬登・李要求幫助改善，使他成爲旅館團隊中一名好的成員。奧古斯特說他遭同僚（如餐飲、客務部和行銷業務部人員）之指責，對購入旅館新裝備的事過於吹毛求疵。

上次開會時，他對旅館花錢購置語音信箱的事提出批評。奧氏在這家旅館工作了二十年，深知這項新裝備的購買可說是毫無意義的花費。這筆錢若是用來給員工加薪和增加福利，則更有意義。他解釋說，他把人生美好的二十年貢獻給這家旅館，也與館內各部門的主管密切配合過不少的事情。事實上，房務部的人員已經減少訂購新的財產，俾讓其他部門能購置新的配備。但這次，奧氏顯然對各部門不需要的裝備購置深感不以爲然。

喬登・李靠著椅背向奧古斯特問道，應如何協助他融入這一團隊後。奧氏說他要讓這群新人知道，他過去是如何的與他人努力合作，才有旅館今天這個樣子。喬登點頭認爲這是一個很好的開始，即要求奧氏將這些合作過的事蹟都整理好，列出一張單子出來。奧氏說他會儘快整理出來，並要求喬登是否在下次開會時，撥個時間提出來討論。

喬登・李主持了下次會議，他要大家討論週初他就告訴大家要看的一篇文章，題目爲「管理階層團隊的權力與責任」。行銷部經理認爲這是一篇好文章，因爲他總覺得自己沒有與同仁配合得很好，也很少積極的認同他人之意見。餐飲部經理麥克則說他不太能認同此文之眞意，因爲他覺得自己老是在付出。房務部經理伊莎貝拉說這篇文章很適合她，因爲她一直堅持要購置一套語音信箱系統。奧古斯特說他數年來，只要有非常必須購置的物品，就一定會堅持到底，但也會徵求同仁的意見和鼎力支持。

當開會進行到討論付諸實行的階段時，喬登・李要求在場同仁們給他一些建言以購置語音信箱系統。

觀之，奧古斯特努力地想融入這一旅館團隊，你對喬登·李的作法有何觀感？你認爲這個管理團隊會作出支持購置語音信箱系統的決定嗎？你對伊莎貝拉的想法若要受到支持的話，有什麼建言？

第3章

有效的跨部門溝通

本章重點

* 客務部與其他部門溝通中的扮演角色
* 全面品質管理對改善部門間溝通的討論與運用

前言

新娘的母親已發現到，女兒的結婚蛋糕傾斜得很厲害。於是火急地跑到櫃檯去，要求儘速聯絡宴會廳經理，趕快來解決蛋糕問題。客務部經理無意間聽到櫃檯員和出納員之間的對話。「反正宴會廳經理就是在旅館內吧！要我去叫他出來，又不是我份內之事！如果結婚蛋糕真的倒塌下來而出狀況，那是宴會廳經理自己活該！」

客務部在部門間溝通之角色

客務部門在整個對客服務中，扮演一個像中樞神經般的角色。對客人來店的愉快與否有著相當密切的關係。當客人來到一個陌生的新環境，對其商務或度假旅行充滿未知的焦慮，所以會急著知道棲息的環境條件是誰（who）、什麼（what）、何時（when）、何處（where）以及如何（how）。客人詢問的對象，大抵從門衛、行李員、總機、櫃檯員、出納或是問詢服務中心開始；因為這群人對顧客而言，是最為醒目的人物，也是被認為最具知識的人物。一般都相信這些員工對組織和社區的情況瞭若指掌。他們提供給顧客的相關訊息，如交通運輸、館內設施位置、社區活動等，都顯示了在旅館中，客務部是不可或缺的角色。客務部經理更必須扮演吃重而活躍的角色，收集顧客想要的相關資料，以因應需求。此部門員工們也須發展出一套作業程序以積極地活用這些資料。

客務部經理與各部門的主管、員工要致力於保持良好的關係，以便能廣泛地供應客人各種館內外訊息，提供最佳的服務。雖然提高良好的人際關係是溝通工作的一部分，但不能單單依賴凡事溝通即可，而忽視其他資訊獲得之管道。客務部經理要如何激發自己，做好部門間的有效溝通？本章將告訴你，關於溝通工作的背景，作爲你工作生涯的重要參考。

圖3-1顯示旅館內，不同的部門與客務部間的互動關係。客務部位在此圖形之中間，與各個部門作箭頭雙向溝通，彙集和消化館內外各種情報資訊。也因箭頭的指示，我們知道以客務部爲中心，館內提供了清潔的客房、各種作業用裝備、安全之環境、豐富的餐飲、細緻的桌上服務、專業的服務系統、充分周全的宴會服務和精確的客帳處理等。這一系列共同之目標，自形成每位主管一套專業的系統化的服務，而致力於目標的達成。然而，在實

圖3-1　客務部的運作可謂是整體溝通活動的交換中心

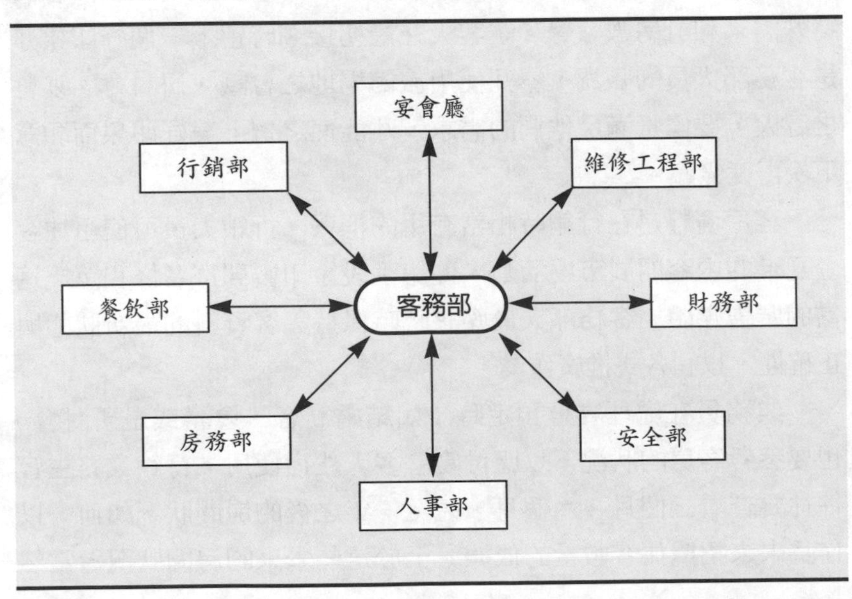

務上，每個部門仍要不斷地做好員工、器材、運作和溝通技巧之管理，以便使旅館產品精益求精。

館內客務部與其他部門的互動關係

客務部門的員工與館內的其他部門如行銷業務部、房務部、餐飲部、宴會廳、財務部、維修工程部、安全部和人事部，有著密切的互動關係。這些部門視客務部爲一對客服務的溝通聯絡站。每一個部門都與客務部維繫一暢通之聯絡管道。

行銷業務部

行銷業務部也要靠著客務部提供客戶資料（guest histories），也就是住客每次住宿的細節，作爲行銷業務之參考。客戶資料的收集爲其郵遞區號、住宿頻率、所屬公司機構、客人特殊需求和訂房數量等。讓客人在最初接觸時留下一個好印象亦是客務部人員的職責，舉凡使用旅館場地之會議、研討會、宴會之客人，要儘量滿足他們的需求，才能使之留下美好印象而願意下次再度光臨。

客戶資料是在行銷時相當有用的情報。行銷人員可使用住客登記卡的內容開展市場活動、促銷手段、印製郵寄名條和選擇適當的廣告媒體。客務部人員應該時時保持顧客資料的最新狀態與正確性，以利各式推廣作業。

業務員在處理宴會預定時（如結婚宴客、會議或是研討會）也要參考客房的狀況，以應付宴會客人住宿使用。行銷業務主管往往要查看三個月、六個月，甚至一年之後的房間狀況如何，以作爲未來招攬住客數量的依據。至於這些未來的房間狀況，當然儲存在客務部的電腦系統裡。唯有客務部的電腦訂房系統，才能協助行銷業務部快速的處理業務接洽事宜。

客人在與行銷業務部聯絡時，首先接觸的就是旅館的總機話務。一位稱職的總機員總是語氣表現親切，熟悉館內的運作和人事，這樣容易留給客人良好的印象，讓客人感到這是一家好的旅館。當一位參加宴會的客人進入旅館後，首先接觸的通常是客務部的人員。客務部經理則必須清楚知道誰是這場宴會的負責幹部，並且要告知櫃檯的值班人員，一旦有客人要求認可宴會服務的問題，那麼就可迎刃而解了，提供滿意的服務。

總機員傳給行銷業務的訊息一定要相當完整、精確和快速。總機服務人員可說是顧客與行銷業務人員之間溝通聯繫的潛在橋樑。客務部經理應告知其部門內的所有同仁，除了應認識行銷業務部內每一位成員外，也要瞭解行銷業務部每個人負責的工作範疇（當然不止是這個部門，館內其他部門也要非常瞭解，隨後在第13章會作整個說明），客務部的所有員工應能叫出每位行銷業務部人員的姓名。客務部經理要協助新進部內員工，認識這些行銷業務同仁，尤其是行銷業務部的經理及幹部，應刊登他們的照片，讓新進員工認識。

館內的一些大小會議、研討會、宴會等活動，客人都會至客務部要求提供各種服務。宴會廳經理（banquet manager），即是負責宴會或是各種細節執行之活動領導人；行銷專員（sales associate），即是代客預訂宴會或活動的業務人員；他們會在各廳中穿梭，忙碌異常。如果宴會廳的客人至櫃檯要求插頭延長線，或是場地電器不靈光，櫃檯人員必須馬上解決其問題。客務部經理必須建立一套標準作業程序（standard operating procedure）給客務部的員工，使之面對工程維修、房務、行銷業務或餐飲部門問題時，能有一套作業準則，俾順利完成配合事項。倘若客務部人員能夠知道一些瑣碎的東西，如工具箱、各式零件、膠帶類、桌巾桌布或窗戶清潔工具，將會有助於對客人的服務，甚至可以減少尋找服務員的時間和精力。

房務部

房務部與客務部相互溝通配合以使房間狀況（housekeeping room status）保持在最新、最正確的狀態下，隨時應付住宿遷入的需求。房務部的房間狀況有數種溝通用的術語，說明如下：

- 清潔房（clean）——隨時都可售出的房間
- 已退房（dirty）——客人已經退房遷出，房間尚未整理，暫時無法售出的房間
- 整理中（on change）——房間正在清潔整理當中，以準備售出給新來的住客
- 故障房（out of order）——房間因維修問題而無法售出的房間

房務與客務這兩個部門也要有相同的一張報表，即是住客人數報告表（house count），統計住宿登記之旅客人數的報表。客人要求的備品（amenities）雙方也要互相溝通好，以免有誤；所謂備品就是客房內之用品，如洗髮精、牙膏、牙刷和電器用品等，這些東西都是客人住宿時不可或缺的，所以幹部們的管理控制亦相當重要，以免浪費。

經常性的房間狀況溝通，只要面對面的口頭報告，彼此瞭解即可，不需要用到旅館的電腦管理系統（property management system）—— 也就是電子溝通系統顯示的房間狀況表。在一般的旅館作業中，每兩個小時、一個小時，房務和櫃檯之間的聯絡對

房是常有的事。至於正式的房務員房間報告表（housekeeper's room report）則是在每日結束後出爐；該報表由房務部製作，表列出當日客房住宿報告，舉凡空房、住宿房、故障房等房間狀況都會一一列出來。這張報表能夠協助夜間稽查員核對櫃檯內的房間顯示器（room rack）所顯現的房間狀況是否相符。這個櫃檯內之大型房間控制器稱為房間顯示器，是櫃檯控制房況（包括訂房）的工具。當然房間狀況的顯示也會有不正確之時，那麼此時櫃檯就應該用電話通知樓層房務領班，確認一下房間的情況是否有可售房間，以適時更改過來，免得想要住宿的客人光焦急的等待著。

房務部領班靠著房間銷售計畫表（room sales projections）安排房務員的工作。此表每週由客務部經理製作，表中列出了本星期離店遷出、抵店遷入、無訂房散客（walk-ins）、延期住宿（stayovers）、訂房不來者（no-shows）的預估人數，分發給房務部門。房務部經理就是根據這張房間銷售計畫表來排定內部同仁的休息日。

客務部也要依賴房務部人員對樓層之異常狀況，尤其有安全上之顧慮的客人，應多加注意，而且要立即告知櫃檯，以採因應措施。舉例來說，房務員發現非本店住客在客房樓層走動、緊急出口的門開著、客房裡面有吵鬧的聲音……，房務員應對這些安全上有顧慮的狀況告知客務部人員。而客務部亦應迅速反應這些問題給安全單位和主管知道，以立即解決問題。客務部經理要責成櫃檯員和總機員，與房務領班保持經常性的聯絡，時時刻刻瞭解樓層的動態。

如果客人要求一些額外的客房備品，櫃檯要能迅速地提供住客之需求。一旦能夠很快送達客人房間，像毛毯、毛巾、香皂和洗髮精之類的用品，那就是相當卓越的服務了。

餐飲部

餐飲部和客務部之間的溝通配合是非常重要的。其中的聯絡溝通方式是以傳送訊息及顧客的消費帳單（vouchers）的傳遞爲主，帳單流至櫃檯後，即刻登入客人的房帳。溝通聯絡的內容尚包括住客預測表，這是根據過去的住宿資料加以判斷，預估住客數目（predicted house counts）。雙方也聯絡處理住客代支項目（paid-outs），亦即櫃檯出納代客人支付消費款項後開立的明細單，作爲登帳的憑據。這些重要的服務工作有些由櫃檯分擔代勞，對工作量過多的餐飲部經理、各餐館經理或是宴會廳主管而言確實減輕不少負擔。

供應廠商的資訊對餐飲部經理和行政總主廚是非常重要的，有了這些資訊，對餐飲部的順利運作將貢獻不小。除了總機員被吩咐要過濾電話訪客（例如行政總主廚工作正忙碌時，或是開會中，或是不願意接見的廠商）之外，一有重要訊息，應優先傳遞。

旅館所使用的電腦化收銀機（point-of-sale terminals）連接旅館的電腦管理系統，只要客人在館內消費，就會自動登錄在客人的帳卡（folio）中；帳卡裡所登錄的內容，就是客人的付款與消費記錄。當旅館沒有電腦化的收銀機與旅館電腦管理系統相連時，櫃檯員要負責把客人的消費記錄登入帳卡中，而登帳的憑據就是消費明細單。當然，明細單如果毫無漏失，且登帳正確的話，夜間稽查員的工作就輕鬆多了。客務部經理應該和餐飲部經理研發出一套明細帳單轉帳的標準作業程序，以使客務部登帳時正確無誤。

餐飲部的主管依據客務部經理給予的住客人數統計預測表去排定員工的工作時間和銷售預估。例如，餐廳主管在上早班時，他／她必須知道旅館的住客數量，以便能夠決定早班足夠的人力以服務客人使用早餐。雙方若能利用報表的正確性與方便性從事溝通，便能夠做好人事控制和銷售預估。

餐飲部的員工有時被授權向客務部以代支名義支取現金，如臨時購買宴會廳、酒吧或餐廳所急需且又無庫存的用品，或是用在臨時性促銷服務上。至於一些規定，像支領現金的最高額度、歸還現金的期限、事前的核准、核准者簽名、購買的收據等，就必須由總經理和客務部經理制定一套嚴謹的管理辦法。

宴會廳

宴會廳的作業常與行銷業務部和餐飲部有著密切的關係。也藉由客務部傳達一些活動或促銷方案及顧客相關帳目的種種訊息。

旅館春秋

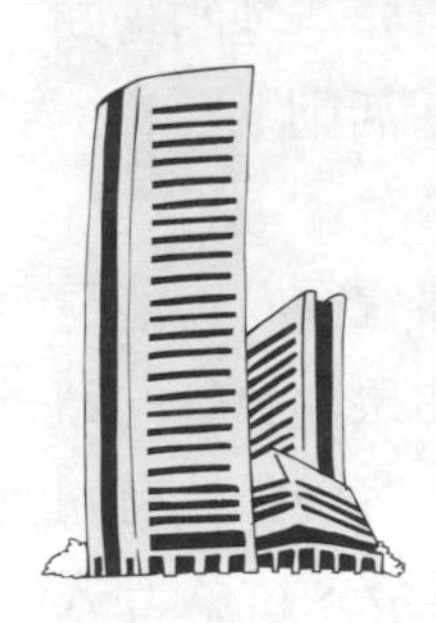

傑夫目前在賓州雷丁市的雷丁客棧裡工作。他在這家客棧已當了九年的餐飲部主管，不但要負責餐飲的盈餘，製作損益平衡表以及部門內員工薪資的管理，同時要作餐飲成本分析。

傑夫所知道的顧客訊息和需要，大部分都是客務部的同仁所提供的。他同時要求客務部經理協助銷售餐券和代接餐飲的預訂。也因為如此，必須告訴客務部同仁，讓他們瞭解旅館的餐飲及特色是非常重要的，以便介紹給客人。

傑夫目前正與客務部經理研究設計一份客房餐飲服務指南，其中包括菜單的設計。客務部的同仁也幫著裝訂這一份指南，並準備發送給住宿的客人。

傑夫畢業於賓州柏克州立大學，他說道，作為一位餐飲部的經理，員工是他最大的資產。他認為要成為一位優秀的經理，必須從最基層的第一線幹起，唯有這樣，才能真正瞭解客人與員工要的是什麼。

客務部人員每日會設「今日活動告示板」(daily announcement board),其上揭示所有今日館內活動的訊息,包括時間、團體名稱及地點。另外還設有大留言板(marquee),供顧客留言或館內宣傳使用,板上有旅館的標幟(hotel logo)與一大片空白的留言空間。這是因為大部分的宴會客人並不一定是旅館住客,所以客務部提供了這一合理化的溝通空間。

今日活動告示板有的是用類似毛毯的表面所做成,較進步的有電子顯示板面,都一一列示今日的館內活動訊息,供顧客和員工閱覽。大留言板上可能留下一些恭喜或歡迎之類的字眼,也有館方的促銷活動字樣或是重要訊息的公告等,不一而足。有些旅館的客務部人員藉此記下一些留言給行銷業務部的同仁,作為一種溝通的方式。

參加宴會的客人多數不熟悉館內的環境,他們自然會向客務部的人員詢問方向。在所有館內服務中,告訴客人方向和去處雖然是極小的一種服務,但不要小看或忽視這種細節,往往因你的漫不經心而使客人弄不清楚方向。客務部員工不但要清楚的告知客人館內任何地方的方向,也要知道哪個廳有哪些活動。(**圖3-2**)

宴會或活動的付款人會到客務部去處理結帳事宜,有可能是以公司名義或旅行社簽帳(city ledger)了結。如果宴會廳的領班沒有開帳單給辦活動的負責人,宴會廳也要告知客務部,有關的收費項目,像餐點與飲料費用、小費、場地租金、付款方式等,以方便客人結帳。

財務部

財務部門所處理的帳,大抵是根據客務部所作的帳,透過夜間稽查員整理後,轉移至此部門來的。這些帳的資料可以用來測

圖 3-2
櫃檯員必須要有能力應付客人的多方要求與詢問，以提供卓越的服務（Photo courtesy of Radisson Hospitality Worldwide）

出旅館的業績能力是否達成當初設定的目標。客務部提供營收的資料和信用卡轉帳資料給財務部，所以這兩個部門的收入與支出情形都要詳細登入旅館電腦管理系統中。

維修工程部

工程部與客務部的溝通配合事項主要是房間狀況的維修。維修工程部人員在維修管路、冷暖空調前，一定要知道房間狀況。如果一個客房已被預訂了，那麼這兩個部門就要商量好在哪個時間把這一客房修理完成，以讓客人住宿使用，要不然就要另外安排房間出售。雙方的合作無間才能把一些最棘手的問題迎刃而解。（圖3-3）

客人要求修復暖氣、通風機、冷氣系統、管路、電視機和其

旅館春秋

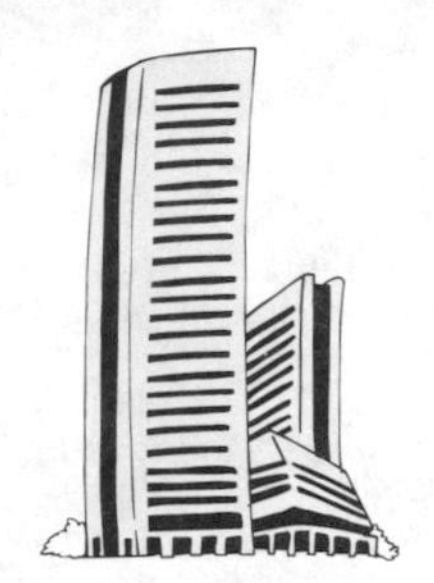

詹姆士·奚爾是賓州雷丁市裡一家名為亞特雷丁客棧的財務部經理。他每天處理的事不外乎是金錢的收入和支出，還有稅務的處理。也就是說，他每日稽查營業收支、核算薪資和製作每季、每年的財務報表。他也要作財務收支預估及預算編列的工作。

奚爾說他的工作和櫃檯員、出納以及夜間稽查員的關係相當密切。然而，與他們的經理而言，那關係可就更密切了。他要查核櫃檯員、出納和夜間稽查員的工作，但並未直接指揮他們。如果這些人工作有誤之處，他會講明理由讓他們瞭解。奚爾深信他們都有受到充分的培訓，都明白查核工作的重要性，每個人都有此自覺而努力以赴。

奚爾與客務部經理在工作上的關係很密切，他們會協同作客房銷售預測和查核監督現金的往來情形。客務部經理在核定薪資時要有奚爾的協助才能完成。客務部經理有時會碰到現金管理上的問題，不過也都在與奚爾同心協力下一起解決了困難。客務部經理有監督應收帳款的責任，對於顧客消費超過信用卡的信用額度，他隨時都會讓奚爾知道。

奚爾又說，館內的所有同仁，每人都是銷售業務員。與本地的廠商培養出良好的關係，使廠商們成為旅館的顧客，也是他工作的重點。透過他的努力，廠商都已是常常光臨本店的顧客了。

他的設施，必定會聯絡櫃檯。這些訊息很快就傳至維修工程部。櫃檯也要追蹤這些維修工作的安排，以便告訴客人何時維修何時完成。

安全部

安全部與客務部的溝通合作，可說是旅館對客服務中最爲基本而重要的一環。此兩個部門緊密無間的配合，無疑的，將帶給客人一層保障。防火的措施和緊急警報系統，還有一些相關的例

圖 3-3
維修工作的順利運作有賴於工程部與客務部的合作無間（Photo courtesy of Host/Racine Industries, Inc.）

行性安全檢查，單靠安全部門是不夠的，還要客務部全力配合才能給客人充分的安全保障。

人事部

人事部門有時得靠客務部去發掘旅館內有潛力的優秀員工，因為他們是館內最有機會接觸各個部門同仁的單位。此部門甚至會被要求代為推薦篩選優秀的員工。果眞如此，那麼，用人的準則和培訓的計畫都要有一套周全的方式才可。

有時人事部經理還得仰賴客務部經理廣發一些申請單之類的表格，或與人事有關的工作申請單呢！而且工作申請者也可能到櫃檯問些人事甄選的問題或人事辦公室之去處。人事管理部會制定一些相關規則給櫃檯人員參考，以作為人員篩選的標準。例如，相關規則有個人清潔衛生規定、完整的人事表格塡寫、教育程度、工作經驗等，這些資料將有助於人事部的主管與應徵人員的面談工作。

溝通過程分析

本節將介紹一些客務部和其他部門在溝通過程中所發生之狀況及扮演的角色。部門之間的溝通情形都有其問題存在，如果能夠追蹤溝通失誤之處，加以分析檢討，並且理出頭緒出來，則會大大改進溝通的效益。下列所述之狀況將有助於未來發展一套有系統的方法，改善部門間持續而良好的溝通。

狀況 #1：行銷業務部都知道——但沒跟我們說

馬格那夫婦兩人在城市大飯店的香得里耳廳舉辦了200人的大型宴會。到達飯店之後，他們走到櫃檯前問起行銷業務部總監班頓是否在館內。櫃檯員查看值班表，發現班頓已經下班了，於是告訴他們說：「眞抱歉！他已下班。你們有何要事嗎？」馬格那夫婦兩人聽了後很不是滋味，感到有不受重視的感覺，於是要求見見值班的主管。

副總經理傑拉到了現場，向馬格那夫婦問道是否有可效勞的地方。馬格那先生有諸多問題不解，譬如說這場宴會將由誰負責看場？他們中意的兩位廚師是否有準備雞尾酒、開胃菜和晚餐？從荷蘭空運的鮮花是不是到達了？傑拉回答說：「這個……你們還是問宴會廳主管安德烈較好，他清楚宴會的一切。」

安德烈來了之後，告訴馬格那夫婦班頓總監並未指示有關這場宴會任何的事情給他，誰要負責看場，他毫無所悉，也沒有看到鬱金香在宴會廳的出入口。馬格那太太搖頭直說「這將是一場窩囊的宴會」。不過馬格那先生還是決定要讓宴會辦下去，隨後再處理這種令人感到不專業的服務。

後來馬格那先生向總經理和城市飯店的老闆——歐納先生作了

一番投訴。旅館發生這樣的狀況，總經理和老闆兩人自然十分沮喪懊惱。況且馬格那先生和歐納老闆兩人是事業夥伴，共同投資一項建築計畫。但是，即使兩人不是商場夥伴，如此糟糕的待客方式，無異是在趕走客人，宴會或會議的生意還做得下去嗎？

狀況分析

此一個案肇因於溝通上的不良，旅館方面的相關人員都有錯。溝通是雙向的過程，傳達者與被傳達者兩人都應扮演積極性的角色。「傳達者」，即業務部總監班頓先生，並沒有做他應做的工作。假設他知道歐納老闆與馬格那夫婦之間的關係，那他應該調整一下自己工作的時間，以便宴會舉行時他可以在場服務。他也應該告訴客務部經理關於馬格那先生的活動事宜，同時告知客人的身分，且要求一旦他們夫婦兩人抵店時，他可以隨時被召喚。班頓也應該與宴會廳經理安德烈保持工作上的緊密聯繫，以便工作安排不致斷層，致使鮮花也沒有人收到或是追蹤處理。而副總經理傑拉雖然與這事件無直接的關係，但馬格那是飯店的貴賓，對於他在飯店面臨的困難，顯然缺乏應有的專業警覺性。

「被傳達者」在溝通的過程中也難辭其咎。這些人包括櫃檯員、宴會廳經理和副總經理。在一些活動中，偶爾溝通出點小問題在所難免。然而，櫃檯員、宴會廳經理以及副總經理在此情況理應查閱每日宴會記錄表和每週宴會記錄表。他們也有責任去瞭解顧客、社團和公司行號的背景，甚至與飯店的往來關係。

有些方式可以避免這種不愉快的事情發生。首先，客務部經理能夠與櫃檯員先查看近日活動一覽表中主要接觸的客人爲誰，可以讓心裡有個準備。然後客務部經理要求櫃檯同仁注意今日的所有各項活動和細節，務必瞭解清楚。固定每週一次的館內幹部會議中，也可提醒行銷業務部總監，未來一星期內的各項活動名稱、內容、主要顧客的姓名，而且要特別告知貴賓（VIP）之特殊需求和服務的方式。

狀況 #2：爲何樓層的房務員整理房間不快一點？——或是，如果客人要求延長住宿時間……

星期二這天，對櫃檯而言眞是忙透了。有一個團體叫「玫瑰花聯誼會」，其人數爲350人，正辦理退房遷出。而此時另一團「富蘭克林保險精算師協會」的250人團體正好到達，準備住宿登記。昨天，玫瑰花聯誼會的會長約瑟．羅德要求旅館給予延長退房時間，因爲舉行該聯誼會的會務章程修改，時間大概會拖長些。會長曾問起一名爲珊曼莎的櫃檯新進人員，給予延時退房的優惠。珊曼莎爽口答應下來，給予退房時間爲下午二時三十分。

在上午十一時十五分的時候，客務部經理打電話給房務部經理問他爲什麼還有很多房間沒有整理完成。房務部經理說他會去瞭解情形，於是立刻到各個樓層去問樓層領班。領班們告訴經理，實際情形是因爲有大部分的客房門上掛著「請勿打擾」牌。其中一名客人向二樓的樓層領班說，他們已被告知可以住到下午二時三十分。房務部經理就將此情形告訴客務部經理，不過兩個人對此種延時服務有了相當大的歧見。

在下午三時十五分的時候，旅館的大廳擠滿了退房遷出與住宿遷入的客人。這時的房務部才完成20%的房間清理而已。餐飲部經理看到這種情形，乃適時建議疏導旅客至咖啡廳喝些飲料，等候房間的完成。客務部經理認爲這建議很好，遂提高嗓門要大家到先到咖啡廳坐坐等候。無奈現場相當混亂，一片嘈雜聲，沒有人能聽到他的聲音。於是他也懶得再喊下去了。

晚間七時二十分，最後一位客人終於住進去了。客務部經理鬆了一口氣，並做個深呼吸，無意間發現一盒註名要給珊曼莎的禮物。珊曼莎打開禮物時，故意大聲唸著謝卡：「感謝妳的好意，眞謝謝妳！」客務部經理聽到後，提醒珊曼莎收受住客的禮物是不受鼓勵的。珊曼莎答以那是下午才退房的客人送的——「經理您知道，玫瑰聯誼會的羅德先生眞好！那是因爲他要求他的團體延時退房而送的禮物。」

狀況分析

以此個案而言，顯然要歸咎客務部經理沒有事先溝通教育好員工。在新進員工的培訓當中，客務部經理應該教育新學員關於本館的營業政策、作業程序和授權的程度。在訓練講習的初始，就應教導本館的作業方針、程序和書面作業方式，這樣才會有利於溝通的進行。例如，新員工的訓練課程應包括客人晚退房的處理準則，即要事先向值班主管溝通請示如何應對。值班主管對整體狀況若有深入的瞭解，對一位當班的客務部新人而言，不會有放牛吃草，孤掌難鳴的感覺，一有問題便可以請示。一個員工獨斷獨行的決定，會影響到許多人的，這點不得不留意。上述個案的適當處理程序應該是這樣的：

1. 前一日先詢問訂房主管，瞭解散客或團體的離店時間，並且也要詢問翌日預訂住房旅客的抵店時間。
2. 詢問行銷業務部主管，是否有客人要求特殊的退房遷出或住宿遷入時間，以及是否答應客人。
3. 詢問房務主管，如果櫃檯答應客人晚些時間退房，是否會影響其正常的作業，或影響到什麼程度。
4. 要是一個團體的遲延退房剛好與今日要遷入另一團體的時間上有衝突，那就要向餐飲單位通知，準備一些飲料或簡餐，讓準備遷入的客人在餐廳裡休息等待房間的完成。

假使客務部經理多用點心思，教導其部內同仁關於類似的作業程序，他們碰到狀況時就會思考周全的處理方法，而不至於不經思索地隨便答允客人之要求。旅館提供客人卓越的服務，必須在員工懂得運用其權限範圍內行使，同時也要負起責任塑造一個優質的服務氣氛。

狀況 #3：我知道你說些什麼，也懂得你的意思

工程部經理山姆·瓊斯分派工作給他的屬下，要他們去油漆五樓的走道。指派工作之前，他知會訂房主管凱斯·湯姆士，是否能以四天的時間空下所有五樓的房間作為故障房，以利工作進行。凱斯同意這項請求，因為有一團伯格思國際攝影團體要在館內開會，本來今日訂了150間客房，經確認後為100間房，所以應沒有問題。

下午一時，山姆接到凱斯的電話，問他能否將油漆的工作延後幾天。因為該攝影團體已經到旅館了，想不到還是要當初的150間客房，真是的！現在大廳已是人滿為患，客房安排顯得有困難。山姆告訴凱斯，給他們一小時的時間去清理現場和大樓南側之噴漆工程之後即可售出。他並且說北側方面尚未噴漆，因此那邊還是可以讓客人住宿的。

狀況分析

看完之後，你覺得文中哪些情形是對勁或不對勁的？這一個案例顯示出，只要同事間的互相合作，即使棘手的問題也能迎刃而解。山姆知道工作前要獲得首肯，使客房暫不接客售出，才能進行工作。凱斯當初答應也有他的理由存在。後來情況變化了，好在山姆對突發狀況能彈性處理，免得使客務部出現窘態。但是，到底出了什麼差錯？

國際旅館物語

某家國際旅館職班前檯服務員約翰雖不能說流利的西班牙語，但可以簡短的單字與操西班牙語的房務員溝通。是以當房務員迪亞哥到櫃檯向約翰報告房況時，雙方便逐字發音將客房號碼及房務工作現況交代清楚。

顧客在與旅館職員聯繫溝通時，所使用的字眼、用詞務必要正確而清楚。案例中此一團體的訂房人員向旅館確認數目爲100。但這到底是100個人要住50間客房呢？還是100個客人要100間客房？這個語意不清的字眼才是關鍵之所在。一般的旅館碰到此問題，都會要求對方改用書面文件（如訂房書信），這樣誤解就無從產生，訂房信應和會議場地租用合約附在一起。

這種幾乎每天發生在各旅館的問題已司空見慣，可見客務部與其他部門的溝通是非常重要的。只要你是從事旅館業，類似問題將不斷地繼續重演。如果你能採取有步驟的分析，去精確的判斷溝通內容，那你的專業性會一直增進。能夠分析、判斷溝通內容的客務部經理才是稱職有效率的經理。適當的培訓員工從事和其他部門同仁的聯繫溝通，或是自己部門同仁相互溝通，將使專業溝通技能不斷的進步。

有效率的溝通中，全面品質管理的角色

全面品質管理（Total Quality Management, TQM）是一種管理技術，它能激勵經理人員在產品（服務）生產過程中，以嚴謹細密的心態去執行工作。經理必須常要求最前線同仁與幹部，對於服務顧客的每一步驟、方法，一定要反省爲何要這樣做。茲列舉數例：「爲何客人會抱怨老是要排隊辦理退房？」「爲何客人老是說餐飲服務太過匆忙？」「爲何客人住宿遷入時房間尚未整理好？」經理和他的同仁們都應該思考這些問題並且找出答案。

全面品質管理於1950年代，由管理大師愛德華·德明（W. Edwards Deming）所創立。當初的構想是以新的管理方式，藉由工人參與整個計畫過程來減低不良品的發生，改善美國製造業產品的品質。但美國製造業界對這種新的管理理論有些猶豫，反是日本的製造業卻很快採用此一合理化的理論，應用於產品的生產，汽車的製造便是一例。它給了經理人員非常有用的管理利器，即是作業流程分析，其方式是將製造的過程細分爲若干節段，然後專注這些節段生產過程的控制，俾製造完美的產品出來。

對於旅館業的產品與服務品質之改進方面，全面品質管理最重要的貢獻在於第一線服務人員與主管間的互動關係。同仁之間的互動，無論團體之間或是個人之間，所要共同追尋和解決的就是「問題的根源爲何」和「如何達成終極目標」，此二大主題無形中會誘導同仁形成一股前所未有的合作氣氛。早班和晚班員工雖不知道各自班裡做些什麼，但卻知道大家都想做好服務客人的工作。如前面所提過的例子，房務部和櫃檯人員都明白，客人要求延時退房會攪亂原有作業程序。全面品質管理的施行，將確保櫃檯員會向房務部查詢房間狀況是否允許如此做爲。不同部門間良好的溝通配合，無疑的將會加強團隊合作精神，可以應付住宿服務業的各種挑戰。（**圖3-4**）

圖 3-4
團體相互討論，分析工作內容，是全面品質管理的主要重點（Photo courtesy of Radisson Hotels）

旅館全面品質管理實例

旅館的全面品質管理施行實例如下所述：總經理接到不少關於大廳凌亂不堪的抱怨申訴——家具與軟枕沒有歸回定位、煙灰筒上插滿煙蒂、鮮花呈現枯萎狀以及字紙簍溢出垃圾。於是客務部經理甄選一些人組成全面品質管理團隊，成員有櫃檯員、房務員、服務生、出納員和行銷業務部總監。此一團隊開會討論，主題是如何維護大廳的整齊清潔。房務員說他們工作量多，而且白天班只有十五分鐘的時間清理大廳。櫃檯員說他們很願意花幾分鐘去整理家具與軟枕，但規定不能隨便離開櫃檯。行銷業務部總監說他每次在大廳接待客人時，總是因爲環境凌亂而尷尬不已。他曾經打電話要求房務員下來清潔大廳，但都是聽到這樣的回答：「今日的工作行程無法安排打掃大廳。」所有的團隊成員都承認，不乾淨的大廳確實給客人不好的印象，這種情況需要好好改善。

此團隊開始一一檢討導致大廳凌亂的因素。他們發現家具底座有輪球，房務員在清理時能夠很容易推開。沙發上的軟枕雖然是裝飾作用大於其實用性，有助於大廳氣氛之養成，但卻零落散置各處。餐廳服務生開玩笑說：「乾脆就把它們縫在沙發的背面

前檯經緯

當行李員甲幫客人提行李時，他發現綠色地毯有一大片污漬。他回到櫃檯時告訴另一位行李員乙，某處有一污漬。行李員乙也不太在意他的話，又催促行李員甲趕快送行李至房號844之房間。

設若你是客務部經理，無意間看到這種情形，你將會怎麼做？你有何方法去促進行李員之間做較好的溝通呢？同樣的，客務部和房務部有什麼較好的溝通方式？

作爲沙發的裝飾品吧！」如果把煙灰筒移開不用而增加垃圾筒，好讓客人自動熄掉煙蒂而丟進去，不知是否可行？另裝設一個加蓋的大型垃圾筒以避免棄物溢出來，也是個辦法。「鮮花雖然好看，」其中一位成員說：「但是有很多旅館採用人造花，耐看又節省成本。」

整個團隊討論後，終於瞭解爲何房務員不能每隔二或三小時來整理大廳，以及爲什麼櫃檯員不能離開櫃檯去照顧一下大廳環境之原由。大家一直討論那些家具和設備的清潔事項時，逐漸有了共識，於是彼此面面相覷，不再爲這件事情互相批評了。那麼，大廳凌亂的問題解決了吧？答案當然是的，但更重要的是，團隊的成員培養了更積極性的態度去面對困難和挑戰。

解決前言問題之道

本章前言一開始就提到一個發生之個案，乍看之下，似乎館內所有員工都應被鼓勵去協助處理緊急狀況。個案中的客務部經理應該瞭解，他的櫃檯員對職務方面仍然缺少警覺性。這種原因可能導源於訓練不夠，或是部門與部門間少有機會接觸以培養默契和同事情誼所致。果眞如此，那麼，客務部經理即應與宴會廳主管檢討這件事情，並且要強調全面品質管理的重要性。主管帶頭表現出重視顧客的需求，員工也就會跟著學習其榜樣，無形中，大家就會逐漸成長。

結論

本章重點在分析旅館各個部門之間溝通與聯繫的重要。客務部因處旅館樞紐地位，所以和行銷業務、房務、餐飲、宴會、財務、維修工程、安全、人事等部門形成溝通的網路與重心。當旅館的員工合作無間與溝通良好，就能處處迎合客人需求，做好服務的工作。反之，員工彼此意見沒有交集，總是無法有暢通之溝通方式，那麼，其服務品質就可想而知了。客務部經理的行事，無論如何都要考慮溝通之客觀性、顧客的需求、員工的立場、以及有效的政策執行，如此才能夠畢竟其功。溝通有時會困難重重，例如本位主義之作祟，但是作爲一位專業的旅館員工，不但要排除困難，還要接受層層的挑戰呢！

各自的立場會反映出溝通的差距，但經事後的檢討分析，即能明瞭溝通的確是不容易的。每位員工都必須站在一個欣賞他人、尊重他人工作的角度上去看待事情，這樣才能增進互相瞭解。每位員工的一言一行，在在影響著服務品質。策劃周全的政策，以及良好的培訓，將有助於員工的溝通，無論是部門內或是部門與部門之間。

全面品質管理（TQM）的引用而成爲溝通之利器，將激勵跨部門員工的合作精神，從而產生良好的溝通聯繫模式。此一管理的技巧就是致力於讓員工有工作在一起的感覺，大家也可以共同提出問題，並且共同討論解決之道。唯有如此，旅館才能提供卓越的有形產品和無形的服務給消費者。

問題與作業

1. 客務部員工們努力不懈之溝通聯繫，會營造出如何的氣氛以吸引客人上門？請舉出實例。
2. 請舉一些事例說明行銷業務部與客務部是如何作溝通聯繫？
3. 客務部與房務部主要的溝通事項大多以房間狀況爲主，那麼這兩個部門的主管應如何作爲以確信雙方溝通的有效？
4. 宴會部門與客務部，雙方的互動關係如何？在這種關係中，你認爲有哪些工作應該由宴會部門的同仁負責？並述說其原由。
5. 財務部希望客務部每日給予哪些資料？爲何這些資料對雙方溝通很重要？
6. 住客的需求和維修工程部門之間的溝通聯繫，客務部扮演何種角色？
7. 人事部門與客務部門的作業及溝通聯繫方式爲何？
8. 溝通事項的追蹤和效果的分析，其意義爲何？你認爲這樣做，對你從事旅館業生涯有很大的益助嗎？
9. 對於全面品質管理的施行，能夠更有效的促進部門之間的溝通，請表示你的看法？
10. 試從你的職場裡找出一個問題來，並且運用全面品質管理的原則加以解決。那麼這個全面品質管理的團隊中，那些人應當參與？你期望獲得哪些結果呢？

個案研究301

星期四上午的一個早晨，時代大飯店的訂房經理取出當天的訂房卡，再詳細的瀏覽內容。客務部的人員已準備了二百五十二份裝有鑰匙在內的小紙袋給「美國寵物協會」的旅客，等待他們的到來。時代飯店已經設立一個臨時服務處，專門給寵物貓的主人們使用。隔兩條街的樹百香大飯店，同樣將進住此團體的另一批會員，也備妥了一個服務處，專門給狗主人使用。美國寵物協會預計在中午到達。

前日星期三的晚上，時代大飯店客滿。原來有「生物學研究會」的團體客人來飯店開會，共住了179間。他們開會一直到星期四的凌晨才結束。所以星期四的上午，有不少客人的房門上掛著請勿打擾牌。

維修工程部的經理哈林發現五樓和六樓的空調設備出了問題。他跟部屬們檢查機件後，估計要花十二小時才能修復完成。哈林就拿起電話，要告知客務部五、六樓的問題。孰料客務部人員忙得團團轉，連接電話的空隙都沒有。同時，維修工程部又接到其他應維修的事項，哈林也因此忙得自顧不暇，五、六樓的事情再也沒有人向櫃檯提起。

當天主廚忙著整理採購的物料單據。他也規劃整個料理製作的工作分配表，以應付美國寵物協會的用餐。主廚電話告訴供應廠商，下午務必儘快確認晚間宴席用的材料。因爲美國寵物協會的主辦人特別訂製了瑞士巧克力冰淇淋蛋捲。而且業務部也吩咐現場必須擺兩副冰雕，一隻爲貓，一隻爲狗之模樣。

宴會廳經理和部屬們預定下午三時開始進場佈置設施和擺設桌椅及餐具。而服務生則要在宴會開始前一個小時到場。

現在適時上午十一時三十分，這個團體終於到達，已辦理住宿登記中。住客們人人攜著寵物貓咪，要求先把它們安置好。櫃檯員不知如何安置這些貓兒，只好打電話問業務部該怎麼處理。業務部的人回話說，當初與主辦人洽談時，得到的訊息是客人不攜帶寵物住宿，因爲不是寵物展覽，只是單純的會務研討會而已。

房務員仍不能進房間打掃（退房時間爲中午十二時）。生物學研究會的人尚未起床，因爲昨夜會議開到很晚才結束。同樣有兩位房務員上午也沒有來工作。

一直到下午一時三十分，寵物協會的人員和貓兒們仍枯等在大廳中，聽候房間的分派。由於修理空調的關係，整棟大樓都沒有冷氣，旅館大廳鬱悶得令人發慌。一陣陣撲鼻的怪味，還有大家焦躁的嘈雜聲，總之，叫人難受得無以形容。房務部傳下話來，說他們還要兩個小時以上的時間才能先把75間客房整理好。

總機話務員像被寵物協會輪番轟炸般，電話應接不暇。此時，主廚也正在等待廠商給他的電話，以便確認瑞士巧克力能否供應。後來主廚不得已打電話給供應廠商，才知道人家已數度打電話進來要告之此產品缺貨，但沒有人接聽！因此主廚很生氣地到總機室興師問罪，並大罵一番。客務部經理爲了處理貓咪事務，也正忙得焦頭爛額，也沒給主廚好臉色。總而言之，這實在是很糟糕透頂的狀況。

事情逐漸平息下來，不料又有一團寵物協會的團體共十人進到館裡，他們已事前做了保證訂房（guaranteed reservation），易言之，房租在訂房當時已付給了。不過現在旅館房間已訂滿了，卻又額外來了一團，這表示旅館做出超額訂房。有可能在訂房之初，訂房員忘記問一問這群客人是貓或狗的主人。看看吧！這些客人各個身邊帶有一隻活躍十足的狗兒。整個大廳喧囂擾攘，令人無法忍受──狗對貓狂吠不止，貓也張牙舞爪的嘶吼著……其中還夾雜客人不滿的叫罵聲。

宴會廳經理跟他的同仁們已把餐廳都佈置好了。其中一位服務人員打開了空調開關，馬上聽到機器發出喀嘍喀嘍的雜聲，從出風口傳出來。這名服務員心想大概剛開始都這樣吧，應該馬上就正常了。於是也不把此事放在心上，也沒有向經理報告。隨後不久，宴會廳經理指示服務人員到大冰箱去，把兩座冰雕搬出來，擺放在舞台前。而那些服務生將於一小時內到場工作，安排宴會請客的服務事宜。

假如你是客務部經理，你將如何去處理眼前種種問題，並圓滿解決？這些擾嚷不安的諸多困難擺平之後，整個事件如何檢討？試著把客務部與其他部門之間如何做好溝通，逐條地一一列舉出來。

個案研究302

下列是以對話方式虛構的短劇，敘述總經理召開例行的員工週會過程。有一些學生要扮演員工們，其他學生則在旁觀看，並要分析短劇中溝通的內容。

喬登·李（總經理）：各位早安！很高興又集合大家來開會，討論目前所遭遇的挑戰和策劃未來的工作。好吧！伊莎貝拉，由妳開始，妳不是要求撥出一點時間討論本飯店停車場的停車位不足的問題嗎？

伊莎貝拉·馬蒂南茲（客務部經理）：是的，這個問題引起我部門裡的同仁很大的困擾，至少每天有十位以上的客人帶點威脅的語氣說，再不設法增加停車位以後就不來住了。這種情形，只因停車問題，叫我怎麼達到100%的住房業績？

辛蒂·葛蕾絲特（停車場經理）：哦！伊莎貝拉，妳知道經營停車場不是一件容易的事。我們有很多新的顧客，固定每月來本店消費，爲本店帶來可觀的收入。難道妳忘了，本店新設的電腦管理系統，就是那些新顧客花的錢我們才購置的。半年之前，妳還對這些新顧客的到來津津樂道呢！

喬登・李：喂！你們兩個！現在我們討論的重點爲客人，我看你們忘了誰是客人吧！

麥克・門托（餐飲部經理）：在於看來我們似乎有好多客人。我樂見那些新來的開車客人到我的餐廳用午餐。我們也利用名片抽獎，以吸引客人前來用餐，不過到目前爲止，這群客人也只有三人來用過午餐。我看不要對他們有過多的期待，如何拉住原有忠實的老顧客才是我們要堅持的。

薇文・陳（維修工程部經理）：我贊成！因爲那些新來的開車客人只會恣意破壞停車場環境。他們老是隨地亂丟煙蒂和速食包裝紙。

辛蒂・葛蕾絲特：我要告訴大家的，就如同剛才告訴伊莎貝拉的一樣。拜那些新來的開車客人之賜，使你們有了新的電腦裝備，替代了手工作業。可是，當初我建議總經理做出開拓那些開車族市場的時候，你們又在哪裡？現在大家又意見很多，我看飯店改名爲忘恩大飯店算了！

麥克・門托：由於我們太過離題，而談得無法抓住要點，其實本飯店眞正的問題點在安全問題，而這方面我們缺乏合作的精神。伊莎貝拉，這個月裡，妳不是有兩間客房遭陌生人闖進嗎？眞可惜，安全部經理今天不在場，他能將整個事情全盤講清楚。我們似乎沒有進一步去追蹤此事件之報告，或去檢討以後如何防止事件再發生！

喬登・李：你講的的確也是對的，但我們還是要先解決伊莎貝拉的問題。大家有沒有任何關於停車問題解決方法的建議？我們是否要放棄那個利潤中心，以使顧客感到舒適快樂？

辛蒂·葛蕾絲特：總經理，容我斗膽的說，我們要解決的方式不是剛才你講的方式。我倒有個看法，我們可以在每週較忙碌的日子，向對面的列斯頓飯店租用停車場。我的朋友是該停車場的經理，他曾告訴我，平均每週只用到總容量的85%而已，剩餘的空間我們何嘗不予利用？

喬登·李：喔！辛蒂，我大概會和列斯頓飯店的總經理談談看，因爲我們兩人明天都要參加本市觀光遊覽協會的會議。

薇文·陳：總經理，我知道其次要討論的就是安全問題，是否能先談我週末下午班人員安排的難題。我知道我的請求會有困難，但是我確實人員不夠，人力安排已捉襟見肘。不知在場的同仁之部門裡，有沒有人熟悉維修事務而願來協助的？也可賺點外快！

喬登·李：薇文，事情可沒有妳想的這麼容易。我們的人事預算編列得相當緊湊，沒有辦法再去支付額外的人事費用。我們會想想其他的解決方式，不過解決之前還是暫時維持現狀吧！

薇文·陳：這樣也好！但以後總是要解決的！

喬登·李：好吧！薇文，會議結束後我們私下再來討論這個問題。

喬登·李：在場的各位對於自己部門之經營都面臨一些挑戰，不過各位大致都表現得可圈可點。無論如何，從剛才大家所講的，得知我們都希望問題發生之前就把問題解決掉。最近，我接觸到一項新的管理技術，叫做全面品質管理。它能幫我們檢討服務客人工作過程中的缺失。同時，它也幫助我們瞭解彼此的困難所在，會使我們看待一件事情更有耐心。過幾個星期後，我會安排一項工作來供你們及部屬們一起實地演練，到時大家務必參加。

作爲這場員工會議的旁觀者，你感覺這些同僚們是呈現怎麼樣的互動關係？喬登．李扮演著何種角色？如果你是總經理，你要扮演什麼樣的角色？你認爲全面品質管理的演練對這一群體會產生什麼影響？

第4章

前檯客務部的主要設備

本章重點

* 前檯客務部的內部構成與地位
* 前檯客務部之設備操作及功能介紹
* 前檯各項作業報表使用介紹

前言

客務部經理應相當熟知他部門裡要有什麼樣的新式設備。一些老員工總是很不情願的接受新的變革，認為櫃檯沒有房間顯示器（room rack）怎麼工作呢？但是，無論如何，客務部經理執意要把操作的新技術帶到這家旅館來。

本書的前三章介紹旅館產業的梗概、旅館的組織、客務部的組織與管理，以及跨部門間的溝通聯繫。這一連串的背景說明讓我們明白，客務部是如何地在整個聯繫網絡中，作爲中樞角色，提供對客人的服務。在本章裡，我們把關心的重點擺在運作的過程，俾瞭解服務產品之所以產生的原由。

本章與下一章將告訴你關於客務部的人工作業與機器操作兩者的背景資料。這兩章其實足堪爲初學者的入門參考。實務上的經驗，即作爲一個櫃檯員、訂房員、話務總機或是本部門的其他職位，才是彌足珍貴的。唯有那些實務經驗，才能增進你工作上的知識與技巧。看完本章後你將知道，在成爲客務部的員工之前，如何建構你的思考方式，使工作更加順利。學生們曾向我說，由於事先研習櫃檯的設計和設施情形，在第一天的工作時，使他們獲益良多。這些事先學習的心得可作爲工作上的指導，即使在細節上亦能得心應手。我同樣希望這些章節的介紹，能帶給你像我的學生那般順手的感覺。當你爲客務部同仁規劃環境適應訓練時本章的內容也很有用處。

前檯的結構與地位

圖4-1顯示了尚未電腦化作業的櫃檯內部各式各樣的手工配備。圖4-2顯示了未電腦化作業櫃檯的標準規劃與設計（電腦化作業管理系統的櫃檯規劃與設計將於第5章詳細說明）。圖4-3顯示了電腦化作業的櫃檯，可以比較一下兩者的異同點。至今尚有些旅館採用人工式的櫃檯設備，其原因可能基於顧客的需求、管理方式和業主的習慣，如此一來，電腦化管理亦可是另一選擇途徑！爲使你一窺整個櫃檯「眞正的世界」，我們將帶你瀏覽這些管理的工具，多年來，我們一直使用它們來提供客人優質的服務！

圖 4-1
櫃檯內的設施結構和工作空間，是提供客人優越服務的基礎

圖 4-2 櫃檯各項配備設施使得住宿登記方便而容易

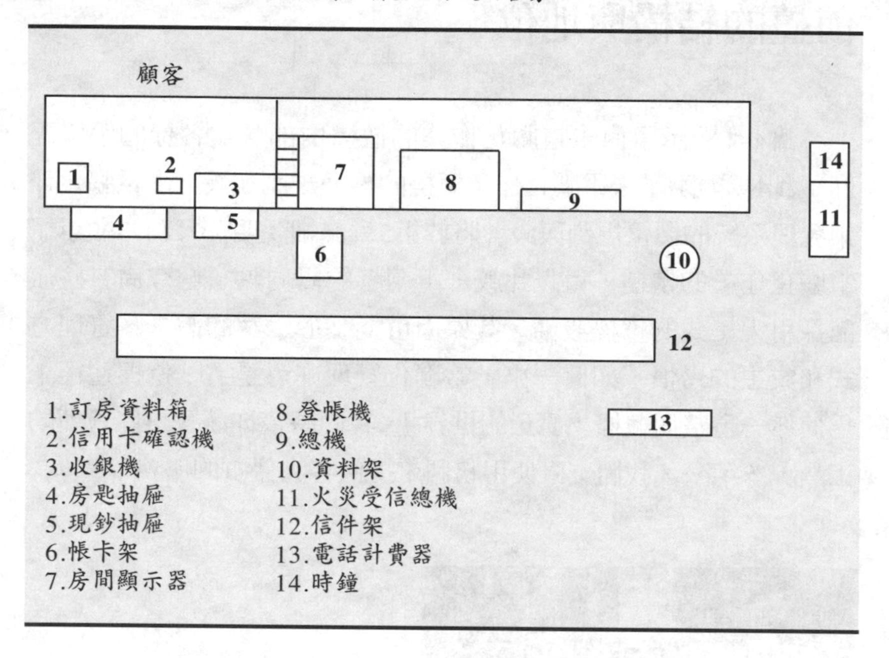

圖 4-3 電腦化櫃檯配備較諸手工作業的櫃檯，其配備已簡省許多

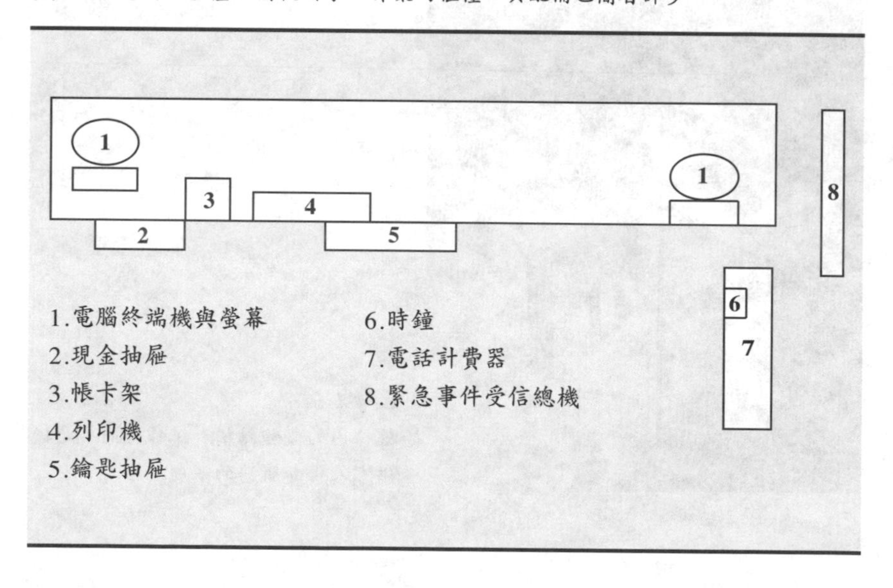

客人的第一印象

辦理客人住宿作業而言，前檯無疑是非常重要的。它是客人進入旅館後的首先接觸點，職是之故，前檯塑造的一股氣氛，深深影響客人對整個旅館的觀感。客人的良好印象，諸如整潔、有秩序、富吸引力、品質卓越以及專業的服務等，在在都是前檯要表現給客人看的。客人所要的，就是受到重視、人身與財物安全，還有享受專業化的服務。如果前檯外觀設計帶給顧客好的印象，那麼其整個服務過程中，也同樣會帶來良好之形象。提供好的服務和做好館內銷售（在第12章和第14章再詳細討論）對提高

旅館春秋

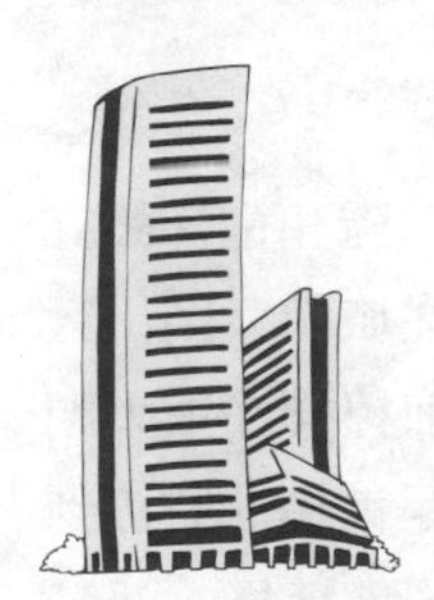

佛羅里達州奧蘭多城的史托福度假旅館，客房部副理克里德·史密斯，共有十五年的前檯經歷，包括在希爾頓、皇冠假日、希拉頓飯店服務的經歷在內。他極力主張前檯美學是非常重要的。史密斯認為客人到達旅館，進入館內的第一印象才是唯一重要的。亦即接待客人的區域必須充分反應旅館的特色：舉凡前檯的鮮花、整齊適當的櫃檯制服、及沒有太多的作業用裝備顯露出來。

史托福飯店接待區的中央處存放著許多旅客住宿登記單，這樣可以方便前檯辦理住宿作業。前檯有八個住宿登記處，每兩登記處共用一套裝備（如信用卡刷卡機、信用卡簽帳單等）。這家旅館先用人工作業辦理住宿手續，房間鑰匙和帳卡都擺在一起，以方便作業。住宿的客人辦理登記時，會受贈一瓶香檳酒以示歡迎之意，同時前檯人員去後方取出房間鑰匙遞交客人。在客人看不見的地方，即前檯的壁面後方，前檯人員才以電腦處理住宿狀況的資料。

該飯店前檯的其中一個登記處則作為團體住宿登記之用。史密斯強調如此會讓團體客人感到很特別，團體客人會覺得他們辦理住宿的待遇，就如同散客住宿登記那般有效率。他強調史托福飯店能夠辦理這樣的作業方式，因為飯店的前檯範圍相當大，此種方式就不能適合小型飯店了！

旅館的財務收益是無比的重要。創造一個能夠達成目標的優良環境，前檯的設計規劃，無論外觀或是結構眞的非常重要。

在顧客與職員工作之間取得平衡

客務部配備

前檯必須設立於適當的位置，以便在辦理客人住宿時，能夠顯得很有效率。設若讓客人在前檯排了十分鐘之久，等到輪到他時，卻又被告知排錯地方了，這在客人第一印象裡將是非常負面的。同樣的，前檯員還要跑到總機室去查看客人的留言，或者跑到訂房組的辦公室去查閱客人訂房情形，如此做爲顯然已失去工作效率。當你十分熟稔前檯處理客人事務之時，要規劃出理想的櫃檯結構就可謂駕輕就熟了。

旅客安全

前檯的位置通常決定於本棟大樓的主要出入口處和電梯設立的地點。前檯員和夜間稽查員必須能很容易看到從旅館大門出入的人，這樣才能確保整個旅館環境之安全。如將前檯擺在與大門和電梯同一側，那就不太理想。**圖4-4**所示意的便是前檯能監控到主要出入口，這樣則較爲理想。在這三個圖案裡，前檯能有清楚的視野，監控到任何人進入旅館大門內，以及任何人從電梯出來。這種視野對夜間稽查員尤爲重要，因爲他可以協助監視夜間旅館大廳的安全。

圖4-4　客務部人員的視線最理想的是能顧及電梯至大廳及從外面進入大廳的客人

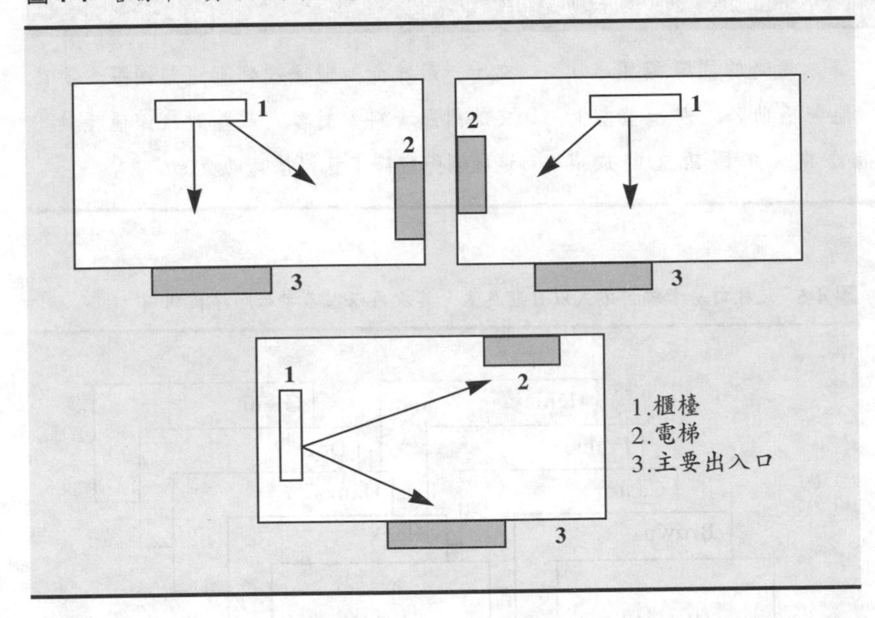

前檯人工作業的配備與功能介紹

訂房卡與索引資料

一般而言，住客都希望住宿登記的速度愈快愈好。前檯的作業裝備當然要能夠迎合此種需求。假設一名客人事先預訂房間，隨後也到了旅館前檯辦住宿登記。經過一番問好和示意歡迎後，前檯員取出客人的訂房資料（訂房作業細節將於第6章討論）。在人工作業系統中，訂房索引資料（reservation card index file）即是所有訂房卡的彙整集合，資料上記載客人姓名、地址、住宿日期、退房日期等（參閱圖4-5），其彙整編排方式是根據到店日

國際旅館物語

所謂的國際翻譯卡，能夠協助客人將一些旅行術語從其本國語文翻成英文，一般旅館的櫃檯裡都有這些國際主要語文的對照資料。對客人或是對旅館櫃檯員，這種國際翻譯卡都相當有助益。

圖4-5　這種訂房卡編排方式以日期爲主，其次再以人名字母順序排列

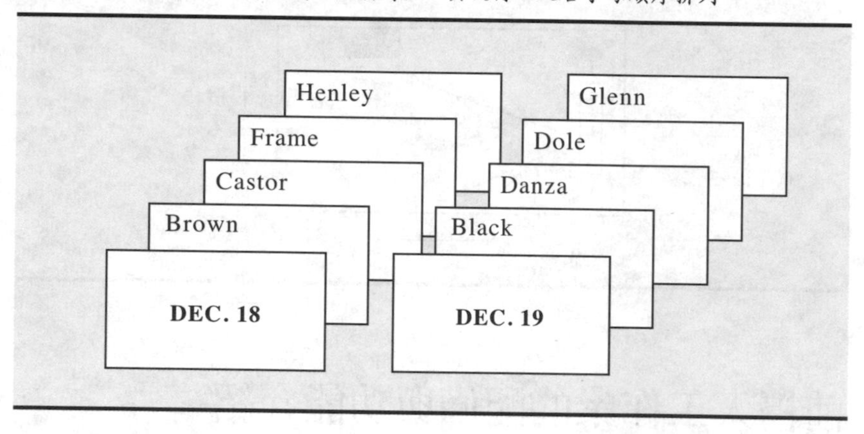

期的先後排列，其次再以姓氏的開頭字母依順序排列。這些訂房資料從最簡易的用橡皮筋束起來存放，或較功夫一點的是用分格的金屬盒擺放都可以。但即使小旅館保存這些訂房資料也是按照日期和字母順序來編排的。

住宿登記卡

客人在前檯辦理住宿時，會被要求填寫住宿登記卡（registration card），內容有顧客姓名、現在住址、聯絡電話、車輛資料、遷出日期和付款方式（參閱圖4-6）。此表格填寫清楚而

圖 4-6　住宿登記卡擁有重要顧客資料，可供客務部使用

時代大飯店

顧客姓名 ______________________________

公司名稱 ______________________________

地址 ______________________________

______________________________ 郵遞區號 ______

電話 ____________（自宅）____________（公司）

車牌號碼# ________ 車籍（州）________ 車型 ________ 廠牌 ________

信用卡號# ________________ AMX　VISA　MC　DC

住宿日期	退房日期	房間號碼	住宿人數	房價	櫃檯員

完整是非常重要的，因爲這張個人資料在客人住宿期間是很有用處的。有了旅客資料，即可以電話和客人聯絡、或收帳有明確對象、或保護客人車輛的安全、或是保障顧客人身安全，可說明資料塡寫完整是很重要的。客人退房離店後，行銷業務部可據此顧客資料做促銷活動，鼓舞客人再度光臨本店。

房間狀況顯示器

當客人完成住宿登記卡的塡寫後，前檯人員即抽出顧客訂房單。此時，前檯人員須檢視一下房間狀況顯示器（room rack），這是前檯內側的大型配備，經由人工操作，能夠顯示館內的訂房與房間的各種狀況，以供前檯員做因應處理（參閱圖4-7）。房間狀況顯示器（又稱房況板，room board）的每一格子代表一個房

圖 4-7 在從前，人工機械式的房間狀況顯示器都會標明房價、位置、設施等細節。現在由於電腦管理系統的使用，房間的標示說明顯示在螢幕中，取代傳統的房間狀況顯示器（Courtesy of National Guest Systems）

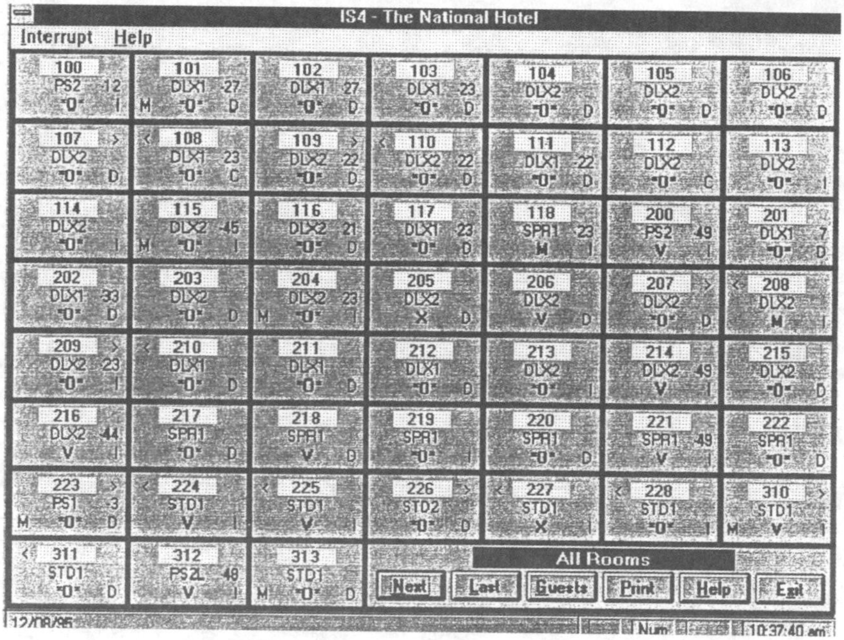

間，都標明房間種類和房價，例如，單人房$65，雙人房$75等；也標明其位置，例如，面山、面海或面街等；或者標明房間配備，像雙人床（double）、大型或超大型床（queen or king size bed），附淋浴或附淋浴及浴缸、附沙發床家具、附起居室與用餐室、有小型廚房、有個人電腦、有線電視、空調等。從顯示板面可看出房間的現在狀況，例如，已出售（occupied）、清理中（on change）、空房（vacant）或是故障待修（out for repair），這些都以不同顏色的燈光來表示之。改變燈色以顯示最新的房間狀況，就要靠前檯人員與房務部人員的配合無間，才能使房況保持在最新與最正確的狀態。旅館的作業通常是每隔數小時，前檯與房務要做對房的動作。

房間狀況顯示器保持暢通運作有賴於房務、客務和工程維修人員的相互合作。三方面溝通聯繫的配合如果相當良好，毫無疑問的，即能給客人優異的服務。舉例而言，當客人被分派到客房時，才發現房間沒有整理，或是發現有工程維修人員在油漆房間，這種窘狀的確令人懊惱。相反的，房間沒有賣出去，那是因爲前檯誤認房間有無法出售的原因，實際上這房間是可以出售的，結果就白白損失這一房間的收入。基於以上種種原因，要對客人提供傑出的服務，以及增加損益表上的收益，有效率的溝通聯繫是十分重要的。

房間鑰匙與鑰匙抽屜

前檯存放館內所有客房的鑰匙（hard key），這種傳統的鑰匙由金屬做成，插進鎖頭裡以開啓房門；有別於電腦管理系統的硬紙片或塑膠片製成的卡式鑰匙。所有房間的金屬製鑰匙皆存放在櫃檯內的鑰匙抽屜裡。鑰匙抽屜（key drawer）的位置必須設計在櫃檯下方，其作用是爲了方便與安全。鑰匙抽屜內每支鑰匙的擺放都按房號順序置於抽屜的每一格子內（參閱圖4-8）。在遞房間鑰匙給客人之前，前檯人員必須弄清楚客人的付款方式與細節，也檢查看客人有無塡妥住宿登記單，而且要詢問客人是否需要協助搬運行李。

住客名條架、帳卡盒與住客帳卡

客人塡寫旅客登記單之後，必須把這些資料轉塡入房間顯示器裡，隨後再轉塡入住客名條架（information rack）。（圖4-9）所謂住客名條架即爲一種會旋轉的圓形架子，架子上有很多長方型的小格子，用以插上住客的名條，而名條的資料是根據帳卡左

圖 4-8　這種房間鑰匙的放置設計增進櫃檯的工作效率

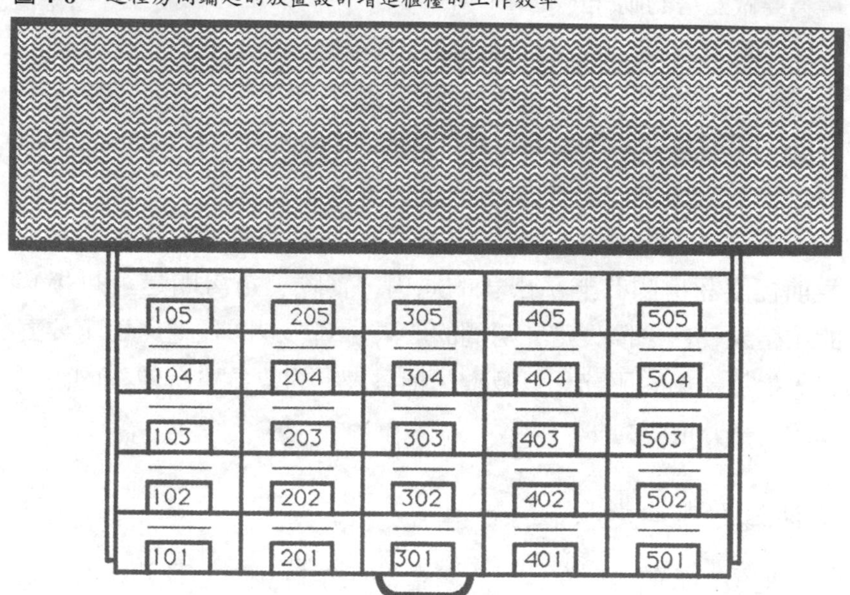

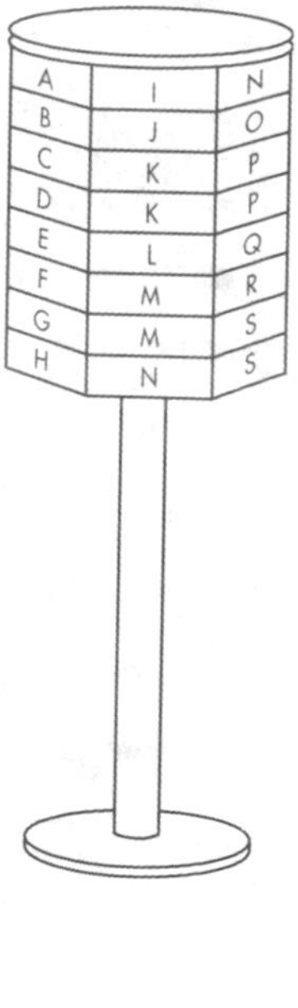

圖 4-9　住客名條架是可以旋轉的架子，所以查詢時非常方便，顧客名字在架子上均以姓氏開頭第一個字母按順序排列

上方記載的內容轉登上去的，然後依照客人姓名字母的順序排列下來，以方便查詢。而所謂帳卡盒（folio well）即是容納各種帳卡的盒子，每家旅館型式不一，有的置放在半個人高的架子上伸手可取，還有的旅館把架子裝上球輪，可隨意移動，較方便夜間稽核作業，又稱爲帳卡籃。前檯人員要把名條架上的資料列印在住客帳卡（guest folio）上，（圖4-10）通常住客帳卡上還印有旅館的標幟（hotel logo）和帳卡控制序號（control number），亦即帳卡必須連號以方便查詢控制。此外帳卡印有旅客姓名、住宿遷入日期、退房遷出日期、房價，一概列印在住客帳卡上的左

圖4-10 住客帳卡採三聯式，左上角的顧客資料各置於房間狀況顯示器和住客名條架上

顧客姓名		
住宿日	退房日	房價

時代大飯店

日期	項目	單據號碼	貸方	借方	結餘

上角。當顧客費用發生時，以登帳機載入卡內的空格裡，登帳則以房間順序作業。由於帳卡左上角的資料是三聯式自動複印的，而且是可以撕開的，撕離後，一張置於房間狀況顯示器上，另一張置於住客名條架上。

帳卡盒裡放置各種不同的帳卡：散客帳卡、顧客簽帳帳卡（city ledger folios），也就是登載館內消費簽帳的客人因消費所形成的應收帳款的帳卡，或是客人館內消費使用旅館之應付帳款的帳卡。圖4-11所顯示的即爲住宿散客帳，按照房號順序放置，顧客簽帳則依照姓名字母順序放置。

圖 4-11　散客帳與顧客簽帳各依其序列放置

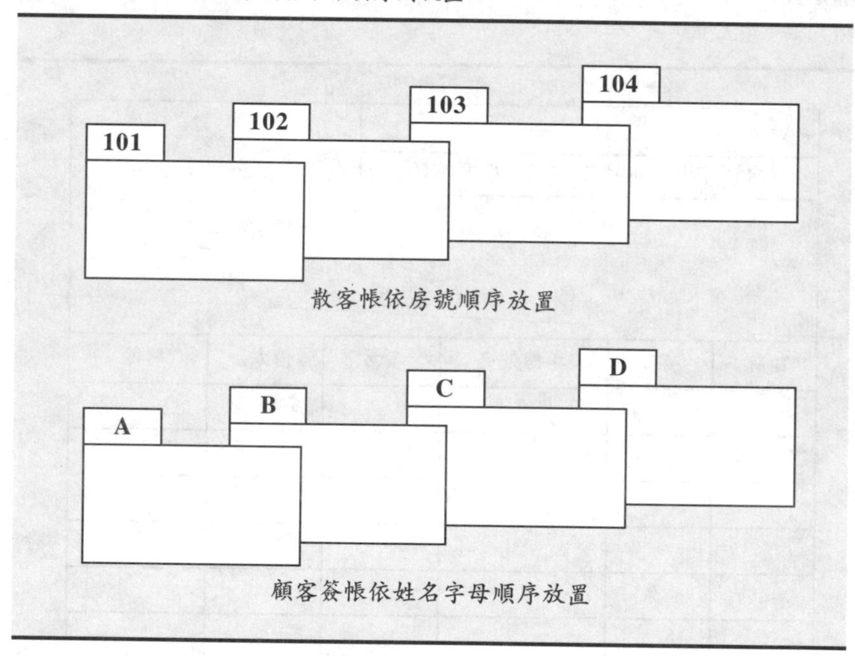

電話帳務系統與登帳機

住客名條架通常擺放於總機人員的旁邊。一旦外客打電話進來，總機人員則按客人姓名首字字母在名條架上尋找，找到後隨即接入客房裡。旅館的電話作業現在都已提升使用「電話計費系統」(call accounting system)，這是一種住客打電話出去時能自動計費的電腦化系統。以往傳統的旅館電話總機爲箱型狀，附有很多插線，看起來操作單純而容易，但是在忙碌時可就忙得不可開交而影響服務品質。啓用電腦化的電話計費系統主要的理由還是在改善對客人的服務。不過電話公司是允許旅館對客人的長途電話加重計費的，這種加重計費也就是旅館的電話服務收益。

很多仍然採用傳統機器與手工作業的旅館也有部分電腦化作業系統，如總機採用電腦化的電話計費系統。這種電子系統除非前檯人員開機，輸入客人房號和名字進入電腦資料庫裡，否則無法打電話出去，開機打電話時，電腦會自動計算費用。無論市內電話或長途電話，電腦內部都會儲存記錄。前檯服務人員和夜間稽查員則將這些電話費用登入登帳機(posting machine)，它是一種登入客人費用發生與支付並計算客帳結餘，同時可列印在帳卡上的一種機器。一些非電腦化作業的旅館，客人市內電話費用由一種電子機器記錄下來。前檯人員必須操作機器查看客人的費用，以便登入客人帳卡中。有些旅館採用的機種(HOBIC)能隨時記錄客人打出長途電話的資料，包括電話號碼與費用。所有這些電話費仍必須登入登帳機中，使每間客房都有正確的房帳。本書第5章會更深入地介紹電話計費系統。

登帳機的使用可謂是前檯作業的重頭戲(參閱圖4-12)。因爲客人在館內大部分的消費項目都是入帳方式記錄消費，也就是客人信用的延伸，從管理角度而言，不該遺漏任何消費帳目，登帳隨時都要保持正確狀態。登帳機的原理是根據邏輯次序的結構而運作，能夠確保客人費用正確登入。登帳機的另一構造能放置顧客帳卡並加以列印出來。在列印帳卡時，格線輸入鍵能準確的把登帳內容列印在格線裡，所以前檯人員操作時，每一格線內的計算都會精確的印在帳卡上，不會有超越格線的情形。另有專門輸入房號、費用（消費數目）以及交易方式的鍵（如現金、掛帳、轉帳）（參閱圖4-13），登帳機亦能夠計算所有輸入房號的房租總額、其他消費項、各項總額、轉帳總額等。因此，有了登帳機，

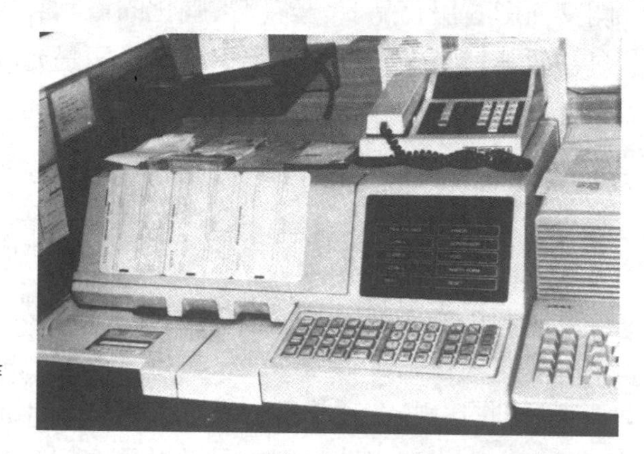

圖 4-12
登帳機必須由人員操作登入費用於住客帳卡中

圖 4-13
登帳機的每個鍵能記錄客人的每筆費用及消費項目

辦理客人退房工作及大夜班的夜間稽核人員之工作，都變得簡單有效率多了。

信件架

對住宿客人、旅館本身、旅館員工之外來信件及留言都有不同之處理方式。傳統的信件架（mail rack）都和鑰匙架混合使用，很多旅館的前檯仍以此方式作業。但近年來多數旅館逐漸採用信件架和鑰匙架分開的方式，信件架被移至前檯內客人視線無法看到的地方，一方面表現出旅館的專業，一方面也是爲了安全。

收銀機

收銀機是前檯非必要的配備。如果前檯有銷售糖果、報紙和其他零星日用品，現金機倒是相當管用的控制利器。收銀機是否需要則由客務部經理決定，因爲此機器能幫助經理有效的控制各種細小項目的成本。這些小項目如果控制不良，被暗中吃掉的可能性是存在的，只要存量輸入正確，是可以統計出損失多寡的。收銀機的功能結構包括金額輸入鍵、項目輸入鍵（如糖果、報紙、稅金）和現金出入鍵。

安全管理

旅館一般都設有火警受信總機（fire safety display terminal），以監控火災的發生，並且在事出時灑水系統及濃煙偵測器均能發揮功能。它在未釀成災害前的警告，能夠給予前檯人員充分的時間去指揮防範措施。火警受信總機也能記錄和讀出各階段救火程序使用的時間，有利於救災的進行。

貴重品保險箱（safe deposit boxes）則提供客人貴重物品的

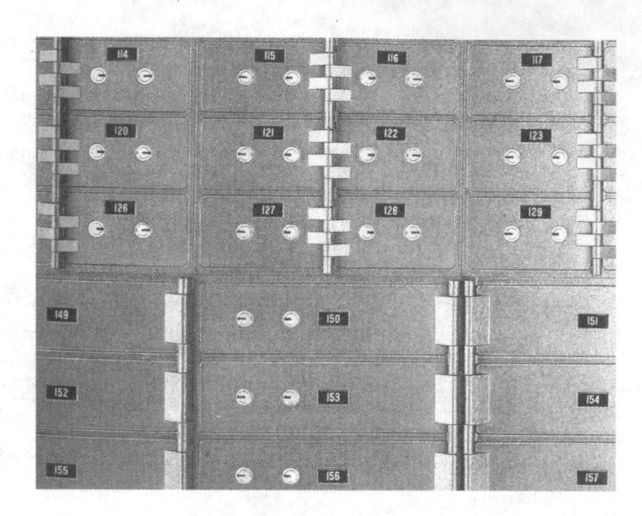

圖 4-14
貴重品保險箱必須有兩把鑰匙同時使用才能打開，一把給客人，另外一把或以上則由櫃檯保存

存放保管。它是數種大小尺寸不同的金屬箱子的組合，一般都置於櫃檯下方或是側面獨立的小廂房，以保持隱密與安全（參閱圖4-14）。每個箱子均有兩把或以上之鑰匙，須同時使用方能開啓。其中的一把交給寄存的客人，另外一把或其餘鑰匙則由前檯保留。有些保險箱可以讓客人自己設定暗碼，必須有相同之暗碼才可以打開保險箱。現在已有很多旅館，在客房內設置貴重品保險箱，不必再跑到前檯去寄放。

喚醒設備

喚醒用的設備（wake-up device）也是前檯重要設施之一。前檯人員和夜間稽查員通常使用一種特殊的時鐘來提醒他們，客人要求叫醒的時間到了。最常見的特殊時鐘叫做雷氏喚醒鐘（James Remindo Timer），它有很多設定栓，因此可設定多種不同時間（參閱圖4-15）。其實一般的時鐘就可以使用爲喚醒的工具了。客人要求喚醒時，須立即寫在喚醒記錄表（wake-up sheet）上，載明喚醒時間、房號、住客姓名（參閱圖4-16）。夜間稽查

圖 4-15
雷式喚醒時鐘能夠提醒夜間稽查員叫醒客人的時間到了

圖 4-16 此表格記錄客人所要求的喚醒時間

喚醒記錄表

日期＿＿＿＿＿＿ 氣候＿＿＿＿＿＿ 溫度＿＿＿＿＿＿

時間	房號	姓名	時間	房號	姓名	時間	房號	姓名

員、前檯員、總機員就按所設定及記下的時間逐一叫醒客人。不過這種喚醒方式也逐漸為客房內裝設的喚醒鐘或是電話自動語音喚醒設備所取代。

櫃檯其他裝備

其他輔助前檯作業的裝備尚有計算機、刷卡機、信用卡確認機、打時鐘和傳眞機。計算機（有些附列印裝置）是前檯的必備用品，特別是在住客要求確認累積的金額時就派上用場，夜間稽查員也用得上它，以計算各種統計工作。刷卡機（credit card imprinter）就是客人付帳時用來刷信用卡的工具。現在多數旅館使用電子刷卡機，但還有少數旅館使用手動刷卡機。信用卡確認機（credit card validator）則與銀行電腦連線，前檯能夠從中瞭解客人的信用額度與存款足夠與否。因此，經此道手續。前檯能瞭解客人的消費是否超過其信用額度或是有足夠存款，以確保旅館利益，另外也可知道客人持有的信用卡是否已作廢或報遺失。打時鐘（time stamp）為一種打印時間的機械，現在則多為電子打時鐘，使用的場合大部分為住客住宿遷入和退房遷出時使用。傳眞機（fax machines）則是透過電話線路所使用的一種設備，用以傳送或接收文件。在今日商業繁榮的時代裡，已成為客務部不可或缺的設備，否則對外聯絡溝通時，幾乎無法運作。

前檯經緯

是否想過，旅館的電腦當機，整個管理運作停擺時的窘困狀。假如電腦公司告知說四個小時後才能來維修，而你必須在兩個鐘頭內辦理四十五名已訂房的客人之遷入動作。請你規劃一個方案，用人工作業的方式，能夠很有效率的完成這四十五名客人的住宿遷入。

表單塡寫與記錄

沒有採用電腦管理系統的旅館，客務部必須用人工方式塡寫各項報表以記錄之。例如，訂房單、旅客登記單、帳卡等，客人從訂房開始到住宿遷入，館內費用發生，到退房結帳與帳卡的整理，這些表單都要完整的記錄下來。茲介紹前檯使用的兩種表單，即消費明細單據和代支單。

明細單

明細單（vouchers）是客人在館內某部門消費（如咖啡廳、藝品店、餐廳）轉帳到前檯，以便讓前檯員登入客人房帳中（參閱圖4-17）。易言之，明細單就是由消費部門所發出，將客人消費金額入到客人的房帳，以便向客人收取費用。所以明細單是要送到前檯去的。但也有情形是消費部門在未送單前，先電話通知前檯給予入帳，隨後再補送單據，以免客人在單據送達前檯之前就退房離店，造成旅館損失。明細單必須保存妥當，以便客人的查詢。爲確保客人所有明細帳單都無遺漏的登入帳卡中，明細單加以編號不失爲一種控制的方法。

代支單

代支單（paid-out slips）即是旅館的客人或員工獲得許可，以前檯零用金代爲支付所消費的物品或提供的服務而塡寫的一種單據（參閱圖4-18）。此種單據是前檯對現金控制管理相當重要的工具。在某些場合或時候，前檯基於臨時需要或客人消費旅館沒有提供的服務，如郵件收受或寄出，此種支出發生時代支單就派上用場。前檯員給予受款者現金，並且要受款一方塡寫代支理由

圖 4-17　明細單是消費部門轉帳到前檯的一種單據

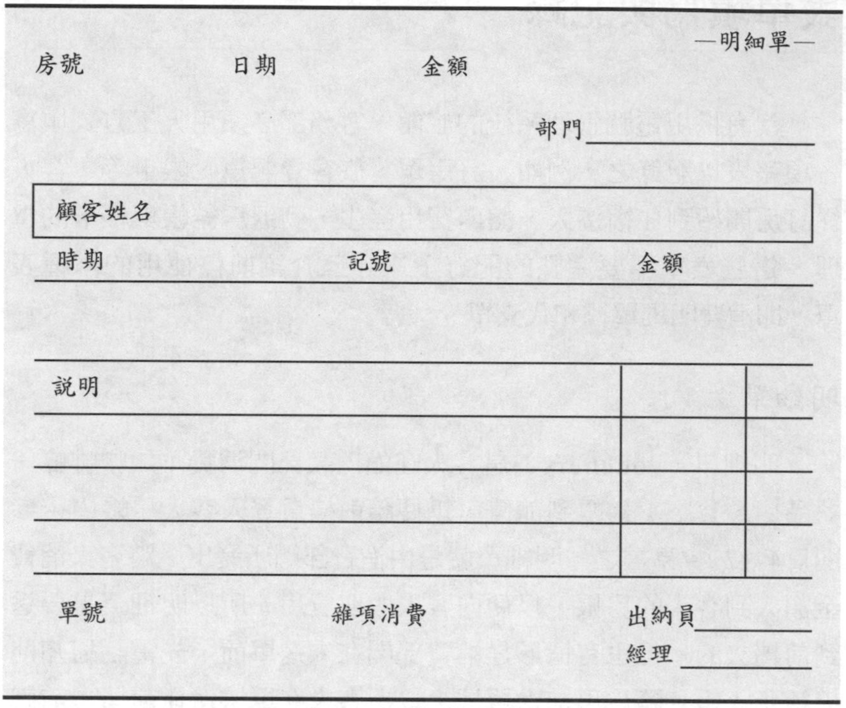

—明細單—

房號　　　　日期　　　　金額

部門＿＿＿＿＿＿

顧客姓名

時期	記號	金額

說明		

單號　　　　雜項消費　　　　出納員＿＿＿＿

經理＿＿＿＿

與現款數額，並且雙方都須簽名以示負責。代支現金後，前檯員就隨即將金額登入客帳裡，或是代支部門結爲餘額，而此張單據將與其餘現金一起放在現金抽屜（cash drawer）中，視同現金。所謂的現金抽屜即是收銀機裡可抽離出來的金屬或塑膠匣子，內部存有當日進出之現鈔和硬幣。夜間稽查員上班時，會將抽屜裡的現金與代支單一一核對。就如同明細單一樣，代支單也要編號控制，以確保它正常運作而不致濫用。

圖 4-18　代支單須填寫清楚，之後櫃檯員從現金抽屜中取出款項，用來支付客人或員工之消費

—代支單—

房號　　日期　　金額

部門＿＿＿＿＿＿

顧客姓名		
時期	記號	金額
說明		

單號　　雜項消費　　出納員＿＿＿＿

經理＿＿＿＿

解決前言問題之道

員工對於新的作業技術感到疑慮或裹足不前的心態是可以理解的。多數人會抗拒改變，但是以扮演一個經理人的角色，應該設法逐漸引導部門同仁去嘗試與適應。最直接的方法就是說服員工，使其明白新的方法和技術可以協助他們，使工作表現得更出色。總經理和客務部經理也要運用影響力讓員工逐漸適應這種轉變，例如，不斷的使用房間顯示器作業，直到員工對電腦化作業

系統熟稔，且對房間顯示器與電腦連線的方便與正確性產生信心爲止。甚至連那些故步自封的員工老是對採用新技術持反對意見時，也有可能這樣說：「你不認爲是該汰換那個老顯示器的時機了嗎？」

結論

本章帶領你巡禮了客務部的內外環境。前檯位置的設定必須讓客務部人員一眼望去，目光可及於從外頭進到大廳和電梯出入的客人。客人對旅館的第一印象就是大廳的氣氛、環境外觀、配備的整齊清潔和得宜的員工。客務部經理的責任在於創造服務客人與工作效率的安排，兩者之間取得平衡。

客務部的人工與機器配備已迅速被電腦化管理系統所取代。然而，還是有很多旅館部分採用人工作業方式，直到電腦系統的作業方式能完全被整合。因此，在客務部電腦化管理系統中，人工或傳統機器配備也一併介紹出來。旅客訂房卡與住宿登記卡用在旅客抵店前後的資料保存。這些資料立即轉移至房間狀況顯示器中，這套精確的裝備能夠協助客務部和房務部的員工監控房間狀況的變化。傳統金屬硬式鑰匙及鑰匙抽屜的使用也已漸漸被卡式的電子鑰匙系統取而代之。

機械式的住客名條架擺上住客姓名資料時，由於是一格一格的設計，很方便按照住客姓名字母的順序排列，查詢也非常容易。帳卡盒則是放置所有住客帳卡和簽帳卡的配備，至今仍然有很多旅館員工使用著。電話計費系統能夠將住客的電話費同步轉移至客務部的登帳系統以增加旅館的收益。傳統的客帳記錄器，像登帳機，已很快的被功能更佳更有效率的電腦化作業系統取代了。不過登帳機仍然有很好的功能，讓前檯服務員能夠把客人的各項帳目一一清楚的記錄下來，並且還有稽核之功能。信件架被置於客務部隱密之處，則是基於安全上的考量。收銀機是用來協助記錄顧客購買東西的器具。至於顧客的安全問題由客務部人員以監視器監控。貴重品保險箱提供給客人貴重物品的保障，使客人能安心住宿。喚醒設備與旅客喚醒登記單之使用，不管旅館的作業有無電腦化，皆同樣的由客務部人員使用著，以提醒注意喚醒客人的時間。

客務部總是例行的記錄客人在館內各部門傳來的消費訊息。要記錄這些消費訊息則依據明細單和代支單。明細單記錄客人消費資料，游走於相關部門之間；代支單則是前檯員管理控制現金的單據。

問題與作業

1.當規劃櫃檯設備時，有哪些因素是必須加以考量的？
2.為何旅館大廳中的櫃檯居相當重要之地位？
3.以人工作業時，訂房卡資料要如何處理？為什麼要如此處理？
4.旅客住宿登記卡之要求內容有哪些？其內容裡的資料對行銷部門有何用處？
5.在房間狀況顯示器中，你可以看出哪些訊息？如何維持其正常運作？如果有人說房間狀況顯示器是在電腦裡，這意味著何種意義？這種設備，在前檯作業中可以省略不用嗎？
6.前檯的鑰匙架或是鑰匙抽屜，通常置放何處？為何你認為它通常會被設置在那個地方？

7.處理住客帳卡的地方是在前檯的什麼區域？住客帳卡存放在什麼工具中？其處理方式為何？

8.住客名條架須置放於何處？它是如何地使用著？你認為有更好的方式去查詢住客資料嗎？

9.為何服務客人為要務的電話系統要賺取利潤，而非損失成本？

10.在人工作業的前檯裡，登帳機的設置何以是必要的？登帳機的主要特性為何？

11.在旅館中，誰在使用信件架？這種設備可以省略不用嗎？

12.為何前檯的設備中要包括收銀機？在前檯的所謂「成本效應」和收銀機有什麼關係？

13.為什麼旅館的總經理要把火警受信總機設置在前檯裡？

14.貴重品保險箱對於安全上的控制設計是一個怎麼樣的狀態？

15.前檯的整個喚醒作業制度為何？有些旅館省略掉前檯的喚醒服務，但眞正沒有這項服務了嗎？你對電話喚醒的服務有什麼樣的看法？

16.信用卡刷卡機與信用卡確認機，兩者有何不同？

17.為何在手工作業的前檯裡要使用到明細單？是否能舉個使用明細單的例子出來。明細單如何控制？電腦化的前檯是否從此就不需要使用明細單了？

18.前檯使用代支單的時機為何？代支單如何控制？電腦化的前檯是否就不需要使用代支單了？

19.你曾經操作過前檯什麼樣的裝備？描述一下那些裝備的使用方法。

個案研究 401

伊莎貝拉是時代飯店的客務部經理，正在著手準備該部門新進員工的環境適應訓練計畫。訓練計畫包括客務部的裝備介紹和各式表單的使用方法。更深入的裝備操作訓練將於日後舉行，因爲她部門裡的員工大部分是新手，所以她決定親自主導整個訓練計畫。

伊莎貝拉開列所有前檯的一連串裝備的名單，並描述其功用。她更不厭其煩的寫出每一裝備與整個前檯作業的相互關係。

當她準備著手進行訓練的細節時，才發現這番訓練多少要花點時間，而她所欠缺的就是時間。於是打電話給她的老朋友，執教於山普森大學旅館餐飲學院的亞當斯，問問是否有學生願意賺點外快來幫忙執行訓練計畫。

假設你是被選中爲客務部訓練計畫執行的學生，請列出你所要的客務部作業中的一些裝備，包括人工或是半自動的器具。並請簡單說明這些裝備如何操作，以及如何填寫各項表單。同時也說明清楚當使用這些器具或表單時，誰該使用？什麼時機使用？在哪裡使用？爲何這樣做是重要的？

個案研究 402

伊莎貝拉同意城市學院旅館餐飲學系的學生前來飯店參觀客務部。該系胡教授知道時代飯店客務部正是由人工與機器作業轉型至電腦化作業的時期。在上「客務部作業」的課堂時，他討論到旅館電腦管理系統的各項要件。他說明旅館的客務部電腦系統基本上也是由類似人工與機器的作業系統所組成的。

伊莎貝拉已準備好講義給即將到來的學生。協助她解說客務部作業情形的是下列裝備與表單：

· 訂房卡
· 住宿登記單
· 房間狀況顯示器
· 住客名條架
· 電話計費器
· 登帳機
· 明細單
· 代支單

第5章

電腦管理系統

本章重點

* 管理系統的選擇
* 管理系統的應用

前言

有一位電腦銷售員，銷售硬體與管理軟體，到了市中心一家中型旅館，找上客務部經理，極力推薦旅館電腦管理系統，此系統將帶領該旅館邁向新的千禧紀元。然而，這項交易特價期只有一個星期。

在現代化的旅館，客務部運用電腦作業已是必然趨向。對新企業體而言，電腦本來就是公司標準配備。對現行的旅館作業中，電腦已整合成爲每日的作業工具，協助員工給客人提供最佳的服務。旅館電腦的運用範圍包括處理訂房、住宿登記、客帳登錄、退房遷出以及夜間稽核。旅館各部門的電子資料，可以處理餐廳、藝品店、溫泉浴室、停車場等銷售點（point-of-sale）的營運；也可透過監控鍋爐、空調系統處理工程的維護，以及安全的問題如房間鑰匙的控管。以上這些電腦的應用狀況，本章將深入探討。

當你從事旅館行業的工作時，你會很想徹底的瞭解，到底旅館客務部是如何地運用電腦。本書並不論及電腦硬體或軟體的原理，因你在旅館服務時所受的訓練和操作程序中，都有包括各項報表或各種資料的解讀。本章將提供各種資料讓你瞭解客務部的電腦運用情形。電腦的運用涵蓋旅館電腦管理系統（property management systems, PMS），此爲通常使用的術語，用以描述旅館業所使用的電腦硬體和軟體。

你會注意到旅館電腦管理系統的應用範圍並不僅侷限於客務部而已，尚且能夠連線房務、餐飲、行銷業務、藝品、財務、工程維修、安全等部門，構成整個旅館的服務網絡。每一個部門都能在客人住宿之前、當中、之後，與客務部相輔相成扮演好自身的角色。客務部本來就應協調好對客的溝通聯繫、會計帳目和安全管理的責任。客務部既然是旅館的中樞神經，透過電腦化操作系統，對於各種作業翔實的記錄，才能有利於整體的運作。

本章首先要介紹的就是PMS系統的運用緣起。軟體和硬體的內涵和其他的PMS周邊情形將予提出討論 [1]，最後才論及旅館產業應用PMS系統中各種不同的應用組合 [2]。

旅館電腦化管理系統的選擇

本段重點在討論當決定採用PMS系統時，一些作業上應有的要素。決定採用之初，有必要瞭解第一線員工們，其作業需求分析的重要性。作業需求分析，重點應在旅館顧客往來時的作業流動性，和各部門的溝通聯繫。旅館之內部管理而產生的紙上作業也是納入需求分析考量之重點。作業需求的相關資料收集完備之後，就要客觀的評估，電腦有了這些軟體，有助於提升對客人的服務。其他重要的觀念則是軟體選擇的考量與硬體上的技術問題。人與電腦之間的互動情形以及硬體安裝後，周邊設備的配合程度也必須予以注意。電腦操作訓練和規劃完善的電力供應系統以使操作不致中斷或當機當然也十分重要。比較令人疏忽的就是維修方面的問題及最重要的價錢支付的問題，如果都能面面俱到，PMS系統的採用就能得心應手了。

需求分析之重要性

旅館選用任何新的裝備，都要經過一番需求分析之評估 [3]，才能使選用的配備發揮功能。需求分析（needs analysis）就是以資訊的流動性與企業提供的服務來決定新裝備（指電腦）

的採用，看它能否改善旅館資訊的流動。舉例來說，人工作業時，住宿登記的問題，或是房務部提供房況不明確的問題，由於前檯使用電腦，上述的問題就可迎刃而解。亦即實務性的流動分析評估完成之後，電腦才能完全發揮改善問題的功效。

當你認為不必做分析，而事情總是出差錯時，需求分析的必要性很容易就能體會出來。企業主與經理人首先考慮與分析的是這套電腦化的成本有多少，即當初購買時的花費和未來長期使用的成本。某項裝備的技術愈進步，就更容易普及化，旅館電腦化的費用亦愈來愈減少，付款條件也寬鬆許多。然而，即使價格下降了許多，安裝與使用PMS系統仍然所費不貲。要是安裝與操作的系統不符企業的需求，那便是不恰當了。

在某市區內的旅館使用相當管用的電腦系統，不一定就能在別的城市之汽車旅館適用，這是顯而易見的事實。在世界任何地方，科技的產物如不能提供服務，則不會使人認同。所以旅館電腦系統必須同時迎合員工和客人的需要才是真正好的系統。一個不管用的PMS系統所產生出來的各式各樣報表，對管理者而言毫無用處；因為它的軟體系統與實際所需要的都處處不對勁，當然花費就超過它實際的價值了。舉例來說，旅館老闆引進一套PMS系統，認為從此以後將可使櫃檯住宿登記作業更有效率，但此系統卻無法讓房務部服務員輸入房間的種種狀況，將來必會懊悔不已。

實施需求分析的程序

實施需求分析的程序如下所示：

1.組織一團隊，對需求加以分析。

2.分析客人在館內的各項流動情形：

· 訂房

· 住宿登記

· 客帳

· 退房遷出

· 夜間稽核

· 客史資料

3.分析從其他部門流至客務部的資料。

4.分析其他部門的紙上行政作業。

5.重新審閱上述2、3、4步驟的內容。

6.對一些被認爲需要之項目加以評估，例如，各種控制報表、溝通聯繫情形、其他部門的紙上行政作業等。

7.將這些需求串連起來，決定如何加以運用。

選取一個團隊

在進行需求分析以作爲旅館PMS採用的基礎，首要的步驟就是先組成一個團隊來決定到底所需要的是哪些報表和資料。此一團隊的成員必須包括管理階層與基層員工，這樣的團隊才能有一全面性的操作視野：管理階層提供全面性的目標，而基層人員以此目標更能深入瞭解每日作業的需求。客務部經理如果覺得訂房系統不夠周全，應該知道前檯員工不但會認同，而且會提出其他建議，俾改善作業。前檯員工不見得瞭解流動分析程序（flow analysis processes）—— 即準備包括較特殊功能在內的作業上的綱要，但是親身體驗的一些資料已能夠協助經理人員做好訂房系統的評估。另外一個例子：總經理也許向行銷業務部門要求更多的房間銷售分析報表，但實際只要從客務部經理方面便可取得想要的資料。

分析旅館內客人的流動

需求分析的第二個步驟就是分析客人來店的流動情形，這樣將會有助於較微小細節上的分析。客人留宿旅館，並不是開始於住宿登記，而是從訂房那一刻開始（實際上，可能更早之前就與旅館接觸，那就是行銷人員所做的努力）。

作業的項目是多樣化的，這些項目包括電話系統使用的簡化、特定日期的房間狀況控制使客人得以順利進住、完成訂房所需使用的時間多寡、確認訂房的方式、預留鎖定房間（block rooms）的程序、臨時訂房的處理方式等。當然，客人辦理住宿手續時，收集顧客資料的方式；確保對客人房帳登錄的正確性；辦理住客退房手續所需的時間；客人對房帳爭議的處理方式；退房遷出前關於早餐與電話的登帳；這些都是可以加以分析的。每日房租與稅金要如何登入客帳？登入時要花多少時間？是否有些重要項目或數字被夜間稽查員遺漏？夜間稽查員的作業方式爲何？夜間稽查員製作報表的時間要花多少？亦都是可分析的資料。如果已有客人訂房、住宿登記資料和消費記錄，也可作爲下次來店的參考。

溝通聯繫之資訊

需求分析程序的第三個步驟就是要注意從各個部門流至客務部門的種種資料。房務部提供的房間住宿狀況資料要如何妥善處理？客人一旦報告緊急或火警事件要如何因應？行銷業務部要求某日鎖定一些房間給特殊客人，要如何因應？如何配合維修工程部人員節約客房內的能源使用？安全部門人員如何確保客人房間鑰匙的安全？一套設計優越的PMS作業系統必然能涵蓋上述的聯繫功能。

審核紙上文件行政作業

第四步驟爲審核館內有助於管理的一切紙上文件行政作業。人事管理部門是如何的管理人事檔案以及離職員工的資料？行銷業務部門寄給客人的宣傳單之作業過程爲何？大型宴會和集會或個人小型宴會的記錄資料如何處理？過去的活動資料（tickler files）如何加以運用使之能不斷延續下去？如何安排工作規章？要使用何種方式去設計每日菜餚？

資訊的審核管理

需求分析的第五步驟就是要做好資訊審核，確信是否能迎合實際需求。行銷業務部人員在接洽業務時是否犯了錯誤判斷，其原因是客務部提供了錯誤的房間狀況訊息？前檯服務員對住宿狀況搞錯了，只因爲房務員提供不對的房間狀況？房價搞錯了，致使旅館收入遭受損失，有此情形否？夜間稽查人員是否疏於注意而將已確認或保證訂房的房間作錯誤的處理？

每一個需求的達成與否都有其顯著意義。顧客的滿意度、服務的品質以及財務狀況都是應充分考慮的。大型會議有多久沒有被預訂了，是否因爲房間的掌握不夠確實？如此結果，導致多少收入之損失？總經理是否常接到顧客抱怨說他們的房間在維修或未整理？客務部經理多久要調整房價一次，如果房價訂得不好？夜間稽查員在晚上執勤時間內，接受訂房之頻率高低如何呢？保證訂房（guaranteed reservations）與確認訂房（confirmed reservations）的數量比例是多少呢？爲何保證訂房從未由夜間稽查員提出來呢？

從結論中評估需求

分析的最後步驟就是結合各種不同的作業和行政上的需求，以決定電腦的應用是否適合於本旅館。房間的使用狀況資料，如與各部門連線運用，是十分值得投資的。文字處理程式能製作宣傳單，一般書信和每日菜單即可說明這套PMS的優越性。需求分析能使你知道，你要的是什麼，不要的是什麼，可助你從許多有效的電腦系統中作最適合的選擇。

選擇軟體

選擇軟體（software），即運用電腦的設計來處理各種資料，例如顧客資料和財務交易資料以及產生各種報表，較之選擇硬體（hardware）更爲重要，硬體通常則爲電腦中央處理機、鍵盤、顯示器或是印表機。有用的PMS系統端賴選擇良好的軟體，以便在管理上增加客人的滿意度和財務、資訊管理的掌控。從需求分析所得到的資訊，將可提供一個評估結構，瞭解今日市場上各種的套裝軟體之適用性。

每一種套裝軟體都各有它數種不同的特殊性，選擇適合本身需求的套裝軟體就顯得非常重要。現在市面上標準的旅館專業軟體包括顧客服務項目、財務會計和各種訊息的選用。必須實地查看軟體對於顧客服務的特性、會計作業和各項訊息的應用以決定哪一種PMS系統對本旅館是最好最適用的。如果你感到某種套裝軟體不適合旅館內部的管理；或是對於某項服務並不能增進顧客的滿意；財務報表並不能顯示有意義的報告；或者顧客的歷史資料無助於業務的成長，那就不要使用此種PMS軟體。因爲裝備是你在操作，要利用其良好的功能協助你提升工作績效。只有你才能決定什麼是最好的設備。最常見的適合各部門的軟體均在圖5-1

詳細列出。

圖 5-1　常見的PMS軟體系統的作業項目

行銷業務
- 顧客資料
- 廣告宣傳單
- 客史資料
- 旅行社
- 會議室訊息

夜間稽核
- 房租與稅金登錄
- 各項報表

財務
- 應付帳款
- 應收帳款
- 一般轉帳
- 薪資
- 損益平衡報告表
- 結額報告表

人事管理
- 人事資料
- 考勤作業

電子郵件

安全管理

訂房
- 房間可售狀況
- 生產管理

櫃檯
- 住宿遷入
- 房間狀況
- 客帳登錄
- 顧客信用徵信
- 預付款
- 出納

電話計費
- 顧客資料
- 電話費登錄

房務
- 房間狀況

工程維修
- 維修申請單

餐飲
- 銷售點
- 菜色利潤
- 庫存量
- 菜單

硬體選擇

選擇PMS系統的硬體並不會像選擇軟體那樣困難。今日市面上的硬體均可與標準的電腦作業系統相容（例如IBM的軟體），這種考量是必要的，因爲大部分寫出來的軟體程式都是在這種標準作業系統中從事運作。換言之，你所選擇的硬體必須要有足夠的能力操控軟體；關於這點則有必要與電腦硬體商逐一查證。

其他必須考慮的技術因素包含下列操作上的概念：

1. 處理器速度（processor speed）——電腦中央處理器（CPU）每秒計算能力的快速程度；這點由MHz（megahertz的縮寫）可表現出來。
2. 磁碟片驅動器（disk drive）——電腦的某一部位中，能儲存或讀出資料；分軟式硬式兩種，其大小有3.5英吋和5.25英吋。
3. megabyte ——1,024kilobyte格式化的能力出現時間。
4. 所需時間（access time）——透過處理器從硬碟到顯示器所需時間，都是以百萬分之一秒計錄輸出入。
5. 工具（I/O ports）——鍵盤、顯示器、數據機、滑鼠、操縱桿、印表機。
6. 顯示器（monitor）——即彩色或黑白電視螢光幕，可以從中看到輸出或輸入的資料，並控制欄的寬度與行的長度，也可調整文字及視覺亮度。
7. 鍵（keypad）——即所有輸入用的每一按鈕之集合，包括功能鍵在內，可以讓使用者將資料輸入電腦中。
8. 鍵盤（keyboard）——標準的打字機型式的鍵之固定盤，能讓操作者輸入或顯示所需資料。
9. 印表機（printer）——屬電腦的硬體設備，可將影像傳輸至紙上，細分下列數種：

- ·點針型（dot-matrix）——以色帶點出細點組合於紙上
- ·噴墨型（ink-jet）——以液體墨水點出細點組合於紙上
- ·雷射型（laser）——以影像傳印於紙上
- ·文字用點針型（letter-quality）——是一種較佳的點針型印表機
- ·草圖點針型（draft-style）——是一種好的點針型印表機
- ·曳引型（tractor-fed）——可連續列印紙張的機型
- ·單張型（single sheet）——只可列印單張紙的機型

10. 數據機（modem）——屬電腦硬體設備，可以透過電話線路轉送資料，是電腦與網路交流過程中不可或缺的角色。
11. 每秒字數（cps）——以秒爲單位在每分鐘裡每頁、每行所能列印的字數。
12. 電腦周邊組件（computer supplies）——印表紙、表格、色帶、墨水匣、磁碟片等系統操作所需用品。

客務部經理必須知曉PMS系統的操作能力，才能駕輕就熟。電腦相關書籍和雜誌就能幫忙你瞭解各種電腦硬體的效用；現今發行的《個人電腦》雜誌就常介紹最新的硬體結構與軟體應用的常識。

操作PMS系統的標準硬體列示於圖5-2。這些必備的硬體設施都被組裝在各個部門和服務據點。鍵盤、終端機、磁碟機和印表機可謂是使用者最基本的配備，而資料的操作和儲存是微電腦或是個人電腦的主要任務。

電腦的所有各式各樣資料之相互處理能力是非常重要的。電腦的運用已非常的細緻微妙，各種資料的相互利用是居主要地位。例如，在訂房時取得的資料亦能爲行銷業務部門所用，可藉

圖 5-2
電腦硬體包括鍵盤、終端機、中央處理器及印表機（Photo courtesy of IBM）

此產生更多之商機。

電腦硬體設備在每個工作單位裡最適合安裝的地方，應考慮到作業流程分析，以發揮新裝備的效果。亦即需考慮顧客的需求、操作裝備的作業員、以及其他能取得資訊的相關同仁。你從需求分析中所得到的資訊非常有助於你的PMS系統安裝，因爲你可以告訴電腦安裝人員你需要的東西。

在安裝時連接所有硬體的電子線路也要詳加規劃分析。安裝於牆壁或地板內將耗費不貲。適當的空調溫度亦會影響電腦的功能，這點不可不察；在營業區裡這倒不是問題，但在其他館內區域，也許多少會有些困難。

工作學（ergonomics）爲研究人的生理與機器之適應問題的一門學科，這同時是客務部經理所須面對的課題。螢幕中的強光和閃爍的游標（cursor），由於在畫面上不停的游動而易引起眼睛的不適。實際上，電腦操作員都會要求電腦套上一層濾光玻璃，這種情形已非常普遍。另外工作人員抱怨的可能是脖子的酸痛，其原因爲螢幕位置的不當。現在的電腦顯示器都有旋轉軸，可以解決這種困擾。手肘的酸痛也可能發生，如果鍵盤的位置高過於操作者的腰部以上。而手腕與手指因神經的緊縮引起腕骨症候群（carpal tunnel syndrome）也是過度操作鍵盤導致的結果。此種腕骨症候群常使電腦操作員產生極大的痛苦，所以鍵盤的高度還是與腰齊爲最理想。手指與整隻手的酸痛也肇因於過度操打鍵盤所引起，宜應多加注意。

其他PMS系統選擇的考慮事項

其他選擇PMS系統所要考慮的因素有：向廠商的要求事項、安裝規劃、培訓、電源的供應，還有維修問題。

向廠商的要求事項

未來要購用這套PMS系統者，務必要去詢問現在正使用的人，關於他們的考慮事項和問些相關問題。諸如這套系統操作起來是否容易？所得到的報表是否有用？電腦廠商能否訓練員工至熟練爲止及提供電腦緊急狀況服務？如果得到的回答是這樣的：「我眞不知道公司要是沒有這個東西會有什麼事發生？」或是「眞是難操作，報表也不是我們眞正需要的。」那麼，對這些提出來的問題就要提高警覺（不過要記住，不同的公司有不同的需求，也有不同的優先次序；因爲系統秀出過多的選擇，有些你認爲不重要，那對你而言毫無意義）。也要注意到這些使用的公司在作需求分析時所花費的時間。職是之故，花點工夫到旅館看看，瞭解一下，也是值得的。我們可從中瞭解系統操作之不同特性，在PMS系統下，各個部門的互動情形、使用什麼樣的表格對決策最有利 。此時，我們也可以感受到，對顧客服務之良窳也是如何地被電腦軟體系統影響了。

硬體安裝計畫

細密的硬體安裝能夠有助於主管們維持一定的對客服務水準和部屬的工作士氣。首先的重要工作就是由誰鋪設線路；其次是決定要安裝哪種硬體、什麼時間、哪一部門先下手安裝、需要用何種方式使得館內各部門相互連線（on line），即以中央電腦系統為主，能夠連結各部門資訊。這些資訊能夠有一個固定流程，部門與部門之間可以藉由連線之便分享資訊，並且相互適應與彼此互動。

電腦培訓計畫

電腦廠商所提供的服務範圍，從其公司總部訓練教室的在職訓練課程至非正式的諮詢服務都包含在內。凡接觸到電腦的員工均須受到完整的操作訓練，才能發揮電腦最大之效用。訓練應分階段性，循序漸進地講解給學員知道，這一系統對他們的工作有很大的幫助。有些電腦廠商會先以虛擬旅館作業方式教導學員，以使學員事先獲得訓練單元的先期知識（參閱圖5-3）。在訓練過程中是容許學員出差錯的，其目的是要使學員們能夠熟悉鍵盤的每一按鍵之分配位置。文書處理的程序則是要學員逐步明白系統的操作能力，因為每一家旅館都是一步一步地去適應與發展電腦的應用。

即時覺察到員工對新事物的改變而產生抗拒心理亦是非常重要的，訓練計畫中要給予灌輸正確的觀念，也要以軟性、塑造良好的氣氛下進行訓練。灌輸團隊精神亦有助於減緩員工抗拒的念頭，因為他們會深切感到在團體中的榮譽心。需求分析的團隊成員要時時注意員工們的成就感。而且，許多員工抗拒改變的原因

圖 5-3
員工們需要多點時間去練習操作軟體與硬體的技巧（Photo courtesy of Red Lion Hotels）

是害怕不能把新的工作處理好。所以訓練的時間應該恰當衡量，多給予操作練習之機會，使其增進操作技巧。

電源的儲存

如果停電的話，會產生哪些狀況呢？像這種顧慮，包括局部停電（brownouts）時的狀況，電腦廠商會提出這種問題來。電腦裡面有乾電池，可解決臨時斷電或停電的問題，唯有如此，儲存的資料才不致消失掉。旅館的經理們都有過當機的經驗，所以他們很善於各部門間的溝通聯繫，登帳時絕不會有所漏失；等電腦電力恢復後員工們就能夠重新利用電腦做登帳動作。

維修合約

使用PMS系統的最後一個考慮，即是維修合約的問題，也就是要明白列出相關修護與軟硬體更換的成本。緊急維修服務和一般服務所花費時間長短的費用都必須要詳細列出來，這樣合約才有其可行性。

財務上的考慮

旅館無論購買或租借PMS電腦系統，對財務方面而言，可說是一項重大決策。這種投資牽連到現金流動。如果成本效益沒有很務實的計畫好，要是不能達成效益，那就枉然了。本章一開始就強調需求分析的重要性。旅館產業在決定採用電腦時，就要透過實際的成本效益估算以配合電腦之使用。

住宿產業的財務主管在制定預算時，通常要與總經理相互商議。客房、餐飲和其他服務產品的銷售，都應事先計畫。一旦進行這些計畫，就要考慮生產產品與服務的成本。旅館的財務經理通常對各部門的成本精打細算，例如，餐飲部在月末加班費的數額所產生的財務記錄、前檯住宿遷入和退房遷出尖峰時間部分工時人員的僱用記錄、行銷業務部製作宣傳單所需的成本、僱請會計師製作損益平衡表的費用。財務經理具備這種認識的話，在引用PMS電腦系統時，就能夠知道可以節省多少經費。節省下來的經費（包括減稅之利益）必須相等或大於電腦系統的費用，這樣才有使用電腦的意義。有時候，管理階層不容易看出電腦有形的好處在哪兒，例如提供更好的服務或增進員工士氣等，使得電腦的購買對成本而言有其相對之價值。

至於電腦的使用，要用買或租的方式，也要作一決定。旅館如果決定的話，那麼，購買的經費、相關費用、現金購買折扣、折舊，都是必須一併考量的重點。以上這些考量諸點，還須權衡現金流量的持續性、租金與購買價格的比較以及租賃的節稅利益。

付款期限（payback period）、安裝費用、融資額度等，如果能相當節省經費和提高顧客滿意度的話，也同時能提高管理階層的安裝意願。要是財務經理提出一些的財務問題供內部精算，如下列之事例，付款期限更容易掌握：

- 櫃檯有5%市內電話沒有登帳
- 餐飲部門對顧客的支票平均每月有2%的損失，其原因爲總額計算錯誤
- 每一付款週期內，由於薪資作業的預算準備，可省下十小時的加班開銷

當各部門主管們與財務經理詳細審查損益平衡表時，亦可輕易發現其他應節省開銷的項目。那麼，投資於需求分析所花費的代價終究有所報償了。

除了前檯之外，旅館其他領域也是財務經理所關心的。要隨時記得，PMS系統的採用是包括顧客服務管理和所有財務管理功能的。如果電腦只有供前檯專用，例如會計系統和訂房收入，這是無法令人認同的，唯有各部門共同使用電腦系統，才能達至成本效益。

PMS系統之應用

旅館管理系統是由周邊功能所構成，以從事對顧客的服務工作。本章先前所列的軟體只是旅館使用眾多的軟體功能之一小部分而已。爲回顧一下這些功能，假設旅館已完全裝設好PMS管理系統，並且已在實地運作中。軟體程式的主要項目（main menu）表單列示在螢幕中，可說是個別單元可茲運用的程式（如圖5-4）。

圖 5-4　旅館電腦系統的主要作業項目

1. 客房預定
2. 最高銷售管理
3. 住宿登記
4. 房間狀況
5. 登帳
6. 電話計費
7. 退房遷出
8. 夜間稽核
9. 問詢／報告
10. 後檯辦公室
11. 房務
12. 餐飲
13. 維修工程
14. 安全
15. 行銷業務
16. 人事
17. 電子郵件
18. 計時器

圖5-4所列示的項目與本章前所列出的項目有些相似。前檯員工能很容易的操作鍵盤或以手指頭接觸螢幕（touch screen）來操作個別的程式。螢幕上或是列印出來的操作指示，只要按其指引，PMS系統無論硬體或軟體即可操作。這些指示可能是以文字，一步一步指示你如何操作以及用個別程式和次級程式的流程圖指引你，這樣對訓練員工是相當有益助的。流程圖可比喻為一棟建築物的建築藍圖。下面各節關於每一項目單元和次級程式的討論，將是旅館電腦化管理系統軟體的應用介紹。

旅館春秋

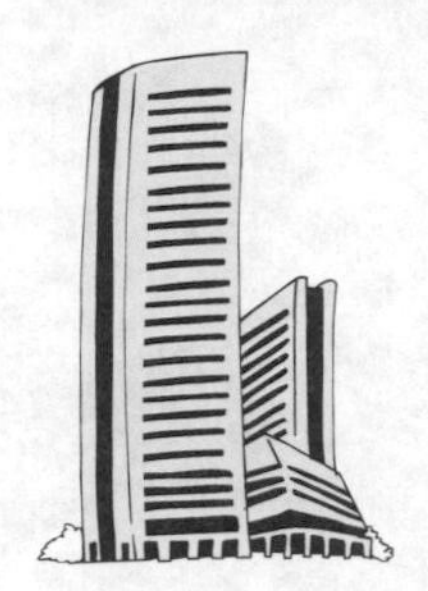

吉拉·古登斯坦是賓州費城喜來登山莊的總經理。他在紐約一家大學畢業後踏入旅館業界，加入喜來登成為總經理後，先後服務於該系統連鎖店，計有：加州舊金山費雪曼·瓦夫飯店、紐約喜來登·史凱爾飯店、佛羅里達州之邁阿密的喜來登巴爾港飯店、以及紐約州的紐約喜來登飯店。

他現在服務的喜來登山莊，PMS電腦系統已使用八年了，最近就要把它改換掉。這套老系統有十五個不同的功能站，由六個銷售點作為介面輸入資料。這些系統執行訂房、前檯作業和問詢服務之功能。這套PMS也能處理餐廳、後檯辦公室、房務及其他作業系統。

古登斯坦先生說電腦啓用之初，都是一些基本系統，而且比較耗費時間，很多資料仍然需人工處理。現在一切資料只要一經輸入，電腦系統就把客帳處理得相當完整。

他記得電腦初為一種管理工具時，旅館從業人員只能使用市面僅有的軟體，能夠選擇的也很少，今日則有相當專業功能的軟體出現。

對於電腦的更新，他開始著手作需求分析。他說他們已注意未來的趨勢，期望能規劃更多方面的功能。古登斯坦先生報告說他們也很注重這些硬體裝備的大小，以使物件容易安置。他們也設計好安裝計畫，以便從事訓練員工操作，安排時間演練和並行式操作（即新舊系統同時使用）。他亦表示他們都考慮到投資效益的問題，因此也規劃付款的時程。

客房預訂

訂房組成單元（參閱圖5-5），包括能夠接受散客或團體客資料的次級系統，依可售房間資料檢索客人的訂房要求，並儲存訂房資料。客人詳細資料的取得是透過電話詢問或是連線電腦儲存的資料。無論房間型態和位置、房價以及客人的特殊要求，電腦的房間狀況處理系統均能一一加以配合，使作業順利。大部分的系統裡，這些資料可以儲存五十二個星期（或更久）。

圖 5-5　訂房組成單元

1. 住客資料
2. 可售房間狀況
3. 預付款
4. 住客特別要求
5. 房間保留鎖定控制
6. 抵店名單
7. 離店名單
8. VIP資料
9. 預定住宿率
10. 旅行社
11. 住客留言
12. 各項訂房報表

關於以信用卡作爲保證訂房的資料，或是經確認無誤的資料，電腦系統即記憶下來。一些細節如預付款、房間鎖定控制（blocking）、抵店離店時間、VIP顧客名單、住宿率和各種訂房報表等，對經理人來說，是非常重要的。

一位住宿在德州達拉斯小客棧的旅客，在退房遷出之際，要預定芝加哥一家小旅館的房間，以便當天晚上到達，能夠在短短數分鐘內就確認完成。該名旅客資料先前已存入電腦資料庫裡，透過電子資訊轉換，就很容易的完成客人的訂房要求（這一芝加哥的小旅館透過電腦房間狀況查詢，很快就有答案）。同樣的，團體或旅行社訂房也都必須經過電腦查詢程序（電腦訂房更具體的事例將在第6章探討）。

圖5-6　最高銷售管理組成單元

1. 房間價格表
2. 每人增加之利潤
3. 顧客類型之增加利潤
4. 最高銷售管理

最高銷售管理

所謂最高銷售管理（yield management）即是經過規劃以達成房租最大的收入和接納最有潛在利益顧客（能夠在各餐飲單位、禮品中心有強大消費力的客人）的管理方式，這種規劃能激勵客務部經理、總經理、行銷業務部經理針對消費潛能高的客層，執行與發展銷售方案，來創造旅館最高的利潤。此一組成單元（參閱圖5-6）與訂房組成單元共用相同的基本資料庫——房間狀況、房價、訂房狀況和旅客資料。如果旅館可望客房銷售良好，最高銷售管理的組成單元將容許訂房單位主管控制房間銷售，並篩選客層，使消費力強的客人能進館住宿。同時電腦也會在房價上設定一範疇，以便讓訂房員銷售房間時使用。電腦會列印每日相關銷售報表，讓總經理和業主瞭解與檢討房間銷售與定價相比，究竟高到何種程度。客史資料中關於客人餐飲的消費力，也有助於行銷業務經理對團體訂房的判斷，瞭解某團是否帶給旅館潛在收益。

客房預訂

住客登記的組成單元已大大地改進住宿遷入的手續。因爲旅客的資料在訂房之際已得到，減少了住宿登記的時間。前檯人員只須向旅客再確認房間種類、位置、折扣和房間型態即可。對於沒有訂房而來住宿的客人大致也是如此。電腦也會顯示付款方式。安全組成單元改變房間密碼後，卡式房匙（無論紙製或塑膠製）就可以分發給客人。客人的住宿登記手續亦可以電腦的自辦手續（self-check-in process）來取代完成，換言之，客人將有磁條一邊的信用卡插進電腦自辦手續終端機裡，旅客個人資料與財務狀況經接受後，回答電腦幾個問題（包括停留天數）即完成住宿手續（參閱圖5-7）（電腦自辦住宿手續將於第8章詳細介紹）。

茲舉訂房組成單元執行工作的事例，假設有位客人從達拉斯飛抵芝加哥，至一家旅館後，只須在住宿登記卡上簽名，稍等櫃檯員查看房間狀況，之後馬上給房匙，住宿手續就這麼快完成。住客的資料在達拉斯的旅館訂房時，芝加哥方面的旅館就已得此訊息，無怪乎那麼的快又方便。而客房住宿多寡的訊息也是房務員透過電腦傳達給前檯知道，前檯服務員據此資料分派房間及鑰匙給客人。住宿登記手續前後不會超過五分鐘。

圖 5-7　住宿登記組成單元

1. 客房預訂
2. 住客資料登記
3. 可售房間
4. 房間狀況
5. 安全
6. 各項相關報表
7. 自辦手續

前檯經緯

旅館的火警報知器鳴叫聲很響。當有狀況發生時，哪一個電腦組成單元可提供住宿在館內的住客名單？

房間狀況

電腦的房間狀況（room status）組成單元能隨時提供完好而可出售的房間訊息。房間狀況分屬兩種情形，即訂房和房務之房間狀況。訂房狀況可以是空房、確認房、保證訂房及正在整修房。屬於房務的狀況則爲整理完成房、退房待整房或是故障房。訂房之房況是由訂房單位掌控，而房務的房間狀況則由房務部掌控。房間狀況是PMS系統相當重要的一個單元（參閱圖5-8）。此一組成單元的確使住宿遷入的作業效率化和合理化，對其他部門的幫助亦復如此。此單元與訂房組成單元一樣，共享用客房資料庫，提供一些報表供房務經理、客務經理與部門員工、維修工程經理、夜間稽查員、訂房員和行銷業務部人員參考使用。房務經理必須知道哪一客房有人住過而須加以整理；前檯服務員必須知道有哪幾間客房須加以保留或供出售；維修工程人員須事先規劃好油漆路線和更新客房設備；夜間稽查員必須查驗客房銷售與收入情形以完成稽核工作；而訂房員需要知道哪些房間完好可以售

圖5-8 房間狀況組成單元

1. 各式客房特徵
2. 可銷售房間
3. 各項報表

出；行銷業務部需要知道哪些房間可以銷售給會議團體。

登帳

登帳（posting）組成單元可說是PMS系統提供客務部經理首先實現利益的單元，因爲客人消費發生時，就須立即登入費用（參閱圖5-9）。登帳不僅是要迅速，而且要正確才行。在半自動登帳機中，前檯服務員必須修正客帳，每一項目必須排列整齊以方便列印，按鍵要正確（例如房號、金額、消費部門、消費項目等），帳卡要依序存放。然而，PMS能夠在各銷售點如餐廳、酒吧或禮品中心等，當場消費隨即入帳。同樣的，房租和稅金或電話費亦能在短時間內迅速登入電子帳單中。顧客金額的轉帳和調整（須由經理級核准）也很容易完成。客人費用發生登入電子帳單必須鍵入房號、金額、消費部門以及消費項目。這些資料都儲存在記憶體中，報表審閱後如有問題，或辦理退房時均可修正。這些金額的正確性，仍有賴於每一銷售點員工的正確輸入。輸入錯誤的房號（412號房誤爲712號房）或相反的金額（$32.23誤爲

圖 5-9 登帳組成單元

1. 銷售點
2. 客房
3. 稅金
4. 轉帳
5. 調整
6. 代支
7. 其他費用
8. 電話
9. 帳單顯示
10. 各項報表

$23.32）當然會導致登帳的錯誤結果。

芝加哥一家小客棧的客人要登錄他的洗衣費用美金5.95元在房帳內。前檯員就以代支方式先付錢給來收取衣服的洗衣店人員，然後按其房號、金額、部門、消費項目登帳入電子帳單中。夜間稽查員一到晚上執勤時間即開始檢查整日所有的帳正確與否，並更正之。

電話計費

PMS的電話計費（call accounting）系統能夠自動登入住客的電話費，並從中賺取利潤（參閱圖5-10）。旅館通常在計費系統中設定加上長途電話之服務費。旅館的電話並不只是單純服務而已，亦在系統中設定電話服務費加成利潤。從電話費中賺取服務費利潤而言，再多的電話，電腦總是正確無誤的登錄，絕不會有遺漏，所以電腦之電話計費通常令館方滿意。若是半自動的計費器，櫃檯或總機人員就要注意客人的講話時間，以免電話公司多收超時費，造成旅館損失，客人一講完，即立刻切斷電話並登錄費用。旅館最常損失的就是市內電話費，特別是在退房遷出之前，前檯員往往容易忘記向客人收取。但是PMS的電話計費系統就能夠完全控制時間、電話費、服務費，並正確的登入電子帳單

圖5-10 電話計費組成單元

1. 住客資料
2. 員工資料
3. 費用登錄
4. 顧客留言
5. 喚醒服務
6. 各種相關報表

中。由於PMS電話計費相當精確而快速，使電話使用量大大地提高。

有了電話計費系統，就不必有住客資料架和紙上作業了，因爲在住宿登記之後，住客的個人資料就存入電腦基本資料庫裡，住客的姓名和房號都很容易找出來。甚至管理階層的主管們的職位與姓名也可以從電腦中查出。

退房遷出

有了PMS，客人辦理退房遷出時就不再有不方便的情事了（如排長長的隊伍或是對計費有爭議），電腦會在幾秒鐘內迅速列印出正確、整齊漂亮且完整的帳卡出來（參閱圖5-11）。櫃檯人員若使用登帳機列印帳單的話，可能會誤登入其他客人的帳目或是帳卡列印參差不齊，而且客人退房前不久的消費帳很容易漏登掉。

客人爲避免辦退房時排隊的麻煩，可以使用房內自辦退房（in-room video guest checkout）功能，亦言之旅館電腦管理系統能夠讓住客使用房間內的電視辦理退房遷出的動作。這種方式就是夜間前檯員拷貝（或另外一聯）最新的帳卡，在退房前一晚，將之塞進門縫下方給客人。客人只需在電視搖控器上按些數

圖 5-11 退房遷出組成單元

1. 住宿帳卡
2. 調整項目
3. 出納
4. 客帳轉至後檯辦公室
5. 各種報表
6. 客史資料

字即可處理退房事宜。客人須回答電視螢幕上的問題（關於此一房號的所有消費項目、金額正確與否、付款方式等），都回答無誤後就告完成。如果客人覺得可以，就攜此帳卡至前檯處理客帳。

也許在退房時仍會對帳目存有疑意，但這種情形並不多見。像登長途電話帳於296房而誤登於295房的情形不會發生了，因爲PMS處理電話計費都是電腦控制而直接登入客人電子帳單裡。

退房時的效率亦大大地改進了，譬如前檯員能很快整理帳卡並列印出來供客人查閱。在住宿登記之初，客人已經表明付款方式。所以住客信用卡的記帳單也已印好，甚至整個房租都當場結清了。PMS系統會自動監控客人的信用卡消費限額（floor limit）（信用卡發卡銀行給予的限制額度）與館內信用卡消費限額（house limit）（旅館給予的限制額度）。這些消費限額的控管措施可以避免客人積欠旅館過多金錢（debit balances），保障館方權益。客人在館內最後的費用發生都會自動登錄於消費處的電腦裡，客人的帳目是無所遁逃的。

客人經由確認過的付款方式完成退房手續的辦理後，此時前檯員應可建議住客，如到其他地方，是否仍然住旅館的連鎖店，並代爲訂房。客人也可簽帳離去，旅館以電腦連線方式將帳轉移至別地的連鎖店（此種方式通常只限與旅館有簽約的公司）。

出納方面的各種報表以及當日退房的資料（如住客人數、離店時間）也應嚴密控管與制衡。

夜間稽核

夜間稽查員都是在大夜班值勤，工作辛苦，可謂是十足的勞力密集工作。在此職位的人，不但要擔任前檯員的角色，同樣要每晚登房租與稅金入客人的房帳裡，也要稽核整日所有帳項，並求帳目的平衡。客人的延伸信用、借方或貸方（credits）、顧客

圖 5-12　夜間稽核組成單元

1. 住客各種消費帳
2. 部門營業總額
3. 簽約公司轉帳
4. 出納
5. 各項財務報表
6. 房務

預付款（即旅館積欠客人的金額）及顧客結額（客人積欠旅館的金額）等都要每天取得平衡。夜間結算的工作看起來似乎很平常，但每一筆項目均能牽一髮而動全身，影響到整體的帳目平衡與否（參閱圖5-12）。

由於PMS結算各部門總額和住客帳單之速度很快，亦簡化了夜間稽核之工作。電腦裡的資料經處理後，轉化成爲標準的報表。旅館之管理階層則參閱每日營業報表，以判定某日的營運績效之良窳。

查詢／各項報表

在PMS中容許管理階層的主管於任何時間檢視作業或財務資料。客務部經理可以隨時查看下列資料，諸如某一日的可售房間有幾間、要辦理住宿遷入的客人的人數、當日要退房遷出的客人的人數、房務部提供的最新房間狀況、或是住客今日結額有多少等。像上述資料所產生的報表，PMS很容易的就列印出來（參閱圖5-13）。在以前，客務部經理必須從一堆訂房記錄中參考訂房示意表才能知曉可售房間的數量。要瞭解當天退房遷出的客人，只有查看房間狀況顯示架的途徑了。今日總結額（即今日顧客欠款總額或應收帳款總額）報表（outstanding balance report），必

圖 5-13　查詢／各項報表的組成單元

1. 客房預定
2. 住宿登記
3. 退房遷出
4. 房務
5. 借方結額

須等到夜間稽查員完成整日結額的計算才能知道，或者等前檯員有時間去清查住客帳卡才能知道，但都嫌慢了些。PMS的查詢／各項報表（inquiries / reports）組成單元可以讓主管們隨時都能查詢營業狀況。

後檯辦公室

旅館的財務辦公室通常又稱後檯辦公室（back office），作業上使用PMS財務組成單元，俾協助主管從財務運作中掌握營運狀況（參閱圖5-14）。由於有了PMS，所以會計程序減化了不少。這些減化動作包括：應付帳款（accounts payable）的繁複作業（旅館積欠供應廠商的金錢）、應收帳款（accounts

圖 5-14　後檯辦公室組成單元

1. 應付帳款
2. 應收帳款
3. 薪資
4. 預算
5. 一般轉帳
6. 各項報表

receivable）的轉帳（顧客的簽帳和簽約公司消費的簽帳，亦即客人積欠旅館的金錢）、薪資的計算、預算的編列、財務收入與支出的損益表編製和資產負債表的編制（即公司的資產、負債和股東權益等相關資料）。茲舉一例：關於某一供應廠商的財務來往資料流到財務經理辦公室，這些資料就經由不同的會計程序來處理。同樣的，從夜間稽核產生的財務資料也易爲各種報表所參考採用。職是之故，電腦財務與會計系統大大的提高財務、會計作業的效率。

房務

前檯人員手中現有的房間狀況資料往往會有困擾與問題發生。其原因有可能是客人在住宿登記後，房間尚未整理好，客人不耐久等。前檯員也相當無奈，一點辦法也沒有，因爲一直沒有接獲整理好房間的通知，只好保持外表冷靜，並設法緩和客人的情緒。如果有這套PMS就能很快得到房間的訊息了（參閱圖5-15）。房務員可以很快按入已經完成的房間於電腦系統中，不必再向房務領班報告整理好的房間以供出售。房務領班也不須每天再穿梭於櫃檯提供鎖定的房間以供出售。惟此一組成單元的效率則有賴房務員不斷地輸入最新的房間狀況，才能發揮最大之效益。

圖 5-15 房務組成單元

1. 房間狀況
2. 工作分配
3. 勞務與時間分析
4. 房務各項報表
5. 工具裝備／客房備品
6. 維修申請

整理房間的人力分配問題亦能迎刃而解。房務部所做的整理房間數量和整理房間時間的勞務分析，能夠快又迅速，而每日的房務報表亦能很快的產出。清潔工具和裝備的貯藏及客房備品的供應皆能充分因應。

客房維修的申請透過PMS是相當便利的。維修工程部人員能在電腦中查看房間狀況，瞭解是否有待維修或已完成維修的房間。如果維修人員要花數天時間來維修客房，此房間則有數天時間無法出售，就可經由房務組成單元轉知房務部與客務部。

餐飲

餐飲組成單元從餐廳、酒吧至櫃檯，減少了紙上作業與電話溝通聯繫作業（參閱圖5-16）。同時也簡化與整合各個銷售點的會計程序。出納報表（現金、帳務和客房餐飲）很快能製作完成。其他強化效率的情形包括庫存控制、菜單菜色研發、計價、產品利潤評估和銷售計畫。產品銷售分析和勞力分析在本組成單元也能夠執行。

圖 5-16 餐飲組成單元

1. 銷售點
2. 登帳
3. 出納報表
4. 食材與飲料庫存
5. 菜單
6. 銷售控制
7. 產品銷售分析
8. 勞力分析

圖5-17　維修工程組成單元

1. 工作單查看
2. 房間狀況
3. 成本／勞力分析
4. 工具物料儲藏
5. 維修成本分析
6. 能源使用分析
7. 房間能源控制

維修工程

維修工程部門使用PMS，在工作的處理上增進效率不少。各部門都會來申請維修。未完成的工作即可優先予以完成，而已完成的工作可以作成本分析。維修的工具裝備和零件能有系統的儲存和維護。本組成單元亦能追蹤控制能源成本和使用的區域。事實上，客房內的冷暖氣空調之開關可以由櫃檯主控。本組成單元提供旅館的管理階層對重要單位作業資訊進行分析（參閱**圖**5-17）。

旅館安全

電子鑰匙的產生，增加對客房鑰匙的管制能力。每個客人所拿到的鑰匙都有自己的特殊密碼，因爲前檯服務員會將鑰匙的數字號碼重新組合，才會交給新來的客人。對於每一重新租賃的房間，前檯員給予一張鑰匙卡（厚紙、塑膠或金屬片製成），此一卡片在辦理住宿遷入時已輸進新的密碼。

PMS的安全組成單元無時無刻地監控安全事項。在客房裡、公共區域以及工作區域，火警系統經常保持監控狀態中。一旦狀

圖 5-18　安全組成單元

1. 鑰匙 2. 火警系統 3. 防盜系統 4. 轉換安全密碼

況發生，警鈴或電話語音系統將會在館內任何地方發出警告聲，讓所有的人知道。此時電梯會自動降至主要大廳中，或其他指定樓層，這是一種安全上的設計。防盜鈴透過安全組成單元也時時保持在監控狀態中。PMS安全系統在其他組成單元裡也同樣有監控安全密碼（參閱圖5-18）。

行銷業務

本部門是最經常使用PMS的一個單位（參閱圖5-19）。從訂房單和住宿登記單上的客人歷史資料（guest histories）例如籍貫、公司行號、信用卡使用記錄、住宿習性與偏好等，是要一直

圖 5-19　行銷業務組成單元

1. 顧客歷史資料 2. 文書處理 3. 客户檔案 4. 宴會檔案 5. 印刷製作 6. 各項報表 7. 旅行社 8. 會議室使用狀況

不斷翻新修改的。訂房者（秘書、社團、旅行社）、住宿房間型態、公司郵遞區號、個人住所等都可從訂房檔案中查出。另外，一些市場資訊（報紙的閱讀、廣播的收聽、推薦資料）在住宿登記之時亦可從客人透露中獲得，可適時提供給予行銷業務部門，針對目標市場，在廣告媒體上發揮。

行銷人員對PMS的另一用途即是可以製作宣傳單（direct-mail letters）直接針對目標客層作廣告宣傳。廣告信函所要廣告的旅館產品與服務，還有姓名地址貼紙均可加以製作。從一連串餐飲活動中，根據每日宴會安排一覽表裡頭，電腦可以製作每週集會日程表，包括會議、宴客、慶典節目等。所有顧客的資料都可儲存起來，也可做必要之修正。各式的合約格式、內容電腦也可製作與儲存。一些特殊的資料，可能成爲集會的某些活動，電腦亦可儲存，以作爲日後業務競爭的利器。此外，透過文宣處理和印刷製作，也可製作廣告月刊。本組成單元提供旅館組織規模的特色，維持會議和宴會高檔的預訂率。

人事

運用PMS使得人事檔案的功能更爲加強（參閱圖5-20）。關於工作分類、僱用日期、培訓記錄、薪資等級、最後績效評估日期、加薪、減薪等資料，將有助於人事部門的發展與良好運作。

圖 5-20　人事組成單元

1. 員工檔案
2. 工作控制表
3. 文書處理
4. 分析
5. 各式報表

關於人事中，員工各項記錄的紙上作業亦能減到最低限度。文書處理則運用於各種信函、工作說明書、各種表格、僱用程序和員工手冊，同時PMS亦使得勞力分析更加容易。

電子郵件

電子郵件（electronic mail，簡稱e-mail），是一種利用電腦的網路設施傳達通訊的一種系統。這種通訊設施對館內爲數眾多的員工，傳達公司政策訊息，以及聯繫現有和過去顧客，是相當管用的工具，在使用電子郵件時，要使用安全密碼以確保隱私。員工們在電腦終端機可以查看到電子郵件，電子郵件也可列印出來以供未來參考用（參閱圖5-21）。

大型企業及所屬關係企業或連鎖公司，其相互之間均可用電子郵件聯繫。一家旅館如有很多部門和部門主管，則此設施作爲溝通聯繫的工具相當管用。舉例來說，馬里蘭州的巴爾的摩之文藝復興大飯店，經常接受外邊傳遞過來的電子郵件，內容爲對旅館提出問題，或是對服務方面的建議，有些則是對於在旅館停留期間的讚揚，有的則爲對旅館的抱怨。旅館方面的主管則能在短短數分鐘內，按對方電子郵件位址回答客人的問題或建議 [4]。

圖 5-21 電子郵件組成單元

1. 安全密碼
2. 郵件
3. 郵件列印

圖 5-22　計時器組成單元

1. 安全密碼
2. 個人識別號碼
3. 上班時間
4. 下班時間
5. 分析
6. 各項報表

計時器

每名員工均給予一安全密碼和各自的識別號碼。當員工進入工作區時，他們只需輸入其號碼，開始工作的時間便被記錄下來。離開工作區休息或下班結束工作，也要再度輸入號碼。所有的員工上班進出記錄都儲存在財務部的電腦裡，對於核算薪資非常方便迅速。如此可省下不少核算工作時日的時間，使工作效率提高不少（參閱圖5-22）。

解決前言問題之道

任何看起來似乎「好到難以置信」的東西，總需要斟酌研究一下。若著手研究的話，就要從需求分析開始。那麼，由第一線員工與主管所組成的團隊即可作出適時的決定。此一團隊應分析客人住宿期間的動態，列出顧客一連串的需求事項，這樣能夠增進服務的技術技巧。由於團隊是各個不同部門員工所組成，其他部門的需求，所以包括行政事項的紙上作業亦須加以討論。透過以上這些討論研究，這一團隊便能夠列出一連串的顧客需求，俾增強顧客在停留期間的服務、協助各部門作出報告和改進部門之間的溝通聯繫。最後的步驟就是優先將這些需求赴諸施行，並衡量所需的預算。其他的考慮事物包括向廠商確認館方要求事項、規劃安裝、電腦公司的培訓計畫、瞭解電儲存能力和起草一份合理的合約。在財務方面要考慮到成本效益分析、購置或租賃方式的決定，然後再規劃付款期限。

結論

本章的敘述主要在檢視旅館的電腦使用，尤其是客務部的使用情形。決定要購買電腦系統和選擇軟體系統，必須由徹底的需求分析開始。所謂需求分析即是一種能夠讓客務部經理（和其他部門的經理）評估自動化系統之價值的一種程序。在決定運用電腦，以完全迎合旅館的需要，對於軟體的評估是首要之工作。客務部經理也要評估硬體設施，俾在操作軟體的選擇上能相互配合。決定整套系統的採用，要進一步弄清楚對廠商的要求，例如操作、安裝、培訓、電力儲存和維修合約。當然，財務上的考量，關於購買或是租賃，也是要非常慎重的決定。客務部經理應當要非常瞭解電腦各方面的運用，諸如訂房、住宿登記、房間狀況、登帳、電話計費、退房遷出、問詢、後檯辦公室、房務、餐飲、維修、安全、行銷業務、人事、電子郵件以及計時器等，因爲這些管理系統對客務部的運作順利與否關係十分重大。

問題與作業

1.請敘述電腦的運用在旅館產業中之演進情形。

2.請用你自己的想法說明什麼是電腦管理系統。它又如何促進旅館業提高對客人的服務？

3.爲何在購置電腦之前，須事先作一番需求分析？需求分析的組成因素是什麼？

4.爲何採用電腦軟體的考量較之電腦硬體更爲重要？

5.如果你服務的旅館使用電腦管理系統，在說明書上有關軟體的選擇，你所使用的有哪些？並解釋組成單元有哪些用處。

6.如果你服務的旅館使用電腦管理系統，請與客務部主管討論電腦的硬體設施，那麼，你的主管會發現有哪些是值得稱道的地方？

7.爲什麼電腦連線，共享共用資訊，對電腦管理系統而言是重要的？你能舉出相互連線共用資訊的事例嗎？

8.什麼叫做電腦的工作學？以工作學而言，電腦終端機如何影響操作的客務部員工？

9.當考慮決定購買電腦管理系統時，應該如何向電腦廠商交涉周邊要求事項？

10.一個良好的電腦管理系統安裝計畫，對旅館會有什麼樣的助益？

11.何以使用電腦管理系統要適當的對員工作培訓管理？

12.如果在一家有200間客房的旅館電源將斷停四小時之久，你應如何保存在電腦管理系統中的資料？

13.試問問你服務的旅館的客務部經理，是否有電腦管理系統的維修合約？其包含哪些事項？有了與電腦公司這份合約，能提供服務到什麼程度？

14.以財務上的利益而言，請討論「購買或租用」電腦管理系統的種種考量。

15.無論購買或租賃電腦管理系統，當預知付款期限時，你所考慮的是什麼？

16.對總機服務員而言，PMS的主要操作項目是什麼？它是如何組成的？

17.回顧一下本章所敘述的有關電腦運用情形。試說明旅館電腦之使用如何地提供給客人更好的服務，和改進財務的管理控制。

個案研究 501

客務部經理伊莎貝拉和行銷業務部總監雷蒙剛開完有關電腦的會議。在會中，他們廣泛地接觸最新的旅館用電腦管理系統。伊莎貝拉相當熱衷這套系統能夠供客務部使用於訂房、住宿登記、房間狀況、登帳、電話計費、退房遷出和夜間稽核等的作業。雷蒙則深信他的行銷業務部一旦使用這套系統，將有助提升工作效率。

他們兩人也都瞭解使用這套電腦必得花些代價與成本。在與總經理討論這項問題之前，你對此二位主管有何建議？

假設總經理願意考慮購買PMS，伊莎貝拉和總經理如何著手處理？要有哪些人共同來規劃PMS的採用？他們要調查哪些方面適合電腦系統的使用？

個案研究 502

時代大飯店的電腦小組正在處理電腦更新作業的需求分析。該小組已準備好要採用哪些新的組成單元。小組召集人伊莎貝拉正與成員們尋求達成共識，關於小組是否建議購買餐廳作業用的組成單元，或是行銷業務部作業用的客史資料組成單元。餐飲部經理麥克說餐廳作業的組成單元可望在六個月內償付，因爲目前客人離店時都未將早餐的費用登入客帳裡。行銷業務經理雷蒙則說，客史資料組成單元的購用，將可使第一年增加25％的生意。但是旅館的預算費用只夠購用一種組成單元。那麼，你會向小組提出什麼好的建言，以解開這一僵局呢？

NOTES

1. CARA Information Systems, Inc., Computerized Lodging Systems, Inc.; ECI/EECO Computer, Inc., Hotel Information Systems; and Lodgistix, Inc.

2. *Ibid.*

3. Reprinted from *Hospitals*, 56 (9), (May 1, 1982) by permission. Copyright 1982 American Hospital Publishing, Inc.

4. "E-Mail Latest Guest Feedback Tool," *Hotels* 29(5) (May 1995): 55. Copyright *Hotels* magazine, a division of Reed USA.

第6章

客房預訂

本章重點

* 客房預訂對旅客和旅館的重要性
* 訂房系統的回顧
* 訂房系統的使用客源
* 訂房的預測分析
* 超額訂房
* 訂房處理作業

前言

一家客務經理接到房務主管的電話詢問：為什麼沒有人通知我昨晚有45間房租給大眾保險公司會議的客人？我聽到其中一位客人說他們計畫要住到這個週末呢！

客房預訂對於旅客來說是一件必要的事，也是住宿產業一項重要行銷工具。不論是對哪一類客層的旅客都需要有一套周全的訂房系統，使他們可以輕而易舉的經由免費電話號碼和電腦網路去預訂房間。住宿產業希望能持續顧客的流暢性，以增加盈收。一套周全的訂房系統必須能有效的輸入、處理和確認資訊等功能（參閱圖6-1）。若缺少完善有效的訂房作業系統，將造成旅館各部門管理上的重大負面影響。舉例言之，超額訂房或許能確保旅館的滿額住房率，暫時增加盈收利益，但卻會造成遭拒絕而無法住宿的旅客對旅館產生惡劣印象。其長遠衝擊不止於顧客自己永不再上門光臨，連親友們也將得知其待遇而對此旅館卻步。基於前

圖 6-1

訂房員已將接受顧客訂房的準備工作一切就緒（Photo courtesy of Radisson Hospitality Worldwide）

述範例，本章將著重於介紹訂房系統對高效率的客務部業績的重要性，及其運作方式的影響。

客房預訂系統的重要性

良好的行銷工作可以確保旅館的營利收益。其要素包括去瞭解、分析與確認顧客對旅館產品與服務的需求爲何，以發展一系列產物去迎合他們的喜好，進一步達成旅館企業的獲利之目標。

一套規劃有效的訂房系統能確保旅館的住客回流與持續性。故而連鎖式旅館可經由使用統一連線的訂房作業，可達到每日30%或更高的住房率。反觀獨立經營旅館則需絞盡腦汁，自創新穎誘人的行銷花招以招攬客戶。訂房系統的特性乃使作業人員在舉手之勞之際，即可獲得各種配合顧客需求的客房與服務資訊，以達成企業設定的每日住宿率和平均房租的業績標準。易言之，精良的訂房作業系統可謂是住宿產業達成高營收的最佳利器。

旅館春秋

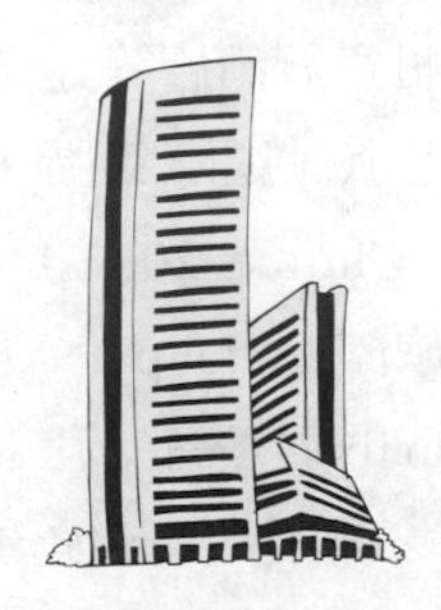

潘安佛蕊任職假日旅館前檯服務員已然十二年，如今她是懷俄明州雪里登市假日旅館的客房部主管。其工作乃掌管房務事項、行李搬運服務、夜間稽核以及前檯各項事務。

潘安佛蕊表示此館每年處理四萬件預約房間的工作，其中52%的訂房作業是經由電腦管理系統完成。她又認為，此系統的最大利用價值不僅止於助益本館管理工作，同時襄助與全球其他1,800家假日旅館的聯繫。

旅館春秋

華特費門是馬里蘭州潮流客棧的行銷部主管。旗下包括三位行銷人員、一位訂房員和五位前檯服務員。在此之前，華特曾為馬里奧特集團的團體行銷部工作，而於十年前成為行銷經理。華特言道，雖然每個房間的訂房作業，可為潮流客棧省下7～10 美元的成本，但卻無法獲得高額的訂房率。原因乃歸於其訂房系統不屬於全國性，以致無法媲美其他同業。據他估計可能將近有30%的客房銷售利潤可歸功於全國訂房系統。因此獨立經營旅館應當審慎考慮，加入全國訂房系統會員的決定，以避免使用自立自治行銷訂房系統導致的營利損失。

訂房系統的回顧

表6-1列示出旅館業主要幾個訂房系統（reservation system），以顯示訂房系統的功能。假日旅館集團（Holiday Corporations）的電腦中央訂房系統（Holidex 2000），每日可操作 437,000 間房的訂房作業，或相當於每年2,500萬美元的訂房電話。該套訂房系統處理範圍廣含假日旅館（Holiday Inn）、假日特級酒店（Holiday Inn Express）、假日花園皇宮（Holiday Inn Garden Court）、假日特別旅棧（Holiday Inn Selects）、假日套房酒店（Holiday Inn Hotels & Suites）、假日皇冠酒店等連鎖產業（Crown Plaza Hotels & Resorts）。特選旅館國際集團（Choice Hotels International）的電腦訂房系統（Choice 2001）可接受其全球企業，超過3,000家旅館，包括甜睡旅館（Sleep）、舒適套房旅棧（Comfort）、客來攏休閒套房（Clarion）、高品套房（Quality）、友誼客棧（Friendship）、耶克諾賓館（EconoLodge）和路威客棧（Roadway），其高效的電腦系統每

表 6-1　主要訂房系統一覽表

旅館	訂房系統
假日旅館集團	Holidex 2000
國際特選旅棧集團	Choice 2001
大陸旅館	Global II
國際餐飲酒店	Reservahost
國際馬里奧特旅館集團	MARSHA III
旅遊客棧	Fortres II

年處理2,000萬個電話訂房預約，創造30%每日住房率的優異業績表現。

大陸旅館集團（International Hotels）之全球型訂房系統（Global II）經手旗下座落於55個國家，150家以上之旅館的訂房作業。高達30%～80%的房間預訂工作是由其電腦中央系統完成的。同時總數約有38萬家旅行社共同享用此套系統，來爲旅客預約行程中連鎖旅館的房間。另一例爲國際餐飲旅館企業（Hospitality International）的訂房系統（Reservahost），每日處理近200個訂房預約工作，涵蓋了349家旅館。其中不乏主人旅棧（Master Hosts Inns）、紅毯旅棧（Red Carpet Inns）、蘇格蘭旅棧（Scottish Inns）、護照旅棧（Passport Inns）和內城人旅棧（Downtowner Inns）。不可思議的是，端視各旅館座落地點，此套系統可爲之完成將近80%的最高住房率。

馬里奧特國際集團的中央訂房系統（MARSHA III）則統一經營其屬850家旅館的預約工作。不但如此，馬里奧特訂房系統還與電腦網路訂房系統連線，以方便旅行社及顧客們直接上網自行預訂客房。這套新系統的設立使得旅館訂房人員、前檯服務員和旅行社代表，可毫不費力的售出最佳房間費率而無須四處尋找各種行銷特價及其使用限制等。馬里奧特訂房系統的另一特色，乃自動顯示各旅館各類房間在某一特定日的最好特價，項目包括住宿房間和免費早餐。當資料輸入後，此系統首先會迅速的顯示輸入日期當日最好的特價訊息，然後才透露下一日的特價內容[1]。

旅遊賓館企業（Travelodge）的中央訂房系統（Fortres II）已被廣泛採用，服務於世界各國的賓館連鎖店。其先進的科技設計確保各旅館繼續在21世紀獲得最高營業利益。旅遊賓館的行銷部行政副總裁比利亨雷（Bill Hanley）言道：業界對全球住宿旅館網路資訊的高度需求，加重了中央訂房系統的壓力。他解釋，電腦系統一改往昔無法同時處理顧客和旅行社輸入的資訊，時下的設計已可雙向聯繫，詳細無誤的提供各類房間狀況。經由電腦系統的使用，每一房間皆可正確的出售給旅館訂房人員或旅行社售服員。一旦某房被詢問，其可售房的資訊便自動於系統中消失。取而代之的是房價、房間服務和各項備品的資料，以協助旅客訂房之決定。當然，各式各樣的特價計畫和詳細內容，也在瞬間顯示在電腦終端機螢幕上。以上種種功能都是增進企業營收的最佳保證 [2]。

另一項新式訂房服務管道，則是電腦網際網路（Internet）的使用。顧客可由電話線路連線各旅館網站來完成訂房手續。住宿產業則可利用全球電腦網路，提供成本經濟的資訊網頁和訂房系統來提升顧客對旅館的正面印象與銷售利益。例如，一家住宿企業訂房部主管，期待在三年內可獲得7,000～10,000件電腦預約訂房的銷售量。約翰戴維斯（John Davis），世界首家在網際網路上提供旅遊指南的公司，也是旅遊網 （Travel Web）的總裁，預估在1997～1998年中，將會完成50～75萬件電腦客房預訂工作。同時，在1995年底將有近15,000家旅館共同參與作業。事實上，遠在旅遊網提供直接的訂房服務之前，希爾頓旅館企業已然僱用旅遊網利用電子信箱和免費電話線服務顧客，直接接受客房預訂工作。如今，在網路上已擁有公司網站的不乏麗晶飯店、雷迪森飯店、魏斯汀和奧特利格休閒旅館等全球性住宿集團 [3]。

訂房系統的類型

加盟店型

為增加訂房率，許多旅館加盟（franchisee）某一旅館產業集團，以享用全國訂房系統的快捷、詳細、完整的特性。加上母公司提供的管理專業指導，舉凡金融事項、全國推廣和團體訂購工作，都在輔導範圍之內。另一項加盟的優點則是參加旅館皆可獲得其他加盟旅館的協助（interhotel property referrals），向旅客推薦使用的機會。

連鎖會員型

參加連鎖會員（referral member）的旅館業者可與母公司共同使用同一套全國的訂房系統，並可期待如下的實際收益——15%～30%的每月賃房業績。當然，能否得到此種績效，必須依地方經濟與市場情況而定。相較於獨立經營旅館必須自資自製行銷工具和作業，以換取每一房間租賃所負擔的成本與勞力，旅館業參加連鎖會員的代價可謂如牛毛一般。

不論是加盟型或是連鎖型的方式參加統一訂房系統，都要付出些成本。一般包括入會費、全國推廣行銷費、訂房操作費和審核費等。

訂房系統的使用客源

旅館預約訂房使用者可來自各種不同的市場客源（market segment），經常包括企業商務旅客、團體旅遊客、一般的遊客以及住宿各旅館的房客。住宿業者應詳細解剖各層旅客的需求，爲其發展一套良好的訂房系統，以滿足各個客人的喜好。達成顧客上門光臨的最終目標。

企業商務客

企業商務客（corporate client）乃指一般公司生意人，或爲其公司的顧客而言。此客層通常爲旅館在減價期間帶來穩定持續的住房率，但對整體收益貢獻卻不大。舉例言之，某一家座落於充滿週末觀光客地區的旅館，若缺乏一套有效的行銷計畫，去吸引並穩定週日到週四的商務客，則必遭致不少的經營損失。研究其因乃於商務客通常都在一週四日工作天內來往經商或參加會議。其行程皆是事前細密規劃的結果。在他們緊密行程中，需要仰賴良好的訂房系統以爲確定各個重要的會議時間與效率。

一般來說，商務客的訂房工作多由交秘書和行政助理去處理。如此一來，這些助理人員也就成了旅館行銷部門重要的工作對象。諸多旅館因此成立了秘書俱樂部，是爲行銷和公共關係工作中非常有分量的一環。這個俱樂部積極鼓勵秘書與助理人員，儘量預訂各旅館爲他們的公司商務旅客的下榻住處。爲答謝他們的惠顧，各旅館均以各種免費特價品回報，其中包括禮券、餐券和多種座談會門票等。雖然這套行銷作業旨在激勵企業公司的秘書和行政助理，先行採用俱樂部所屬的旅館，其最終目的，乃在促使旅館業的經理與訂房人員和商業界保持良好關係。在緊要關頭時，旅館前檯管理部門也都能給予企業商務客方便，優先完成訂房作業，爲雙方建立一個雙贏的局面。

另一個常見推銷管道，則是免費800號電話線的提供，給予那些精打細算的商務客一個減低電話消費的機會。許多獨立經營的旅館，在採用免費電話的服務之後，發現最大的收穫，是在當商務客使用免費電話查詢各旅館的房價、地點、設備，與其他服務等訊息後，均可以在短暫時間內馬上決定選訂最適合其需要條件的旅館，以致增加不少營收的機會。

大型連鎖旅館集團多統一由一個免費電話訂房服務中心，來處理商務客的訂房工作。這些旅館產業利用各種媒體方式，如廣播電台、電視台、大型廣告布告板和廣告傳單等，鼓勵企業人士多多使用他們的免費電話線來訂房。當電話打進訂房服務中心，服務人員隨即依照顧客所提供的資訊，在其旅行目的地找出連鎖旅館的可售房間情形。瞬間內，訂房作業即可完成。這種簡利便捷的訂房系統，要求企業商務客只要打一通不花錢的電話，便可安排好行程中各個停泊城市的下榻房間，對旅館業本身來說，實不失爲開發新客戶和維持老顧客的最佳行銷方法。

除了上述途徑外，企業商旅客也委託旅行社代辦訂房事宜。在市場激烈競爭下，爲求業績，時下旅行社已將服務項目推展至代客辦理飛機票、其他交通工具的安排和旅館訂房等工作。

當然，隨著電腦時代的來臨，企業商務客亦可經由網際網路查詢資訊，自行辦理訂房事宜，方便又省時。

團體旅遊客

團體旅遊客（group travelers）指結伴旅行去參加公司大型事務會議或訓練班。但也不乏參加各種旅行團去享受休閒、教育、嗜好或特別節慶等活動。爲招攬此型客層，旅館訂房行銷工作應著重於提供一個最有效的方法，去協助安排他們繁瑣的行程。旅行團領隊（group planner）即是此一工作的負責人。其職責在於綜理全團旅行中有關住宿旅館、餐飲點心、交通工具、會議所需設備、註冊程序、參觀行程、旅遊點資訊和維持旅行團的整體消費。除此之外，旅行團領隊必須以有效率及有條不紊的專業態度來提供最佳服務，以滿足旅客的需求。旅行團策劃員的工作非常多樣化，必須具有相當細膩的心思和清晰的頭腦，才能籌辦一個爲期三天的大型商業組織會議，可供700名員工共聚一堂，參與盛事。或者，舉辦一個44人的七日觀光旅行團。究竟，這個旅行團領導的角色是如何肇始的呢？

其開源應可溯於美國旅行車協會（bus association network）。這個協會成員是由大型旅行車主及旅行導遊所組成。他們除了擁有交通工具和旅遊知識的方便外，還利用旅行指南上所列各家旅館的訊息，與各旅館的訂房管理部門聯繫，訂立合作契約，來共同服務旅遊團體。藉由此管道，旅館業主得以推銷有關其產品與相關觀光的資訊。

爲了服務會員，全國及各州旅行車協會總會，提供了非常完整、詳細的目的地資訊，俾使會員們得以用來規劃旅行團的行程及籌組企業組織會議。事實上，這些協會早已與各地公家旅遊單位合作，舉辦他們自己的組織會議，提供所需設備和觀光資訊。在這些旅遊單位中不乏各類住宿旅館、觀光勝地和旅遊推廣協會等。經由這些單位出版的月刊雜誌，旅行車協會的會員們可以隨時得到最新、最正確的觀光和旅遊產業的訊息，來服務旅行團的顧客群。

旅行指南（travel directories）中列舉了各類旅館訂房系統的使用方法，以及旅館的座落處和客房設施等資料，以供旅行團領隊依各團所需，預約合適的住宿旅館。最常見的旅行指南應屬李氏旅遊集團發行的《旅館與旅行指南》(*Hotels & Travel Index*)。其他尚有 [4]：

《三A旅行書及指南》(*AAA Tour Books and Travel Guides*)
《ABC世界旅館指南》(*ABC Worldwide Hotel Guide*)
《旅館及客棧系統指南》(*Directory of Hotel and Motel Systems*)
《東方旅遊行銷指南》(*Eastern Travel Sales Guide*)
《加弗國際指南》(*Gavel International Directory*)
《旅館與客棧指南》(*Hotels and Motels Directory*)
《HSMA旅館設施集要》(*HSMA Hotel Facilities Digest*)
《動力車旅行指南》(*Mobil Travel Guides*)
《OAG旅行計畫和旅棧指南(*OAG Travel Planner and Hotel/Motel Guide*)
《正統休閒旅館指南》(*Official Hotel and Resort Guide*)
《正統會議設施指南》(*Official Meeting Facilities Guide*)
《旅遊800》(*Travel '800'*)
《西方旅遊行銷指南》(*Western Travel Sales Guide*)

這些有價值的刊物提供了深入的資訊，大大減輕領隊不少工作。俾使能輕易的依各家旅館的特質，爲顧客作最確切的安排。

另一種合適、有效的訂房方法，則是與旅館行銷部代表合作(hotel representative)，共同來規劃旅行團的行程。旅館行銷部代表們總是異常積極的尋求各種管道推銷本店。旅行團領隊是其一重要對象。行銷代表可遵循領隊提供的資料細節，衍生一套完整的行程交易。從住宿設施、觀光景點、觀光區域背景資料到訂房作業等，均一手包辦。這種全套的行銷手法大受旅行團業者的歡迎，紛紛競相參與合作，是而提升了旅館營運績效。

尙有另一種爲團體旅遊客服務的管道，那就是旅館推銷經紀人（hotel broker）的使用。這些經紀人多向企業界、抽獎單位、遊戲單位和其他各種贊助廠商，推銷各式旅館的優惠特價品。基於大量的銷售旅館客房，經紀人可以折扣價出售給這些單位，成爲獎品項目之一，得獎者可獲得免費住宿旅館一夜的招待。在許多連鎖旅館及會員旅館中，不難察見僱用旅館推銷經紀人襄助銷售房間與其他設施，以開發商機。

如前所提，招攬團體旅遊客的基本要素，即在發展一套完整易用的管道系統，去迎合顧客的口味。若能隨時獲取最新、最有效的旅館、觀光勝景及地方資訊，對旅行領隊而言，爲顧客尋求適合的住宿旅館，再也不是困難的工作。

一般旅客

一般旅客（pleasure travelers）的旅行目的，可能是爲興緻所致，或訪問親友，或其他私人因素。這類旅遊客層通常沒有固定的行程日期，較企業商務客和團體旅遊客有更多的彈性，也有更多的意願在旅途中參觀和停留許多地點。但是，大部分旅客仍是希望能事先確認住宿旅館，俾使旅途能順利完成。這類型客層涵蓋相當複雜的旅客類別，其中不乏單身人士、年輕家庭、老年人與學生。大致而言，一般旅客多使用旅行社、免費電話、電腦系統和網際網路等訂房管道，來確保行程中的落腳休息處。

儘管一般旅客仰賴旅行社爲其處理訂房手續的機會不如商旅

客來得頻繁，旅館業者仍致力與各旅行社建立合作關係。主要原因乃在旅行社之「一手包辦」 的服務特性，旅客只要上門，一切旅遊相關的問題與事宜，皆可由其完全辦妥，不需要再操心。一家旅遊雜誌評論，現下旅館業界早已將旅行社視為其推廣行銷部門的一環 [5]。一般旅館業給付旅行社的佣金，則是以所售房價的10%或更多的比率來計算。因此，以一筆少量的費用所換來的代價，卻是整體營利的大回收，此種行銷手法促使旅館業者趨之若鶩，紛紛起而效尤。

一般旅客亦多採用各旅館提供的免費電話號碼來預約訂房。他們藉由各樣旅行指南和公共電話簿內列示的各家旅館免費電話號碼，旅客可以獲知最新、最正確的房價與房間資訊。

第三種常為旅客採用的訂房管道，即是由全球或全國中央統一訂房系統，以快速、有效的作業程序與某一旅館聯繫，辦理訂房手續。此法對長途的旅客和欲往陌生地旅行的客人不失為最佳的選擇。因其可確保旅途棲身處的住房清潔、安全、舒適等服務品質。多家著名連鎖旅館企業即因多年來建立的聲譽，以高服務品質提供給客戶合意的住宿經驗。俾使一般旅客紛紛取用他們的中央訂房系統，完成預訂客房的過程。

當然，如同其他類型旅客，一般旅客也使用網際網路來做訂房的動作。在各家旅館擁有的網站上，各種房間設施和價格高低情況均能一覽無遺。隨著家用電腦時代的來臨，旅客使用網際網路處理訂房事宜是必然增加的趨勢。

現住房客

另有一群常被忽視的訂房系統使用者，則是正在賃房中的現住房客（current guests）（本書在第14章會詳細討論此一課題，本章則摘要性的介紹此客層與訂房使用客源的關係）。這群有潛力的客層非常有可能轉化成長期性的客源，原因是他們已然對某旅館企業的服務與設備的品質擁有良好印象與信心，並期望在未來旅遊行程中，能再度享受同家旅館或其連鎖旅館服務的意願便有增無減。

因爲此種意願而促使再度訂房的情形，則多發生於顧客遷入或遷出旅館的時刻。在遷入登記時，前檯服務員會詢問旅客在離開本店之後，是否有需要在其他城市住宿留夜的計畫。如若是者，旅客將會被詢問是否需要代爲處理訂房事項。同樣的，遷出旅客也會被徵詢是否有代訂客房的需要。這種向現行住房客推銷連鎖旅館的手法，實不失爲提升住房率與增加營收的良方。

訂房預測分析

旅館企業於訂房作業時獲取客史資料，下一步的必然工作，將是對某一時段內客房的銷售狀況作一番預測分析。其步驟包括評估訂房率對營運收入的影響、人力工時的安排、館內設施使用的規劃等。本節除將討論售房預估的實際方法的前置準備工作外，並介紹如何利用分析結果作爲與其他部門有效溝通的工具（**圖6-2**）。

售房預測分析（forecasting or rooms forecasts）的主要目的之一乃在評估對營運收入的影響。分析的結果可協助旅館總經理估算在某一段時期內，收入與相關支出的情形。舉例言之，房務經理估計有100間房將出賃7天，若平均每間房價爲75美元，則可預測獲得5,200美元（100×$75×7）的售房營利。在成本的控制規劃中，房務經理便可決定將支配此項收入的某些部分作爲前檯人事費用。由此可見，訂房預測分析的程序對估計的收入和相

圖 6-2　訂房預測分析表對提供各項服務的企劃助益不小

預售房分析	始於：週日12月1日				截止：週日12月7日				
	1	2	3	4	5	6	7		
保證房	25	50	55	40	45	10	10		
會議房	20	25	20	20	25	10	15		
散客房	80	80	80	5	5	5	5		
團體房	20	0	0	30	30	30	0		
預訂房總數	145	155	155	95	105	55	30		
房客總數	180	195	190	110	125	75	45		

關房務部門的管理有著關鍵性的影響（圖6-3）。

除了前檯客務部使用售房分析之外，餐飲部、房務部及維修部亦需有一份規劃周全的過夜房客總計表（house count），以協助決定人力的安排、設備的使用、設施維修或更新的計畫和各類用品的購買等。譬如，當一旅館預估當晚有客滿（full house）的100%售房率，隔日清晨若沒有排定早餐會，館內的大眾餐廳則需要安排額外人手，以服務眾多旅客享用早餐。房務部員工亦需消假回到各自的工作崗位，以應付繁重的清房作業。總而言之，各個部門皆需共體時艱，彈性移換工作項目，以配合旅館客滿帶來的工作量。例如，維修部可將主要修護設備、年度總清理、客房裝潢等工作移至低售房率期間進行；會計部則要作財務流動的預估；客房部需依據客房銷售率作恰當的員工排班；安全部門亦須全盤瞭解各類旅館活動的時間和地點；停車場主管則要確定有足夠的車位，以供將要到達的旅客停車。以上各種範例顯現訂房預測分析表對整個旅館作業的助益和影響。

圖 6-3　前檯客務部的預測分析表對旅館各部門的作業助益頗大

時代旅館

每週售房率分析表

	10/1	10/2	10/3	10/4	10/5	10/6	10/7
離店遷出	0	10	72	75	5	15	125
抵店遷入							
確認房	40	20	30	25	5	8	22
保證房	30	18	17	90	4	2	10
總數	70	38	47	115	9	10	32
散客房	20	20	30	10	10	5	50
續住房*	10	85	68	65	175	177	65
訂房未到	5	3	5	10	2	2	3
總計**	95	140	140	180	192	190	144

*　yesterday's total - departures

** yesterday's total - departures + arrivals + walk-ins - no-shows

Notes:

10/1　Dental Committee (125 rooms), checkout 9:00 a.m. - 10:30 a.m.
Lion's Convention (72 rooms), check-in 1:00 p.m. - 4:00 p.m.

10/3　Lion's Convention, checkout after 10:00 a.m. group brunch; checkout extended until 1:00 p.m.
Antique Car Show in town. Most are staying at Hearford Hotel (only 50 reservations so far); expect overflow from Hearford, about 30 walk-ins.

10/4　Antique Car Show over today.
Advanced Gymnastics Convention. Mostly ages 10-16.
Check-in 4:00 p.m. - 6:00 p.m.

10/7　Advanced Gymnastics checks out at 12 noon.
Painters Convention in town. Headquarters is the Anderson Hotel.
Expect overflow, 50 walk-ins.

客房經理尚可利用訂房預測分析表來評估營收，進而決定一般客房價位或特殊客房的價位。這個訊息可更進一步協助財務部門、總經理與旅館業主管理一切金融來往事項。同時，這套分析系統可被用於每三個月或每年的財務規劃內。

超額訂房（住房率管理）

超額訂房（overbooking）的觀念衍生於旅館在訂房已滿的情況下仍接受房間預訂的作業，以彌補取消訂房、空房未售等的損失，進而達成100%的售房目標，但此作業方式仍有多方爭議。對一位旅館管理主管而言，如何運用智慧與經驗制定適當的超額訂房策略，將是一大挑戰。客務經理則須有效的執行此項決策。

美國法庭對旅館超額訂房並不以爲意，認爲在許多情況下，這是彌補取消訂房的損失。相反的，其爲旅館業帶來的利益可能遠超於帶給旅客的偶爾不便。因此，超額訂房的實際需要是可以理解和被接受的。事實上，在1980年古德等人曾嘗試尋找但並未發現美國各州現行法內（除了一則加州法規），有關管制旅館超額訂房的法條 [6]。旅館業者與前檯經理之所以施行超額訂房，無非旨在達到旅館營業目標，無意爲旅客帶來困擾造成旅途不便。正如瑞克斯圖（Rex S. Toh）解釋道，旅館業一般的訂房取消率高達5%～15%，損失實在不小 [7]。

取消訂房影響的財務損失可由下例顯現。假設某一旅館某晚有100間未付保證金的確認客房，其中有5%預訂房的客人未出現，也就是有5間空房。若每間房以70美元爲標準租價，此旅館當晚即損失350美元。一年下來，其損失將累積高達127,750美元。如此巨大的營利損失，迫使旅館業主必須發展一套積極住房管理策略，去處理取消訂房的問題。此策略的抉擇乃需依據各類住房率的情形而定，其中包括確認訂房、保證訂房、續住房、早退房和散客房等。

旅館的確認訂房（confirmed reservations）爲顧客保留房間至某一預定時限，屆時旅客如未出現，則不予負責保留。然而，前檯客務經理必須詳細記錄取消團體或客人的資料，以備日後參考使用。比較來說，各類客源如企業、團體或一般旅遊客各有不同的訂房取消率。舉例言之，企業客房取消率是爲1%，團體客房取消率爲0.5%，一般旅遊客則高達10%。如此對各層客源詳細的記錄，極有助於未來減低訂房取消率的價值。

保證訂房（guaranteed reservations）係指客人先付保證金以保留預訂房間。保證金多是以旅館旅客私人信用卡號的方式給付。依各旅館政策，旅客在約定日期內未到旅館可沒收保證金。因此，如瑞克斯圖的報告中記載著，保證訂房類的訂房取消率是2%，遠低於確認訂房類的10%取消訂房率 [8]。客務經理應深入調查各類客房取消情形，以瞭解各類客源與其訂房使用習慣。

續住訂房（stayovers）爲現住房客欲延長原預訂住房期限所形成的。客務部精確的記載各類客源的訂房使用記錄，可襄助主管經理瞭解旅客續住的情形。譬如，企業商務旅客若有眷屬隨行，經常會將週四、五的工作行程延長至週六。相同的，參加團體會議的房客，也慣常的將週一至週四的預訂住宿期延長多日，以利用機會就地旅遊參觀。

也有某些客人在預訂住房期限之前臨時決定提早退房（understays）離開。例如，一般旅客可能發現當地旅遊景點並不如想像中的引人入勝，是以萌生退意。臨時工作的需要，也會使商務客改變行程計畫，提早回程工作。同樣的，精確的保存各類旅客記錄，可助益前檯客務部更有效的預測早退客房率。

散客群（walk-in guests）對旅館業而言是最受歡迎的客源。若能確切的經營管理，將爲旅館增加不少盈收。前檯客務經理要具備有眼觀四面、耳聽八方的警覺性，時時關注地方上的各種活動、旅遊旺季、特別觀光活動和大型會議等，都會帶來散客客潮。前檯客務經理若能事先瞭解狀況，得以提早策劃準備工作。譬如，保持良好的同業溝通關係，可促使經由他家旅館介紹上門的散客人數節節升高。同理可見，因本店客滿而介紹客人至他家旅館住宿，對旅客及當地旅館業而言實爲雙贏的最佳策略。

各種售房資料被完整的記錄之後，可協助前檯客務經理迅速、精確的預測住房率。客務經理只須由旅館電腦訂房管理系統中擇取必要客戶資料，隨而導入一個預測住房率的計算公式，瞬間內即可獲得預估的住房率。該客戶資料包括在某一特定時間內預約訂房的團體名稱、企業客戶與一般旅客等。反之，倘若缺乏電腦系統的輔助，客務主管則須依傳統方法、逐字逐頁的尋索出資料，方能算計所要結果。一位靈敏的客務經理應隨時掌握地區觀光事項、鄰近旅館的商業活動，以及地方上特別節目等，俾使其售房預測更趨精確。超額訂房的決策需考慮各種影響因素所占的比例。譬如，確認訂房、保證訂房未到者（no-show factors）、續住房、提早退房和散客房等數據來正確的分析超額訂房的數目，以達到100%的住宿率。計算超額訂房數的公式（occupancy management formula）展示如下：

　　可售房總數
－　確認房未到者
－　保證房未到者
－　續住房
＋　提早退房
－　散客房

＝　可再接受訂房數達成100%住宿率

茲舉例解說上述超額訂房的公式演算，

1.某家旅館有客房總數200間，某日有75間確認訂房，但有5%訂房未到率。客務經理乃據此館訂房未到的歷史資料推算，預估結果顯示當夜將有71間確認房會有房客遷入賃用。
2.若此旅館當夜亦有100間保證房，且知有2%訂房未到的歷史紀錄。換言之，當夜將有2間客房會空出。客務經理再依本館訂房規章決定是否再接受訂房。實施超額訂房是一件相當冒險的作業，各類住房問題隨時可能發生。客務經理需具極度警覺性，方能以各種適當方法應對問題。如保證訂房多已遷入，住房已屆客滿，但後又有做了保證訂房的客人到店，辦理遷入時卻發現無房間可供應。此時，客務經理要耐心解釋，誠懇表示歉意，並立即安排客人到鄰近同級旅館暫住，待翌日有空房時，再予以接回。惟旅館客務部務必謹記，以避免此類不愉快事件的發生。將心比心，且想當一位身心疲憊的旅客風塵僕僕的在凌晨三時抵館，期待遷入已預付保證金的房間好好休息一番，卻發現無房可住時的沮喪與憤怒情形，將會如何深遠的影響對旅館的專業印象和未來業績收入。
3.延期續住客房數的預估，除憑據歷史資料外，亦須考量當時的季節性、觀光區的開放、住客類型（如會議客、觀光客或商務客等）各種因素。此例之預測結果是爲4間房，而此數必須由可售房總數中扣除。
4.提早退房數的估計及考慮因素如同前述，故而預估有5間房。此數應加入可售客房總數，以便當日再行售出。
5.至於未訂房散客數則須參考歷史資料及其他影響因素，如觀光活動、同業的促銷活動與地方上的節慶等。最後預估數則是8間客房。

綜合以上數據，超額訂房的數學公式演算結果可如下：

　　200 可售房總數
－ 71 確認房數 (75－[75×.05]＝4)
－ 98 保證房數 (100－[100×.02]＝2)
－ 4 續住房數
＋ 5提早退房數
－ 8散客房數

＝ 24 可再接受訂房數，以達到100%住宿率

換言之，經過預測與推算過程後，前檯客務部必須再售出24間客房，方能達成100%的住房率。事先細密的盤算而得的超額訂房之數值，給予客務經理充分的彈性去研判是否可額外再行接受預約訂房。

前檯經緯

為了要達成本日3月1日百分之百的住房率，身為時代旅館前檯經理的你，必須預估應額外售出的房間數。請使用下列客房史料來做決定：旅館共有250間客房，50間房已被確認但有4%訂房未到的歷史記錄，100間房已訂為保證房但有2%訂房未到的歷史記錄，10間房是為續住房，有12間是早退房，但亦有25名未訂房抵店。

最高銷售管理

最高銷售管理（yield management）旨在如何以最高的房租，完成房間的最高銷售量。此種經營理念極度考驗旅館經理人員的靈活性。譬如客務經理、總經理和行銷部主任在最佳的行銷時段，發展出一套有效、活化的行銷方案，以推廣最令人滿意的促銷活動，招徠顧客上門光臨，而追求旅館最高的營運目標。本書將在第7章詳細探討此一課題，在此特先提出以示其重要性。最高銷售管理是為客務經理在經營訂房作業上最高度的銷售表現，以實際操作訂房技巧來增加售房利益。關鍵即在能運用豐富的經驗與智慧，在短暫的訂房作業過程時限內，斟酌客層的類型及其消費之潛能、習性、喜好，適當的提出高於標準價的房間價位售予顧客，以達成當夜100%住房率和提升最高營利的目標。

預約訂房作業程序

良好的訂房制度取決於一套周全的作業程序，主要步驟包括提供多種訂房方法來由顧客使用最新完整的房況資訊，快速有效的訂房系統以備客人預約、確認、預付訂金、取消和在某些特定日期保留鎖定房間等項目的作業。旅館業須提供各種高效率的訂房管道，以方便客人接洽旅館訂房，如使用免費電話號碼、傳真或個人電腦等。旅館訂房員可依顧客訂房要求，立即查詢各類空房資訊，再據以回覆對方。為保護旅館權益減少損失，一般旅館設立預付保證金制度，鼓勵顧客為其房間的保留先行支付訂金。客房取消作業則提供旅客與旅館雙方在瞬息變換的生活環境下，有足夠彈性的決定空間。簽約保證房的策略則確保顧客未來住房的同等服務品質，和協助旅館前檯經理人員提供顧客一個有效、方便、快捷的訂房作業系統。

電腦化訂房作業系統

隨著電腦科技的精進，當今旅館業多已使用全國電腦訂房中心來處理預約訂房的作業。最慣見者即是免費電話號碼系統（toll-free telephone number）的施用。經由多種行銷的宣傳得知，顧客可直接撥打免費電話號碼，接洽各旅館的訂房中心進行訂房事宜。訂房中心銷售員隨即可查閱電腦資料，尋找符合客人需求的相關旅館之可售房情況，再回覆客人完成訂房程序。舉例言之，某客人要求在波士頓市內某家旅館的某種房間連續留宿三夜，訂房人員旋即由電腦螢幕上找到符合的相關資料。倘若該家旅館有空房，訂房作業便可展開。若該家旅館在要求時段內並無空房可售，訂房員仍可馬上推薦鄰近其他同級連鎖的旅館給予顧客，爭取訂房租賃。

當訂房員確定顧客要預訂房間後，接下來的首要步驟便是獲取客人預訂的抵館時間。各家旅館爲客保留住房時間的政策不盡相同，有可保留至預約日下午六時，但爲客保留到下午四時的旅館亦不在少數。究其原因，實乃旅客到達旅館登記遷入的時間與其營利收入有著莫大的關聯。倘有訂房未到的空房出現，導致無法再行出售，不但對客務經理的銷售能力產生了負面影響，同時對旅館的營業總收入也造成極大的損失。

爲了保護旅館與客人雙方的權益，使旅館有足夠的時間再售出訂房未到的空房，和確保客人抵店時有房可住，保證訂房的制度便由此而生。如此一來，不論是經由電腦化的訂房系統亦或其他訂房方法，旅館可依各類方式，如未付保證金訂房、確認房、預付房金保證房等，適當的爲客保留房間。圖6-4舉例二家旅館集團所使用的確認訂房表。多數旅客在旅遊之前都會向旅館預訂房間。惟訂房有幾種不同形式，玆分類解說如下。

事先訂房（Advanced Reservations）

旅客在旅途過境某地時通常會事先向某旅館預約訂房。惟此類旅客無意做任何訂房保證，只任由旅館自行依規定保留客房至某一特定時間。爲保護營業利益，許多旅館企業已不再提供此類訂房方法，轉而採用確認訂房作業，不需顧客支付保證金而爲客保留房間至約定時段。

確認訂房（Confirmed Reservations）

確認訂房相當於旅館與顧客雙方簽下約定，將要求之客房保留至特定時間。此式有益於旅館訂房員估算在約定時段之前，可能遷入的房數與確認訂房總數比例情形，並將之登入記錄，俾於日後能精確的預測旅館住宿率與業績收入。此外，如前章所述，其歷史資料更利於客務經理人員對超額訂房的決定，以達成100%住宿率，提升旅館營收。

保證訂房（Guaranteed Reservations）

保證訂房形式可更進一步協助旅館正確的預估總營收利益。旅館在客人的訂房被接受或確認後，乃要求客人事先預付一日房金，以爲保留約定日當夜的房間。而不再以客人抵館時間爲保留標準。換言之，無論客人何時抵達旅館，其房間皆已準備妥當等待使用。倘若客人爽約未到亦未按規定通知辦理取消訂房，旅館便可將訂金沒收，不致造成損失。各旅館依其需要各自決定支付保證金的方法，但大體上不乏使用信用卡、現金與授權信用等方法（本書將在第10章討論此議題）。

圖 6-4 完成訂房程序後，訂房部門便發出製作好的確認訂房表給顧客，以完成訂房作業（Courtesy of Sheraton Washington Hotel, Washington, DC, and Marriott Hotels and Resorts）

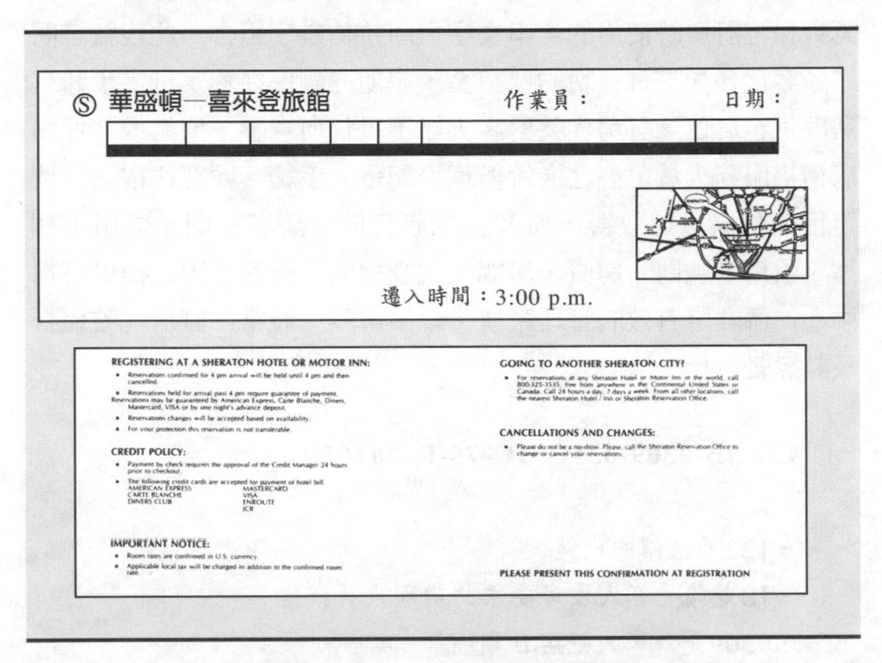

Ⓢ 華盛頓—喜來登旅館　　作業員：　　日期：

遷入時間：3:00 p.m.

REGISTERING AT A SHERATON HOTEL OR MOTOR INN:

- Reservations confirmed for 4 pm arrival will be held until 4 pm and then cancelled.
- Reservations held for arrival past 4 pm require guarantee of payment. Reservations may be guaranteed by American Express, Carte Blanche, Diners, Mastercard, VISA or by one night's advance deposit.
- Reservations changes will be accepted based on availability.
- For your protection this reservation is not transferable.

CREDIT POLICY:

- Payment by check requires the approval of the Credit Manager 24 hours prior to checkout.
- The following credit cards are accepted for payment of hotel bill.
  AMERICAN EXPRESS　MASTERCARD
  CARTE BLANCHE　VISA
  DINERS CLUB　ENROUTE
  JCB

IMPORTANT NOTICE:

- Room rates are confirmed in U.S. currency.
- Applicable local tax will be charged in addition to the confirmed room rate.

GOING TO ANOTHER SHERATON CITY?

- For reservations at any Sheraton Hotel or Motor Inn in the world, call 800-325-3535, free from anywhere in the Continental United States or Canada. Call 24 hours a day, 7 days a week. From all other locations, call the nearest Sheraton Hotel / Inn or Sheraton Reservation Office.

CANCELLATIONS AND CHANGES:

- Please do not be a no-show. Please, call the Sheraton Reservation Office to change or cancel your reservations.

PLEASE PRESENT THIS CONFIRMATION AT REGISTRATION

確認表

馬里奧特旅館

遷入時間：4:00 p.m.

遷出時間：1:00 p.m.

確認號碼	抵館時間	房數	客數	房價	預付訂金

訂房日期	抵館日期	離館日期	公司行號	房型

請閱本表背面有關預付金與保證詳細資訊

如有特殊的要求將依本店政策爲您提供最好的服務

訂房確認代號

訂房確認代號（reservation codes）係爲旅館給予顧客在確認或保證訂房時使用的一串文字與阿拉伯數字組合。此代號證明了顧客已預先支付一晚的保證金，旅館亦確保在約定日當夜將有房間供客居住。訂房代號對客人雖不具任何意義，旅館或其連鎖店櫃檯服務人員可憑之進行辦理登記遷入手續。顧客住宿資料皆可因此代號迅速取得。如客人抵店日期、離店日期、信用卡類型、信用卡號碼、房價、房間型式及相關資料等，因此提供訂房中心一個非常有效的管理系統。以下解釋一般常用訂房代號組合及其意義：

122-JB-0309-0311-MC-75-K-98765R

· 122乃旅館的代號
· JB是接受客人住房要求的辦理人員代號
· 0309是為客人抵店日期
· 0311是為客人離店日期
· MC是信用卡類型代號
· 75是為房價
· K代表了房類及床型
· 98765R乃其他相關訂房資料代號

在製作訂房代號時須注意幾點重要事項。限於旅館訂房作業系統電腦資料庫的存量大小，訂房代號應力求簡短，只須顯示足夠的訊息，達成爲客人保留房間的目的即可。其他詳細資料應於顧客要求訂房時，已然存錄於訂房中心統一系統中，以便於隨時取用。雖然如此，錯誤仍無法避免，導致無法由電腦資料庫中讀取客人資訊。此時，訂房代號便可取而代之提供適當資料，以順利完成客人登錄遷入住房的工作。

客人在要求訂房時已然決定支付訂房金的方法，最習以常見者即是以信用卡，或銀行支票、或現金等方法支付。惟客務經理應謹愼處理使用現金支付的顧客，以防有現金用畢卻又無信用卡得以付帳導致逃館等的不愉快事件發生。是以，顧客使用付款方式的迥異對旅館總營收將有不同程度的影響，應提高警覺加強防範。

取消訂房

客人可能因各種因素更改行程，而提出取消訂房的要求。電腦化訂房系統可輕易的完成該項作業。客人只需依各旅館規定在指定時間之前，電話通知預住旅館或其訂房中心取消預約客房即可。各旅館政策不同，規定客人取消訂房的時間可能在約定住房日前之二十四小時、四十八小時甚或七十二小時必須通知旅館，方能避免支付一晚房租的訂金。各旅館則可根據其取消訂房的歷史資料、營業失利的影響，以及旅館的公關政策來決定取消訂房的制度。

取消訂房代號

取消訂房代號（cancellation code）係指旅館在顧客取消訂房時，給予的一串文字與阿拉伯數字組合代號，以茲證明顧客已完成取消訂房手續。日後倘有發生旅館客務人員誤收保證金，顧客可憑此代號作爲證明，停止支付費用。

相似於訂房代號，取消訂房代號亦由文字與數字代表了旅館、辦理人、抵店日期、離店日期以及相關取消等項目內容。使用取消訂房代號可提升旅館客房取消作業的效率性。倘若客人事先已預付訂房保證金，依旅館規章辦理取消訂房後，前檯客務人員即會處理退費手續，將保證金歸還給顧客。一般取消訂房代號皆包括如下重要資料。

122-RB-0309-1001X

- 122為住宿旅館之代號
- RB是辦理取消訂房人員的代號
- 0309乃客人預訂抵店日期
- 1001X代表其他相關取消訂房的資訊

凍結訂房作業

一旦旅館接受客人訂房，客人要求之客房旋即在客房資料中被凍結保留（blocking）。換言之，電腦化訂房系統自動將該客房由可售房資料庫中，在指定日期被移除。舉一例說明，某中央訂房中心管理75家旅館的訂房作業，倘每家有200間可售房可供出租，其可售房資料庫便有每夜總數達150,000間房可提供客人賃用。每當接受訂房作業完成後，客人要求的房間便自動在可售房資料中被凍結，而無法再售。例如，某夜共有4,000間客房在多家旅館被預訂，訂房中心的電腦即將此些客房凍結不予再售。其後若仍有客人要求在已客滿的旅館訂房，電腦訂房系統將不會接受要求進行訂房作業。然而，電腦系統卻可轉換另一種服務，顯現鄰近區域內符合客人要求的同級旅館之可售客房訊息，提供訂房人員來建議客人選訂的機會，俾以製造訂房中心各旅館增加營收的商機，實不失爲參加訂房中心系統的最大利益。以上敘述之凍結保留訂房通常爲可見未來期間的住房保留（blocking on the horizon)。另有一種每日凍結保留(daily blocking)的訂房方式，以滿足每日顧客中要求保留特定房間的訂房服務。

旅館電腦管理系統的訂房作業

前面所論皆屬中央訂房總部統籌處理參加旅館的訂房作業情形。然亦有許多旅館擁有自己的電腦訂房系統(PMS)而獨立作業。在第5章我們已討論的電腦訂房作業模式中，曾提及訂房員可自電腦螢幕上的選項表中，選擇第1項「住客資料」，螢幕旋即顯示客人訂房表的畫面(如圖6-5)。訂房員則可依畫面系統循序將有關資料輸入。瞬間功夫，有關可售房資訊便清楚的展現在電腦螢幕上，供訂房員參考。

圖6-5 訂房員可由顧客資料報表中獲得客人住房的各種有關資料

預約訂房—輸入顧客資料

姓名：		
公司：		
付款地址：		郵遞區號：
電話號碼：		
抵店日期：	抵店時間:	離店日期：
航空公司：	班機：	到達時間：
房號：	顧客人數：	房價：
備註：		
確認號碼：		
信用卡類別：	卡號:	
旅行社：	代表：	工作代號:
地址：		郵遞區號：

其他選項亦可依需要一一被選取。譬如，在第2選項「客房狀況」內有訂房狀況（reservation status），顯示可售房在特定時間的房況，並註明可售房、確認房、保證房或整修中房等（**圖6-6**）。詹姆公司瓦士金先生將無法參加1月2日下午四時的面談。請於晚間七時前電話聯絡。

選項3的「預付款項」可協助客務員瞭解任何預付款項的情形（**圖6-7**）。此項資訊乃由住客資料選項衍生，茲因顧客訂房時要求

圖6-6　房間狀況報表提供最新、最正確住房資訊

客房狀況表　11　06

房號	房型	房價	房況	房客
101	豪華房	65	可售房	
102	豪華房	65	確認房	史密斯
103	豪華房	65	確認房	葛雷
104	雙人房	55	保證房	利多
105	雙人房	55	保證房	多馬士
106	豪華房	75	可售房	
107	豪華房	75	可售房	
108	豪華套房	95	保證房	丹東
109	雙人房	55	可售房	
110	雙人房	55	保證房	史雷東
115	豪華房	75	整修中	
116	豪華房	75	整修中	
117	豪華套房	95	整修中	
120	套房	150	保證房	史東公司
121	豪華房	95	保證房	史東公司
122	豪華房	95	保證房	史東公司
123	豪華房	70	保證房	史東公司
124	豪華房	70	保證房	史東公司
125	豪華房	70	保證房	史東公司

以信用卡或現金方式支付保證金，是而記錄存檔。選項4是為「特殊要求」，詳細記載客房內外設施與住房狀況，有助於訂房人員為顧客提供最滿意恰當的房間（圖6-8）。列示包括為殘障顧客設計的房間配備設施、吸菸及不吸菸的分別、房間面向的戶外景觀，以及旅館其他設備、場所的相對位置等。此類細節對新進訂房人員尤其有極大的幫助，俾使其順利提供最合宜的服務。

選項5則是「凍結保留房」的資訊，給予前檯經理有關未來保證客房之顧客與房況的最新訊息，並正確的完成客人遷入住房的手續（圖6-9）。選項中亦包括第6項「抵店客人名單」列示了特定日期之客人與團體名單（圖6-10）。相同的，第7項「離店客人名單」提供了某日將退房遷出的客人和團體資訊，在襄助前檯經理及服務人員決定可售房數，俾以供續住客或新顧客使用（圖6-11）。選項8「重要貴賓名單」則協助櫃檯服務人員獲知重要客人的資訊（圖6-12）。此層顧客包括有一般旅客要求特殊的高級住房待遇、或社會名流、政要人物等。是以，訂房員在訂房作業時若能獲取此項相關資料，將大幅縮短重要顧客遷入住房的時間。

選項9「住宿率預測分析」供應了旅館各部門有關在某時段住客總數，以協助各項服務工作的準備（圖6-13）。選項10則顯示「代理旅行社」的資訊，提供櫃檯員瞭解各家旅行社推薦或代理旅館接受客人訂房的情形，以茲加速日後計算支付旅行社佣金的業務和根據（圖6-14）。此項資料亦會自動傳送並登錄在旅館總開銷帳目，以確保收支平衡的正確性。第11項是為「顧客留言」的服務資訊，致使前檯服務員得為住客接受並轉達重要留言。（圖6-15）因此項作業的繁瑣性，顯現了旅館欲為客提供最佳服務的誠意。當然，前檯經理與服務人員如有需要亦可選擇第12項「各類報表」來列印相關訂房資訊的報表。

以上各例簡單扼要的介紹電腦化管理訂房系統的各種功能。

圖 6-7　顧客預付保證金報表提供了客人支付保證金的資訊

預付保證金資料

姓名：哥羅斯曼
門達保險公司
地址: 447 Lankin Drive, 賓夕法尼亞，賓州
抵店: 0917　　現金: 55.00　　資料代號: 55598R

姓名：林肯
科林鞋店
地址：7989維多利亞廣場，紐約市，紐約州
抵店：0917　　現金: 100.00　　資料代號: 56789R

圖 6-8　特殊要求表顯示的資訊可協助訂房員滿足顧客的要求

特殊要求表—可售房　06 05

房號	房型	房價	房況
101	雙人房／近停車場	55	可售房
108	豪華房／近停車場、浴缸式浴室	75	可售房
109	雙人房／近停車場、蓮蓬式浴室	75	整修中
115	豪華房／視聽殘障設備	75	可售房
130	豪華房／面海	85	可售房
133	豪華房／面海	85	可售房
116	豪華房／視聽殘障設備	75	可售房
201	豪華房／浴缸式浴室	75	可售房
208	豪華房／浴缸式浴室	75	可售房
209	雙人房／蓮蓬式浴室	55	可售房
211	豪華房／游泳池旁	75	可售房
301	豪華房／浴缸式浴室	75	可售房
333	豪華房／面海	85	可售房
428	雙人房／會議房	95	可售房
435	雙人房／會議房	95	整修中

圖6-9　凍結保留房報表提供櫃檯客務人員未來保留房的資訊

凍結保留房　02月

房號	房況	備註
101	保證房	賓州會議
102	保證房	賓州會議
103	保證房	賓州會議
104	保證房	賓州會議
105	保證房	賓州會議
106	可售房	
107	可售房	
108	可售房	
109	保證房	0205114501
110	可售房	
201	保證房	賓州會議
202	保證房	賓州會議
203	保證房	賓州會議
204	保證房	賓州會議
205	保證房	賓州會議
206	保證房	賓州會議
207	可售房	
208	可售房	
209	保證房	0219BR4567
210	保證房	0418BR4512
301	可售房	
302	保證房	賓州會議
303	保證房	賓州會議

圖 6-10　抵店顧客報表列示所有將要遷入房客的名單

訂房客名單　02 15			
姓名	房號	房價	部門代號
ABERNATHY, R.	400	75	0216
BROWNING, J.	201	75	0217
CANTER, D.	104	55	0216
COSMOE, G.	105	55	0219
DEXTER, A.	125	70	0217
DRAINING, L.	405	95	0216
GENTRY, A.	202	70	0216
KENT, R.	409	70	0218
MURRY, C.	338	80	0218
PLENTER, S.	339	80	0217
SMITH, F.	301	75	0218
SMITH, S.	103	65	0216
WHITE, G.	115	75	0216

圖 6-11　離店顧客名單列示當日將要離店的團體客與散客的資料

離店顧客名單　03 09		
房號	姓名	備註
207	SMITH, V.	GREATER COMPANY
208	ANAHOE, L..	GREATER COMPANY
209		VACATION
211	LISTER, B.	MERCY HOSPITAL
215		VACATION
233	CRAMER, N.	KRATER INSURANCE CO.
235		VACATION
301	SAMSON, N.	VACATION
304		MERCY HOSPITAL
319	DONTON, M.	JOHNSON TOURS
321		JOHNSON TOURS
322	ZIGLER, R.	JOHNSON TOURS
323		JOHNSON TOURS
324	ASTON, M.	JOHNSON TOURS
325	BAKER, K.	JOHNSON TOURS
326	BAKER, P.	JOHNSON TOURS

圖 6-12　重要貴賓名單提供顧客喜好與特殊要求的資訊

VIP 資訊

柏雷克利

喜住套房129/130或145/146，私人保衛人員下榻客房131或147房，
須事先知會旅館安全保衛人員此客抵店時間

觀芮開發公司總裁，有子女五歲及七歲，需要保母
餐飲部須備妥水酒、起士、巧克力或燕麥餅乾及牛奶等食物
禮品部須備妥黃玫瑰鮮花贈予柏雷克利夫人

將其消費帳單登錄旅館帳號420G，並直接郵寄其公司地址

圖 6-13　住宿預測分析表有助於客務經理達成營收目標

住宿率分析表　12 18

	房數	客數
確認房	42	50
保證房*	89	93
延期續住房**	50	85
散客房***	35	50
總數	216	278

住宿率　86%　　　住房收入　$15,120

*強森於晚間十時後抵店
**史密斯米爾公司有早餐會和晚餐宴會
***蘭社郵票展會場在聖湯姆斯旅館展出

圖 6-14　旅行社代理作業表提供最新資料以爲支付佣金之參考

旅行社代理作業表資料

日期	旅行社	代表	作業項目	備註
09 23	MENTING #4591 32 KAVE SIMINTON, NJ 00000 000-000-0000	BLANT, E. #4512 B	GUAR 5 @70	PD 09 30
09 30	MENTING #4591	CROSS, L. #4501 B	GUAR 10 @65	PD 10 05
02 01	MENTING #4591	CROSS, L. #4501 B	GUAR 20 @75	PD 02 10
02 05	MENTING #4591	BROWN, A. #4522 B	GUAR 10 @70	PD 02 15

圖 6-15　顧客留言表可在瞬間提供給前檯服務員引用

顧客留言表

布賓克 日期 01 02 12:57 p.m.

詹姆公司瓦士金先生將無法參加1月2日下午四時的面談。請於晚間七時前電話聯絡。

布賓克 日期 01 02 1:38 p.m.

史東電子公司的珍妮弗小姐將如期於下午五時在本店大廳與您會面。敬請攜帶21-z研究案的資料。

配以實際工作的操作，已使其成爲旅館管理最具價值的工具。此系統亦允許前檯客務人員得以將數以百計、繁瑣複雜的各類資訊，有條不紊的整理、記錄並儲存在電腦資料檔案中，協助了日後訂房登錄作業的方便、快速與正確性。從而進一步提升旅館爲客提供的服務品質及增加營運業績。

共同客務資料的運用

訂房作業時獲取的客人資訊實爲旅館各部門經理深所仰賴，作爲工作規劃的重要根據。部門經理依其需要可隨時由電腦檔案中，將共同客務資料（database interfaces）讀取或相互傳送使用。例如，行銷部經理需要住客資訊以利於督導銷售情況，推廣銷售人員則可不斷更新每一時段的可售房狀況，便於設計銷售方案。房務部主管須依據每日住宿率分析作人力安排與清潔整房的計畫。維修工程組員工則可被安排在低住宿率時期進行較大且複雜的整修作業。餐飲部主任亦可在低住宿率期間推出不同餐飲特價活動，吸引住客消費以增加營收。尤有甚者，財務部人員可仰賴共同客務資料的各類分析報表，審慎計畫年度財務預算。

傳統訂房作業系統

儘管電腦管理訂房系統已普遍爲旅館業界採用，某些旅館機構依然使用傳統的訂房作業方式（manual reservations systems）。對許多大型旅館連鎖企業而言，訂房中心日理萬機，業務須憑藉電腦系統協助，方能完成每日繁重的工作量。惟某些獨立經營的小型旅館選擇不參加統一作業而決定自理，是故仍延用傳統方式處理訂房作業事宜。概因電腦化系統乃衍生自傳統系統，旅館從業人員有必要瞭解傳統作業之程序。

一般獨立旅館通常以通訊電話（大都爲免費電話）或書信方式接受客人訂房要求。配合使用訂房情況標示表（density board or reservation sheet），訂房人員得以明瞭客房狀況，而繼續預約訂房的作業程序。如圖6-16所示，訂房情況標示表乃一簡單圖表，其中橫向欄標示日期，直向欄則列示所有客房號碼。

訂房標示表可由不同材料製作，一般慣用塑膠質料爲表面，以方便書寫或塗改（圖6-17）。亦有旅館利用活頁夾將每月表格一張張夾訂成冊，以方便查閱使用。

當有訂房要求時，訂房員可查對有無符合要求的可售客房。爲配合客人的喜好與要求並可隨機應變，變更部分已訂房間，俾以售出兩間相鄰客房，面海景的豪華房或房價較低的雙人房給正在接洽訂房的新顧客，以提升售房率。惟須注意的是，應同時將

圖 6-16　訂房系統顯示表是傳統訂房系統的一項重要工具

	11月												
房號	1	2	3	4	5	6	7	8	9	10	11	12	13
101													
102													
103													
104													
105													
106													
107													
108													
109													

圖 6-17　訂房情況標示表與訂房情況顯示表作用雷同

	11月			
房號	1	2	3	4
701				
702				
703				
704				
705				
706				
707				
708				

轉換過來的已訂房資料卡變更，以免造成重複訂房的錯誤。

當旅館接受訂房後，訂房員即須馬上獲取客人身分資料，並鼓勵其作確認訂房或預付保證金，來確保為其保留客房至某特定時段，或直至客人抵店為止。時下保證訂房費用多以信用卡來支付，至於其他基本客史資料包括姓名、地址、電話號碼、公司行號等亦須收集記錄在訂房卡（reservation card）內（圖6-18）。訂房員接下來的步驟，便是給予客人一個由文字與阿拉伯數字組成的訂房代號，其代表了客人抵店時間、客人姓名縮寫與其他訂房資料。譬如，代號0105M92可解釋為1月5日抵館之客人和92的客史資料。

訂房員填妥訂房卡後，便收放在一個鐵製或塑膠檔案盒內，並依資料上的月份、客人抵館日期和字母順序排列妥當。如此一來，這些資料便形成旅館制定代號的根據，俾以正確無誤的為客保留訂房。

圖 6-18　傳統訂房作業系統使用訂房卡詳細記錄住店顧客資訊

時代旅館　　　　　　　　　　　　　　　　卡號＿＿＿＿＿＿
訂房卡　　　　　　　　　　　　　　　　　日期抵店＿＿＿＿＿
　　　　　　　　　　　　　　　　　　　　離店日期＿＿＿＿＿
　　　　　　　　　　　　　　　　　　　　訂房員＿＿＿＿＿＿

姓名＿＿＿＿＿＿＿＿＿＿＿＿＿＿＿＿＿＿＿＿＿＿

公司行號＿＿＿＿＿＿＿＿＿＿＿＿＿＿＿＿＿＿＿＿

電話號碼＿＿＿＿＿＿＿＿＿＿＿＿＿＿＿＿＿＿＿＿

地址＿＿＿＿＿＿＿＿＿＿＿＿＿＿＿＿＿＿＿＿＿＿

信用卡＿＿＿＿＿＿　卡號＿＿＿＿＿＿　截止日期＿＿＿＿＿

客數＿＿＿＿＿＿＿＿＿　房號＿＿＿＿＿＿＿＿＿

房態＿＿＿＿＿＿＿＿＿　房價＿＿＿＿＿＿＿＿＿

確認＿＿＿＿＿＿＿＿＿　保證＿＿＿＿＿＿＿＿＿

航空公司＿＿＿＿＿＿＿　抵達時間＿＿＿＿＿＿＿

備註＿＿＿＿＿＿＿＿＿＿＿＿＿＿＿＿＿＿＿＿＿＿

在接受確認和保證訂房後，某些旅館訂房部門旋即會向客人發出訂房信函，以作爲客人日後查閱核對的憑證。諸如此類細緻周到的服務，實爲獨立經營旅館推廣行銷的最佳工作表現。

以現金或支票方式預付訂房保證金，亦爲獨立經營旅館所接受。然而，隨著信用卡的使用率日益普遍，此種支付的方法已逐漸式微。

各家旅館經營政策不盡相同，當客人於約定日當天提出取消訂房的要求時，獨立旅館通常不會向客人索取罰金。這亦反映了獨立旅館爲客提供最佳個人化服務的宗旨。

惟取消訂房的資訊，仍需妥善記錄保存，以作爲日後服務其他客人的參考，以及提升前檯作業的有效管理和平衡收支表的依據。

旅館春秋

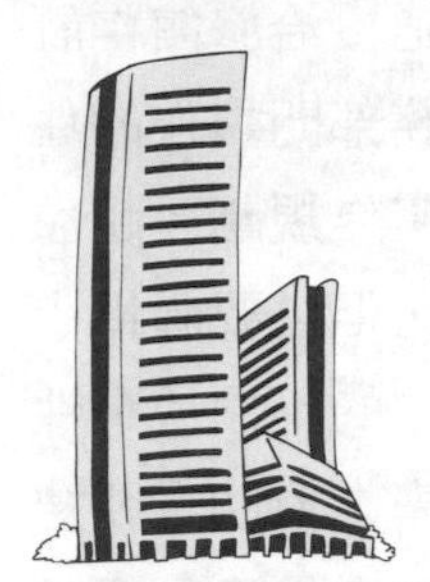

南卡羅萊納州雷迪森飯店總經理，湯姆斯諾曼自1967年開始任職假日旅館、拉馬達旅館、閱讀旅館總經理。他認為投資購置電腦化訂房系統雖然所費不貲，但在短期內便可將那筆費用收回而平衡帳目了，尤其是對經常服務大量團體客的旅館而言。想想倘若訂房部門須將眾多團體的顧客資料逐一手寫登錄在訂房卡上並存檔，所花費的時間與人力將會是如何龐大的成本。但採用電腦化系統，諾曼估計可縮減超過一半的工時。原因乃是電腦化加速了讀取各種資訊的時間，且方便瞭解可售房的狀況。

解決前言問題之道

旅館各部門的運作完全仰賴一套正確完整的客房預測分析。當任何一環節發生臨時事件，應即時知會各相關部門提高警覺，並且做好資料的更新。臨時狀況的發生亦可能造成某部門工作的嚴重傷害，此時前檯客務經理須深入瞭解，並溝通問題的癥結所在，以立即做出補救措施。

結論

本章對旅館訂房管理系統作了一番完整的巡禮。隨著電腦化訂房系統的使用日趨增加，許多連鎖旅館企業均紛紛採用，以便提供最佳的訂房服務。

預約訂房不但確保企業商務旅客、團體客及一般旅客在其旅程目的地能享受住房的服務，同時亦對旅館旅客的流動性助益頗巨。充分瞭解各種訂房資訊，可協助前檯客務經理發展出迎合顧客需求的訂房作業程序。顧客因此可藉由各種管道接洽旅館作訂房的要求，如免費電話、傳眞和使用電腦等。客務部門製作的住房預測分析發送給各部門，可增進各部的管理及工作規劃。超額訂房的實施旨在保護旅館權益，減少營利的損失，但需要謹慎小心地按照政策規章來使用，以免造成客人無房可住的不愉快事件發生。電腦化訂房系統長足的改進旅館訂房的效率，協助客務經理有效的管理客史資料，顧客的抵店時間及住店時期等重要訊息。訂房的確認、預付保證金的制度不僅確保客人有房可住，且旅館可依不同規定和保證金的支付，爲客保留住房至指定時段，甚或抵店時間。尤有甚者，其亦可提升旅館業績至最高目標。儘管電腦化訂房系統擁有多種功能及優點，某些獨立經營的小型旅館仍繼續延用傳統訂房系統來處理作業程序。總而言之，本章討論的課題旨在提供顧客一個方便、有效的方法，去接洽旅館以達成訂房的目的。也供給旅館行銷部門一個發展最佳客房銷售的技巧。然而，林林種種的服務皆有賴於前檯經理發揮其智慧及專業精神，與各部門通力合作，才能將最高品質的服務提供給顧客。

問題與作業

1.一套完善的訂房系統應如何迎合客人的要求？
2.旅館業界應如何達到爲旅客保留客房？
3.參加中央訂房系統作業可爲旅館帶來何種好處？
4.採用預約訂房的客源有哪些？製作訂房客源的分析有哪些好處？

5.討論一下企業商務旅客行程的規劃過程，並解釋其規劃與旅館訂房系統的相關性。又，企業商務客可使用哪些方法接洽旅館預訂客房？
6.試述團體會議或觀光團的領隊對旅館訂房作業的重要性。團體訂房可使用哪些途徑完成訂房手續？
7.解釋一般旅客與企業商旅客、團體客的不同？又有哪些的訂房管道可供一般旅客使用去接洽旅館辦理訂房？
8.如果你是某家旅館前檯經理，你認爲現住客再度光臨住店的機會有多大？另者，你的旅館採用何種方法確保顧客訂房的遷入與遷出作業？
9.試述製作訂房分析表的重要性及其所包括的必要項目。除了前檯經理，尚有何人亦須使用訂房分析報告表？
10.何謂超額訂房？請討論使用這項策略的合法性及對旅館財務的重要影響。
11.有哪些重要的考慮項目應被包括在一個積極有效的住房管理程序中？又如何將這想些項目應用在住房管理的計算公式內？
12.試述處理顧客訂房作業的重要步驟。
13.請略述電腦系統如何處理顧客訂房作業程序。
14.試述確認訂房和保證訂房的不同。兩者對於旅館財務情形有何意義？
15.試爲電腦化訂房系統設計一個訂房代號，並解釋其選用包含項目的原因。
16.試爲電腦化訂房系統設計一個取消訂房代號，並且解釋其選用包含項目的原因。
17.爲客鎖定保留客房須牽涉哪些工作？請舉例說明。
18.請略述一般傳統訂房作業的方法。

19.何謂訂房情況顯示表或訂房情況標示表？兩者對訂房作業有何助益？

個案研究601

時代旅館的總經理的李喬丹與客務經理馬蒂南茲正在研發一套超額訂房的政策。舊有的政策缺乏彈性，致使訂房經理無法接受超過100%的訂房要求。目前其旅館訂房的比例是確認訂房爲60%，保證訂房爲40%。

根據歷史資料顯示在過去六個月中，約有5%的訂房未到率，導致旅館財務蒙受500間房間的重大損失。研究其因，乃爲馬蒂南茲工作的繁重，無法騰出時間作出訂房預測分析，以致損失約37,000美元（500間房×75美元的平均房價）的營利。是而迫使管理部門不得不面對問題緊急商討對策，重新修訂一套積極有效的住房管理方案。

請考慮下列重要概念，以向李總經理及馬提南茲提出你的解決建議。譬如使用超額訂房的合法性，經常性的分析訂房未到率對旅館財務狀況的影響，和彈性使用各種不同訂房種類（如確認訂房、保證訂房、續住房、早退房以及散客房等），以提升旅館的住房銷售。

個案研究602

請使用下列提供的資料，爲時代旅館製作一份5月第1週的訂房預測分析表。

可售房總數 = 600

4月30日　已住房總數 = 300

5月1日

離店房數 = 200

抵店房數 = 200（70%確認房，30%保證房）

散客房數 = 40

續住房數 = 35

訂房未到 = 2%預期抵店

5月2日

離店房數 = 50

抵店房數 = 100（60%確認房，40%保證房）

散客房數 = 10

續住房數 = 25

訂房未到 = 1.5%預期抵店

5月3日

離店房數 = 200

抵店房數 = 100（50%確認房，50%保證房）

散客房數 = 20

續住房數 = 20

訂房未到 = 2%預期抵店

5月4日

離店房數 = 50

抵店房數 = 100（20%確認房，80%保證房）

散客房數 = 10

續住房數 = 15

訂房未到 = 1%預期抵店

5月5日

離店房數 = 300

抵店房數 = 70（30%確認房，70%保證房）

散客房數 = 25

續住房數 = 40

訂房未到 = 1%預期抵店

5月6日

離店房數 = 50

抵店房數 = 175（90%確認房，10%保證房）

散客房數 = 10

續住房數 = 10

訂房未到 = 2%預期抵店

5月7日

離店房數 = 200

抵店房數 = 180（10%確認房，90%保證房）

散客房數 = 25

續住房數 = 15

訂房未到 = 2%預期抵店

NOTES

1. "Marriott International's MARSHA III Will Link with Apollo, Sabre," *Hotel & Motel Management* 209(18) (October 17, 1994): 29.

2. Julie Miller, "Hotel Chains Explore Seamless Reservation Systems," *Hotel & Motel Management* 209(21) (December 12, 1994): 19, 21.

3. Jeff Weinstein, "More Hotels Plug into Internet," *Hotels* 29, No. 6 (June 1995): 15, 16. Copyright *Hotels* magazine, a division of Reed USA.

4. Candy L. Stoner, "Boosting Business Through Travel Guides," *Lodging Hospitality* 42(8) (August 1986): 119-20.

5. Melinda Bush, "Hotel Booking—Information Is Critical," *Lodging Hospitality* 44(7) (June 1988): 2.

6. Rex S. Toh, "Coping with No-Shows, Late Cancellations, and Oversales: American Hotels Out-do the Airlines," *International Journal of Hospitality Management* 5(3) (1986): 122.

7. *Ibid.*, 121.

8. *Ibid.*, 122.

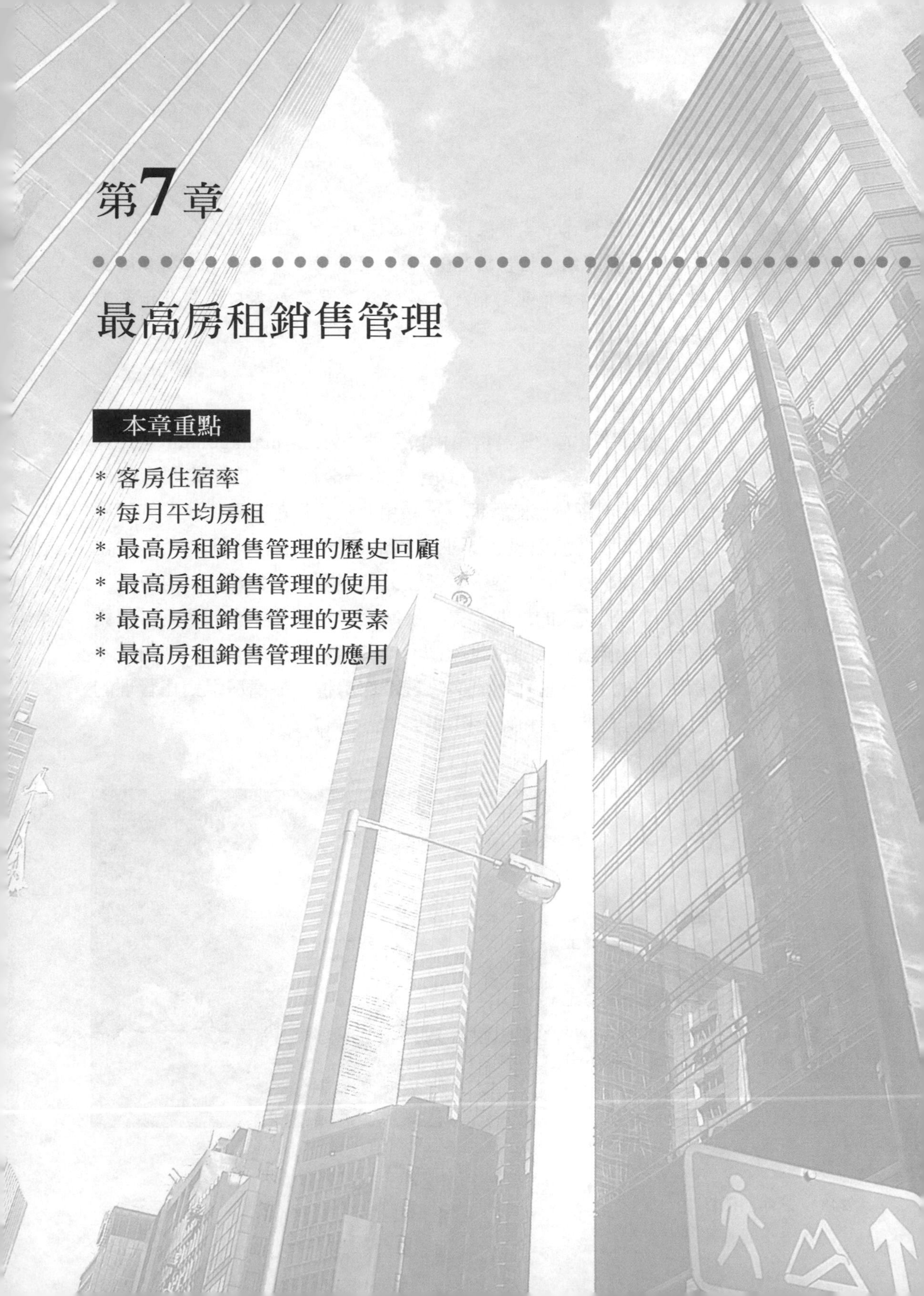

第7章

最高房租銷售管理

本章重點

* 客房住宿率
* 每月平均房租
* 最高房租銷售管理的歷史回顧
* 最高房租銷售管理的使用
* 最高房租銷售管理的要素
* 最高房租銷售管理的應用

前言

銷售部經理傳遞給客務經理一個急件，要求在9月的最後四天保留客房，以備容納一個包括350名電台音樂節目主持人的大型會議團體。在回覆銷售經理之前，客務經理需要瞭解各部門許多作業上的細節問題。

如前章所述，最高房租銷售管理（yield management）乃爲以最高房價完成客房最高銷售量的一種行銷技巧。此觀念乃於1980年代活躍於旅館管理界，藉用此最先崛起於航空產業的管理策略，來協助旅館投資業主成爲最佳的決策者與行銷者。簡言之，此項管理皆在助益旅館管理人員規劃一套良好的訂房政策，以設立業績收入的標準。儘管旅館產業早期並不青睞最高房租銷售管理的辦法，然於21世紀卻大行其道，廣被眾多旅館採用。本章將依次討論傳統住宿率與每日平均房租，最高房租銷售管理的目標及其構成要素和實際應用等內容（圖7-1）。

圖 7-1
前檯經理利用員工訓練的機會，傳授最高房租銷售管理的組成要素（Photo courtesy of Hotel Information Systems）

客房住宿率

討論最高房租銷售管理之前，首先須瞭解一些旅館界慣用的客房銷售衡量指標。例如，客房住宿率（occupancy percentage）乃用來反應旅館行銷與前檯部門招徠顧客住店的業績表現。傳統上，客房住宿率被視爲最佳銷售指標之一，因其有評估旅館管理與行銷人員績效的功能，同時顯示客房售出的數量是爲行銷部利用各種媒體管道（如廣告傳單、廣播電台、電視台廣告、大型廣告牆或報章雜誌等）行銷的結果。然而，尚有許多其他重要的銷售細節，無法由此指標一一反應出來。譬如，旅館應如何查核訂房人員有效的提供客人所要求的房間和服務？或何者爲旅行社代客預約房間？又如何評鑑前檯服務人員的銷售能力？爲回答以上問題，本章將介紹另一種訂房管理策略，即最高房租銷售管理。

旅館的房間住宿率是每日計算的，其運算方式如下：

$$\frac{\text{銷售房總數}}{\text{可售房總數}} \times 100 = \text{單一住宿率}\ \%$$

易言之，某旅館若有100間可售房，75間已被售出，因此推算出當夜產生了75%的住宿率。

$$\frac{75}{100} \times 100 = 75\ \%$$

住宿率同時亦可利用爲營運總收入的決定性指標。譬如，某旅館有100間可售客房，若其每日平均住宿率是65%，每日平均房租是爲59美元，則其營運年收入期望可趨近140萬美元。其演算步驟爲100間房×.65住宿率＝每日售出65間客房；59美元平均房租×65間房＝3,835美元每月營收；3,835美元×365天＝1,399,775美元全年營運總收入。

但是，住宿率並非是一成不變的，它每日、每月、每季、每年都可能上下波動呈現不同的數字。因此可有如下的情形發生：若此旅館於週一、二、三平均銷售65%的住宿率。週四、五、六的統計則顯示只有40%的住宿率。惟週日有50%的住宿銷售，則其總業績年收入應爲：

週一至週三	100× .65×$59×156（52×3）＝	$598,260
週四至週六	100× .40×$59×156（52×3）＝	$368,160
週日	100× .50×$59×52 ＝	$153,400
總計		$1,119,820

雙重住宿率（double occupancy）是另一種客房收入指標用來反應旅館員工銷售多位客人同住一間客房的能力。一般而言，每一間客房如租賃給一位以上的住客，旅館可提高其房價，爲總營收增加一筆收入。雙重住宿售房方式亦被視爲建立高營運目標的決定性基本工具。其計算公式解說如下：

$$\frac{\text{住房客數}-\text{已售房總數}}{\text{已售房總數}}\times 100 = \text{雙重住宿率}\ \%$$

易言之，某旅館若售出100間客房給150位客人，將得出：

$$\frac{150-100}{100}\times 100 = 50\%$$

每日平均房租

每日平均房租（average daily rate, ADR）也是客房收入重要指標的一種。其功能特別在協助解析訂房情況。例如，85美元的客房比59美元的客房多售出之原因，或考慮是否應由行銷部門策劃推出週末套裝特價以促銷75美元的客房，還是由前檯訂房員依規定將同類客房以標準價格，售給無訂房散客使用等。

每日平均房租計算方式可表示爲：

$$\frac{\text{總房租收入}}{\text{銷售房總數}}$$

若某旅館每日售出60間客房，而房租收入爲3,000美元，則其每日平均房租計算得數是爲50美元。其演算如下：

$$\frac{\$3,000}{60} = \$50$$

每日平均房租一如住宿率可用來預估旅館住房營運總收入。此二指數亦爲最高房租銷售管理的重要根基，因其提升住房數與增加房價的關聯性。

最高房租銷售管理的歷史回顧

1970年代後期，當航空旅行費用大幅降價時，商業航空產業率而啓用最高銷售管理政策，企圖逆轉乾坤 [1]。當機位票價跌至某一價位時，各家航空公司毅然決定凍結停飛某些時段，迫使旅客不得不依航空公司的訂價購買機票，或放棄而轉用他類交通工具旅行。雖然，這項大膽的行銷策略遭遇了某些問題，但卻為商業航空建立良好的機位票價制度。

基本上，旅館產業與航空產業在經營上有許多雷同之處。兩產業都有固定數目的商品，如旅館客房與飛機座位，皆必須在某一特定時間或日期售出，一旦時機錯過便無法再彌補，營利則蒙受損失。又兩產業同樣面對各類客層，須提供不同的服務以滿足不同的顧客需求。兩產業之顧客都有對特定服務時段的要求（如旅館於假日、週日和週末的不同工作日；航空公司於假日、週日和一日內各個鐘點的工作時間），造成供應一方的旅館和航空業較占上風的優勢。兩產業亦提出各種不同價位任由客人選購。是以有效的訂房作業對兩者而言，同是為業務經營的主要關鍵，致使經理人員必須靈活運用最高房租銷售的管理技巧來創造營利 [2]。另者，兩產業亦須使用電腦化管理系統，以方便存取商品的資訊。如旅館的客房和航空公司的機位等，以及處理訂房作業程序。進而可查閱四十五天至九十天內銷售情形，以作為訂定房位價格和訂房政策的依據，達成協助經理人員獲取高利潤的理想目標。

旅館與航空產業在使用最高銷售管理策略上最大的不同，則是旅館房客在遷入之後在館內有繼續消費的潛能。航空旅客則較不可能在機艙內有類似大量消費的機會。基於此項潛能，旅館業經理人員在制定訂房政策時，須詳細謹慎地考慮顧客在館內消費的條件與可能性。舉例言之，某旅館接受甲團體要求預訂保留500間客房供其團員賃用，客房總部收入為50,000美元。該團同時亦要求準備餐宴及多種他類食物和飲料，以供團員享用，所需費用大概是25,000美元。假設另有乙團體亦向同旅館預訂600間客房，將會帶進高達60,000美元的客房收入。相較之下，雖然團員人數相差頗巨，惟甲團體明顯的要比乙團體對此旅館有更高的商機價值和更多館內消費的潛能，是而成爲旅館積極爭取的對象。

最高房租銷售管理的使用

使用最高房租銷售管理的技巧有兩個重要目的：將客房銷售利益增加到最高目標，以及提升旅館服務至最佳品質。旅館從業人員須確切瞭解此兩個目的之重要性。因爲，若只一味強調增加客房銷售，卻無法提供客人所期望的服務，即使最有利潤潛能的顧客也絕不會再上門照顧生意的。此亦爲旅館產業與航空產業，在運用最高銷售管理策略上的不同之處。

以下介紹旅館業如何的運用最高房租銷售管理之理念與技巧，並配合使用現代電腦科技來共同制定各種經營的決策。設計一個旅館管理電腦應用程式的最大挑戰，也就要能配合經理人員策劃的營運目標。引用國際旅館協會（International Hotel Association）的一句話，便扼要的道出使用最高房租銷售管理爲經營工具的重要性：「最高銷售管理是1990年代及未來旅館投資業主必備的經營規劃工具。其電腦系統的功能雖深奧難懂，但其觀念卻非常簡單清楚——共同運用價位和商品控制的管理，旅館投資者便可將客房銷售及服務品質提升至最高目標。」[3]

茲舉以下各例申述旅館總經理、行銷部主管與前檯經理運用最高房租銷售管理的工具，爲旅館造成高營收利益。

「旅棧之星」（INNSTAR's）乃一旅館電腦化管理系統，內含最高銷售管理的軟體程式，可呈現六十四種客房價位表（rate tables），對每一類型的顧客亦各有不同的價位。此外尚有因房態不同而訂定的最低成本價（marginal rates），提供給住宿同房的客人。如第一人、第二人、第三人、第四人，各有不同等的房售價。惟十人以上的小型的團體則有減價或附加費用的可能性。該系統最高房租銷售管理政策亦有每售出五間客房，房價便自動增加某些百分比的比例變動程式。同時，端視客人提供身分資料的差異，房價也因而有所調整。此套系統並可排除訂房員擅自更改各等級房價，或顯示房價等級不符合客史資料的可能性 [4]。

另一例是「銷售經理系統」（yield manager system）。其成功的原因乃在：可以輕鬆方便的讀取訂房的作業型式，查閱各類特殊訂房情形。一但相同情況被索獲，電腦即自動提供解決之道，是而給予訂房人員充分選擇銷售各類客房的機會，以達成增加最高業績與收入的營利目標。此套管理系統亦可彈性的調整折扣房價，凍結較速售出的客房種類，或凍結某特定日以多供散客訂房。在淡季時段還可降低房價來刺激銷售。亦能保留某些客房提供給特定客層或旅行社代理訂房。以上各類客房預約的規定和房價變更，多由電腦系統自動操作，但亦可人工操作以彌補某些低於預期訂房業績目標之不足。最後，總業績成果則可自分析各類客層的住房資料而獲得。

「銷售經理」的一些特色乃是促使此系統成為價值非凡的訂房工具之主因。舉例來說，其「引動」功能可先描述訂房情況的問題或機會，繼而啓動「策略」功能去尋索客房預約和變更房價的規定，電腦便會自動操作，將訂房系統中的保留房和房價作適當的調整。旅館若決定由人工操作變更項目，系統便會提供一系列處理建議，供訂房人員參考是否同意、反對或保留建議的策略稍後再行處理。

此系統亦可協助夜間稽查員做出各類每日分析報表。如某一特殊活動、淡／旺季、週日或週末、每日平均房租、預測訂房率、估計各類客層可能於預訂日之前多少時日會預約訂房，以備與實際訂房作業和售出房價作一番比較。根據比較結果，此系統可尋索已建立資料中的相同情形，進而提供建議或執行同項策略 [5]。

第三個例子則是「菲得利優」(FIDELIO)，是爲旅館電腦管理系統（PMS）中一個訂房程式。以下介紹其使用功能。

「菲得利優」系統協助訂房員決定房價的方法，乃是依據住宿率差異的觀念，電腦全自動估算所有不同訂房條件，如空房、保留房、保留至客抵店、不過夜房、住房期從二日至九十九日等的房價情形，再配合旅館訂定的解決策略，選取最高利益來定位顧客所要求的客房價錢。是以此系統的設計旨在快速正確的輸入訂房資料。當詢問房價的訊息輸入後，系統旋即正確的顯示在某特定日可使用的各種房價代號。除上述主要效能外，此套系統亦建有商議策略和銷售技巧的功用，以供訂房人員採用，以及作出替代房價、替代住房日期的建議。倘在顧客抵店前一星期內，旅館一直保有高住宿率，系統則可由前檯經理決定是否以折扣價售出客房，或事先推售每週內之套裝特價方案，或只以最高價位售出客房，以確保營業收入。

此系統尚有分析全年每日住房預測的功能，和將分析結果列示成彩色圖表，以供各部門經理人員作爲工作規劃的依據 [6]。

最高房租銷售管理的要素

旅館從業人員欲有效的運用最高房租銷售管理技巧，則需深入瞭解其組成要素及相互關係的重要性和目標——爲旅館提升最高銷售利益。

最高房租銷售的定義

傳統住房率的使用觀念旨在達成100%的客房售出。但究竟該指標的應用可為旅館帶來多少利潤呢？舉例來說，在表7-1中顯示ABC旅館有500間可售空房，其中200間以60美元售出，另200間房以75美元售出，總收入為27,000美元，達成80%的住宿率。表中另一旅館XYZ亦有500間空房，以60美元房價售出100間房，75美元售出300間客房，雖其住宿率亦達80%，惟總收入則有28,500美元。相較之下，XYZ一夜房金多收入之1,500美元將可為旅館業主帶來可觀的總營收利益。最高房租銷售的理念便可由此例清楚的呈現。即是，旅館將其所有可售房以高於標準房價的最高價位銷售給顧客。而決定最高房租價格（yield）的公式列示如下：

$$最高房租價格 = \frac{實際營收}{潛在營收}$$

實際營收（revenue realized）指的是以標準房價售出空房的總收入。潛在營收（revenue potential）則是指客房以最高房價售出的總收入 [7]。

表7-2示範使用最高房租銷售策略的影響作用。前述二旅館雖同樣高達80%的住宿率，惟XYZ旅館獲得較高的銷售利潤。

再以另一例來解釋如何決定最高房租價位。時代旅館在其300間可售房中，有200間原為75美元標準房價的客房而以90美元售出，是以最高房租銷售率為56%。其演算過程如下：

$$\frac{200 \times \$75 = \$15,000}{300 \times \$90 = \$27,000} \times 100 = 56\%$$

表 7-1　住宿率比較表

旅館	可售房數	已售房數	房價	收入	住宿率
ABC	500	200	$60	$12,000	
					80%
		200	$75	15,000	
		400		$27,000	
XYZ	500	100	$60	$6,000	
					80%
		300	$75	22,500	
		400		$28,500	

表 7-2　最高房租銷售率比較表

旅館	實際營收	潛在營收	最高房租銷售率
ABC	$27,000	$37,500*	72%
XYZ	$28,500	$37,500*	76%

*500×$75=$37,500

由此可見，最高房租銷售管理策略比傳統住宿率，較能評價員工促銷售房業績的努力。在前例中，56%的最高房租生產率意味著員工應用有效的策略，致使售出較高房價的目標，即以90美元的價位售出70美元的客房。下節內容中，將詳細討論如何發展高效能的銷售策略，以確保旅館客房的最高房租生產率。

最高住宿率與最高房價

旅館業界若想要達成最高銷售的境界，須重新定義住宿率和每日平均房租，其根本意義乃因最高房租銷售管理而有不同的解釋。如最高住宿率（optimal occupancy）應指以客房的銷售來達成100%住宿率。最高房價（optimal room rate）則指以最高價位來銷售每間客房，完成銷售生產的目的。茲以下列不同例子解述如何有效刺激最高銷售。

某旅館有300間可售空房，其中100間以76美元房價售出，150間以84美元售出，35間則以95美元最高價位售出。其共同組合的銷售率爲83%。倘若使用最高房租銷售管理策略，其每日報表則會呈現200間客房售以90美元房價，85間客房售以95美元的房價記綠，並可達到91%的住房銷售率。是而額外提升了8個百分點的住宿率和2,550美元的收入。兩種銷售法皆能完成95%住宿率，惟前者之每日平均房租只獲得82.54美元，後者則得到91.49美元的最佳平均房租，且非常接近95美元的最高房價。

銷售策略

瞭解最高房租銷售管理的優點後，究竟應當如何實施方能符合目標呢？奧肯（Orkin）[8]提供了一個簡單的政策去操作最高房租銷售管理，即是當訂房要求面高時，提高房價。當訂房要求面低時，則提高房售。這個理念可見表7-3的解說。奧肯同時建議若干細節去規劃策略。譬如，在旅遊旺季需求量高的情況下，旅館可減少或停止銷售低價位的房間類型或套裝銷售方案，儘量將

表 7-3　最高房租銷售管理策略

訂房要求面	策略方法
高	提高房價
低	提高客房銷售

客房售予停留期較短的客人，或願意支付高價位房金的客層團體。當淡季來臨，訂房需求低的時期，應推出各種特價行銷方案給各類訂房單位，以售予那些精打細算的顧客，企業公司的商務旅客及本地遊客[9]。1980年代此種策略提出初始，對旅館業來說是個嶄新卻非常具有挑戰性的行銷手法。困難之處乃在，前檯經理長期以來根深蒂固的銷售觀念，即是將所有客房售空的作業方法。如今卻要限制和停止售出某類客房，簡直是不可思議的事。是而多以懷疑保留的態度對待此一積極的策略。某些旅館則嘗試在旺季時售予住店期較短的客人，而在其他季節採用奧肯淡季的應對策略，推行各種行銷折扣特價，以招徠顧客。可想而知，當最高房租銷售策略漸漸地爲旅館業界測試使用，許多不同的策略組合去因應各家旅館的最高營業目標，也將會陸續出籠，廣爲運用。

預測分析

最高房租銷售管理的一個很重要功能，即是預測客房的銷售。奧肯[10]建議一改過去以整個季節工作規劃爲各事項的決定方針，而採每日業績結果爲其根據基準。唯有依靠預估旅客訂房需求的精準性，方能協助旅館業主發展出一套有效的策略，去提升售房率達成最高營利目標。例如，某旅館在某一時段可售出95%的客房給團體訂房，若改以推出特價銷售方式來吸引一般散客訂房，便爲不智之舉，甚可導致業績的損失。若能事先得知在哪一段高檔期過後是團體訂房的淡季，便可利用各類行銷管道，提早推廣各類型特價折扣或套裝方案，以招徠散客和本地遊客預約訂房。

凍結訂房期

此項策略旨在要求前檯經理於旺季時凍結（block out）某些日期不予售房，以迫使顧客必須增加其住店停留時期，才予以訂房使用，進而達成增加房售的目的。舉例言之，某客人欲訂房一晚，於10月25日抵店賃居，然旅館已將10月24日、25日、26日三日凍結不售房，訂房人員必須依規定拒絕接受訂房。除非此位客人願意將那三日一概預約訂下，則訂房作業才可繼續處理。凍結訂房的程序尚可幫助旅館二十四小時作業的訂房系統，建立一個訂房作業的操作標準。顯而易見，預測凍結客房時期是最高房租銷售管理策略的一個重要功能。

訂房系統與程序

奧肯[11]建議旅館前檯經理實行最高房租銷售管理時，應採用電腦自動管理系統來可處理訂房、記錄淡旺季和凍結訂房的工作。因由人工操作一年三百六十五天，500間客房的最高房租銷售訂房作業，會是一件十分困難而艱辛的工作。他亦建言設立一套詳細房價政策以確保獲利。使用凍結訂房策略也必須旅館長期的付出行銷努力，以提高淡季的業績。除了各項策略之外，實施策略的人員須有良好的訓練，以深入瞭解和使用最高房租銷售管理的程序。員工進修培訓於是成爲確保此複雜系統效率化的另一要素（圖7-2）。

最後，旅館使用最高房租銷售管理時須彈性配合各類的訂房變化。例如，某團體預訂某旅館90%的客房，以備4月5日起共四天的團體大會使用。但該團在3月30日取消其中25%的訂房。前檯經理則須即刻採取應變措施，取消保留該團體會議期間的房客，鼓勵訂房員向散客售以促銷計畫以爭取顧客，減低營業虧損。

圖 7-2
前檯經理必須不斷地與員工溝通，運用最高房租銷售的策略，以提高房售業績，增加旅館營收（Photo courtesy of IBM）

各部門的反應回饋

爲確保最高房租銷售管理決策的適用性，最重要的工作便是獲取各部門使用後之反應與回饋。而取消訂房的日期與累積次數記錄，對旅館投資人用來評鑑使用最高房租銷售的可行性，有莫大的助益，且能更新此管理政策和規劃未來行銷方案[12]。舉例言之，某旅館總經理檢閱過去五日凍結房售的各個時段之報表（表7-4）。發現此項決策在5月1日至5月3日的時段最具成效，但於5月4日、5日兩日卻有178間客房提前取消。在此情況下，行銷部門主管必須查看各種團體訂房的合約。前檯經理則須詢問前檯服務員、行李員或出納員，以瞭解顧客提前離店的原由和可能的抱怨事件。由顧客提前離店和取消訂房的資料顯示，此團體可能對5月3日至5日的會議期較感興趣，並且不樂意如預約日期多停留兩日，而提前離店。

表 7-4　取消客房離店分析報表

日期	最高房租銷售率	取消房數	損失金額 以95美元的最高房價爲基準
May 1	98%	35	$ 3,325
May 2	96%	20	$ 1,900
May 3	93%	60	$ 5,700
May 4	50%	90	$ 8,550
May 5	50%	88	$ 8,360

最高房租銷售管理的實施困難

使用最高房租銷售管理旅館之機構面臨的最大問題，乃在遭受顧客轉頭離去，另覓其他旅館的損失[13]。某些客人對於旅館爲銷售高價房租而拒絕接受訂房之舉，非常不以爲然，且不滿被剝削，因而不再選用該家旅館與其連鎖相關同業。遇此狀況，訂房人員應發揮優良的銷售技能，耐心誠懇的向顧客解釋該旅館訂房政策，以維護與顧客的良好關係。

餐飲銷售的考慮因素

前面討論有關最高房租銷售管理著重在房價定位，可售房銷售及住店停留期間長短等題目。惟另一項潛在議題，即餐飲銷售，對最高房租銷售管理策略的設定亦扮演著重要角色[14]。原因乃在某些住宿客層在餐飲上，較其他顧客有很大的消費傾向。因此，在決定何類客源應爲旅館爭取訂房的有利對象時，應將該因素納入考慮，以拓廣旅館收入的商機。

由表7-5的比較可見哪一類客源對旅館營業進帳較有利可言。雖然B團住客所付房價較A團爲低，惟因其在餐飲項目的高額消

表 7-5 設立最高房租銷售管理策略時，須將顧客餐飲的消費潛能納入考慮因素

團體	客房數	房價	房售收入	營業總收入	預測收入
A	350	$ 95	$ 33,250	$ 8,750	$ 42,000
B	300	$ 85	$ 22,500	$ 52,500	$ 75,000

費，致使成爲較有利益潛能的客源。

某些旅館業主對餐飲的議題可能不以爲意，認爲該收入不比住房收入來的有利可圖。其他的考慮因素包括：雖然B團對總營收較有利，然仍需視其客源組成性質，若B團成員爲高中學生，則可能在使用旅館的設備上較A團的老年旅客具有破壞力，造成多項物品損失的副作用。因此，在規劃一套有效的最高房租銷售政策時，要能確認有利客層可提供額外消費，將是十分具有挑戰性的任務。

最高房租銷售管理的應用

事實上，瞭解最高房租銷售管理的最佳辦法，便是將之應用到不同的營業情景。茲以最高房租銷售策略使用在下列各種假設情況。

案例 1

前檯經理查閱每日營業報表，顯示昨晚有240間客房售出，此館共有300間可售客房，而其最高房價是98美元。試用下列房售細節資料推算昨晚的最高房租銷售率。

85間客房以98美元售出
65間客房以90美元售出
90間客房以75美元售出

案例 2

總經理要求你規劃一個凍結售房期，以迎接十月份在時代旅館舉行的年度週末校友回鄉活動。雖然屆時訂房將會客滿，但總經理仍擔心有許多校友可能不在館內用餐。是以想要推出套裝價引誘顧客，其中並包括早餐與晚餐，你將如何規劃？

案例 3

一位州長大型會議的執事代表要求預訂保留200間每間爲75美元的客房，爲期三日。據瞭解，參加此次大會的客人皆有享受各種娛樂活動的傾向，並具相當大的餐飲消費潛力。同時在那時段，當地亦會舉行一個爵士音樂會。根據歷史資料顯示，參加音樂會的人士及一般散客可爲旅館帶來100%的住宿率，以及和每房135美元的房租（最高價位是爲95美元）。惟此團住客在餐飲方面的消費卻乏善可陳，無利益可言。你將如何決定？理由爲何？

前檯經緯

旅館財務部主管要求前檯經理分析未來四十五日的客房銷售情形，以備財務部預估現金流動狀況，來支付三十日之後到期的貸款金額。前檯經理將如何運用最高房租銷售率，來協助他提出正確的預測分析報告？

旅館春秋

藍道於1968年畢業於康乃爾大學旅館行政系，歷任維吉尼亞州冬青休閒旅館執行主管；海松休閒旅館執行主管六年；希爾頓客棧經理；並為南卡州海松休閒旅館的經理。1986年他成為卡羅拉多州優田旅館管理的副總裁。而於1994年，成為新墨西哥雅多拉多旅館的總經理，總管每日旅館的營業操作。

藍道決定在訂房系統內納入最高房租銷售管理策略。他認為此套管理方法可增加營收，致富旅館。在淡季時期，可以低價售出客房招徠客人。在旺季時期則以最高房價售出，大大增加業績。他表示其旅館自1994年始即未曾提高房價，但平均房租卻提升了8美元。此項管理系統促使員工士氣大振，積極銷售，並預測本月可獲高達98%的住宿率。

藍道並分析預測散客與團體客每日訂房的年度期待平均房價。他將每週員工呈上的實際訂房記錄合併，並轉換為以六個月為基準的分析資料。根據此分析結果再來定奪每日房價，分高、中、低價位，甚或犧牲價，以及凍結房售的各種策略。如此一來，訂房員便可彈性的以不同房價銷售給不同類層的客人。每週並定期召開一次最高房租銷售策略小組會議，參加者包括總經理、前檯客務經理、行銷部經理、休閒活動部經理以及房務部經理等各部門主管。

藍道回憶在啓用最高房租銷售管理系統之初所面臨的困難，乃是學習如何使用和信賴此套管理系統。事實上，藍道及同仁們也曾懷疑其效用，而短暫的停用一段時間。惟在使用三、四個月後，旅館員工才慢慢對其增加信心，致而應用起來漸感得心應手。如今，藍道不但積極鼓勵旅館同業經理人員採用最高房租銷售系統，並深信若非使用此系統，有效房價政策與提升業績收入的最高目標便無法達成。

解決前言問題之道

前檯客務經理應查閱在訂房要求時段內的可售房情況，亦要瞭解是否有凍結保留客房的記錄。如已存在，則須進一步明瞭有多少客房已被凍結。客務經理同時須獲得該會議組織對旅館要求的房價訊息，再與最高房價相比。以預測在該時段最高房租銷售率，同時須向銷售部門經理索取該時段餐飲消費的潛力，來判斷對該團體決策的影響力。倘若各項分析結果指向拒絕該項訂房要求，則旅館高級經理人員須準備良好的策略，婉轉誠懇的向該團體執事解釋拒絕的理由。

結論

本章先行介紹傳統住宿率和每日平均房租的定義，再進一步討論並比較最高房租銷售管理的理念，以突顯其對旅館業績與總營收的高效率功能。最高房租銷售管理乃爲旅館投資業主一項嶄新的管理利器，可運用在客房銷售策略與評估顧客餐飲消費潛能的影響，以確保高營收利潤。基於類似操作程序系統，旅館業乃由商業航空業界學習並採用了最高房租銷售管理方法。本章最後討論了該管理的組成要素，包括售房實際收入、售房潛能收入、最佳住宿率、最佳房價，以及各種策略，如凍結售房時段、售房預測分析、管理系統與程序、各部門反應與回饋，以及使用該管理策略時前檯經理所面對的各種挑戰與解決之道的考慮因素等。

問題與作業

1.試解釋最高房租銷售管理的概念。
2.旅館住宿率代表的意義爲何？在評鑑總經理的工作業績上，此觀念的缺點爲何？
3.請比較使用住宿率和每日平均房租的記錄對評鑑總經理業績的不同。若只使用每日平均房租的記錄來評價總經理的工作，對旅館業主又會造成何種印象？
4.請比較商業航空產業與旅館產業二者操作系統相似之處。
5.最高房租銷售管理的目標爲何？倘若你是旅館前檯員工，你認爲前檯的工作表現達到了前述的目標嗎？
6.請爲某旅館決定最高房租銷售率。該館擁有200間可售客房，最高房價爲80美元。惟實際售出200間客房，房價爲55美元。
7.請爲某旅館決定最高房租銷售率。該館擁有275間可售客房，最高房價爲60美元，惟實際售出150間客房，房價爲55美元。
8.請爲某旅館決定最高房租銷售率。該館擁有1,000間可售客房，最高房價爲135美元，惟實際售出850間客房，房價爲100美元。
9.請就6、7、8三題討論最高房租銷售率和住宿率。
10.請敘述在旺季時旅館應採用哪些客房銷售策略？
11.請敘述在淡季時旅館應採用哪些客房銷售策略？
12.旅館前檯經理行使最高房租銷售管理時，爲何制定每日房價策略比使用長時段房價策略來得有效？
13.試解釋「凍結房售時期」。

14.為何訓練前檯服務員運用最高房租銷售管理的各種策略，對於實施該管理有著重大的影響？

15.一般散客對提升最高房租銷售率有何貢獻？

16.在每日銷售報表中，何種資料有助於瞭解不同價位的房租的客房售出情況？旅館前檯工作人員應如何運用該項資訊？

17.旅館為何需要每日分析提前離店的資料？前檯工作人員應如何運用該項資料？

18.餐飲的銷售對旅館行使最高房租銷售管理有何影響？你對此項因素的反對看法為何？

個案研究 701

時代旅館客務經理馬蒂南茲小姐，曾在主岩大學主講了一個有關最高房租銷售管理的研討會，如今正準備向其總經理提出在時代旅館實施此項管理辦法。她決定由分析該館住宿率和每日平均房租的歷史資料著手，俾使總經理明瞭營業上的缺點，進而介紹最高房租銷售管理可襄助改進的功效。馬蒂南茲準備的資料中亦包括房售數量、售出房價及本地觀光活動情況與日期等相關資訊。最後，一併以旅館實際收入和潛能收入之比較，在報告日期前呈給總經理先行過目。

閱讀各種報表資訊後，總經理對此新管理政策頗不以為然，認為只是另一種管理技倆而已，完全否定了馬蒂南茲的報告。因他根深柢固的認為，使用傳統的住宿率和每日平均房租的指標來經營該館業務已是措措有餘，沒有更新的必要。

在旅館大廳馬蒂南茲與總經理不期而遇，總經理告之對該管理政策的排斥看法，但仍願意聆聽馬蒂南茲的口頭報告。

你有什麼好建議可提供給馬蒂南茲作出一份漂亮的報告，以說服總經理採用最高房租銷售管理？

個案研究 702

請依下列各種情況向時代旅館提供適當的最高房租銷售管理策略。

1. 航空飛行試飛活動將在本地舉行，並會帶來50,000名遊客。屆時所有旅館的房間都將售出一空。本地旅館應規劃何種政策來處理散客的訂房要求？
2. 9月的最後一週通常是旅館的淡季，惟在那時段本地有一節慶活動，可招徠許多隔夜住宿的顧客。本地旅館應規劃何種政策來接受訂房要求？

NOTES

1. S. E. Kimes, "Basics of Yield Management," *Cornell Hotel and Restaurant Administration Quarterly.* 30(3) (November 1989): 15.

2. *Ibid.*, pp. 15–17.

3. "The ABCs of Yield Management, "*Hotels: International Magazine of the Hotel and Hotel Restaurant Industry* 27(4) (April 1993): 55. Copyright *Hotels* magazine, a division of Reed USA.

4. National Guest Systems Corporation, Suite 100, 2096 Gaither Road, Rockville, MD 20850.

5. Computerized Lodging Systems, Inc., 1600 W. Broadway Road, Suite 120, Tempe, AZ 85282.

6. FIDELIO Software Corporation (a subsidiary of Micros Systems, Inc.), 12000 Baltimore Avenue, Beltsville, MD 20705.

7. E. Orkin, "Boosting Your Bottom Line with Yield Management," *The Cornell Hotel and Restaurant Administration Quarterly:* 28(4) (February 1988): 52.

8. *Ibid.*, 53.

9. *Ibid.*, 54.

10. *Ibid.*, 53.

11. *Ibid.*

12. *Ibid.*, 56.

13. Kimes, 19.

14. *Ibid.*, 18-19.

第8章

客房遷入

本章重點

* 首次待客的重要性
* 住客資料的取得
* 住宿登記的作業
* 電腦管理系統登記作業
* 傳統式登記作業

前言

一位新進前檯服務員誤將某客人分配至一間已售出客房。該客氣急敗壞的回到前檯退回鑰匙，並質問錯誤是如何發生的。該房已住入客人亦打電話到櫃檯，要求前檯經理解釋該館的辦事不力。

旅館與顧客第一次面對面的接觸，通常發生在客人抵店辦理登記遷入的時刻。所有旅館行銷部門與電腦訂房系統人員對顧客的承諾及努力，將在此刻一一對現（圖8-1）。因此，前檯服務人員肩負著巨大的使命，務將旅館的最佳服務品質與產品特色在此時傳遞給客人，使其感受到良好的第一印象，以確保顧客住店期間享受期望的待遇。

客房登記程序（registration process）的首要步驟是獵取客人身分資料，包括其姓名、地址、郵遞區號、住房時期長短、公司行號等。該資料不僅有助於前檯提供顧客住店與離店之後的服務，同時可供予旅館其他部門作爲業務規劃的重要依據。住客資

圖 8-1
辦理住房登記時，獲取客人資料將有助於旅館的對客服務（Photo courtesy of Marriott Hotels and Resorts）

訊登記完成後，接下來的遷入程序便是再次驗證客人訂房的資訊，如客帳的支付方式、客房的型態、客房價格、其他設施的使用及消費、分派客房鑰匙及特殊要求等。顯而易見地，有效率的住房登記程序作業，實爲確保對客的服務品質與旅館營業收入的重要關鍵。

待客第一次接觸的重要性

顧客在辦理登記遷入時與櫃檯接待人員接觸的第一印象，將決定其與此旅館的永續使用關係。前檯接待人員熱誠有禮的歡迎態度，可促使顧客對旅館產生良好的回應及住店期接受高品質服務的期望。相反的，倘若顧客首次獲得的服務只是稀鬆平常，並無特殊的印象，將對其住店服務的期望大打折扣，導致感覺處處招待不周的負面印象。今日的旅館顧客已不同於往昔，除要求高品質的服務享受，亦期望得到旅館接待服務人員的尊敬與關心。職是之故，旅館同業也竭盡全力配合此一期望。換言之，無法克盡其事的旅館企業將面臨顧客棄門而去，不再回頭的下場。

旅館接待人員應如何去營造一個溫馨的服務態度呢？因人各有不同，是以待客服務態度也因人而異，但基本原則當爲一致。首先，接待人員須能感受旅客的心情，許多客人長途跋涉、離鄉背井，在旅程中因各種不期待之因素而承受許多壓力。如班機誤點、行李遺失、餐飲延誤、因時差致身體不適，旅遊環境地域、方向、交通的陌生不熟悉等。是以，旅館接待人員要能體會旅客的憂慮和疲憊所造成的心情不佳之原因，而以一個正面諒解的態度來協助客人完成登記遷入的手續。

茲以一常見情節解述：旅行家先生於早晨九點十五分抵達某

旅館櫃檯，且顯現焦慮的表情。原因是他必須在短時間內參加一個會議，向投資客戶提出重要報告，因此擔心登記遷入時間過長而耽誤會議。櫃檯員在瞭解旅行家先生的困擾及發現該時無客房可讓客人遷入後，隨即採取了應變措施。召來行李服務員先將旅行家先生的行李寄存，並告知行李員該客會議之事。行李員旋即陪同旅行家先生至旅館大門口，知會門衛召喚一計程車，以供旅行家先生乘坐前往開會。當一切就緒後，旅行家先生便從容的搭車赴會，而且及時到達，完成任務。當日旅行家先生回到旅館後，特別向該位櫃檯接待員深表謝意，並誇讚前檯待客服務的品質。整個事件便在賓主盡歡的狀況下圓滿落幕。

當然，該段情節亦可有另一種發展：當旅行家抵達櫃檯辦理遷入時，接待服務人員回答：「客人於中午十二時才遷出，現在沒有空房，請下午四時以後再來辦理遷入。」旅行家只好回頭找尋行李處暫寄行李。花了一番功夫才將行李放妥，再至旅館大門口請門衛代招計程車。待旅行家搭車趕赴會議時已然延遲多時。會議結束後，因不熟悉當地其他旅館情形，旅行家先生只好再回第一家旅館，坐在大廳等候至四時再辦理住房登記。至此，事情已發展至不愉快的結局。可想而知的是，當旅行家先生再來此地工作時，絕不會再踏上該旅館的大門了。

前述兩種情景在旅館界可謂常見，尤以後者情節居多。櫃檯接待員雖依旅館規定行事，然而顧客已對旅館的高收費和員工的不專業態度而引起爭論。旅館經營管理系統的設計規劃，必須要以提供所有客人最佳的服務品質和態度爲準則。尤有甚者，旅館待客的首次接觸，將造成顧客對該旅館整體服務留下深刻的印象，成爲日後再光臨惠顧的重要影響關鍵。

旅館春秋

麗莎瑞曲門是密蘇里州肯薩斯市魏斯汀皇冠旅館的前檯經理。她曾任前檯服務員、夜間稽查員、夜班主管、夜班經理及日班經理助理等職。瑞曲門認為顧客從旅館獲得的首次服務，對其住店的整體經驗有重大的影響。如果客人一開始就受到檯櫃服務員的溫馨接待，使之有賓至如歸的感覺，再加以順暢有序的完成登記遷入程序。其住店的經驗幾乎可確定將是愉快而值得回憶的。如此正面的款待經驗可導致客人的永續使用，甚而推薦介紹給親朋好友們一同來共享。

瑞曲門亦道，前檯員工培訓中應著重適當的顧客服務和解決衝突事件之道，以確保首次接待顧客的良好經驗。

另者，耐心聆聽顧客的反應亦是提升服務品質的要素之一。顧客心聲的獲取可以實施地區問卷調查的辦法，來明瞭客人對某地或特定旅館住店的整體評價和滿意程度。各旅館亦可在本館內向客人進行服務調查，隨時獲知反應，俾以即刻對某部門的服務工作加以改進。第三種方法則可使用電話問卷調查來瞭解顧客對使用旅館的滿意評價程度。

瑞曲門深信顧客服務的好壞是影響旅館經營興衰的巨大關鍵。因為每位住客皆會向其親友分享旅館服務經驗。口耳相傳之結果，無疑地會直接影響該旅館的營業。顯而易見，顧客踏入旅館大廳的最初幾分鐘所接受的服務招待，便是一決定性時刻。

住客資料的取得

顧客辦理遷入時所提供的相關資訊，對旅館各方面的作業經營有許多助益。該資訊的累積不僅可供旅館各部門用來策劃服務的範疇及工作細節，同時亦可幫助服務人員瞭解顧客的需要，確認其信用卡的使用歷史，以順利處理客帳作業。

顧客住店期間旅館會爲其收受與傳遞外來之電話留言、郵件和傳眞。因此在顧客辦理登記時務必須清楚且正確的取得其姓名或其他使用別名等，俾使總機員、行李服務員能無誤的轉達訊息。

旅館其他部門的工作人員亦須瞭解客人資料來推行其業務。譬如，安全室主管可依該資料查巡客房的使用異況，如若發現某房間住客人數與資料不符，俾能提高警覺，加強巡視，並回報櫃檯以要求該房住客支付額外的房價。

客人的特殊服務要求，如客房內增加嬰兒床、提供爲行動不便客人設計的用具設備、分開登錄同房客人的客帳（guest folios），以及要求晨間叫醒（wake-up call）等服務，應詳細記載在登記卡上，並通知相關部門予以配合準備。團體客人的登記資料應註明清楚所屬團體，俾以共同處理而加速作業程序。惟團體領隊仍須提供各個團員身分資訊，以方便旅館服務人員正確的找尋到客人，傳遞各類留言訊息。

若客人要求以信用卡支付客帳，前檯服務員須向信用卡所屬銀行確認該卡的有效性和信用額度，俾使後續遷出結帳與請領帳款的作業順利無誤的完成。

住宿登記作業

住宿登記程序包括許多步驟，正確的施行和登記有關資料可確使旅館各部門提供顧客一個愉快、有效率且安全的住宿經驗。以下部分將逐一討論住宿登記的各個步驟。在本章後段亦將分別介紹旅館電腦化管理系統（PMS）與傳統方式的住宿登記作業程序。

1.客人抵達櫃檯提出住店要求。

2.前檯服務員熱誠的歡迎客人。

3.前檯服務員要求客人填寫住宿登記卡。

4.客人完成填寫住宿登記卡。

5.前檯服務員檢閱登記卡資料的完整。

6.前檯服務員確認信用卡效用及額度。

7.前檯服務員選擇合適客房。

8.前檯服務員分派房間。

9.前檯服務員訂定房間價格。

10.前檯服務員向客人說明旅館提供的商品銷售及服務項品。

11.前檯服務員分配房間鑰匙。

12.前檯服務員建立客人資料及客帳等檔案。

對客親切款待

住宿登記作業實際開始於顧客站在旅館櫃檯前，要求住宿的剎那間。不論該客是獨立散客或團體客，前檯服務員應以熱誠親切的態度招待來客，以為遷入作業的開端。其方式包括與顧客對話時，眼睛應集中注視客人以表示尊重，向客人問候旅途的經驗及建議協助解決客人的困難等。如前所述，溫馨熱切的歡迎態度是建立客人對旅館的水準及其員工服務品質之印象的首要關鍵。因為時下的精明旅客不但期待住宿旅館能給予最好的商品，且能以最佳的服務方式來提供。

查詢是否預訂客房

櫃檯服務員表示歡迎之意後，便應詢問客人是否已有訂房。如是者，則其訂房記錄可由電腦檔案或一般檔案夾中讀取。若是無訂房散客，服務員則須查閱是否有空房可售，如有房間可提供，下一步驟之登錄住宿登記卡便可著手進行。

完成住宿登記卡作業

住宿登記卡（registration card）提供旅館客人的客帳支付方法，亦提供客人遷出時間和房間價格的訊息（**圖**8-2和**圖**8-3）。即使客人已預約訂房，完成住宿登記卡的登錄仍是十分重要的遷入步驟。因為登記卡可確認客人的姓名、地址、電話號碼、預期離店遷出日期、同行團體的人數、房間價格及客帳支付方式等資訊的正確與否。

圖 8-2 傳統式住宿登記卡可協助旅館獲取有關顧客的資訊

時代旅館

姓名＿＿＿＿＿＿＿＿＿＿＿＿＿＿＿＿

公司行號＿＿＿＿＿＿＿＿＿＿＿＿＿＿

地址＿＿＿＿＿＿＿＿＿＿＿＿＿＿＿＿

電話＿＿＿＿＿＿＿ 公司＿＿＿＿＿ 住家＿＿＿＿＿

汽車牌照＿＿＿＿＿＿ 省＿＿＿ 車型＿＿＿＿ 製造公司＿＿＿＿

信用卡號碼＿＿＿＿＿＿＿＿＿＿＿＿＿

遷入日期	遷出日期	房客	住客人數	房價	服務員

圖8-3 電腦化管理系統的住宿登記卡可事先列印給訂房的顧客（Courtesy of Sheraton Washington Hotel, Washington, D.C.）

希爾頓一華盛頓飯店

姓名		
公司行號	離店日期	
地址	抵店日期	
房號	代理人	房態
房價		
支付消費總帳的方式		
姓名		
住家		
公司地址		
國家	郵遞區號	
公司行號		
顧客簽名		

各旅館住宿登記卡的格式設計不盡相同，但內容應大致雷同。一般住宿登記卡的上方提供有關客人身分的資訊，以作爲旅館用來正確的傳達外來電話、留言與其他資訊給住客。此資料亦可用於未來收取帳款的依據。旅館停車場亦須仰賴客人資料，以確保用車的安全及控制。登記卡下方的訊息則提供旅館櫃檯人員作爲客戶資料（guest history）的歸類建檔、房間情況顯示表（room rack）及資訊表（information rack）用。住宿登記卡不但對上述部門提供重要訊息，亦有助於其他部門經營策略的制定，包括夜間稽核、房務部、行銷部、財務部以及安全警衛室等。由此可見，獲取完整正確的客人資料對旅館整體業務影響頗鉅。

前檯服務員應迅速查閱並確認客人住宿登記卡是否完備。客人的筆跡應易於辨認且眞實有效，如有不清楚之處須即時請該客更正或塡補。例如，客人可能未塡入其郵遞區號，但此項資訊卻對行銷部門的市場行銷有重大意義。同時，財務部門亦須仰賴該訊息以請領帳款。某些使用租車的客人也許對該車車牌或相關資料不清楚而未塡入，櫃檯服務員不但應解釋其對泊車安全有直接的關聯，且必須提供客人、旅館安全部門及停車場的服務人員等，瞭解該住客的停車保護事宜，如有需要，請將貴重物品寄存櫃檯安全保險箱，本旅館恕不負責客人物品遺失之責任。

檢閱住宿登記卡

當客人塡完住宿登記卡後，櫃檯服務員必須再次檢閱，如有空白之處應即時要求客人補塡。當然，未塡資訊部分可能是客人的一時疏忽，但亦不乏某些客人蓄意遺漏，以進行可能之欺騙行爲，而以各種理由搪塞。如將信用卡遺放在車內，無法提供正確信用卡號碼等。前檯服務員也許因一時櫃檯業務忙碌，無法在當時將資料收集完全，然所有資訊仍應於當日空閒時補齊。

前檯服務員須各司其職將客人的登記卡資料整理齊全，包括客人離店日期、房間號碼、住房客數、房間價格等，並簽名以示負責，最後再依歸類系統一一建檔存妥。

客人信用卡的查核

前檯服務員依照作業程序查核客人信用卡的有效性，以便住客在旅館內使用信用卡消費。查核步驟包括從客人處取得信用卡號碼，使用信用卡確認機向所屬銀行查對，查閱信用卡確認機傳回的資料及核對信用卡持有人的正確資料。

信用卡種類

顧客使用的信用卡各有不同種類，主要多由銀行（bank cards）發給（如威士卡，Visa），或大型企業公司（commercial cards）（如大來卡，Diners Club），私人百貨公司（private label cards），加油站等卡只限在其店購買物品，甚或許多大型旅館亦發給信用卡（intersell cards），以供客人在所屬連鎖旅館內消費使用。

旅館前檯服務員可經由各信用卡所屬公司，查核顧客信用卡的有效性及使用額度，俾以確保旅館得以在未來能請領顧客在館內的消費金額。此步驟對旅館的營運可謂相當重要。若無事先確認顧客所持信用卡的訊息，旅館則須自行發展、操作和維持一套顧客信用的系統，以便利顧客在館內消費。是以某些大型連鎖旅館企業發給客人連鎖旅館信用卡，和某些小型旅館爲客人設立消費帳戶的情形便是。

以旅館觀點來看，各類信用卡使用效用不盡相同。旅館的政策可能優先接受銀行信用卡，連鎖旅館信用卡次之，或許再而接受一般企業公司的信用卡。原因落在各信用卡所屬公司提供給旅館的折扣率不同，而各家公司之折扣率則取決於其公司總銷售量、各顧客的消費能力及其他因素。旅館方面則由總經理、財務經理與前檯客務經理共同與各家信用卡公司協商，以決定一個旅館可接受的折扣率。

舉例言之，一般企業公司的信用卡可能要求某旅館將客人使用信用卡消費總額的10%的佣金付給信用卡公司。然而銀行甲只要求4%的佣金，銀行乙的要求則降低至3%的佣金。相較之下，其對該旅館的營運收支影響便不盡相同。茲以下列解釋：

	企業公司	銀行甲	銀行乙
客人消費額	$200	$200	$200
信用卡折扣率	× .10	× .04	× .03
信用卡佣金	$20	$8	$6
客人消費額	$200	$200	$200
信用卡佣金	－ 20	－ 8	－ 6
旅館實際收入	$180	$192	$194

儘管銀行乙要求佣金最少，其發行的信用卡亦未必是最爲旅館喜愛接受的。實乃銀行乙可能需要七天的轉帳期，致使旅館在短期內無法領取款項，造成資金週轉的問題。銀行甲可能在旅館請領款項時便將該款付清。是而選擇接受的信用卡，旅館須透徹瞭解其資金運轉的情形及營運收支的預測與分析，以作爲重要的決定因素。

顧客亦依個人喜好選用信用卡，但多半是隨手取用。前檯服務員可直接向客人言明旅館所接受的信用卡種類，以爲旅館爭取更多的利益。

信用卡處理

許多旅館使用信用卡確認機（credit card validator）及電子刷卡機（credit card imprinter）來處理客人使用信用卡支付客帳。惟某些旅館的電腦管理系統（PMS）已然可直接處理信用卡付費的功能，便不須前兩項設備。前檯服務員經由信用卡確認機

國際旅館物語

JCB國際信用卡公司報告1993年日本國外旅遊人次超過1,100萬人數。平均每位日本旅客之花費是為4,160美元。換言之，每位日本旅客海外旅遊之消費金額總數高達26億美元。JCB擁有40%的日本信用卡市場。以JCB在全球二十四個城市所建立的信用卡組織，提供了勢力強大的資訊與服務網路：如現金提用；各JCB分公司的座落地圖與指引的印發；租車、旅館、飛機票、戲票等等之預訂服務。JCB亦在世界各地三十七個城市設立辦事處，且已在美國、英國、香港、義大利、韓國、泰國、台灣及荷蘭開始發行信用卡。[1]

向信用卡所屬公司確認該卡是否擁有足夠的信用額度，可供該卡持有人消費使用。經信用卡公司確認後，電子刷卡機便將客人的付費收據列印出來。在收據上並顯示信用卡持有人的姓名、卡號及信用卡的有效日期，俾以旅館及該顧客存留備查。

信用卡公司所提供的確認資料各有不同。有些公司只告知該卡是否有效，有些公司不但告知該卡有效，並確認持卡人消費的金額尙不超越使用額度；如若超越信用額度也會顯示在確認機上。例如，某客人的客帳總額爲300美金，經信用卡公司確認該卡已超越信用額度，導致173美元的短缺而無法由該卡支付。是以前檯服務員便可向顧客說明原由，要求改用其他信用卡支付。 除了使用額度的資訊外，信用卡公司亦可辨認該卡是爲遺失卡，並要求旅館將該卡代爲沒收，交由安全警衛部門處理。

身分確認

端視各旅館規定，前檯服務員也許要求顧客提出其他身分證明，以確認所持信用卡確爲該客擁有。證明資料包括身分證、駕駛執照等附有當事人照片爲憑。此爲安全起見。無照片之證件多不予接受。是以旅館安全部門應協同前檯經理人員、訓練櫃檯服務員及出納人員對信用卡之盜用事宜，應保持最高警覺性，以預防因欺騙事件而導致旅館營運的損失。

簽認轉帳

信用卡的使用是最爲常見支付客帳的方式。實際上，尚有許多他種方式可用來支付客人在旅館的消費。譬如簽認轉帳（bill-to-account）即是一種可讓客人或其屬公司在旅館建立的消費帳戶。當住客簽帳退房後，帳單則轉至財務部門，每月定期向該客或其公司結帳領款。顧客或公司均可向旅館提出信用帳戶之申請，旅館財務部則依申請表之內容予以審核。考量重點包括申請者的財務負債、流動資產、信用卡餘額及其他信用項目等情形。審核合格的申請者便由旅館財務部爲其建立信用帳戶，以敷來日在館內消費，並與申請者簽約訂定固定報帳與結帳日期。

當旅館提供客人簽帳付費之服務，亦同時擔負起向客人或其公司結帳與請領款項的業務。該項結帳、收帳作業緊密的影響著旅館營業的收支平衡及資金流暢。財務部門乃管理所有顧客的帳戶作業，包括繁瑣的帳務與電腦分析、綜合等細節的工作。旅館經理人員須審愼研究（相較於付予信用卡公司3%～10%的佣金）該項業務所涉及的人力與物力的消耗，是否仍有實施的利益。再加以許多信用卡公司能在極短時間內，將帳款轉入旅館所屬銀行帳戶，致使大部分旅館較傾向接受信用卡公司發行的信用卡，讓客人來支付費用，以削減旅館本身支付員工薪資及其他款項作業現金流動的問題。

分派客房

前檯服務員確認客人身分及支付客帳的方式之後，便要分派適當客房給客人使用。服務員在選擇房間時須注意凍結預留的房間符合顧客住房的要求，及維持分派客房系統的規定等。倘客人對所派房間不滿意而要求換房，櫃檯服務員亦須提供其他客房或備品服務，務使客人感覺稱心如意接受所分配之房間。

查閱凍結保留客房

爲顧客凍結客房的作業（blocking procedure）能確使顧客在遷入時順利住入所要求的房間，亦助益櫃檯服務員即刻可將保留房間分配給顧客，以減少檢閱確認訂房、保證訂房和在住房顯示表尋找適當可住之空房各步驟的時間與精力。

查閱爲客凍結保留客房的步驟，始於檢閱確認及保證訂房的數目，以及預期退房遷出的數目。例如，某旅館有200間客房，其中125間已於11月1日住滿，但有25間客房將於翌日退出。前檯人員因而可知11月2日會有100間空房可售出， 茲以下列計算式解之：

200	間房間
－125	已住房（11月1日）
＝ 75	可售房（11月1日）
＋ 25	預期退房（11月2日）
＝100	可售房（11月2日）

依此100間可售房，前檯經理或服務人員便可據訂房表選擇

分派適合的客房給顧客。

假若上例中，已有90間保留為11月2日之預訂客房，其中35間房的客人將於當日早上10點左右抵達，於是訂房員便於11月1日將此35間房自可售空房中凍結保留。餘下的55間空房便與其他空房一起歸入可售空房登入住房顯示表中，俾供櫃檯服務員作為未來分派房間使用。事實上，有些旅館可能沒有完全符合顧客要求的房間，訂房員於是應提供前檯服務員一張房間表，上列各種房間備有不同的設施，如雙人床套房、連通房或殘障人士設施的客房等，以利客房分配給預先訂房的客人。

住房控制表

現在多數旅館已採用電腦化管理系統（PMS），其功能取代了傳統的住房控制表的使用。在本書前段已論及住房控制表可謂前檯客房分派的中樞神經。儘管現今前檯服務員皆已熟悉，並依賴使用電腦化管理系統中的住房控制顯示表，致使傳統控制表乏人問津，但唯有深入瞭解傳統住房控制表運用的重點，才有助於選用及分派房間之作業。

傳統住房控制表乃包括旅館所有房間號碼的一覽表，且依各層樓及各樓房號的順序排列。櫃檯服務員並利用各種顏色透明紙，覆蓋在房間號碼上來代表不同房況。譬如，紅色代表雙人床客房，綠色代表套房，藍色可能代表面海景等。該種方式有助於新進櫃檯員更加瞭解各房設備特色，俾以分派給辦理遷入的預訂房間的客人或未訂房散客。

另外，各種顏色的硬紙板亦被用來標示不同的房間狀態。在房號插入紅色板表示該房是預付費保留房間，綠色板表示確認房，黃色板表示正在清理中，白色板則表示整修中客房，無法供應使用。

再者，顧客姓名標籤可置放在住房控制表的某一房間號碼上，用以註明該客已辦理登記並遷入該房。顧客標籤上之資料包括了房間號碼、客人全名、房間價格、客人聯絡地址及遷入與遷出日期。當客人遷出後，櫃檯服務員便將標籤由該房號除去，換以清理中或整修中的紙卡，以示不予售出的狀態。

迎合顧客的要求

一般旅館顧客對房間的要求不外乎如床型大小、房間位置、樓層、備品、為特殊住客設計的特殊房間之設備及房間價格等項目。一旦顧客提出訂房要求，該型客房即被保留直至約定抵達時間。無訂房散客對房間的要求則視櫃檯服務員的經驗及臨場反應，選擇適合客房來滿足顧客，俾使其欣然接受分派房間，進而提高客房的銷售。有關此課題另在本章後段會詳細討論。

特殊住房設備

分派房間給客人的基本原則，首重在選擇適當房間來符合顧客的要求。現今旅館房間的設施多備有單人床、雙人床及不同大小的床型，以供單身旅客、3至4人團體、商務旅客或家庭大小5人的成員，以及其他組合的團體住客使用。以便給予前檯服務員有更多的選擇空間，尋找最適合的客房供顧客賃居，進而提升營業利益。由此可見，旅館投資業主若能提供各種不同床型大小的客房，與設立各等房間價格給前檯服務員靈活運作，必可使賓主盡歡，滿足顧客住房享受。更可為旅館財務帶進不少盈收，何樂而不為呢？前櫃檯經理必須時常與訂房員及前檯服務員討論如何迎合客人的住房喜好，並審閱顧客填寫的意見卡，以共同決定選擇及分派客房的策略。

客房座落之位置

顧客時常要求住房的特定座落位置，如旅館的低層樓房間、鄰近停車場、遠離升降電梯、邊間房間或遠離會議廳等。至於房間面對的室外景觀也通常在要求項目之內。如面對海洋、湖岸或城市等景色。因爲特殊的景觀，房間的價格自然也較偏高。惟該項條件可增加客人住房的情趣享受，客人也非常樂意的接受。住房擁有的特殊景色可爲旅館得天獨厚的資產，亦多爲行銷部門推廣銷售的賣點。若未竟完全達成顧客對客房位置及其面對景觀的要求， 旅館櫃檯服務員須克盡其能去解釋，並說服客人接受其他替代房間。

客房擺設與佈置

顧客對客房的要求可能包括家具物品的擺設或不同佈置。一般生意住客希望利用其客房爲小型會議室以便與顧客洽商；長期住宿旅客則希望其房內有小型廚房設備以方便準備簡單餐點；三人以上的小型團體同住一房則可能要求有不同的睡床隔間以保護個人隱私；乃至陽台的有無及房內裝飾成不同文化的情調也常列入客人要求的範圍。爲招徠顧客，旅館須絞盡腦汁設計精緻實用的房間以博得顧客歡心，而多多光臨賃用。

客房設備

房間內各種設備與備品亦爲住客所注意的項目。如有限電視機與電話機已成爲標準的房間設施，然客人可能要求配有大型螢幕的電視、錄音機、衛星訊號接收器、個人電腦和網際網路的接用插孔、額外的電話接線插孔與多台電話機等的配備。（圖8-4）

圖 8-4
今日的客房有不同的設備如電腦、傳眞機等提供商旅住客使用（Photo courtesy of Westin Hotels and Resorts）

至於其他備品如浴袍、香皂、洗髮精，各種精選的糖果糕餅、本地與全國性報紙、雜誌等，皆成爲顧客選擇住房的重要決定因素。

特殊要求

隨著社會風氣的開放，身心不便的殘障人士也參加多種旅遊活動，是而對下榻旅館住房亦有各種不同的要求，俾使其旅遊居住順心愉快。旅館應備有特殊設計給視聽力殘障及使用輪椅等住客的設施，如方便指引此類顧客進入旅館的大門、前廳之設計，電動按鈕或辨識器，使其能自行使用旅館的各種設施。旅館投資業主及經理人員亦須有遠見，瞭解殘障人士成爲工作的人員及旅館住客的趨勢。除服從法令規章來提供殘障人士使用旅館的各項設施外，亦可自行調整某些設備以服務殘障的員工與住客。如上樓的斜坡可方便輪椅的行動，爲該類客人特別設計的浴室，或燈光示警的儀器以告知聽力不佳的住客有火警的發生。另者，可吸菸房與不可吸菸房亦應有分別以配合顧客的要求。

供應時效性

通常旅客在長途跋涉，風塵僕僕的抵達預定旅館時，便希望能即時遷入客房，將行李處置妥當，待清洗一番後，進而參與預定的其他活動。多數客人則將櫃檯的遷入登記視爲疲乏旅途的最後終點。此時的客人已然疲憊不堪，無多餘精力與櫃檯服務員作長時間的討論，因而大多願意付出較高房租以便即刻遷入客房休息。前檯服務員應於事先或在極短時間內找尋合適房間，分派給客人使用，而不應在此時花費太多精力試圖尋找高價客房銷售給客人，以免造成顧客的焦慮不安，影響對住宿旅館的不良印象及居住經驗。

若使顧客大排長龍等待辦理遷入登記，或無客房可供分派，將造成櫃檯服務員作業上的極度困難，是以房務員清潔工作的延誤，將嚴重的造成客人的長時間等待。職是之故，前檯服務員應隨時洽詢房務員是否有空房可分派。某些不耐的顧客可能強行要求櫃檯服務員分派任何的空房以便遷入，然此狀況更促使前檯的業務陷入混亂。此時旅館總經理與前檯經理應迅速商討妥當之因應措施，共同協助前檯員工來處理顧客的要求和安撫情緒。同時，對房務部的困難亦應予以即刻的幫助，並確保前檯客務部與房務部之間溝通的平和順暢。

房價的限制

若顧客有固定的旅館客房消費限制，對客房價格的高低便十分敏感，可能要求分派至房價較低的客房。相對的，該類客層對房間的位置、座落、樓層、房間擺設、備品以及是否能即刻遷入客房的要求則較不十分嚴格。當顧客要求租賃最低房價的房間時，前檯服務員亦須盡力去安排。端視旅館的銷售規定，前檯經理應視合理情況授權該員工儘量滿足客人的要求，以最低房價銷售出客房。事實上，若能將全數客房以此情況銷售一空，雖較預定營收少了10%～20%的獲利，但總是要比留滯許多未售空房的情形要好。前檯經理必須與員工多溝通此種銷售理念，並多加練習如何處理銷售低價的客房與時機。

客房狀況清單

前檯客務部應隨時保持一份最新旅館客房狀況清單，詳細註明各種房間的現況（housekeeping status），如使用中客房、續住客房、清理中客房、整修中客房及可使用空房等。此項作業要求前檯客務部、房務部、維修部及訂房組的員工不斷的溝通與更新，方能保持此份清單的正確性。

一份最新、正確的客房狀況清單可助益櫃檯服務員提供顧客滿意的住房經驗，進而提升旅館業務及收入。假設分配顧客到一間凌亂不堪的客房，將被指責為能力不足，服務不週。或者將新顧客分派至已住入顧客的房間亦會造成新舊客人的尷尬情形發生。同樣的，誤將空房視為已住客房（sleeper）而未予售出，也造成當日營利的損失而無法再以補救。

因此，房務部有責任與各部門保持聯絡，以迅速有序的方式提供最新的客房狀況資料。各樓層房務主管須巡視管轄客房，清點顧客已退出的房間，確定可住空房的整潔有秩，以及詳細記錄需要維修的房間及項目，以提供給各部門作為下一步的工作。旅館各部門經理須共同規劃出一套井然有序的系統，將此客房清單在固定的時段，經由樓層房務主管與房務員、房務總機員確認該清單內容，並登錄於電腦管理系統中，甚或親自將該清單傳送到前檯客務部，俾以保持房間狀況清單的正確性與時效性。可想而知，延誤傳遞該份資料將導致顧客遷入作業的遲緩，直接影響旅館的營運與聲譽。

訂房人員必須提高警覺並配合商旅住客在遷入時的臨時要求，提供有小型會議室功能的房間，以便與其他住客會商。訂房時訂房員即應詢問顧客對該項要求的可能性並特別註明，俾使有關部門員工瞭解並提早做出安排。諸如此類配合，將提高對顧客的服務品質。相反的，倘客人抵店時才發現無法使用該類設施，將對旅館品質的大失所望，並歸罪於前檯服務員的辦事不力，專業服務的缺乏。是以建立一套標準的作業系統，以保持客房狀況資料的最新及正確性，對旅館總體營運的重要是不可言喻的。

客房價格

旅館的行銷計畫中必須涵蓋一個能因應市場需求變動的客房價格訂定方案。諸如餐飲行銷或旅館營運管理類之課程，可促使業者進一步瞭解房價訂定的因果關係。此處將討論有效規劃與訂定房價的重要性，以及對提升營業收入的影響。

制定客房價格

客房租金的收入是支付旅館在其他消費方面的主要來源，如行政人事支出、水電費用和其他設施消耗雜費等。表面上觀之，一般大眾認為可單純的比較有效率的普通餐廳與旅館餐廳的業績收入。事實上，旅館總經理可計畫將某些程度的客房收入輔佐其餐廳食物及飲料的操作，然而普通的餐廳則無此優勢可依賴。

旅館產業投資者在作可行性研究調查時，即應以產業整體產品銷售及其他項目，如現行收入稅法的預測爲獲利的重要考慮因素。是以可僱用顧問公司來調查市場對客房銷售及房價高低的需求，並以其結果作爲房間銷售預測的根據，更須不時的因應新進旅館之增加而導致的市場需求變化作適當的調整。

在圖8-5內列示三間不同價格客房的銷售預測，可大致提供投資業主有關客房收入、管理及操作與客房銷售的資訊。該例中之春日旅館投資業者，希望能決定各部門銷售預測目標，作爲裁決總體營運銷售的目標。相關的參考資料應包括食物飲料、家具、人事、行政、貸款、水電雜項及廣告行銷等支出費用。前述項目

圖8-5　客房銷售預測目標是以客房價格及市場反應爲根據

春日旅館客房銷售計畫

	1月	2月	3月	4月	5月	6月	7月	8月	9月	10月	11月	12月
總房數	200	200	200	200	200	200	200	200	200	200	200	200
住房率	.40	.40	.60	.70	.70	.80	.50	100	.70	.70	.50	.40
當日售出房數	80	80	120	140	140	160	180	200	140	140	100	80
當月日數	31	28	31	30	31	30	31	31	30	31	30	31
當月總售房數預估	2,480	2,240	3,720	4,200	4,340	4,800	5,580	6,200	4,200	4,340	3,100	2,480

全年售出房數＝47,680

47,680	47,680	47,680
× $60（房價）	× $75（房價）	× $80（房價）
$2,860,800	$3,576,000	$3,814,400
	-10%（因高房價的銷售損失）	-15%（因高房價的銷售損失）

皆爲直接影響旅館財務收支平衡的重要因素。如今得利於電腦化作業的普及使用，時下之旅館部門可輕而易舉的分析預計收入，是否能平衡支出項目而提供利益。如若不能，投資業主則須調整房租訂定一個最佳且合理的價位，來達成預定銷售目標。值得注意的是，雖然適當的價格已尋獲，但因旅館座落位置的影響，顧客可能不願意付出如此高價的房租。

顯而易見的，客房價位的訂定牽涉了許多因素，包括不斷尋找合理預測銷售目標及相關項目支出，更加上市場競爭、推廣行銷的業績、市場價位需求的變化、稅務投資等實際考慮條件。在某一季訂定之旅館客房價位，極有可能因多種不同理由而調整。當其他競爭同業提高或降低房價時，旅館業主便必須會同高層經理一起商討因應措施，不致過度影響收支的平衡。又如在某地旅館之餐廳因觀光旅遊業低迷，而導致收入不佳，可能連帶影響整個旅館的營運。是以單單仰賴某季客房收入來預測旅館財務的成功與否，是不實際且危險的行爲。原因乃在因競爭而調整客房的價位，將直接影響旅館整體營利，其他部門的收支不均亦將導致旅館財務的逐漸虧損。

本書在此將提供幾種制定房價的方法摘要給旅館投資者參考。旅館前檯客務經理必須定時與總經理和財務主管評鑑房價的效率性，與制定客房價格的基本原則（rule-of-thumb method for determining room rates）。以美國法令爲例，明定旅館房價比率應是每1美元比1,000美元建設投資金額（此比率乃用於1960年代；今日之比率應爲每2美元比1,000美元之建設金額）。假設某一新旅館花費35,000美元建設一間客房，其房租便應以每夜35美元爲起始。

另一方法爲哈巴特公式（Hubbart formula）的使用。其將營運支出、投資報酬、旅館各部門收入與客房收入，共同列入計算公式來訂定客房價格。此法促使旅館可依賴前檯客務部銷售收入來輔助旅館營運支出、水電雜項等的花費。茲以下列解之：

假設某旅館的經營支出爲2,017,236美元，投資報酬爲993,564美元，其他收入如餐飲、設備出租、電話費等爲150,000美元，而其客房銷售預測爲47,680房間，則該客房價格應爲60美元。

$$\frac{（經營支出＋投資報酬）－其他收入}{預測客房銷售夜數}＝客房價位$$

$$\frac{（\$2,017,236＋\$993,564）－\$150,000}{47,680}＝\$60$$

無論根據哪一種方法，前檯客務經理須謹記當時的評鑑房價與市場供需的關係，以作適切的調整，並應積極的調查競爭同業的房價，俾以抉擇客房價格的有效競爭力。圖8-6例示整週客房價格的調查結果。前述有關客房價格制定的討論顯示了房價取決的複雜性，其牽涉範疇廣含市場因素、建築支出、經營支出、投資報酬營運績效及各種市場計畫等，多方面組成的複雜理念。身爲前檯客務經理有責任持續不斷的審核房價要素對總體營利收支平衡的影響。其他部門亦須體認本身部門的業績對旅館整體財務成功的重要性。

客房價格種類

旅館發展了各種房價類別，俾以吸引不同客層。各類房價的訂定乃根據各種因素，如市場的銷售潛力，是以前檯客務經理與行銷部主管須共同擔負，繼續提供房價助益業績收入的效用，以及評鑑各類房價的持續調整等資訊。一般用的房價類別包括標準

圖 8-6　客房價格調查結果

客房價格　第____週								
	標準價		企業公司價		團體價			
	1	2	1	2	1	2	3	4
SMITH LODGE	$60	$70	$55	$55	$50	$55	$60	$65
WINSTON ARMS	62	70	58	65	55	65	65	65
HARBOR HOUSE	61	70	50	60	50	60	60	60
THOMAS INN	65	75	55	65	55	60	65	65
ALLISON INN	80	90	73	80	70	75	75	75
GREY TOWERS	70	80	62	72	60	60	60	60
JACKSON HOTEL	63	70	60	65	50	52	54	56
TIMES HOTEL	65	73	58	65	55	60	60	60

價、公司企業價、商業價、軍務／教育價、團體價、家庭價、套裝價、半天價及免費贈送價。以下一一敘述。

標準價（rack rate），是客房的最高價格售予不屬於以下任何一個類別的客人，譬如無訂房散客。雖然標準價列爲最高房價，但不代表可爲旅館帶進最豐富的收益（請參考第7章）。因旅館通常對團體客會減價5元住房費以爭取爲長期客戶。

企業公司價（corporate rates），顧名思義是提供給一般公司行號的房價。俾利其員工做定期、經常性生意旅行或一般旅行（與旅館簽訂合約）住宿時使用。

商業價（commercial rates），是給予企業公司的代表之房價。此類客人雖無固定的工作行程。但皆屬高階層重要人物，對旅館業有直接、間接的利益，是以給予特惠以促使對該旅館產生良好印象。以美國的商人俱樂部（Peddler's Club）為例，其設立宗旨是鼓勵不定期工作旅行的商務客，在外出當地洽商時必定下榻其俱樂部指定之旅館。是而發給每位會員一張會卡，在抵店辦理登記遷入時便亮出該卡，使之記錄存在會員資料庫內。待該卡顯示累積住宿次數到達某一標準數，便可得到一次免費住宿的回饋優待。諸如此類的獎勵辦法已為許多大型企業旅館所採用，致力於顧客對旅館產生忠心，而成為常客。

軍務／教育價（military and educational rates）是為軍中人士及教育者所設計的折扣價。此類客源因為受到旅費的限制成為較精打細算的住客。此類團體多因經常參加各種大型會議而出差旅行，乃成為旅館銷售客房的重要對象，可為旅館帶來相當大的財源。

團體價（group rates）是提供給大型團體客的房價。其價格通常由旅館行銷部的代表與旅行社或職業組織代理人共同協商的結果，如40人一團的旅行團或400名代表的組織會議皆可使用此類房價。尤其軍事教育團體，可為旅館獲取不小的財務利益。

家庭價（family rates）的設立是為鼓勵家庭成員大小共同出遊賃租旅館為目的，是以多應用在旅遊旺季或促銷時期。優惠內容包括某年齡以下兒童與大人同住一房均不予收費。許多連鎖旅館已非常成功的利用電視與其他媒體，將此類特價不遺餘力的大肆宣傳。

套裝價（package rates）乃是旅館在旅遊淡季推出的一種全套旅遊促銷計畫，將餐飲、服務及住宿等項目全部包括在內。如結婚週末套裝計畫則可能包括在旅館餐廳享用午餐、戲票、宵夜或體育競賽的門票。套裝計畫除套房外尚可提供香檳酒贈品、點心食品、花束或免費早餐等客房。基於此類計畫受歡迎的程度，已逐漸成為旅館生意清淡時段的一貫促銷方案。

以下介紹各種類似常用的套裝特價案。美國式套裝計畫（American Plan）在費用中包括住宿及早晚餐的消費。改良美國式套裝計畫（Modified American Plan）的費用則只涵蓋住宿與一餐的使用，惟此計畫多爲休閒旅館中心採用，是而顧客可免費使用其旅館的各項休閒設施。而同樣項目但分別收費的情況則是爲歐洲式套裝計畫。

另一種常用的房價則爲半天價（half-day rate），提供給旅客在觀光、逛街購物或轉機的行程中休息三、四小時所設計，是以不爲過夜房。亦可供生意人作爲短時間洽商，或律師們保護證人隱私的藏身處爲目的。是夜該房仍可出售給已訂房但較晚抵店的客人。此情況要求前檯服務員與房務員發揮最高團隊精神、通力合作，保持良好的溝通聯繫，方能使稍後抵達的訂房客得以順利遷入，享受住房的服務。值得注意的是，半天客房不應售予兩個前後連續以會商爲目的商務客，因可能對該房客設備的維護會造成某種程度的破壞。

最後介紹的房價種類是免費贈送價（complimentary rate or comp）。顯而易見的，此類客房乃是不收費的服務，提供給旅館高階層經理人員作爲部分福利項目，或給旅行團領隊、巴士司機、旅行社代表及本地知名社會人士等對旅館生意業務有重要影響的關鍵人士，以建立良好的公共關係。

以上所介紹房價種類乃依各旅館政策而不盡相同，然其主旨仍不失爲提供折扣價以招徠顧客長期惠顧，俾以提升住宿率。

提升房價

前檯服務員與訂房員可利用各種機會，將客房的特質反映在不同的價格上，但此時顧客並無選擇房價高低的機會。某些客人雖欲獲得最高的住宿享受與服務，卻只能支付最低的房價。某些客人看起來可以承擔賃住總統套房，實際上卻只有住宿最低房價的預算。問題是當顧客以電話訂房時，訂房員無法以客人外表衣著作主觀的猜測，來選擇給予最高或最低房價。是以旅館經理人員須預先制定一套銷售策略，並訓練前檯員工靈活運用，適時提升房價，以為旅館帶來最高營利收益。

制定最高房價政策時應考慮客房內家具、特殊設備、擺飾及可能售出的房價範圍等資訊。同時並將客房特色以修飾的詞藻描述，俾使顧客能由文字感受客房的高品質服務享受。惟該項政策成功的關鍵，乃在於前檯服務員能否能有效施行最高房價。基於人各有異，前檯服務人員並非皆是銷售能手，旅館經理人員應設計各種培訓方法及獎勵辦法，俾而建立服務人員對客房銷售的積極態度。

前檯服務員及訂房員亦須對銷售房間的類別及設備瞭如指掌，方能服務無訂房散客、已訂房客及預訂房顧客的登記業務。培訓內容包括熟悉客房的家具、特殊設備、隔間、窗外景觀與房價範圍等。隨著工作時間及經驗的增長，服務人員必可將該類資訊牢記於心。惟新進人員的訓練，則應額外要求實際參觀各類客房及公共設施等旅館範疇。為加強記憶，旅館可為新進服務員製作各類客房與特色的總體資料，以便隨時查閱。亦可將房價高低範圍印製為小冊提供給顧客，以瞭解旅館的規定。然而，經理在決定採用不同房價時機，須有明確的政策規章以為根據，並與員工溝通清楚俾不致造成差錯。前檯經理可使用不同案例向員工解釋運用不同房價的方法細節。訓練期間可偶爾安排在住宿淡季、客滿與超額訂房的情況下，俾使前檯服務員擁有實際的操作經驗。

除了具有深刻瞭解各客房的特色之外，前檯服務員亦須以最佳方式來形容各客房，吸引顧客住房的欲望。譬如，此間房乃以皇宮式圓型柱樑裝飾，擁抱兩張帝王式的床舖，上覆設計精緻、感覺溫馨的棉被，配以多張舒適的大型沙發椅，加上冰箱內琳琅滿目的各種食物、飲料，以及眺望查理河景色卻仍保有個人活動的隱私，將可誘使客人急欲遷入該房作一番豪華的享受。

當然，並非人人與生俱來就是銷售的能手。事實上，多數人對推銷產品皆較爲羞澀。前檯服務員須經常練習銷售手法，致使成爲自然行爲。前檯經理將如何協助提升銷售的技巧呢？基本而論，服務員對銷售持較保守態度，乃因其認爲在迫使顧客購買產品。若能改變其觀念，使之認知推銷的產品與服務，能實際助益顧客得到最佳享受，增進旅遊的最好經驗，將可使前檯服務員感受輕鬆自在而產生信心。每間客房應強調其特色爲賣點，方可使顧客心滿意足。舉例言之，當某商務客在辦理登記遷入時，前檯服務員可解釋該房價格雖偏高，然其格局設備可供小型會議洽商使用，將使該客感覺方便有利，並無須另租場地而感謝服務員的設想週到。

前檯服務應有高度敏感的觀察力，能洞悉顧客的喜好與需求。如顧客在電話訂房時提及其是爲父母結婚週年紀念的禮物，訂房人員便可趁機推薦面向查理河畔的客房，以增添情趣。服務人員可由面對面情況及電話訂房的對話中，獲得許多暗示的機會，惟非接受良好訓練與具豐富經驗的服務人員是不容易察覺的。是以一套設計完整的訓練應提供給新進前檯服務員，俾使其感受自然銷售某些客房給客人，而使賓主盡歡，於是全新的銷售態度便可成功的形成在服務員的行爲上。

前檯經理可設立員工獎勵辦法，來刺激其團隊人員積極使用最高房價政策。獎勵品應儘量配合員工的需要，倘金錢最受歡迎，則可策劃一項獎勵金辦法，以每日平均銷售率爲標準來評鑑員工銷售業績，作爲分發獎金的根據。惟須注意的是獎金的發給

前檯經緯

法奎茲小姐剛遷入她的房間後就打電話給櫃檯要求換房，因為這間房蘊有濃重的香菸味。但是旅館所有350間客房皆以售出，幾間尚未住人的空房則必須留給將抵店的訂房客使用，而法奎茲小姐是未訂房的散客。你將如何處理該類狀況呢？

須以維持旅館收支平衡爲原則。其他受歡迎的獎勵尙有員工工作時段的選擇，假期的增加或職位的升遷，俾使前檯員工瞭解，使用最高房價的努力將獲得價值的回饋，可更激勵其銷售潛能。

擁有熟稔的客房知識、圓潤的口才和正確的銷售態度，將促使前檯服務員首先以最高房價來銷售客房（top down），而非一般銷售方法由最低房價往上提升（bottom up）。無論如何，任何一位前檯服務員只要負有豐富的客房資訊，以順暢的言詞將各房間的特色一一描述，和認爲銷售的客房將爲顧客帶來最佳的賃居享受和服務品質的自信，使該服務員很自然的成爲使用最高房價政策的行銷能手，亦將爲旅館獲取許多忠心的常客。

銷售機會

旅館櫃檯服務員乃所有員工中最具優勢可以在處理登記遷入過程中，向顧客推銷館內各種產品。前檯經理應體認此一優勢，發展有利的行銷策略，積極培養並提升服務人員的銷售共識、銷售態度與技能。本節將討論如何在登記遷入的過程中，爭取更多預約房客的機會。

未來客房預約

客務經理可策劃一套登記遷入手續，可使前檯服務員利用機會鼓勵顧客，為未來旅程的下榻處事先預約客房。此一步驟將方便商務旅客為下回的遠行洽公停留城市先預留房間，是而可住入連鎖旅館享受同等品質的服務。對一般旅客尚未做好下一站旅遊地的住宿安排，可因滿意現住旅館的房價，便利用此一機會預訂另一地連鎖旅館的房間，以省去許多計畫的麻煩。為連鎖旅館促銷是一種利多的市場行銷觀念。即使是獨立經營的旅館亦可共同參與，利用機會推薦服務聲譽好的旅館同業。所獲得的回報亦將是顧客的認同，成為每回旅遊中必定下榻之處。如此的好處，除非在登記作業時把握，否則將隨機會錯過而消失。

策劃未來訂房行銷計畫

由上述討論可見，提升客房銷售的機會須仰賴一套設計周全的策略，俾以增進旅館營收。良好銷售策略的建立應包括重要因素，如把握顧客登記遷入良機，向其推銷日後的客房預約。

櫃檯服務員之銷售技術、獎勵措施，與配合旅館整體收支的平衡。櫃檯服務員應利用顧客辦理遷入與遷出的過程，向其詢問是否需要為餘下的行程住宿事先預訂客房。另者，旅館亦可利用傳單散發在客房內或電梯布告欄，藉以提醒顧客，並可配合各種促銷活動，來顯示預訂客房的價值及好處。譬如重複住店顧客可獲免費住宿的回饋，便是確保顧客預訂客房的辦法之一。尤有甚者，前檯服務員若持正確銷售態度，確信鼓勵顧客預訂客房，是提供服務減輕顧客旅行的煩惱憂慮，將更能提升服務員的自信，自然的便願意多多採行銷售的作業。

銷售客房的策略成功除了可激勵員工實施行銷計畫，改變對銷售的態度，增進銷售信心與技術，更直接的將所有的額外銷售結果，反應在旅館的營業收入總帳。財務部門則將此項額外營收與獎勵辦法的支出作整體的比較，如員工紅利或額外休假，以作爲適當調整銷售客房政策的依據。

分配客房鑰匙

客房分派之後的步驟便是將客房鑰匙分配給顧客。此步驟表面上看來簡單，實際卻牽涉安全問題及客房鑰匙的管理。以下將介紹電腦化及傳統化房間鑰匙分配情形。

此項作業關鍵乃在前檯服務員將客房鑰匙遞給顧客前，須再次確認該鑰匙與旅館登記卡上客房的號碼相符與否。如由顚倒方向看969號房鑰可能誤看爲696，243房鑰匙亦可能誤配給234客房。錯誤最易發生在前檯服務員忙碌不堪、焦頭爛額的情況下。爲確保顧客安全，遞交鑰匙絕不提及客房的號碼，而以「這是您房間的鑰匙」爲最恰當說法。現下旅館多已改用電子鑰匙（electronic key）開啓房門，無論是塑料製、金屬製或紙製，前檯服務員皆須不厭其煩解說使用的方法，俾使顧客明瞭開啓方法及門鎖指示燈的用途。

客房鑰匙的安全性

保持客房鑰匙安全性的首要因素，即是隱密安全的儲藏地點。雖然傳統匣格式的郵件與鑰匙架仍被延用，大部分旅館已改用電子客房門鎖系統。前檯服務員可製作一份新的鑰匙給每次新遷入的顧客，且每次房鎖的密碼組合亦不相同。爲維護所有旅館住客的安全，當有客房鑰匙遺失而要求前檯服務員補配時，顧客必須提出身分證來立證爲該房住客，方能進行作業。顧客通常瞭解旅館的嚴格規定與立場，不但會積極配合提出證明，並衷心感激前檯服務員審慎的執行態度。

客房鑰匙的維護

傳統式鑰匙維護系統乃絕對要求前檯服務員與房務員的共同努力。一旦顧客遷出及清潔房間作業完畢，應將鑰匙即刻交回前檯，再一一認對，俾以正確歸位鑰匙匣格內。想當然耳，此一系統費時費事，因上百支鑰匙須時時核對清楚與保存。某些旅館甚而在鑰匙上附加鏈牌（key fob），註明旅館名稱與住址，俾使尋獲鑰匙者可將之寄回給旅館（圖8-7）。亦有旅館對附加鏈牌一事不以爲然，其考慮理由乃爲拾鑰者亦可能有不法意圖，爲確保安全，寧可重新打造新鑰匙，而不願冒險釋出旅館的消息。常見客房門鎖及鑰匙因頻繁使用導致磨損，便應予以更換，此乃旅館維修部門的責任。更換門鎖鑰匙之事，應由前檯部或某維修部指定員工向財務部填單申請，以避免不法企圖或錯誤的發生。又安全部須監督更換的過程，確保依規定行事。

圖 8-7　傳統式客房門鎖通常配有該房鑰匙及鏈牌

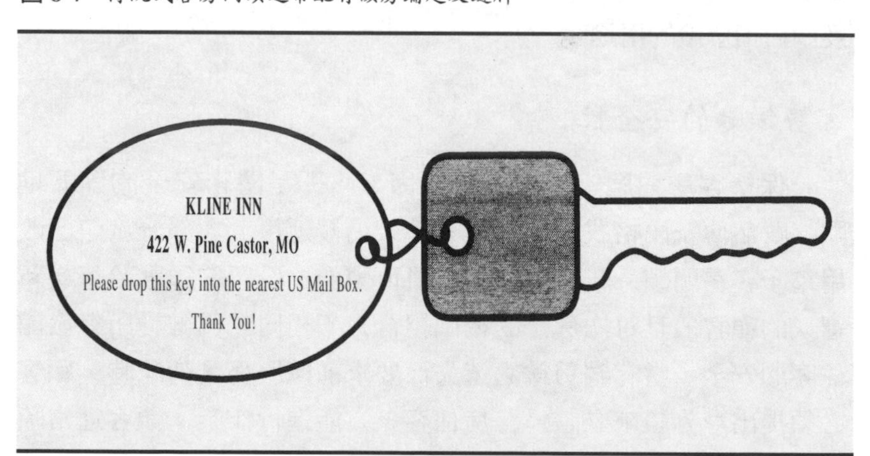

圖8-8　新式電子鑰匙以考慮房客安全爲主旨而設計

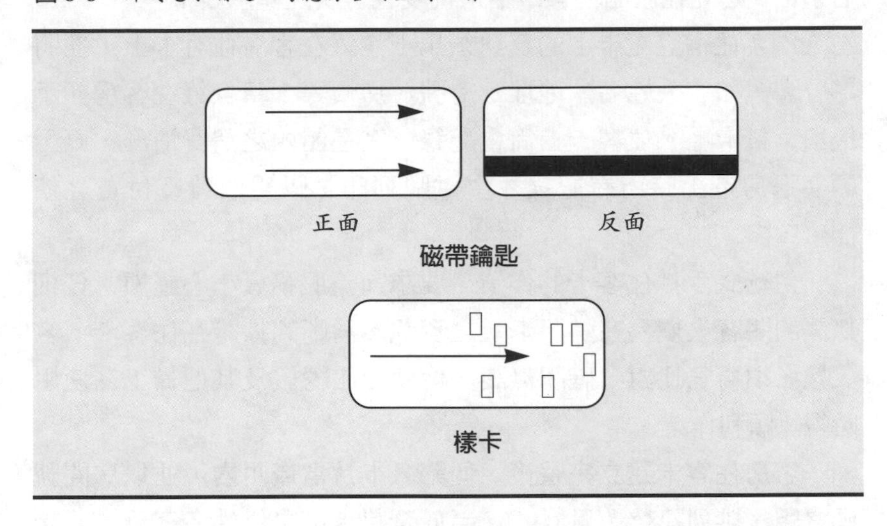

新式電子門鎖系統則較傳統式簡單且方便。顧客在退房遷出之後，該客住房資料便由電腦管理系統中消除，且其使用的電子卡鑰匙即刻轉爲無效（圖8-8）。當下一位客人分派至同一房客時，一組新的磁碼便會輸入同一鑰匙樣卡以供該客使用。此項特質乃促使許多旅館紛紛跟進採用。

前檯服務員在遞交客房鑰匙給客人之後，應隨即詢問顧客是否需要協助搬運隨行行李。如有需要，則應召喚行李員提供服務護送客人；如若不然，則須提供明確方向來引導顧客順利抵達客房。

建立住客檔案

遷入作業的最後步驟便是於顧客領取客房鑰匙離開櫃檯以後，將顧客登記卡上的資料傳送給客務部的其他單位，如顧客姓名須正式建立在旅館住客電話系統及客房狀況顯示表中。

顧客住宿登記卡上的資訊須馬上登錄在客房住客卡上，並將部分資訊如客人姓名、地址、房號、房價等，轉登錄在客房顯示板與資料卡上。住客卡上尙會記錄該客在館內之消費情形，直至顧客退房遷出時所有記錄才由電腦列印，以爲收費及付費之依據。

傳統式手抄住客卡的作業，要求前檯服務員小心謹愼、仔細無誤的將客人塡寫在登記卡上之資訊，清晰的抄錄在住客卡。客人姓名須再三比對，確認無誤，俾使旅館總機及其他員工在使用時得以順利作業。

客房住客卡建立完整後，便歸入卡片盒或匣內，並以房間號碼之順序排列建檔（圖8-9）。至於資料卡則是以姓名字母／筆劃順序爲建檔系統（圖8-10）。以上兩項系統之設計皆可方便前檯管理人員，得以隨時登錄住客在館內的消費及轉駁電話使用。

圖 8-9　客房住客卡是以房間號碼順序建立之檔案系統

客房住客

101	101 Brace, Thon V. 724 Klymer Ave. Washington, DC 00000 76.00 1 03 06 SR	**201**	201 Lovington, K.N. 105 E. Third St. Blue Falls, ID 00000 80.00 2 03 05 DE
102	102 Ashton, R.L. Box 89A Denton, MN 00000 76.00 1 03 06 VN	**202**	202 Laney, Kris M. 8714 Green La. Flag, NJ 00000 75.00 1 03 04 SR
103	103 Graybill, Lester 42 Harold Ct. Thompson, PA 00000 75.00 2 03 04 SR	**203**	203 Laneo, Cris A. 67 High St. Ester, AZ 00000 85.00 2 03 07 SR
104		**204**	

圖 8-10　資料卡是以顧客姓名字母／筆劃之順序來建立檔案系統

A	F	L
102 ASHTON, R. L.		203 LANEO, CHRIS A.
		202 LANEY, KRIS M.
		201 LOVINGTON, K. N.
B	G	M
101 BRACE, JOHN V.	103 GRAYBILL, LESTER.	

電腦化管理系統的登記遷入作業

本書第5章已介紹過電腦化管理系統（PMS）的諸多功能，顧客登記遷入作業即是其中一項。電腦化登記遷入的基本程序包括：

- 讀取訂房記錄
- 查閱可售客房情形表
- 查閱客房狀況表
- 確認客房價格
- 分配客房鑰匙

讀取訂房記錄

顧客未抵館前，電腦化登記遷入程序早已開始爲該客服務。原因乃於顧客在辦理預約訂房時，旅館電腦已將該客有關資訊儲存在電腦管理檔案中（**圖8-11**例示一曾在**圖6-5**出現的顧客資訊電腦畫面），如是可快速讀取資料以供登記遷入使用。電腦化管理系統的最大優點，便是可爲客人預先處理登記作業（**圖8-12**），如將

圖 8-11　完整的電腦化登記資料畫頁提供住館客人有關資訊

預約訂房—輸入顧客資料

姓名：BLACKWRIGHT, SAMUEL
公司：HANNINGTON ACCOUNTING
付款地址：467 WEST AVENUE ARLINGTON, LA　郵遞區號：00000
電話號碼：000-000-0000

抵店日期：0309	抵店時間: 6 p.m.	離店日期：0311
航空公司：AA	班機：144	到達時間：3:45 p.m.
房號：	顧客人數：1	房價：80

備註：
確認號碼：122JB03090311MC80K98765R

信用卡類別：MC	卡號:	
旅行社：	代表：	工作代號:
地址：		郵遞區號：

訂房資訊記錄轉換至登記頁上。電腦系統可以自可售空房記錄頁中根據該房客訂房要求，在客人抵達館之日選擇適合客房。顧客抵館時，其旅館登記單已於前晚列印妥當，並依顧客姓名字母／筆劃依序排列在櫃檯備用。儘管某些旅館仍要求自行塡寫登記卡而不預先備妥。然不可否認的，事先處理登記作業可加快遷入程序，尤其在旺季時，前檯業務總是忙碌不堪。如此一來，不但可縮短時間促使客人快速遷入房間，亦大爲減少前檯作業的誤失。

當顧客抵達櫃檯，服務人員即親切有禮向顧客詢問旅程的情況，以及其姓名和是否有預先訂房等事宜，並可快速的自登記卡檔案中取出該客的登記卡。倘無該客登記卡，服務人員亦可於電腦輸入該客姓名或訂房認號碼，該客之訂房資訊隨即會顯示在螢幕上，以利服務員繼續下一個遷入步驟。

圖 8-12　電腦化登記作業可於顧客抵館前備妥住館登記單，加速遷入的速度

遷入日期	時間	日期	確認號碼	房號	房價
03-09	6 p.m.	03-11	122JB03090311MC80K98765R	722	80.00

顧客資料	顧客人數	信用卡號
Blackwright, Samuel Hannington Accounting 467 West Ave. Arlington, LA 00000 000-000-0000	1	MC 0000000000000000000000

顧客簽名

電腦化登記作業亦可處理旅行團體的遷入程序，預先列印出整個團體的客人登記單。圖8-13顯示團體登記的處理情形。電腦化作業可預先依訂房資訊，分派客房給各個團員，並將之整理爲一套資料備用，如圖8-14所示。俾簡化旅行團領隊在抵館後，辦理團員住宿登記的過程及時間。

查閱可售客房情形表

電腦化管理系統（PMS）的方便迅速及完整，爲旅館前檯客務作業減輕不少負擔和避免錯誤的發生。但意料外之事件仍會產生。如訂房記錄中無法尋獲某位顧客或某團體資料，而顧客亦忘記訂房之確認號碼。前檯服務員乃需盡力由電腦資料庫中，尋找可售客房的情形來提供客房。可售客房情況表（圖8-15）顯示各種房間的房態，包括確認訂房、保證訂房、整修房及可售房等，

圖 8-13　旅行團的住宿登記表可顯示所屬團員有關資訊

團體預訂表

團體名稱：JOHNSON HIGH SCHOOL DEBATE TEAM

遷入日期：0109　　遷出日期：0112　　房間數目：8
團體人數：15　　房價：57/S　64/D

收款人／處：比爾西敏敦先生，麥迪森街401號，奧利弗城，德拉瓦州。

21日。各項零星消費於遷出時結清。

房號	姓名	房價	備註
201	VERKIN, S.	32	
201	LAKEROUTE, B.	32	
202	SIMINGTON, R.	57	顧問
203	CASTLE, N.	32	
203	ZEIGLER, R.	32	
204	DRAKE, J.	32	
204	DRAKE, A.	32	
205	LENKSON, C.	32	
205	SMITH, B.	32	
206	HARMON, T.	32	
206	LASTER, H.	32	
207	AROWW, C.	32	
207	THOMPSON, N.	32	
208	JONES, K.	32	
208	SAMSET, O.	32	

圖 8-14 團體預先登記資料套的設計可助團體快速完成遷入程序

時代旅館

團體登記

歡迎光臨本館，貴團住宿登記已預先作業完成，您的住房是在 _____ 號房。貴團領隊已安排好支付您的住宿費。任何有關住館時消費問題，請按電話「3」詢問，將有服務員等待回答您的問題。
感謝您使用本館！

前檯客房經理

圖 8-15 電腦化管理系統的客房情形表提供了可售房的情形

客房房況表　12　25

房號	房型	説明	房價	房況
109	豪華房	面海灣	68	保證
201	豪華房	廚房	75	整修
202	豪華房		65	確認
203	豪華房		65	確認
204	豪華房		65	確認
205	豪華房		65	空房
206	會議房	工作室	80	空房
207	豪華房	/208	65	空房
208	豪華房	/207	65	空房
209	豪華房	面海灣	68	保證
210	豪華房	廚房	75	保證
301	二張特級大床	工作室	100	整修
302	二張特級大床	工作室	100	保證
303	雙人房		55	空房
304	豪華房	廚房	75	空房
305	豪華房		65	空房
306	會議房	工作室	80	保證
307	豪華房	/308	65	保證
308	豪華房	/307	65	空房
309	豪華房	面海灣	68	空房
310	豪華房	廚房	75	保證
401	豪華房	廚房	75	保證

以及各房的設備特徵的訊息，如房內有特級大床、供會議用之空間、雙人床、面向海岸景色、簡易型廚房、連結房和套房等不同設施。各房房價亦會同時顯示，俾供前檯服務員參考。

查閱客房狀況表

尋獲合適房間後，服務員須瞭解房間是否已備妥可被分派使用，是而查閱電腦系統的客房狀況表可立即明瞭。該表（**圖**8-16）內容大致類似客房情形表，惟不列示房價，可清楚顯示該房正在清潔中、已售出或爲可售房。此表之正確性完全依賴房務部與維修工程部隨時的更新作業。

當前檯服務員尋獲一客房，並確認是夜旅館不會客滿之後，即可接受無訂房資訊的客人爲一般散客，再次將該客有關資訊輸入住宿登記表，並予以存檔（**圖**8-17）。同時前檯服務員應詢問該客是否需要爲未來之行程預約訂房。

可能意外狀況亦包括顧客持有訂房確認號碼抵店，卻無房可分派，該狀況有可能導自前檯超額訂房作業的結果。此情況可引起顧客不滿情緒，即而轉宿（walked）他處。爲維護旅館與顧客關係，前檯經理應提供客人轉店車輛工具或車費，甚或代付一夜住宿費，或通知其他親友的電話費，或免費供應一餐，或招待未來免費住館一夜等各種應變措施以表示歉意，撫平顧客情緒，挽回旅館聲譽。當然，前檯作業人員亦應時時提高警覺，查閱客房出售狀況。倘發現超額訂房情況顯現，應立即向鄰近旅館同業聯絡，預先處理可能發生的事件。

確認客房價格

客人在辦理登記遷入時可能告知該客房的房價，惟該價卻不符合訂房確認表或電腦管理系統檔案中的資料。前檯服務員須與

圖 8-16　電腦化管理系統的客房狀況表提供了客房房務現況

房態表　12　25

房號	房型	說明	房況	房態
109	豪華房	面海灣	保證	清潔中
201	豪華房	廚房	整修	不可售
202	豪華房		確認	清潔中
203	豪華房		確認	清潔中
204	豪華房		確認	可售出
205	豪華房		空房	可售出
206	會議房	工作室	空房	可售出
207	連結房門	/208	空房	清潔中
208	豪華房	/207	空房	清潔中
209	豪華房	面海灣	保證	可售出
210	豪華房	廚房	保證	清潔中
301	豪華房	工作室	整修	不可售
302	二張特級大床	工作室	保證	可售出
303	二張特級大床		空房	可售出
304	雙人房	廚房	空房	可售出
305	豪華房		空房	清潔中
306	豪華房	工作室	保證	可售出
307	會議房	/308	保證	清潔中
308	連結房門	/307	空房	清潔中
309	豪華房	面海灣	空房	清潔中
310	豪華房	廚房	保證	清潔中
401	豪華房	廚房	保證	清潔中

顧客溝通，瞭解誤差的源由，理性的解釋實際房價，以避免造成在退房遷出時之問題。如住客一直認爲每夜房價應爲85美元，待結帳時才發現被索價每夜125美元的房價，可能導致顧客因旅行預算的限制，而無法支付短缺房價的窘狀。是以前檯服務員在遷入作業時便向客人確認房價，並言明其他房間稅及地方稅的附加帳等項目。

圖 8-17 電腦管理系統亦備有空白住宿登記畫頁，以備登錄無訂房散客的資料

住宿登記—輸入住客資料

姓名：

公司：

付款地址：		郵遞區號：	
電話號碼：			
信用卡類別：	種類:	號碼：	有效日期：
車廠：	車型：	車牌：	州：
房間種類：	住客人數：	房價：	
遷入日期：	遷出時間:	服務員：	
未來住宿登記：	日期：	房間種類：	住客人數：
旅館辨識號碼：	確認：□是 □否	保證：□是 □否	
確認號碼：			

分配客房鑰匙

登記作業完成後，顧客的客房鑰匙卡便由製卡機（圖8-18）製作一個全新號碼組合的鑰匙配給客人。該號碼組合完全由旅館電子安全系統控制，俾以確保顧客的住房安全。

電腦管理系統亦可將旅館住客依姓名筆劃一一列示在住客表畫頁（圖8-19），供前檯服務員、總機員或其他部門作業參考用。是以此頁資訊可替代傳統式客房顯示表或資訊表。惟某些旅館仍保留傳統客房示表或資訊表，作為電腦失靈無法使用時的後備作業。

藉由電腦管理系統的完整性及方便性，前檯經理可隨時獲取各種前檯登記遷入作業的報告，以瞭解該部業務的績效。而前述有關電腦管理遷入之系統，可提供前檯經理得以統整各類檔案資

圖 8-18

旅館客房部使用電子製卡儀器爲每一新房客製作卡式房門鑰匙（Photo courtesy of Sheraton Washington Hotel, Washington, D.C.）

圖 8-19 電腦管理系統可將登記住客依姓名筆劃列示

住客登記表　0215

房號	姓名	地址	遷入日期	遷出日期	房價	住客人數
205	ARPISON, T.	RD 1 OLANA, AZ 00000	0215	0216	75	2
312	CRUCCI, N.	414 HANOVER ST., CANTON, OH 00000	0205	0217	70	1
313	DANTOZ, M.	102 N FRONT ST., LANGLY, MD 00000	0213	0216	70	1
315	FRANTNZ, B.	21 S BROADWAY, NY, NY 00000	0211	0216	75	2
402	HABBEL, B.	BOX 56, LITTLEROCK, MN 00000	0215	0217	75	2
403	IQENTEZ, G.	HOBART, NY 00000	0213	0216	70	1
409	JANNSEN, P.	87 ORCHARD LA, GREATIN, NY 00000	0215	0222	90	1
410	ROSCO, R.	98 BREWER RD, THOMPSON, DE 00000	0213	0221	70	1
411	SMITH, V.	21 ROSE AVE., BILLINGS, TN 00000	0215	0218	70	1
501	ZUKERMEN, A.	345 S HARRY BLVD, JOHNSTOWN, CA 00000	0215	0219	85	2

訊，作爲監管業務的利器。譬如，前檯經理可選取顧客抵達名單畫頁，便可一目瞭然當夜將抵館客人的姓名（圖8-20）。同樣的，選取團體名單畫頁，亦可知曉將住宿該館的團體（圖8-21）。

電腦管理系統可將各資訊依不同特性整合或分類，如客房號碼、住宿登記日期、遷出日期、房價、顧客姓名，俾以符合經理各種需求。因該功能是爲電腦資料分類（data sorts），可將可售空房畫頁迅速顯示旅館當時所有空房之資訊（圖8-22），相當有助客務經理抉擇適當措施，以達最高住宿率的目標。房態畫頁則可提供當時各客房的狀況報告，包括可售空房、已售房、整修中客房、清潔中客房（圖8-23）。亦可依客房設備及特色分類，如特大型床類、第一層樓房類、面對海岸景色類或不同客房價位等。

圖8-20 電腦管理系統可將抵館客人名單依姓名筆劃顯示或列印備用

抵館客人名單 0918

姓名	房況	遷入日期	遷出日期	確認號碼
BLAKELY, K.	保證	0918	0920	09180-20AMX75K9334L
BROWN, J.	確認	0918	0919	0918091975K9211L
CASTOR, V.	保證	0918	0922	09180922V75K8456L
CONRAD, M.	保證	0918	0921	09180921MC75K8475L
DRENNEL, A.	保證	0918	0921	09180921V80K8412L
FESTER, P.	確認	0918	0925	09180925AMX75K8399L
HRASTE, B.	保證	0918	0919	09180919AMX75K8401L
LOTTER, M.	保證	0918	0922	09190922V80K8455L

圖 8-21 電腦管理系統可將各個團體依抵館日期次序先後列示出來

團體抵館名單 W18

團體名稱	遷入日期	遷出日期	房間數	房價	住客人數
HARBOR TOURS	0918	0922	02/1	55/1	42
			20/2	65/2	
JOHNSON HS BAND	0918	0921	02/1	45/1	50
			13/4	60/4	
MIGHTY TOURS	0918	0919	02/1	55/1	42
			20/2	65/2	

圖 8-22 電腦管理系統能顯示可售空房現況以協助前檯人員作業

可售空房表 0701

房間	房間	房間
103	402	701
104	411	710
109	415	800
205	503	813
206	509	817
318	515	823
327	517	824
333	605	825

圖8-23　電腦管理系統亦能提供各類客房的狀態資訊

房態表　0524

房間	房態	房間	房態
101	清潔中	114	清潔中
102	清潔中	115	可售出
103	清潔中	116	清潔中
104	清潔中	117	清潔中
105	可售出	118	清潔中
106	清潔中	119	已住房
107	清潔中	120	已住房
108	不可售	201	可售出
109	已住房	202	可售出
110	已住房	203	可售出
111	已住房	204	清潔中
112	可售出	205	不可售
113	不可售	206	可售出

自動遷入作業

電腦管理系統的另一大特色，是能由顧客以信用卡自行完成遷入程序（如圖8-24）。顧客常以信用卡辦理保證訂房者，可使用一特定電腦終端機依指示逐步完成登記遷入的作業。該項功能對忙碌的前檯業務無疑是一大助益。惟旅館業主、總經理與前檯經理在抉擇使用自動遷入作業時，應考慮以下重要因素，如投資支出、削減人事的支出、增加遷入作業速度的程度、高品質服務的提供、銷售館內其他產品的機會等。務必作好評估調查，依其結果作適當的決定。以高住宿率的旅館之角度論來，採用自動遷入作業可協助整體遷入業務的順暢。然使用該作業的先決條件必須

圖 8-24 顧客可使用信用卡辦理自動遷入管理作業（Photo courtesy of Hyatt Hotels and Resorts）

是顧客不急於即時遷入客房。當螢幕顯示該客分派的客房正在清潔中，客人則須等待房務人員工作完畢，始可繼續完成遷入。是以該系統的採用亦應考量該館房務部員工之工作效率，以避免顧客長時間等待遷入客房。自動遷入系統可謂前檯業務服務的一大助手，惟須顧客與旅館員工雙方的盡力配合。

解決前言問題之道

此例顯然是因爲房務狀況的溝通不利，導致顧客隱私遭到侵犯。良好的溝通狀態實有賴於前檯服務人員與房務員工不斷的聯繫，以更新客房的現況。同樣的，前檯服務員彼此間亦須充分溝通，俾以瞭解分派客房的情形。隨著電腦化管理系統的採用，如同此類意外事件的發生可謂微乎其微。然對仍延用傳統方式遷入

國際旅館物語

旅館雜誌主編偉因思坦報導一則亞洲旅館業界，對亞洲旅館勞工情況的看法言道：餐飲旅館業短缺，有能力的第一線服務人員，造成國際旅客在每一高級旅館遭逢與接待服務人員無法溝通的結果。其因乃在服務人員不諳西方顧客之文化習性，且處處須請示高級主管批准，再繼續下一步驟的作業。雖然部分旅館追逐趨勢，竭力提供各種員工訓練，以期登上世界級旅館服務品質的潮流。仍有大部分的旅館卻不置一顧、駐足不前。但即使有心的旅館仍就流失價值員工於其他高薪與高福利的產業，導致旅館業主須不斷向國外高薪聘請工作人員。旅館業界應具長遠眼光，向根本問題挑戰，解決基本的困難所在。方能確保國際旅客的回流，業績的再提升[2]。

作業的旅館而言，欲避免諸如此類事件的發生，實有賴各部門員工經常性的溝通，以及更新各項有關客房的資訊。

結論

本章詳細討論旅館處理顧客登記遷入的作業程序。該程序始於強調櫃檯接待服務員與顧客接觸第一印象的重要性，以及對顧客住館的整體經驗有直接的影響作用。遷入作業過程中獲取正確完整的顧客資訊，可作爲各部門聯絡溝通及提供良好服務的根據。住宿登記步驟包括確認客人信用資訊、分派客房、選擇和分配適當房價、銷售旅館其他產品及服務、分配客房鑰匙及建立住客資料檔案。登記遷入作業亦因旅館政策之異，而有傳統式系統及電腦化管理系統的不同。

問題與作業

1.試述顧客與旅館的首次接觸印象對該館服務品質的重要性？並舉例談談身爲顧客的經驗。

2.試述在登記作業過程中獲取正確客人資料的重要性？除前檯客務部外尙有哪些部門使用該資料？舉例說明不正確之資料對顧客與旅館的影響。

3.何爲顧客遷入程序中的主要步驟？對該步驟的瞭解將如何助益旅館工作者的事業生涯？

4.接受信用卡的選擇將如何影響旅館營業收支的平衡？舉例說明之。

5.影響旅館簽帳作業系統的因素有哪些？試述您對旅館簽帳制度的看法。

6.請指出顧客選擇客房的要求有哪些？前檯服務員應如何配合顧客的要求？

7.試說明客房價格的制定與選控對旅館營業收支平衡的影響。

8.請解述制定客房價格之基本原則和哈巴特公式，並說明何者對提升旅館營收具有效用。

9.請述一個選控房價的系統。前檯主管須如何應用此一系統？其效率如何？

10.請說明房價種類，倘若前檯經理要求你決定去取消舊房價或建立取用新房價，你將如何處理？

11.試述您對提升最高房價制度的看法。其制度對旅館營業收支有何影響？提升最高房價制度的關鍵要素爲何？

12.試述本章所論前檯服務員銷售旅館產品的機會有哪些？如若你是櫃檯服務員將如何處理銷售作業？其對旅館營收有何重要性？

13.試述分配客房鑰匙的重點。

14.試述旅館住客檔案的重要資訊有哪些？建檔完成後的下一步驟爲何？

15.試述如何使用電腦管理系統處理顧客遷入作業，並指出何爲缺點？

16.請述傳統式登記遷入系統的作業程序，並指出缺點及導致溝通不良的可能原由。

17.試論使用與不使用電腦管理系統爲顧客登記遷入作業的優缺點。

個案研究801

時代旅館客務經理馬蒂南茲小姐已於前幾週多次與旅館業主、總經理提及購買電腦管理系統一事。業主雖認爲投資金是爲合理價錢，然對此系統仍持質疑態度。總經理雖曾於前一工作旅館使用該系統，卻不表滿意。惟馬小姐使用該系統的良好經驗，促使其全力以赴，大力推薦。於是旅館業主要求馬小姐提出報告，解釋時代旅館採用該系統的理由。

請以此案例提出你的報告，強調電腦管理系統之讀取顧客與團體訂房資訊、分配客房鑰匙及管理登記作業細節等。

個案研究802

時代旅館總經理李喬登在閱畢過去幾週的顧客建言卡後，發現客人對遷入客房作業的時間過久，而感不方便的服務反應頗爲納悶。原來在數週前李總經理已與前檯客務經理及房務主管討論過此事，並規劃一套計畫來改變現象。如今看來，該計畫並不奏效。「會是哪裡的問題呢？」李總經理自問並決定再次與兩單位經理人員會議。請爲李經理整理一份討論議題表。

NOTES

1. JCB International Credit Card Co., Ltd. New York, NY.

2. Jeff Weinstein, "Addressing Asia's Labor Issues," *Hotels* 29(4) (April 1995): 11. Copyright *Hotels* magazine, a division of Reed USA.

第9章

帳務作業處理

本章重點

* 客務部帳務作業
* 處理客帳支出與支付的單據
* 簽認轉帳種類
* 處理客帳的作業
* 處理顧客簽帳作業
* 夜間稽核業務標準化的重要性

前言

值班夜間稽查員發現當日營業收支短缺24.98美元，再次對帳之後仍無法尋找出錯誤之處，因此懷疑是登錄的筆誤。

旅館住宿業最引以為傲者即是隨時保持顧客帳卡記錄的最新與正確的狀況（圖9-1）。旅館櫃檯日理萬機，處理上百筆收入與支出帳項，是以需要仰賴一套設計完整精確的帳務系統來處理客帳及維持旅館財務之記錄。本章將討論旅館客帳的作業處理。

一般帳務作業

基本帳務（bookkeeping）處理的方法，可幫助旅館客務經理明瞭處理財務轉帳的程序，同時亦能協助訓練前檯服務人員及夜間稽查，有關客帳的作業細節，使其明白登帳時之特殊方法與

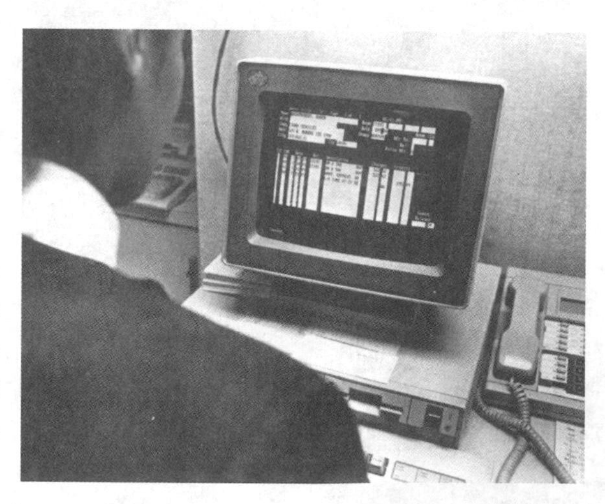

圖 9-1
電腦化管理系統可將住客之帳卡情形，明確顯示在電腦終端機螢幕上（Photo courtesy of Palmer House, Chicago, Illinois/Hilton Hotels）

技巧的原由，俾使管理客帳的確實無誤。本章將自最基本帳務作業程序開始介紹旅館客帳業務。

帳務上最基本的兩個概念為資產（assets）及債務（liabilities）。資產的解釋為具有金錢價值的物品，如戒指、教科書、演唱會門票的擁有權。債務則意為財務合約上的債務或債物，如以三個月支付戒指價錢的合約、支付購買汽車的合約或支付代書費同意書等。因此住客的消費帳乃為旅館債務項目之一，亦為其資產的部分，原因乃在顧客退房遷出旅館時將付清其房帳的消費，即歸還累積在帳卡上的金錢給旅館。

經由完整的帳務操作，旅館之資產及債務因而有增減的變化。帳務的貸方（debits）則屬資產增加，債務減低的情形。借方（credits）則發生在資產減少，債務增加的狀況下。貸方與借方建立了旅館帳務系統的重要基礎，對旅館的收支平衡有絕大的影響力（表9-1）。

茲以下例解述各名稱的實際運用情形。

住客某日以信用卡購買旅館內餐飲及服務，其消費項目及數目將被登錄在其客帳上，並成為旅館帳務處理為借債轉嫁為資產的部分。相同價值的信用則在相關部門的銷售帳上，乃成為營業收入（revenue account）。

倘顧客預先支付100美元訂房，則將被處理為客帳的信用，

表9-1　貸方與借方對旅館財務的資產與債務有重大影響

	貸方	借方
資產	增加	減少
債務	減少	增加

相同價值的借債則會在旅館的現金帳（資產）上顯示增加。

客帳作業的支出與支付單據

客帳卡、收據支付單據是爲記錄住客消費及支付物品或服務的文件，可用來登錄在客帳的根據（圖9-2）。客人帳卡乃爲單張印刷卡紙，卡上登錄每一房間住客在館內的消費記錄。使用電腦化管理系統的旅館，可將該記錄暫存在電腦檔案中，直至需要時才將該資訊列印出來。電腦之帳卡乃爲標準化格式，包括項目如消費日期、項目、收據號碼、借債或信用卡使用的數目及當日結餘等。收據與轉帳單的使用，可協助各部門將某客人的消費細節傳遞或轉交給其他相關部門，最後一併登錄在該客帳卡中。支付單則用來顯示客人已付清在館內消費當時，所購買之物品或服務的證明單。惟採用電腦化管理系統的旅館，可在顧客於各部門消費的當時即刻將費用金額或支付情況，登錄在連線的電腦系統該

圖 9-2
櫃檯服務員登錄顧客以信用卡支付費用的方式在該客帳卡上
（Photo courtesy of The Breakers）

客的帳卡中。是而收據及支付單已不再被使用，以減少許多登帳作業之人力錯誤及時間。

櫃檯人員使用各種單據來登錄（posting）顧客在旅館住宿期間的消費情況，亦是將住客貸方與借方的支出與支付項目，詳細記錄在其帳卡中，以便夜間稽查員逐一查對櫃檯人員登帳作業的情形，是而各種單據的使用有助於控制前檯帳務活動。

簽認轉帳種類

旅館客務部存留住客消費的簽認轉帳單及記錄，並精確與即時處理每一住客簽帳業務，可幫助客務經理管理客人在館內消費的證明。一般而言，住客的簽帳可謂旅館的營收帳戶（accounts receivable），即住客虧欠旅館的費用。其又可分為兩類，顧客個人簽帳（guest ledger）及公司機構的簽帳（city ledger）。

個人簽證乃為旅館現住客的消費總帳。公司機構的簽帳則包括未登記客人與旅館簽有合約長期保留的帳戶。此類客人可能預付款項，俾以支付未來在館內餐飲物品的消費，如餐宴或訂房等。另一種公司簽帳是供給當地公司商號，招待其生意上客人時使用。

表9-2例示某住客自遷入住館至退房遷出期間的個人簽帳情形，表9-3則示範公司機構簽帳的過程狀況。

登錄客帳作業

登錄意指處理客人在旅館內消費與支付帳務的作業，即增加

表 9-2　顧客個人簽帳的範例

住館階段	消費簽帳
訂房	* 未來訂房預付金 * 退還取消訂房的預付金
遷入登記	* 建立簽帳帳户
住館期間	* 房價及房稅費用 * 餐飲費及小費 * 商品中心消費 * 停車費 * 代客泊車費 * 電話費 * 房內電影觀賞費 * 代支現金費用
退房遷出	* 付清客帳結餘 * 退還顧客信用結餘 * 轉嫁費用至另一帳户 * 修正、調整登帳錯誤

或減少客帳中的借方與貸方部分。精確和即時登錄住客的消費與支付簽帳，將重大影響旅館總帳的確實性。原因在於住客可能隨時退房離館，是而應保持最新且正確的客帳狀況。時下許多旅館已採用電腦化管理系統，減低不少作業錯誤與時間。

傳統式登錄作業

傳統式登錄作業須仰賴客務部人員隨時保持警覺，俾以登錄館內每一住客消費及支付情形。是以大量人力與時間的付出可想而知。詳細登錄作業步驟如下：

表 9-3　公司、政府單位簽帳的範例

無訂房住客活動	消費簽帳
餐飲消費	* 未來活動消費的預付金 * 退還取消活動的預付金 * 餐飲費 * 支付餐飲費
交易/娛樂	* 餐飲費 * 支付餐飲費
辦公室或販賣租用	* 租用費 * 支付租用費
停車場租用	* 停車費 * 支付停車費

1.櫃檯服務員接獲旅館其他部門傳來之住客的消費與支付的收據、支付單或簽帳單，俾以準備登錄。

2.櫃檯服務員將該住客帳卡取出，放入登錄列印機中，以使消費支付的項目在正確位置被打印在帳卡上。服務員應核對帳卡及各單據的住客姓名和房間號碼，以確保無誤。

3.服務員登入各項目數字、消費所在部門代號、消費項目、銷售員代號及登錄代號等資訊。

4.服務員將帳卡取出，並再次查核登入數字與資訊，隨即將帳卡歸回原位，俾以下回登錄時方便取用。

5.服務員最後將收據、支付單及簽帳單歸入檔案夾，以利夜間稽查對帳時使用。

顯而易見，使用傳統式登帳作業對於擁有眾多客房及高住宿率的旅館，客務部人員每日工作之繁重情形。舉例言之，某旅館擁有500間客房和70%的住宿率，某日住有350位顧客，每人可能消費2～7筆項目，包括房租、房稅、餐飲、小費、電話費與其他雜項費用，將導致700～2,450筆帳項須被登入客人帳卡。基於該項業務的龐大人力與時間的消耗，加以其他必要業務，旅館前檯發生業務錯誤的機率將居高不下。

電腦管理系統登錄作業

使用電腦管理系統（PMS）處理客帳登錄作業，可大量減少登錄的錯誤而提升資料的正確性。本書第5章曾表列各種選項（**表5-8**），可使前檯服務員將客人住宿期間的消費與支付項目，隨時登錄在電腦客帳中，俾使不費吹灰之力便將客帳保持在最新與最正確的狀況。**圖9-3**示範使用電腦管理系統處理客帳登錄的作業。

銷售點登錄

電腦化管理系統亦提供旅館各部門，可在銷售點即時登錄客帳的功能，並同時與各部門連線作業。因電腦管理系統可將該館前檯客務電腦總機與餐廳部電腦連線，俾使餐廳服務員能迅速的將住客消費項目及金額，即時登入該客帳卡資料檔案中。其他部門亦可循同一功能連線客務部電腦總機，以便在銷售點即時進行登錄的作業，如商品店、休閒中心、電話等部門。電腦登錄的優點乃在減少登帳錯誤，增加正確性及迅速的方式完成作業（**圖9-4**）。

房價與房稅登錄

電腦管理系統功能中房價登錄最受前檯服務人員所喜好，原因在於經由電腦之客房畫頁選項，便可將某住客帳戶讀取在顯示螢幕上。待登錄完成只須存入檔案中便可，既方便又省時省事。

圖 9-3　電腦化客帳登錄

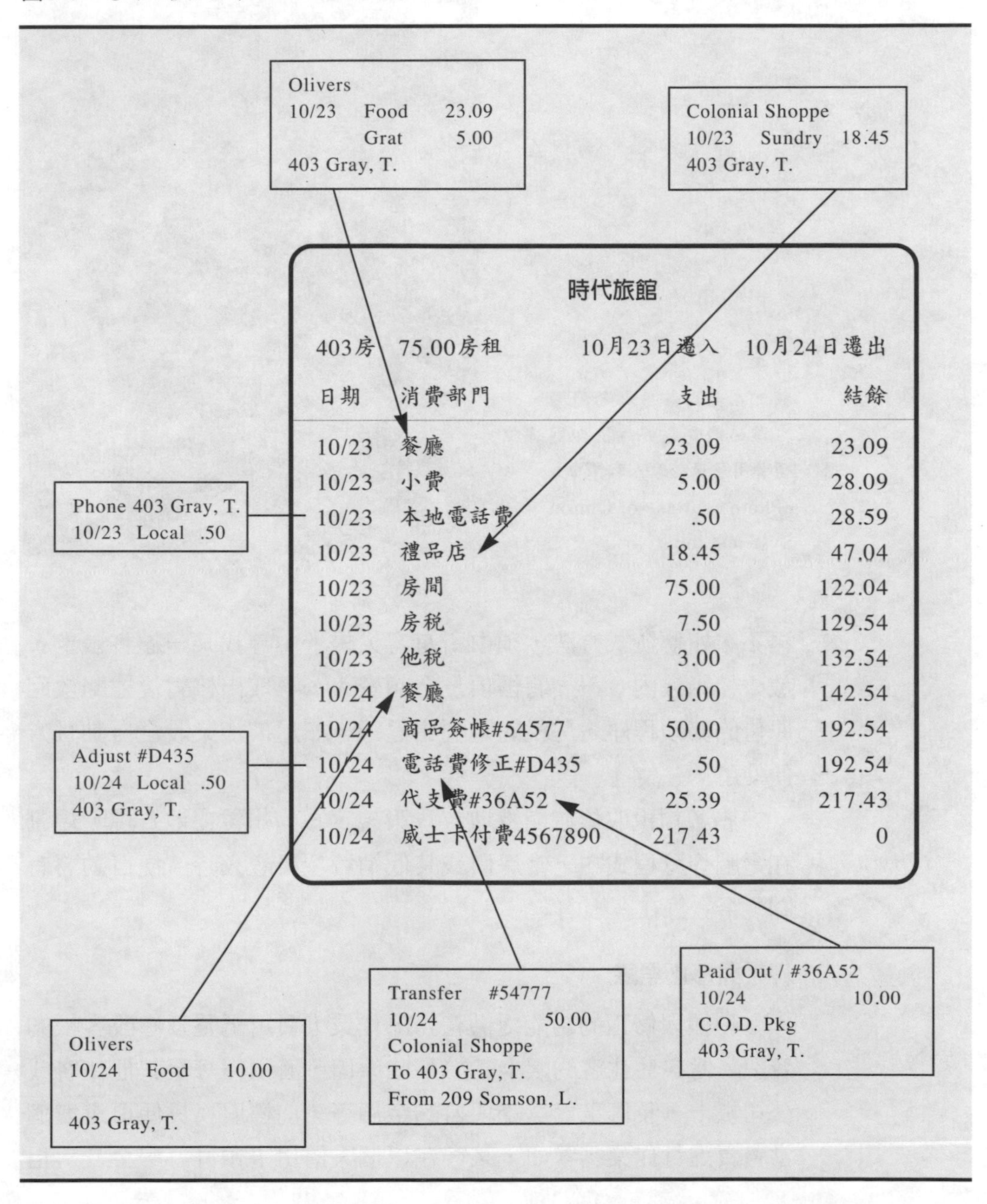

時代旅館

403房　75.00房租　10月23日遷入　10月24日遷出

日期	消費部門	支出	結餘
10/23	餐廳	23.09	23.09
10/23	小費	5.00	28.09
10/23	本地電話費	.50	28.59
10/23	禮品店	18.45	47.04
10/23	房間	75.00	122.04
10/23	房稅	7.50	129.54
10/23	他稅	3.00	132.54
10/24	餐廳	10.00	142.54
10/24	商品簽帳#54577	50.00	192.54
10/24	電話費修正#D435	.50	192.54
10/24	代支費#36A52	25.39	217.43
10/24	威士卡付費4567890	217.43	0

圖 9-4
顧客在館內餐廳部的消費，可在該部門電腦終端機即刻將該項費用登錄於客人客帳中
（Photo courtesy of Omron Systems, Inc.）

再不，如傳統式方法，須由所有客人帳卡中尋找某一顧客帳卡，放入登錄機內，一一將帳項及金額登入，再取出核對後才歸放回原位的繁瑣程序。房稅的電腦化登錄一如房價作業般全自動且方便使用。

將各類稅收依旅館及地方政策規定，如州稅或地方稅，規劃在電腦登錄程式內，當房價或其他消費項目登入時，便自動將有關稅金登錄在客帳內。

轉帳與修正登錄

轉帳與修正的功能提供客務部作業人員可調整及修改客帳的資訊。當某些住客的帳卡基於某些原因，必須轉嫁至其他住客或公司帳卡，及修正已登錄項目的金額等，前檯服務員便可選取適當畫頁進行作業。譬如，某客在以個人信用卡預付訂房金及房租

前檯經緯

某顧客在審閱過其帳單後發現昨晚餐飲費50.24美元有誤差，因其中一主菜被退回廚房，而餐廳經理言明將不會收取該菜之21.98美元，該客向你要求修正，你應如何處理？

後，始獲知該地某公司將支付其住宿費用，前檯服務員即須將其帳卡的費用，轉嫁至該公司存在該旅館的簽帳卡內。另一住客甲發現一項消費金額應由同房朋友乙支付，是以前檯服務員便須將該項目由客人甲帳卡上移除，轉嫁登入客人乙的帳卡中。

又者，當住客提出電話費有誤的問題，前檯服務員須依旅館調整客帳規章，即刻予以修正。例如，某住客拒絕支付某項電話費用，只因該費應屬同房另一住客負責，是以在規章中明示服務員可逕行為該客修正帳項。惟須注意修正客帳的作業，應即時處理不宜拖延過久，方能顯出旅館規章及提供顧客高品質服務的效率性。

各種轉帳與修正客帳作業，在電腦管理系統操作下皆毫不費力、輕易完成。各部門服務員毋須再依賴繁瑣的帳單收據，處理客帳登錄。亦減輕夜間稽查員對營業帳務及客帳的工作量，並提升帳務資訊的確實性。

代支

代支作業乃為前檯客務部因某些館外消費，必須即時先行為住客代墊支付的費用，譬如鮮花籃費、代客泊車費、郵寄包裹費等。通常旅館已授權前檯可為客人代支該類項目支出，再登錄於前檯帳務及客帳內，以便於退房時一併結算付清。因而可以節省許多轉帳細節及帳單表格的作業，也避免了人為錯誤的發生。

雜項支出

電腦管理系統中的雜項支出選項，旨在提供前檯服務員登錄某些非一般性的支出款項。如旅館某一特殊休閒設施並未設有銷售點登錄終端機，可供登入消費帳項，便可用此選項記錄。此功能亦包括公司機構簽帳的雜項登錄。

電話費

電腦管理系統可在顧客撥打市內與長途電話後，自動計時計項而登入客帳系統，省時又方便。惟某些旅館不採與前檯客務電腦連線，便需要將電話費及服務費逐項登錄住客的客帳卡中。

客帳顯示

此項功能提供客務部服務員及經理人員可隨時觀看住客帳卡的內容，並隨時列印某特定住客帳卡以供該客審核，瞭解是否有不清楚或誤差帳項，俾使在退房遷出之前即可解決各種問題。

帳務報表

電腦管理系統亦包括帳務報表的分析、製作選項，俾使前檯經理得以整理資訊，以供高級管理與財務主管審閱。夜間稽查員可利用此項功能，個別核對客帳上各部門帳款是否相同，如餐廳消費、電話服務費、禮品中心消費或休閒設施中心等。帳務報表並可分送各部門主管，作為評鑑行銷計畫及收支平衡控制的根據。圖9-5例示製作的帳務報表。

轉帳方式

旅館將住客建立之消費貸方與結帳借方視為營運財務的收

圖 9-5　登帳作業一覽表

OLIVERS RESTAURANT 1/28 2315.92						
M	TOTAL	ROOM CHG	V	M/C	AX	DC
B	750.25	125.90	67.50	35.87	234.00	.00
L	890.67	25.00	124.50	340.00	150.00	75.00
D	675.00	235.00	56.98	75.00	221.75	125.00
GRAYSTONE LOUNGE 1/28 1496.48						
1.	780.09	121.00	.00	.00	45.00	.00
2.	456.98	75.00	35.80	87.30	89.60	75.40
3.	259.41	12.90	.00	.00	.00	.00
COLONIAL SHOPPE 1/28 1324.72						
1.	571.97	153.98	.00	76.43	121.56	.00
2.	752.75	259.93	82.87	83.76	25.71	.00
ROOM 1/28		4529.56				
TAX 1/28		452.94				
ADJUST 1/28		66.04				
OLIVERS		23.98	#X4567			
OLIVERS		5.98	#X4568			
PHONE		.50	#X4569			
PHONE		.50	#X4570			
OLIVERS		27.54	#X4571			
PHONE		7.54	#X4572			
PAID OUT 1/28		143.20				
OLIVERS		45.00	#45A41-SUPPLIES			
OLIVERS		12.00	#45A42-SUPPLIES			
ROOM 701		32.45	#45A43-FLOWERS			
ROOM 531		3.75	#45A44-COD			
ADMIN		50.00	#45A45-SUPPLIES			
PHONE 1/28		578.15				
LD		450.61				
LOC		127.54				

入。每當住客接受旅館提供的物品或服務，其消費記錄即刻轉入旅館的收入總帳內。如某客帳卡顯示有貸方結餘291美元，而該客欲以Master信用卡將該帳付清，此帳金額便會轉帳至旅館的Master信用卡帳戶之收入帳項。

另一種轉帳方式則爲後檯收入帳務（back office accounts payable）或現金帳務。旅館顧客可預付某些金額，以爲未來在館內使用物品或服務的消費。例如，某客於2月5日寄給某旅館一張私人支票，預付其12月21日住館時使用。該款項先登入旅館後檯收入帳戶，再轉入該客的帳卡待用。在12月21日客人抵館之前，便將該客帳卡送達至前檯，以備登記遷入作業。

以上各例示範簽認轉帳並非單一作業，實與後檯財務部帳務息息相關。前檯簽帳作業只暫時性處理顧客帳務，後檯財務部才是爲永久性管理的單位。

登帳及夜間稽核作業標準化的重要性

處理客帳消費貸方與結餘借方作業的標準化，對夜間稽查員核對當日各項帳務結餘的工作相當有幫助。基於各部門每項簽帳項目皆須確實無誤查對處理，可想而知，夜間稽查員須花費許多時間，逐一核對修正每一帳項的大小數字的誤差。而誤差可能源於前檯服務員登錄的筆誤，如35.87美元誤寫爲53.87美元，或登入不同帳項，如代客泊車費誤登爲餐廳消費。最爲困難查覺者，則是登錄帳項至其他客帳卡內，如626房誤爲625房。惟具經驗的稽查員通常可即刻尋找出錯誤發生所在，修正誤差。

基於修正帳項需要繁冗作業過程與時間，前檯客務經理應發展一套謹愼透徹客帳登錄處理的員工培訓計畫，俾使作業精確無

旅館春秋

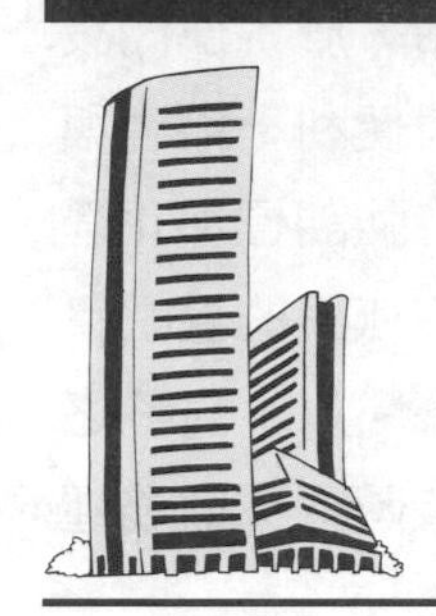

密蘇里州聖路易市巴吉特斯旅館夜間稽查員范德柏絲小姐，曾任該館前檯服務員一年，對於旅館採用電腦化管理系統感到十分滿意。

其工作量不但因此減輕不少，且大大提升帳務資訊的正確性。唯一值得憂慮的乃是停電時刻，但范德柏絲業已做好萬全準備工作，且得利於電腦化作業為其省下的時間。

誤。訓練計畫應包含登帳行爲目的、準備工作及作業示範的細節指引，並提供帳務貸借作業的基本原理書籍資料及相關單據表格。同時翔實解釋前檯帳務及後檯財務的重要相關性，分析傳統式與電腦化登錄作業的異同。如是精密嚴格的培訓計畫實施上雖爲辛苦，惟所得效果亦將非凡，旅館同業須多費心設計。

解決前言問題之道

對此狀況，夜間稽查員必須一一核對帳單、收據及代支單是否與住客帳卡有出入，以決定錯誤的發生是否人爲所致。

結論

本章詳細討論前檯部門處理客帳收支程序，包括傳統式及電腦化管理系統兩種方法。該作業程序源於基本帳務處理觀念——資產、債權、貸方、借方等，皆應用在顧客簽帳與公司機構簽帳。旅館使用之帳卡、帳單、簽帳單及代支單等，保存了住客在各部門消費與支付的記錄，更利用電腦連線的優點，於各部門設立銷售點即時登錄作業，致使登帳作業更加確實與便利。顧客與公司之簽帳轉帳至後檯財務部門亦予以討論。同時強調標準化登錄操作程序對夜間稽核業務的重要性。爲達成精確無誤的登帳目標，前檯客務經理須發展確實有效的員工培訓計畫。以上討論之各個客帳操作程序，對旅館維持客帳的眞實性及整體營業財務運作，有重大的影響性。

問題與作業

1.試述旅館界新進學員的資產及債權，並比較兩者之差異。
2.請依已見定義帳務作業的貸方與借方兩名詞，並述說兩者對帳務作業的影響。
3.試述旅館使用哪些表單來記錄住客在館內各部門消費和支付的帳項，其目的爲何？若使用電腦管理系統，將如何處理此類表單？
4.何謂電腦化客帳卡？你將如何對首度使用電腦管理系統的前檯作業員解述？
5.何謂個人簽帳？請舉例說明，並敘述如何處理預付一房兩夜的顧客支票的登帳作業。
6.何謂公司機構簽帳？請舉例說明並敘述如何處理預付招待宴會的支票登帳作業。
7.請例示顧客住館期間的簽認轉帳情形。
8.試述非住館顧客的簽認轉帳情形
9.試述傳統式登錄客帳的操作步驟。

10.試述電腦化管理系統使用連線銷售點登帳的過程。

11.爲何個人與公司簽帳是爲暫時性帳款處理？旅館的哪一部門將永久保存該帳記錄？

12.爲何謹愼及正確的登帳作業對夜間稽核有重大影響？前檯客務經理將如何確保登帳作業的精確性？

個案研究901

前檯經理馬蒂南茲小姐方才結束與夜間稽查員布朗司坦的談話。因其消耗許多時間找尋五筆帳款，總數達343.21美元的誤差。兩週以來已不只一次發生如此的錯誤。如上週日一筆32.68美元的款項錯登在其他客人的帳卡，本週二亦有一項12.45美元的客房服務費誤登爲21.54美元。布朗司坦告訴馬蒂南茲，以其十多年的經驗，該類錯誤發生與前檯員工訓練不當有直接關係。馬蒂南茲感謝布朗司坦的報告，並言明會採取因應措施。

馬蒂南茲召喚前檯領班雷恩瞭解狀況。雷恩曾訓練兩位新進服務員，且兩人對前檯管理作業表示瞭解並認眞工作。馬蒂南茲是以要求領班報告其訓練新進人員的內容項目。

領班回答先向兩位新員解釋電腦管理系統的內容及使用方法，隨後要求兩人使用練習畫頁，以便熟悉並相互更正。但練習十五分鐘後，前檯開始忙碌不堪，領班不得已關閉了練習頁而改換正常作業畫頁。兩人之中的維特隨即登錄了幾項代支單與消費收據入帳，另一員東尼則等至休息時間才登錄顧客支付款項。

馬蒂南茲此時明白自己應負起訓練員工的責任，和發展一套嚴密有效的訓練計畫。你將如何幫助馬蒂南茲準備一份有效的訓練計畫，俾使新進員工明瞭登帳過程的原由和操作方法。

個案研究902

時代旅館前檯經理馬蒂南茲在前檯員工會議中，討論修正調整客帳的政策。因幾位顧客在意見卡中表示，曾要求前檯服務員修正其帳卡錯誤之處，卻遭拖延而未予以處理感到不滿。

瓊絲婷娜回憶曾有位顧客要求除去帳卡上一筆不屬該客的電話費用4.56美元，另一客人亦要求將一筆房內電影觀賞費除去，因其並未觀看。當瓊絲婷娜言及將兩客之事件交給前檯當班領班處理時，兩位客人已感到非常生氣，且須排隊久候導致更加不悅。傑克表明亦遭遇類似事件，但其未經允許，自行擅改一筆28.95美元午餐的帳項，致而引起當班主管不悅，並告知所有修正帳項一律須由其來負責。

瞭解狀況後，馬蒂南茲決定更新政策以適當授權前檯人員來調整客帳。請提出不經呈請主管批准，便可調整之帳款金額的範圍，並舉例說明各種客帳調整的狀況。

第10章

遷出作業

本章重點

* 延誤登帳的處理
* 遷出業務的前置作業
* 客帳轉存旅館財務部
* 電腦化管理系統遷出報表
* 客史資料處理

前言

前檯經理與銷售部主管共同研討過去三個月的旅館住宿率與銷售生產趨勢，發現該兩項指標皆下降了幾個百分點，營業操作顯然已亮起紅燈！問題到底出在哪裡呢？兩位主管又應發展何種策略措施以挽回頹勢？

顧客在辦理退房遷出作業時可能面臨排長隊苦候、客帳的困擾不清所導致情緒惡劣等狀況，實可謂試煉顧客與櫃檯出納員忍耐力的時刻。回想你最近一次辦理旅館退房遷出過程是如何的經驗？櫃檯出納員是否親切和善？你是否因出納員的態度不佳感到氣憤不悅呢？

身爲旅館服務人員應時常謹記自身曾爲住客的經驗。俾與客人接觸時能將心比心，體會其需求，提供親切友善之服務，必可助益業務的經營。

本章將詳細介紹顧客退房遷出作業的程序。其步驟雖不困難，然亦須有條不紊的操作程序，方能協助完成客人此一住館的最後階段。本章將應用電腦管理系統（PMS）的遷出作業模式解說。如同第5章之圖5-11中提及遷出步驟，包括帳卡的準備、帳款修正、出納作業、客帳卡轉存財務部門、遷出報表及客史資料儲存等項目。

延誤登帳的處理

顧客住期間各階段的消費，如房租、房稅、餐飲、代客泊車

表 10-1　延誤登帳將導致營利的損失

未付清之早餐帳款	
每日平均售出早餐數	100
早餐未付比率	× .03
每日餐未付數	3
平均早餐費	× 3.50
每日平均早餐損失費	$10.50
全年日期	× 365
全年早餐未付損失費	$3,832.50

及其他服務費用，都在發生時刻便已登入客帳。惟住客退房之前的消費，可因其他部門的延遲通知，致使未予登錄在客人帳卡上。待客人結清總帳離館他去之後，使形成旅館營業的損失，如表10-1解述。

通常延遲帳項（late charges）多爲退房當日早上顧客消費的早餐、電話費或其他細小服務項目。惟帳項雖小，積少成多亦造成營收的重大損失。如某旅館每日延誤登入二十筆電話帳款，若每筆費用爲50分美元，全年損失將高達3,650美元。

旅館採用電腦化管理系統者，將大大銳減延誤登帳的機會，基於各部門銷售點之作業，如電話部門可與櫃檯電腦連線，則住客發生較晚的消費亦隨即可登入客帳。倘無電腦連線的功能，顧客消費之部門則須即時電話告知櫃檯該客的消費款項，俾使櫃檯將該帳在顧客遷出前登錄完成。旅館電話部與櫃檯須建立有效率的聯絡系統，以確定所有住客電話之消費可被登錄於客帳中。換言之，不採用電腦管理系統作業的旅館，須落實櫃檯與各部門之間的聯絡交通管道，並發展一套策略以確保服務人員共同合作，

旅館春秋

蕭基先生為密西根州底特律市內龐特洽權旅館的客務經理。他認為旅館各部門的聯絡管道如不順暢，將嚴重影響顧客與旅館的財務損失。他指導該部員工應做好萬全準備，來應付以各種方式結清客帳的可能性。尤其是使用現金支付者，前檯服務員應儘量擬出一份可能以現金結帳的住客名單，在每日清晨或特別宴會之前交給櫃檯出納，俾使事前有所準備，結帳作業便可順利完成。蕭基先生並結論，若所有櫃檯服務人員皆能瞭解顧客的需求及可能的客帳變化情況，即時予以調整修正，將會使顧客滿意，而使其在館內的最後一刻亦感到服務的效率與品質。

蕭基經理敘述處理每年一度爵士音樂會來賓客帳情形之聯絡系統的重要性。基於該音樂會不被包括在旅館電腦系統客帳內，是以櫃檯服務人員與出納之間的聯絡便十分重要，方可確保音樂會的帳款得以悉數收回。在音樂會之前，櫃檯員會先行整理出一份參加者使用信用之記錄表交給櫃檯出納，以作參考。並事先為每位參加者建立一個旅館信用帳卡，將之交給前檯備用。音樂會期間，參加者之信用帳卡資訊會隨時予以修正，保持在最新、正確與機密的狀態。當櫃檯服務員或出納發現顧客消費超過信用額度，便立刻與該客面談，俾以瞭解問題所在，而立刻應對解決。

將顧客最後一分鐘的費用，正確並迅速的傳遞至櫃檯客務部，俾以完成登帳業務。

退房遷出作業程序

前檯服務人員須在住客退房之前迅速正確的將客帳登錄完畢，使住客在櫃檯辦理遷出時，其過程將毫無困惑，且快速順利的完成。如若不然，當住客站在櫃檯前亟欲結帳離館，而櫃檯人員仍須四處電詢餐廳、禮品中心或電話總機部門確認帳項，絕對將延誤作業，致使住客不耐而萌生反感。茲以下列步驟敘述退房遷出程序。

1.住客至櫃檯要求退房遷出。
2.前檯服務員親切詢問住館時所接受之產品與服務品質。
3.住客交回客房鑰匙給服務人員。
4.前檯服務員讀取住客帳卡。
5.前檯服務員審閱帳卡是否登錄完備。
6.住客查閱總帳金額與支付金額情形。
7.決定結帳支付使用方法。
8.結清帳款。
9.前檯服務員詢問住客是否需要預訂未來行程的房間。
10.將客帳與相關單據記錄存檔以供夜間稽查員對帳使用。
11.前檯服務員通告相關部門，尤其是房務部，住客離館資訊。
12.由住房架與資訊架上除去離館顧客資料，俾以更新狀況。

遷出作業的主旨在以迅速確實的操作，協助住客結清總帳，歡喜的結束住館之經驗。旅館業者亦希望爲顧客和旅館建立一個良好的遷出系統，否則登帳的錯誤會導致住客與旅館財務上的龐大損失。

旅館業管理人員在規劃業務操作程序時，須謹記設立一個簡明的住客服務目標，同時維持必要之客史資訊，俾以提供旅館各部門作爲推廣及策劃業務的根據。前檯服務員在辦理遷出過程時，若能時時不忘工作目標與作業步驟，工作時必可駕輕就熟，順利進行。以下各節將詳細討論傳統式與電腦管理系統之遷出步驟。

向顧客詢問產品及服務品質

當住客抵達櫃檯辦理退房遷出時，櫃檯出納應詢問住客對住宿、餐飲及其他的服務是否感到滿意。（**圖10-1**）並對住客反應保持高度警覺性，若有類似客房溫度過冷、水量太小、水管漏水或家具破損等意見，須立即通知有關部門主管馬上加以維修，俾以在短期內得以再度售出客房。

基於多數住客不擅於以口頭提出抱怨、不便或讚許的意見，旅館應在客房內放置意見卡，以供住客使用表達意見感言。時下許多著名連鎖旅館，皆由總執行長親自閱覽並回覆住客的意見。小型獨立經營旅館的總經理亦可利用類似方式，親切的向表示不滿住宿經驗的住客個別發出私人信函，以表達歉意或歡迎再度光臨，以期該客獲得良好的服務品質。因此，旅館的聲譽印象可藉由顧客意見的表達，以及公關人員的懇切回覆得以維持。對顧客住宿的感受表示衷心關切亦可引起顧客的歡喜，進而確保旅館營

圖 10-1
顧客辦理退房遷出時，應詢問其住館的感受及服務品質，並確認支付總帳的方式（Photo courtesy of Sheraton Washington Hotel, Washington, D.C.）

前檯經緯

在退房作業過程中，前檯服務員詢問住客對住房的感受，該客表示前晚無法使用房間冷氣機。基於該館政策保證住客100%的滿意度，是以前檯服務員給予該客免費住宿一晚的招待。身為前檯經理，你將如何處理此案？

利。

收回客房鑰匙

基於考慮未來住客的安全及配製鑰匙的費用，使用傳統式金屬客房鑰匙的旅館，必須在退房程序中加入向住客索回該房鑰匙的步驟。客房鑰匙的遺失或未予歸還，將嚴重影響後來住客住房的安全。以有200間房間的旅館爲例，若每間客房應維持在五支鑰匙，則管理人員會發現重配遺失鑰匙，將是一筆爲數不小的花費。同此，某些旅館爲避免損失過大，甚而要求住客支付鑰匙抵押金，待退房繳回鑰匙時再歸還該款。

使用電腦管理系統的旅館便不需過度操心客房鑰匙遺失或退回一事，因電腦系統可輕而易舉的更新樣本鑰匙的電子號碼組合，便可再予使用。儘管採購該系統的最初費用所費不貲，然卻可大大提升住房安全的程度。

讀取並檢查客帳卡

住客在繳回客房鑰匙同時，前檯出納應將該客帳卡由客帳夾中讀取出，俾以確認住客姓名、客房號碼、房價等各類資訊。使用電腦作業系統的旅館則只須由電腦輸入住客姓名，便可將該客帳卡顯示在電腦螢幕上備用，或列印一份帳卡供住客查核。

結清總帳時，住客與櫃檯出納皆應審慎查閱客帳卡。出納員須查對其中明顯款項，如房租與房稅總數及其他細項，如電影租用觀賞費、電話費、禮品中心消費等不被包括在公司機構支付範圍的帳項。同時，出納員亦須詢問住客在退房前是否有其他消費，如早餐或禮品購買等，俾確定登帳完全，以減少營利損失。

旅館住客也必須做最後查閱總帳的工作，確認各帳項及金額。櫃檯服務員應提供一份帳卡明細表給出納員，以備客人查詢。經常被質疑的項目包括有未使用的電話費、餐飲費、商品費、花籃費、洗衣費或電影租用觀賞等。櫃檯出納員可根據客務經理設立的規定，在不超過額度的限制內，給以適當的調整客帳。遵循制定的修正系統來作業，可協助前檯經理有效的控制客帳與調整業務。當顧客提出較大金額款項的疑問時，便應轉交客務經理處理，以避免造成重大損失。

快速退房作業

現今許多旅館已使用電腦管理系統提供的另一種退房的方式。即所謂快速退房作業（in-room guest checkout），以供住客在房間內可審閱其帳卡上的消費項目（**圖10-2**）。因此，住客可在退房日之前晚，依照房間內的指引小冊自行開始辦理退房程序。在退房日清晨經由電視再次審閱最後帳卡情況。如此一來，協助了前檯服務員準備完整的帳卡表，待客人抵達櫃檯使用，大大加速了退房作業。倘若住客遷入登記時已指定使用信用卡或簽帳方式來結帳，該客甚至不需至櫃檯辦理退房作業即可離館。惟對使用現金結帳的住客，須由電腦系統控制，不予該客使用快速退房作業，以避免發生逃帳事件。

圖 10-2
旅館住客可於退房前，在房間內電視螢幕上查閱其帳卡項目（Photo Courtesy of ITT Sheraton Corporation）

支付客帳與收帳的方式

顧客在登記遷入時已指明支付客帳的方式，其中包括信用卡、公司簽帳、現金、個人支票、旅行支票或私人公司記帳卡等。但在退房遷出時，櫃檯人員必須再次確認其支付方式。茲將各類方式分述如下。

信用卡

今日的商務客與一般旅客多使用信用卡來支付各種消費。事實上，使用信用卡對持卡人及旅館雙方皆有利益可言。對持卡人來說，使用信用卡可立即結清消費帳款。尤其是商務客須向公司事先請領旅程所需現金，既不方便亦不安全，反觀使用信用卡便無此困擾。對旅館業者而言，信用卡的使用無疑是確定帳金的收入。歸功於現今商業界使用電腦作業的普遍，旅館可在極短時間內向信用卡公司領回帳款，更增加其接受各種信用卡來支付客帳的意願。

根據現金流動及各信用卡公司的佣金權，旅館客務部和財務部共同訂定一份接受信用卡的優先次序。惟顧客並不知情來使用旅館要求的信用卡類。

旅館接受客人信用卡支付客帳的程度包括了多項步驟，以確實結清總帳。茲分述如下：

1.確認信用卡使用截止日期。
2.檢查旅館列出之房帳金額。
3.向銀行確認該卡信用餘額是否足以支付帳款，並獲取授權。
4.使用刷卡機刷卡以獲取信用卡帳單。
5.在帳單上寫下總帳金額數。
6.請住客過目信用卡帳單並簽名認可。
7.再次檢查信用卡帳單資訊是否與信用卡上的簽名相符。
8.核對客人簽名是否與信用卡上的簽名相符。
9.將信用卡、信用卡帳單顧客聯及房帳顧客聯交給客人備存。
10.依規定作業程序將款數登錄在住客帳卡上。

處理信用卡支付客帳時應謹慎仔細，嚴密遵守每一步驟與規定，毫無例外，以防止不法使用信用卡事件的發生。旅館可設立獎勵辦法來舉發不法使用信用卡之員工，以避免旅館嚴重的財務與名聲的損失。前檯部亦須策劃一套良好作業程序，融入探察不法使用信用卡的方法步驟，並確使前檯安全人員嚴格監督執行。

對使用電腦管理系統的作業者，在獲得信用卡使用授權後，乃採上述相同之信用卡交易步驟來支付旅館帳款。

簽認轉帳

簽認轉帳（bill-to-account, direct billing）乃旅館與個人或公司機構簽訂合約，同意顧客將其消費登入帳卡，而於每月特定日期將總帳單寄給該客或公司俾以收帳。無論是個人或公司簽帳，皆須依其申請書之資訊，由旅館財務部來決定各個帳戶的最高信用額度，是謂旅館信用額（house limit of credit）。該額度因各旅館而有所不同，其考慮因素乃根據顧客可能消費量，以及結算支付總帳款時間的快慢而訂。

公司簽認帳戶申請書上，應詳列使用簽帳的指定人選、工作職位和其簽帳的額度限制。是以旅館可憑資料開發簽帳之使用代號給各個指定人。除申請公司應負責追查簽帳使用人的身分外，旅館出納員亦會確認各簽約公司所授權使用簽帳的顧客。

發給簽認帳戶亦應考量付出的成本效率。旅館方面雖不必給予似信用卡公司的佣金，惟財務部門處理簽帳的登帳作業、郵資與收帳日期等事，而導致現金週轉問題的時間、人力與財力等，皆應列為重要抉擇因素。茲敘述處理簽認轉帳作業程序如下：

1.要求該公司或個人的顧客提出身分證明。
2.確認該客是為授權使用簽帳者。
3.檢查該顧客授權使用之簽帳額度。
4.檢查該簽帳戶是否有未付帳款、遲遲未結帳、多次追帳等不良記錄。
5.確認顧客簽名與資料相符。
6.將帳項款目登錄在旅館簽帳卡上。

現金或私人支票

前檯服務員應對使用現金或私人支票結帳的顧客提高警覺，預防該客在使用設施及服務之後逃帳離店。大多數旅館對此類顧客均要求事先支付某些費用，避免營收損失。同時，前檯服務人員及夜間稽查員亦須嚴密監督該類客人在館內其他消費活動，且不給予授權使用簽帳支付。使用電腦管理系統可自動將該類客人之姓名與客房號碼，在館內各銷售點終端機上凍結，俾使該客必須以現金支付每筆消費。至於一般傳統式登帳系統的作業，前檯服務員即應時時與各部門聯絡，確保該類住客無法將其發生之費用登記在其房帳。

茲將處理現金支付總帳的步驟分述如下：

1.處理外幣時須查閱當日該幣與台幣的兌換率，仔細計算兌換數額。
2.確定兌換過程在櫃檯上當面點清，以避免與出納之現金混淆。
3.保持現金櫃內鈔票之整齊，並依數額大小分類歸放。
4.確定前檯服務人員循相同步驟兌換及清點現金。
5.將現金以清楚聲調點數後當面交給顧客。
6.確定每一過程步驟完成後再進行另一步驟，以避免錯誤發生。
7.開發收據以為憑證。

基於風險過高，絕大多數旅館早已拒收私人支票來結清客帳，是而對用此法支付的顧客造成許多不便及窘狀。但由公司機構開發的商業支票或信用卡公司保障的私人支票，仍為多數旅館接受。茲分述支票付帳處理過程如下：

1.要求出示支票。

2.確認該客是否列在凍結使用支票結帳的黑名單上。

3.確認支票金額與應付帳之金額相符。

4.檢查是否為新開戶之支票，並交由主管核准同意接受。

5.確認支票之持有人姓名、住址與該客出示之身分證明相符。

6.確認支票付款人簽名與該客出示證明之簽名相符無誤。

7.確認使用公司支票或信用卡公司票上簽付的額度在其公司授權範圍內。

8.將結餘現金當面交給顧客。

旅行支票

旅行支票（traveler's checks）乃為向開票銀行或公司機構購買之支票，普遍為旅館接受並使用多年，是為受歡迎支付客帳的方式之一。原因乃在旅行支票視同現金，並不造成旅館須支付開票公司或銀行現金的情形。接受旅行支票付帳時，須要求持票人提出身分證明，並在旅館出納員當面簽寫支票，並確認與支票上已有的持票人簽名相符無誤。出納員應仔細查對該票是否在該票開發公司或銀行提供的拒收支票之列，以避免遭受營利損失。

借支卡

借支卡（debit cards）乃似信用卡之塑膠卡片，背面附有磁條，上含暗碼授權給接受該卡付帳的商家所屬銀行，可由持卡人之銀行帳戶直接收取其消費帳額，以完成轉帳程序。例如，MAC、NYCE、MOST和PLUS等卡。借支卡與信用卡作用相同之處，乃在其保證信用，是而確保支付旅館之款額。不同之處，則在該卡直接並立即由持卡人之銀行帳戶取出款金，而不像信用卡須等至每月固定日期，才寄給持卡人累積的帳單。正當信用卡大行其道，借支卡亦逐漸獲得顧客喜愛，正因信用卡之付款利息日趨昂貴所致。然而不可諱言，信用卡之延遲付費（float）的觀念亦緊緊牽引著顧客的心。某些借支卡表面印有某些信用卡之標籤，乃表示著在接受那些信用卡的商業中心，亦同樣接受該借支卡來付費，而借支卡之處理程序非常類似於信用卡。茲分述如下：

1.由確認機確認借支卡。
2.處理借支卡單據一如客帳上之現金一般。

特殊支付客帳的方法

基於不期因素、緊急狀況、超額使用信用卡或遭竊等原因，住客無法結清全額客帳，前檯服務員或出納應有臨時應對之措施，來協助顧客解決問題。茲將可採取之方法分述如下。

電匯

旅館可協助顧客要求其親戚朋友使用某些私人匯款服務中心，將所須款額電匯（money wire）至旅館鄰近的連鎖辦事中心，再領取同額現金來支付旅館客帳。此法可為旅館多加採用，以解決顧客結清總帳。前檯客務經理甚至可與鄰近之匯款中心共同策劃一套作業方法，並將旅館電話號碼、住址等資訊記存在該中心之聯絡簿內備用。

旅客協助會

旅客協助會成立的宗旨，乃在幫助無法支付因意外事件發生而導致高額費用的他鄉旅客。前檯服務員應列有該組織的電話號碼與住址，以便聯絡要求提供協助。

駕駛人俱樂部

諸如著名的美國AAA駕駛人俱樂部或大型汽車加油站公司，皆提供該俱樂部會員可領取緊急支用現金的服務。當問題出現時，旅館前檯部應將類似著名俱樂部之聯絡電話號碼，迅速提供給需要顧客，不但可助其解決困境，亦確保該客帳可付清結帳。

以上討論明白顯示支付客帳的方法對旅館的營運收支深具影響。前檯服務員須確認每張信用卡使用額度，足以支付顧客住館期間的一切消費，以免造成損失。信用卡公司要求佣金之大小比例，亦對旅館總營收有關鍵性的影響作用。然對於意外因素無法完全支付帳款的顧客，前檯服務人員應表示關心，並盡力提供各種救急管道，如駕駛人俱樂部。俾以協助解決困難，方能顯示旅館衷心服務顧客的高品質目標。

外幣交易

旅館住客中，不乏許多國外旅客。當外國旅客提出國外信用卡來結清總帳時，其信用卡公司將自動依兩國錢幣兌換率處理。惟該客指明欲依其本國貨幣率支付時，則前檯出納員須換算好兌換利率，再行處理結帳手續。至於每日國際貨幣之兌換率，可詢問銀行、財務機構，或由財經報紙獲得。常用之外幣有美金、英鎊、法郎、日圓、加拿大元等諸多國家。

外幣兌換率的計算原則，乃基於在本國內對各國貨幣的需求量而訂。茲以簡例述之。一加拿大旅客欲以加幣支付在美國旅館的500美元帳款。根據當時兌換率，80分加幣對1美元的計算，則：

$$\frac{500\text{（美元）}}{.80\text{（美元）}} = 625\text{（加幣）支付在美國旅館之帳款}$$

同理言之，若英國旅客欲以英鎊支付在美國旅館的500美金帳款，依當時1英鎊對2美元的兌換率計算，則：

$$\frac{500\text{（美元）}}{2\text{（美元）}} = 250\text{（英鎊）支付在美國旅館之帳款}$$

值得注意的是，旅館在收到外幣再將之存入旅館之銀行帳戶，通常須經過一段轉換時日，才能確實將錢款入帳。且因每日貨幣兌換率之變化，亦影響最後入帳的款數。例如，某旅館存入10,000英鎊時確信可獲得20,000美元入帳戶（以2美元兌換1英鎊）。但是在三星期後轉換貨幣時，兩國兌換率已是1.9美元對1英鎊，結果僅得19,000美元（10,000×1.9＝19,000）而非事先計算之數字。爲避免如上述之損失，旅館在接受外幣結帳時，應考慮附加額外費用及支付銀行兌換貨幣的手續費等。譬如，旅館若期望依當時兌換率之10,000英鎊帳款換取20,000美元入帳，即最好以1英鎊換1.9美元的兌換率向外國旅客收取外幣，俾使支付不同兌換率之差額與銀行費用。

前檯經緯

某一旅館住客一改當初欲使用信用卡結清客帳之意願，而以墨西哥幣披索來支付，你將如何處理該事件？

預訂未來住宿客房

退房遷出的過程乃前檯服務員與住客住館期間接觸的最後階段，也是確定顧客爲未來行程預訂客房的大好時機。前檯部應配合行銷部門共同研發一套推銷客房的步驟，以供前檯服務員按圖索驥，將客房售出，茲列舉其程序重點述之。

1. 在進行退房作業之始，先向住客詢問住館期間的服務與經驗。切記談話時目光應注視住客，且仔細聆聽其反應以示尊重。
2. 詢問住客是否會在短期未來回到本地，是否需要預訂客房或協助在其他連鎖店訂房的服務。因住客資料已然建立，故可輕易完成確認訂房作業。若該客急欲離館，亦可事後寄出確認信函，或請訂房員電話聯絡來提供服務。前檯服務員此時工作重點乃在開啓未來之銷售。
3. 繼續退房遷出作業，並保持親切服務態度。若住客對先前問題未予正面答覆，應即時提供離店指導小冊，內亦包含預訂該館客房及連鎖旅館客房的資訊。
4. 親切的向顧客道別，並歡迎再次光臨。
5. 向前檯當班主管呈報顧客對住館期間的負面反應。

6.即刻處理顧客未來訂房作業或知會訂房員追蹤處理。

銷售未來訂房程序亦應列入前檯員工培訓課程，使其熟悉銷售技巧與步驟，以便積極努力推銷。同時，前檯經理應設立獎勵辦法，藉以刺激銷售率的提升。

結清帳卡的處理

顧客結清總帳後，前檯服務員應隨即登錄在該客之帳卡上，與當班出納的轉帳報表上。顧客之帳卡經正確無誤的結清、登錄各項款項後，便可視為顧客的總收據單。

使用傳統式作業系統的旅館，須依賴手操作機器來登錄顧客付清的帳項。茲列述一般作業的程序如下：

1.確認帳卡上客房號碼與該客之房間相符。
2.將帳卡正確的放入登錄機內。
3.登入服務員或出納員之代號。
4.登入總帳款額。
5.登入應支付款額。
6.登入付帳方法，如現金、信用卡等。
7.若使用信用卡則須登入卡號。
8.將帳卡取出。
9.將帳卡顧客聯交給該客。
10.將帳卡旅館聯存檔，以備夜間稽查員核對帳務使用。

上述步驟中要求前檯服務員或出納登入其工作代號之目的，旨在對該項業務負責，俾以日後尋獲正確員工，向其詢問有關問題。確認房號及登入總帳款項，乃在確保登錄的顧客帳卡正確無誤。舉例言之，客房284之帳項結餘為78.74美元，前檯出納卻登入74.78美元，導致3.96美元差額的出現。日間最後一班工作員工之登錄程序，亦要求註明付款的方式，以方便出納員平衡現金與信用卡交易帳。

資料歸檔

所有日間帳務之相關單據資料，如顧客帳卡、收據單、簽帳單或代支單等，應有秩序的予以歸檔，以備夜間稽核使用。值得一提的是以上作業雖看來簡單，惟前檯員工日理萬機，在忙碌不堪的工作狀況下，誤置文件資料的可能性相對提高。是以，每一前檯工作人員皆須以謹慎仔細之態度，將相關單據依系統歸檔，俾助益夜間稽核的作業。

知會相關部門離館顧客

顧客遷出後的另一項重要工作，即是告知各有關部門離館顧客之資訊，俾以確保旅館營運的順利。然此一環節卻時常被疏忽。其不良的溝通，可導致房務部延遲清理已遷出之客房，進而直接影響前檯無法提供客房給疲憊不堪之已訂房顧客，嚴重延誤遷入作業。

一般當班房務部主管皆持有一份房況表（house count sheet），詳列各客房之最新狀態，如已住房、空房、待整中或整修中各種狀況（表10-2）。房務主管須依該表來安排須清理之房間。房務清潔員便依指示前往指定房間，見住客攜行李離去或敲門確認住客已離房後，便可進行清整工作。每一客房因空間大

表 10-2 房務部作業須仰賴最新、正確的房態表

房號	空房(V)	已售房(O)	清整房(OC)	整修房(OOO)	備註
201	●				
202	●				
203	●				
204	●				
205		●			
206		●			
207		●			
208	●				
209		●			
210		●			
211				●	
212			●		

V:空房　O:已售房　OC:清整房　OOO:整修房

小、設備不一，需要不同清潔時間，但平均整理時間大約爲三十分鐘。清潔項目包括更換浴巾、毛巾、床單、清洗衛浴設備、整理家具歸位、吸塵及補充備品等。清整客房工作應以住客離去時才進行爲原則。而前檯分配客房亦根據一般遷出時間後，多爲早上九點至下午遷入時間前，即應將空房整理完畢的假設來安排。由此可見，前檯客務部與房務部在通知離館住客名單之溝通一事的重要性。

電腦化管理系統的優點也在此顯現功能，前檯客務部可將每間客房的動向，如退房、續住、空房、其他住房情況經由電腦連線通知房務部。反之亦然，房務部亦可隨時在系統終端機更新房態，知會客務部以售出空房，提升住宿率。每當顧客遷出後，該

帳卡自住客資料中移除，該客姓名便自動顯現在離館住客單中，可供房務部隨時查詢使用。如此一來，前檯服務員毋需再電話知會某客房已退房；房務部員工亦不需花費許多時間向前檯報告最新房態，惟電話系統仍是電腦系統維修時的後備器材。

前檯服務員亦應一一通知其他部門，如餐飲部、禮品中心、休閒中心、代客泊車部門，以預防接受未授權簽帳的發生。前檯經理應將通知各部門離館住客的工作，納入爲前檯固定業務之一。

除了硬體設備與政策要求之外，旅館員工可謂是落實整體溝通系統的重要關鍵。各部門員工應有負責的態度，確定各工作環節之操作完全無誤。譬如前檯服務會主動確保房態的更新狀況；房務員會通知前檯某房間已整理完畢待售。前檯在僱用新進人員時須仔細選擇適當人選，給予完善的培訓課程，並強調保持各部門間之健康的溝通管道，乃是確保營業順利的關鍵。旅館同仁全體一心，相互協持，共同創造高品質的服務，必能使顧客感到滿意，而有再度光臨的意願，以促使旅館業務的永續和經營利益的提升。

移除住客資料

顧客在辦理遷入登記時，顧客資料便登記在房間架及資訊架上。當顧客遷出離館，該客的資料便必須由相關架上除去。端視各旅館政策的決定是否將除去之資料併入帳卡存檔。若未能及時除去離館資料，將導致無法銷售空房，直接影響房售營收。使用電腦管理系統之旅館須由前檯服務員在住客離館後，將該客姓名、房號由系統中除去，則帳卡資料便會自動消除或存入客史資料，且所有旅館帳戶也將一併取消。

轉移客帳至財務部門

端視支付方式，某些客帳須轉移至後檯財務部做後續處理。例如信用卡收據聯單應移交財務，再依信用卡類別將各細帳款項登入在該類總帳內，如Master卡、VISA卡等。財務出納員應登記信用卡帳爲收入帳。簽帳款項亦須轉至財務部再依規定處理，或可經由電腦系統登記爲收入帳項。惟使用傳統式系統，上述工作則落在前檯員工的身上。

電腦管理系統處理遷出報表

爲瞭解前檯營運狀況，前檯經理需要過目遷出作業的相關報表，其中絕大部分屬於財務方面。電腦系統可依前檯經理的要求，將有關資料歸類分析處理。譬如，各類支付客帳的方式及其總額、客房售出總數、總客房數、各類別客房之售出總數、最新房態、可售空房數、已遷出顧客總數與將遷出顧客總數的比較、提前離館顧客與延期續住顧客的分析等。相同的顧客統計資料亦可存入電腦管理系統之資料檔案，俾使行銷部主任、財務部經理或其他部門主管得以隨時讀取查閱。**圖**10-3、**圖**10-4、**圖**10-5和**圖**10-6例示各類統計資料報表。

圖 10-3　電腦管理系統支付客帳方式報表

2月15日支付客帳方式		
類別	總額	結餘
V	$456.98	$431.56
M/C	598.01	565.20
JCB	4,125.73	3,202.11
Direct bill	105.34	105.34
Cash	395.91	395.91
Totals	$5,681.97	$4,700.12

圖 10-4　電腦管理系統客房銷售報表

9月22日客房銷售				
房類	已售房	可售空房	總售額	住客數
K	35	37	$2,698.12	42
KK	50	50	2,965.09	65
KS	10	15	1,000.54	11
DD	45	50	2,258.36	68
Totals	140	152	$8,922.11	186

圖 10-5　電腦管理系統房間狀態報表

11月1日 2:19下午　房態			
DD	K	KK	KS
104 O	101 OC	201 OC	108 OC
204 V	102 OC	202 OC	109 V
209 V	103 OC	203 OO	205 V
210 OC	105 V	206 V	208 V
211 OC	106 OO	207 V	301 O
304 OC	107 OC	303 O	304 O
309 V	302 O	307 O	308 V
310 V	305 OO		
311 V	306 OC		

圖 10-6　電腦管理系統提前離館報表

週期始自：2月1日					
	2/1	2/2	2/3	2/4	2/5
訂房數	125	54	10	5	2
住館數	125	50	7	3	1
提前離館	0	4	3	2	1
營收損失	0	$480	$630	$480	$300
損失總計	$1,890				

客史資料

顧客資料在離館後便自前檯客務部資料庫移除，依各旅館政策之需要決定是否存入客史資料庫（guest histories）。旅館可將顧客資料依地理因素或人口因素，來分析其類別在住館期間的各種活動，俾以提供市場行銷策略之規劃。如同其他已述優點，電腦管理系統可迅速分析客史資料，簡化人工操作的過程。除整體資料外，個人客史資料亦可方便的自住館登記卡及訂房資料系統中取得。

客史資料中最具價值者首推郵遞區號（zip code），可協助旅館行銷策略規劃者瞭解以往顧客的居住地理位置，以便利選擇適當的宣傳媒體，如廣播電台、電視台或報章雜誌。並配合客史資料提供之顧客人口資料，如性別、年齡、收入、職業、婚姻狀況及生活方式等資訊，來決定旅館的主要行銷客層，或發展一套完整郵寄宣傳小冊，皆直接襄助旅館營運的業績。

行銷部門可由團體住館登記卡及訂房卡中獲得許多有價值的資料，用來開發未來潛在旅館顧客。行銷部人員亦可依據資料聯絡曾住館的各團體、公司、機構的領導人，以爭取未來在館內舉行大型會議及商會的可能性。

企業機構對選擇舉行大型會議的適當地點持非常嚴謹之態度，旅館或其他設施必須有專業能力來處理各種細節安排。是以，對曾經成功辦理過大型會議之旅館便多有青睞。旅館欲爭取各企業的生意首先須博取其信任，相信該旅館能有效的處理訂房、註冊登記遷出作業和維持各種設備的整潔如新。若能獲得舉行會議的機會，便可同時增加旅館客房的銷售。

客史資料亦可顯示顧客使用何種廣告媒介以獲知旅館之資

訊，進而預訂客房或直接抵館住宿（圖10-7）。倘若客史資料分析結果顯示，多數顧客乃經由某旅行社或俱樂部來預訂客房，則旅館銷售部門須加強維護與該單位的密切關係。同時並增加舉辦多種免費社交旅遊〔FAM（familiarization）tours〕，俾以利用機會增進與相關機構的熟悉度，間接的有助於未來客房住宿的營收。受邀相關機構人員，應包括旅行社代表、巴士協會代表、非營利休閒組織、本地各企業公司之交通部經理。除上述免費招待旅遊，各組織代表亦可深入瞭解旅館的服務品質及場地租用的第一手資料。

若旅館自客史資料中獲知曾有70%的企業商務旅客時，必須進一步瞭解在該類公司中，哪一位部門主管是決定旅館預約訂房的業務，如行政助理、交通部經理或總管秘書等。是以旅館方面便可發展一套獎勵辦法，鼓勵上述重要決策人士多多保持聯繫，租用旅館設施。尤有甚者，在某時期內，其租用次數若超過某一標準即可給予獎勵。

圖10-7　電腦管理系統顧客使用廣告媒介之分析表

1月1日至6月30日　客史資料
廣告媒介使用分析

媒介方式	次數	百分比
郵寄廣告	300	30
大型布告板	121	12.1
全國訂房系統	420	42
本地推薦	89	8.9
汽車廣播電台	35	3.5
報紙	35	3.5

無訂房散客資料亦擁有寶貴之市場資訊，以供行銷策略參考。譬如資料顯示大部分旅客是在777號北上高速公路的路邊廣告板上看到該館廣告，是故按圖索驥抵館住宿。則行銷部門便得瞭解該類廣告的有效程度。如若部分旅館客人乃是經由本地加油站或便利商店推薦，則行銷部可考慮在類似生意地點，放置宣傳單或相關資料。為予以酬謝，旅館可提供該店經理人員免費住宿或晚餐。

客史資料中顯示的顧客重複住館記錄，亦為行銷部門有效的線索（圖10-8）。對於多次光臨住宿的顧客，旅館可給予其或其屬

圖 10-8　電腦管理系統之企業商旅客住館分析表

1月1日至1月31之客史資料
企業商客住館次數

企業公司	次數	房號
Anderson Corp.	1/4	10
Anderson Corp.	1/7	2
Anderson Corp.	1/15	5
Dentson Co.	1/5	9
Dentson Co.	1/23	1
Hartson College	1/4	16
Montgomery House	1/20	7
Norris Insurance Co.	1/14	50
Norris Insurance Co.	1/15	65
Norris Insurance Co.	1/16	10
Olson Bakery	1/18	10
VIP Corp.	1/2	10
VIP Corp.	1/9	10
VIP Corp.	1/25	14
VIP Corp.	1/26	17
VIP Corp.	1/28	5
VIP Corp.	1/30	23

公司免費住宿一夜的招待，並同時將顧客與其公司之相關資料，輸入行銷特定對象群的名單，俾於日後宣傳工作使用。

客史資料中亦可顯示各種客房租用的情況。雙人床房是否較特大號床客房受喜用？非吸菸客房是否較吸菸客房受歡迎？企業公司是否多選擇套房加小型廚房給其長期停留的客人住用？諸如以上問題之答案，皆爲旅館業主投資購買及建設的重要參考資料。

顯而易見，客史資料的住宿率分析更可作爲財務部及行銷部預測收支平衡的根據。某價位客房被租用次數的多寡，亦反映了某客層對房租市場價格的敏感程度。倘若房價可作爲住宿率的指標，旅館行銷部門便考慮提升其房價範圍的策略。

瞭解住宿型態對前檯經理安排人力亦頗有助益。對於專注於企業團體顧客的旅館，週日至週四經常爲客滿住宿，惟週五、六、日卻門可羅雀、乏人問津。相反於前者，以一般旅客爲主要服務對象的旅館，週末通常爲住宿尖峰時間，是以前檯經理應視資料分析結果，作適當的人力安排。

藉由電腦管理系統之功能，前檯經理得以輕易的將顧客訂房及住宿登記等客史資料，轉入退房遷出之作業模式。是而簡化遷出作業程序，加快顧客離館的時間。總結上述討論，毋庸置疑的，旅館可利用客史資料依需要分類並作各種分析，以提供旅館作規劃策略的根據，其價值可謂非凡。

解決前言問題之道

前檯經理須查閱電腦管理系統分析表，瞭解何種客房最受歡迎使用，卻不在可售房名單之列。電腦系統亦可提供提前離館住

國際旅館物語

接受國際旅客住館的旅館應特別訓練前檯服務人員，俾使其能處理各國語言、文化及外幣交換等事宜。紐約市布克巨旅館總裁布里那言道：長久以來紐約市一直是吸引西歐客遊覽的首要城市。當東歐國家日漸富有的情形下，紐約市須準備接待龐大的東歐客。從事旅館生涯的服務業者應深刻體會此話的涵義，積極訓練員工俾以熟悉國際旅客的需求。訓練課程應包括學習外國語言、瞭解不同文化的特質，以及各國法條規章的差異，方能成為旅館團隊的菁英份子。因此必能提供外國旅客滿意的服務，促成顧客的再度光臨。

客之意見反應的資訊，以及個人及企業公司的客史資料，以作爲行銷部主管規劃促銷方案之參考根據。

結論

本章詳細討論顧客遷出業務操作的概念與程序步驟。其中包括旅館各營業銷售點即時向前檯部報告，住客退房前所發生費用的重要性，退房遷出作業的細節，並強調前檯部、房務部與餐館部之間的良好溝通管道。對提升服務品質、確保旅館營利的重要性。最後更一一舉例解述客史資料的利用價值，可依各部主管之需要來分類、整合或分析，使成爲旅館制定行銷策略的最佳資訊。

問題與作業

1.敘述延遲登帳的影響性，並舉例解釋該類帳款對旅館總營收的損失情形。
2.退房時爲何前檯服務員須詢問顧客對住館期間的經驗？爲何部門需要此項資訊？
3.收回客房鑰匙對住客有何重要性？又對旅館有何重要性？
4.你認爲住客在退房時應查閱其帳卡嗎？理由何在？
5.試述客房快速退房的步驟。你認爲該退房方式是否方便或只是噱頭？
6.試述顧客使用之各種支付客帳方式，爲何旅館不視每一方式具有同等金錢價值？
7. 試述各種信用卡種類和其對顧客及旅館的利益優點。
8.何謂簽認轉帳？解釋該付款方式的潛在成本。
9.爲何現金不爲最受歡迎的付款方式？
10.何爲公司帳卡？試述其與信用卡之不同。
11.請簡述接受信用卡、簽認轉帳、現金、個人支票與旅行支票爲付款方式的作業程序。
12.某顧客欲以加拿大幣支付439美元的帳款，你應如何處理？
13.你對在退房遷出時向顧客爭取未來訂房一事的看法如何？你應如何向前檯經理建議確保未來訂房的作業步驟？
14.試述以人工操作登錄機處理顧客支付客帳的步驟，並敘述該作業與電腦管理系統處理之差別。
15.爲何夜間稽查員在開始查核工作之前須有條不紊的彙集所有單據資料？

16.爲何前檯服務員須即刻知會房務部與餐飲部離館顧客的名單？

17.爲何前檯服務員須在顧客離店後隨即將該客姓名、房號自客房顯示架及資訊架上移除？試述未完成此步驟對旅館財務的損失情形？

18.何種客帳應轉移至後檯財務部處理？

19.試述何種報表可自退房遷出資訊中獲取，並解釋對旅館營運的貢獻。

20.敘述客史資料對行銷部發展策略扮演的角色。

研究個案 1001

時代旅館總經理李喬丹在經理會議上宣布應更新所有員工訓練手冊，並指示各部門主管須與其員工共同討論，俾以發展出有效的產品。

會議之後，前檯經理馬蒂南茲決定即刻著手進行該事，並通知各班員工領班有關總經理的指示。各位領班對此事感到興奮，但亦感覺該事的繁重與細瑣過程。

經過幾天的作業，馬蒂南茲擬訂了一份更新前檯員工訓練計畫的初稿，其絕大部分內容乃根據顧客住館經驗的意見，並與員工領班共同討論之後，終於完成此更新計畫。

經馬蒂南茲指示，更新計畫中的遷出作業程序，乃由出納主管哈比布負責。哈比布在時代旅館工作五年，曾任餐廳服務員、宴會服務員、前檯服務員等職務，其工作表現一直精確無誤，並以親切和藹的服務態度獲得許多顧客的讚許，不少顧客甚至寄回意見表來讚揚哈比布，在遷出作業過程的優異表現。

馬蒂南茲指示哈比布爲櫃檯遷出作業寫出一份詳細的標準步

驟。

你認馬蒂南兹選擇適當人選了嗎？爲什麼？哈比布應包括哪些作業步驟呢？又，哈比布應包括哪些重要步驟來確保遷出作業的效率？

研究個案 1002

時代旅館行銷部主任加寶先生要求前檯經理馬蒂南兹協助其部門更新旅館客史資料中每年住館一百夜的企業公司名單。馬蒂南兹非常清楚資料更新之事對該部門作業的重要性，便應允全力幫助。

馬蒂南兹知道該項資料處理需要一番努力及時間，便轉向其友葛林丁教授求助，是而獲得兩位主修前檯管理學生的幫助，從事該項資料的分析工作。

會面之前，馬蒂南兹要求兩位學生預先準備一份著重規劃行銷策略與客史資料分析爲主導的相關問題。請協助兩位學生提供該問題單。

第11章

夜間稽核

本章重點

* 夜間稽核對旅館的重要性
* 夜間稽核作業程序

前言

某旅館夜間稽查員在一週前提出辭呈，將於今晚訓練新聘的夜間稽查員，問題在於今晚也將是唯一受訓時間；明日開始，新稽查員便須正式工作。

旅館之財務管理始於前檯客務部門，雖然後檯財務部同樣扮演著重要角色，惟整體業務之始，實有賴於客帳登錄的迅速性及正確性。本章將討論每日客帳與旅館財務的整合與平衡。該業務歸屬夜間稽查員的職責，既繁瑣又費時，但是可以明確的提供發生在旅館內各收入以及消費營業銷售點之顧客及各部門帳務（departmental accounts）的借貸情形（**圖11-1**）。

夜間稽核重要性

夜間稽核（night audit）乃前檯的一項控制作業來查核、平衡住客總帳的款項，旨在核對旅館每日借貸發生與各部門支付單據的情形。是以該業務之意義不但包括以人工操作查對總收入及支出，且促使管理階層深入瞭解帳項的活動。前檯經理因而可將顧客使用信用卡情形與客房銷售狀況，來預測每日現金的流動和各部門營業的預估與實際銷售。

從事旅館職業的學員應瞭解夜間稽核業務，俾以體會個中價值。尤其對旅館當日財務活動，可以提供整體檢閱及評鑑效率的作用，繼而明瞭總經理角色的職務。根據該檢閱結果，總經理便可決定對每日財務應作何種的調整，以達成支出及盈收的指數。

圖 11-1
夜間稽查員查核每日顧客帳卡及各部門財務的活動（Photo courtesy of Palmer House, Chicago, Illinois/Hilton Hotels）

並可評斷推廣計畫和各種作業活動，是否達成其預定之營利目標。夜間稽核的作業報告更可顯現各部門營業細節，是否達到營收標準。由前述可見，夜間稽核乃整合每日旅館營業的實施與操作情形，俾使總經理可根據其整理資料，作最佳與最正確的策略判斷。

夜間稽查員

基於旅館大夜班通常只有夜間稽查員一人，因此除查核每日帳項及準備相關報表外，夜間稽查員尚有許多其他工作職責，包括遷入、遷出作業（尤其在夜間十一時以後的另一波顧客抵館巔峰）、監視防火安全系統、擔任晚間宴會的出納及必要時代理前檯經理應對顧客事宜。換言之，夜間稽查員實際上自晚間十一時至翌日清晨七時扮演著顧客和旅館營業的溝通橋樑，因而可謂前檯部門的重要中樞。

旅館春秋

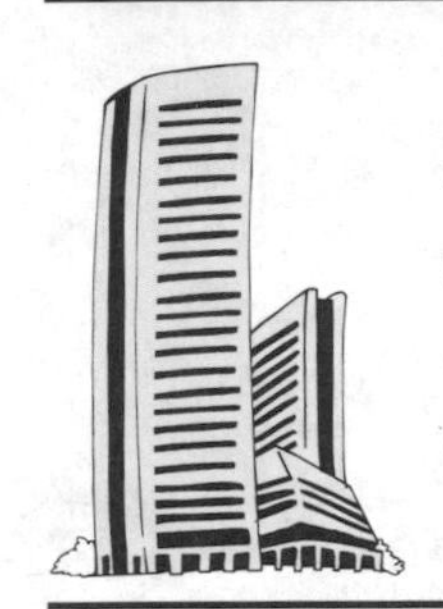

密蘇里州西克斯敦市潭普頓旅棧總經理白特樂，對夜間稽查員的工作非常重視，且認為極具價值。乃因自晚間十一時至隔日清晨七時之大夜班，除安全警衛外，只有夜間稽查員一人當班，獨自操作旅館營運。同時當日白天各項發生帳款、簽帳等單據皆由夜間稽查員一一核對後製成報表，俾於隔日呈報各部門主管查閱。

夜間稽核作業程序

夜間稽查之各類報表對旅館的營運不但重要且實際。管理階層須完全仰賴其資料來鑑定客帳的眞實性，和審查業務營運的有效性（operational effectiveness）。是故協助經理主管人員控制收支及達成獲利目標，而資料的正確性亦具有絕對的影響關鍵。茲以下列基本要點解述夜間稽核的作業：

1.登錄日間客房銷售與稅費。
2.整理客帳消費與支付款項。
3.核對各部門財務款項。
4.查對收入帳項的平衡。
5.核對收入帳項。
6.製作各類稽核報表。

以上步驟對於夜間稽核之永無止境的結算總合，與核對細帳款目助益非凡，且可加速稽核的作業程序。

本章將合併討論人工操作與電腦管理系統（PMS）操作的夜間稽核業務。瞭解人工機器操作過程，有助於前檯經理體會顧客的單項收據，與各營業部門帳務的重要相關性。隨著電腦管理系統的普遍使用，如今夜間稽查員的工作已然簡易許多。惟仍應對該業務的重要環節要有充分的熟悉度，俾確使帳項的登錄無誤及財務借貸收支的平衡。

登錄房租與房稅費用

夜間稽查員在過目日班前檯服務員所留下的各種資料後，其首要工作便是登錄所有客帳房租與房稅作業。此項業務對使用人工機器操作方式的夜間稽查員來說，是件相當費時費力的工作。不但房價、房稅和房號須一一登錄在每一顧客之帳卡中，尚須將帳卡下端最後一行之收支款數（line balance pickup number）結算清楚，繼而將所有客帳卡依分檔系統歸類。顯而易見，該項作業對大型旅館來說，是件相當費時的業務，帳務錯誤的發生亦會相對提高不少。相反的，使用電腦管理系統處理將大量簡化登帳手續。

整理客帳消費及支付款項

使用傳統式人工作業處理顧客的各種消費與支出款項者，須要求各營業部門將各收據、簽帳單及代支單等，遞交至前檯客務部。屆時前檯亦須有一套完整分類系統來歸放這些重要文件。下例乃根據各營業銷售點來分類。

· 餐飲部 #1（早餐）
· 餐飲部 #2（中餐）
· 餐飲部 #3（晚餐）

· 客房服務 #1（早餐）
· 客房服務 #2（中餐）
· 客房服務 #3（晚餐）

· 酒廊 #1（中餐）
· 酒廊 #2（快樂特價時間）
· 酒廊 #3（晚餐）
· 酒廊 #4（娛樂）

· 代客泊車
· 電話費
· 禮品中心
· 三溫暖中心
· 停車場
· 雜項

由上例可見，在各營業銷售點之下更以餐飲時間或功能來細分歸類各種費用單據，俾方便總經理瞭解各部門營業收支情形。

反觀電腦管理系統內，夜間稽核選頁的客帳選項，即具有分類整理和總合所有部門在營業銷售點，由電腦連線登入顧客帳卡的各種消費與支出的款數。只要服務員正確的登入費用，則所有的財務資料便確實無誤，故而提高財務作業及經理人員決策判斷的準確性。

核對各部門財務款項

將各部門財務款項與客帳的對帳是一件非常艱辛的業務。其最終目標應是將每一營業部門的登帳與前檯的報帳記錄核對而無差異。通常可見，即使是一筆小的錯帳也將花費多時，由繁多款

前檯經緯

某旅館之部門帳目平衡表顯示一項餐飲部之早餐款數156美元登錄在許多顧客帳卡上。惟該部門每日營業報表卻顯示該餐飲部只有一則165美元的顧客消費，你認為該差異發生的原因為何？又應如何解決該問題？

項中找尋問題發生的所在，其結果也多源於前檯服務員及出納登錄帳款時的筆誤。

夜間稽查員若使用人工機器作業，須首先將一組借款與一組貸款對帳，俾以測試收支的平衡（trail balance），再一一登錄客帳總數結果在部門帳目報表（D-report）上（圖11-2）。帳務不符的原因有可能緣於各營業部與前檯客務部員工之間溝通的不良，和帳款數目的登錄錯誤。基於上述原因，夜間稽查員應謹慎仔細的將各部門發出的收據、簽帳單與代收單與該部門財務帳總數逐項核對。是以夜間稽查員每夜很可能製作三、四次以上的部門帳目平衡報表。

電腦管理系統夜間稽查選頁中，營業部門之帳務總數選項，可顯示每一部門銷售費用總數，俾以核對該部門之各營業銷售點登錄的顧客費用（圖11-3）。

另一類營業部門帳項亦須核對清楚，即顧客之現金代支數。各家旅館在現金處理上自有系統，某些前檯客務部交由現金部或其他部門來處理顧客在餐廳使用的支票，務使現金轉換作業的集中化。惟其他旅館採用較富彈性的方法，使在營業銷售點便可處理。俾以削減顧客與服務員的不便，是基於禮品中心、酒廊、餐廳與前檯位置的距離，和遞交顧客支票或信用卡的人力浪費。

出納日報表（cashier's report）乃每班出納員製作的每日現

圖 11-2　夜間稽核的部門帳目平衡表列示了各營業部門客帳的總數（Courtesy of The Inn at Reading, Wyomissing, Pennsylvania）

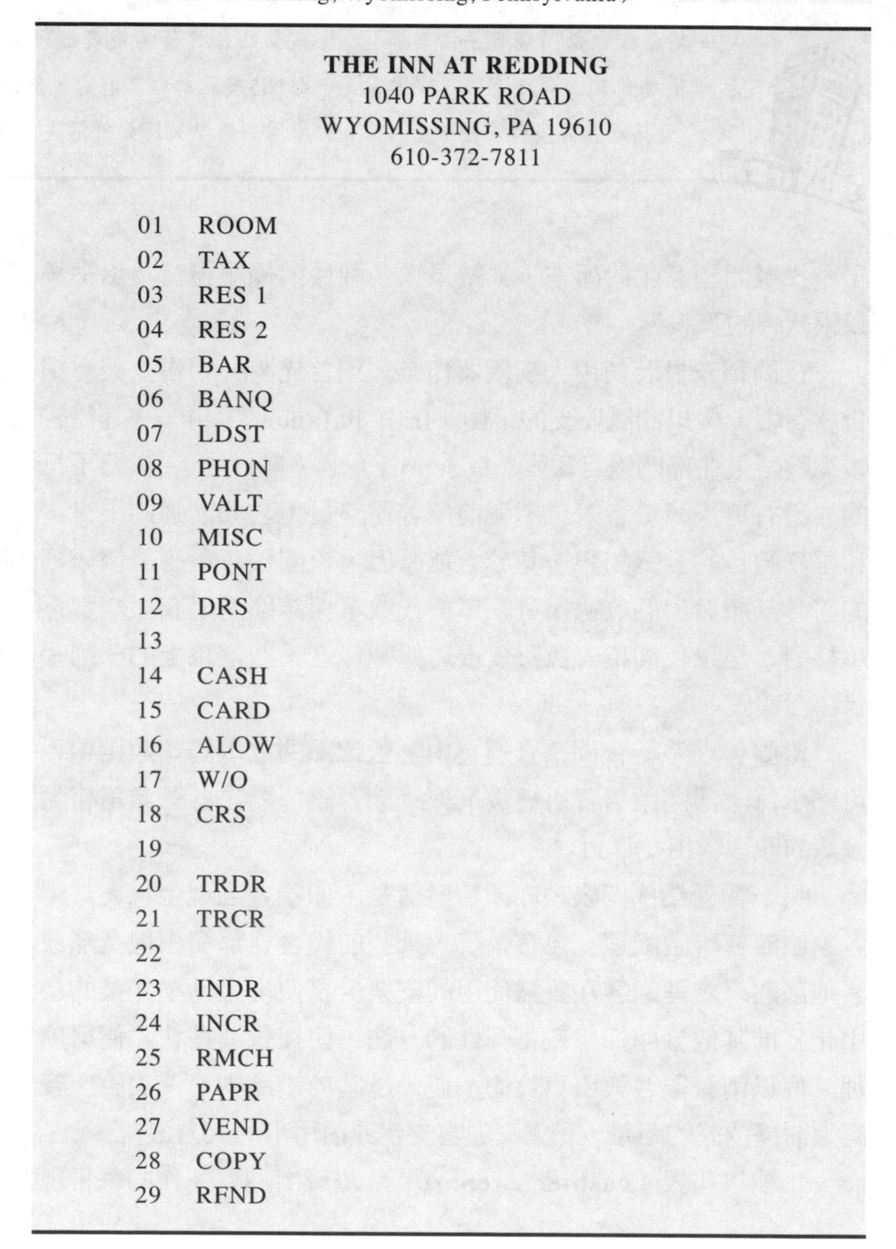

THE INN AT REDDING
1040 PARK ROAD
WYOMISSING, PA 19610
610-372-7811

01	ROOM
02	TAX
03	RES 1
04	RES 2
05	BAR
06	BANQ
07	LDST
08	PHON
09	VALT
10	MISC
11	PONT
12	DRS
13	
14	CASH
15	CARD
16	ALOW
17	W/O
18	CRS
19	
20	TRDR
21	TRCR
22	
23	INDR
24	INCR
25	RMCH
26	PAPR
27	VEND
28	COPY
29	RFND

圖 11-3 電腦管理系統之部門帳務總數選頁列示了客帳款項的費用

3月2日 部門顧客消費	
餐廳 1	$ 212.00
餐廳 2	456.53
餐廳 3	75.00
客房服務	75.47
酒廊 1	24.00
酒廊 2	198.55
洗燙服務	250.00
市內電話	67.45
長途電話	159.91
禮品部	123.00
三溫暖中心	421.09
停車部	95.50
客房部	5,000.00
稅金	250.00
總結	$7,408.50

金控制報表用來顯示現金、信用卡等之現款交易活動（**圖**11-4）。因此第一班出納表上的結餘即爲第二班出納表的第一項帳款額，且當第二班出納工作結束時，前檯服務員須核對該出納表之結餘總數，是否符合實際的現金收入。因該數也是服務員每日應存入銀行的現金數。使用傳統人工作業旅館的每班出納員，包括夜間稽查員，亦須製作該班的出納表，以確保旅館帳務的準確性。

反觀電腦管理系統夜間稽核選頁的現金報表選項，可隨時計算來顯示當班的現金餘額。惟每班前檯出納員仍需核對當班現金結餘款數，與存入銀行的現金數額的相符性。

圖 11-4 前檯出納員製作的報表，主要在維持出納業務的控制（Courtesy of The Inn at Reading, Wyomissing, Pennsylvania）

日期：

目前結餘	$______	加或減	______
運通信用卡	$______	班次：11-7	
大來信用卡	$______	出納員：	______
萬事達／威士卡	$______		
支票	$______	作廢額：$	______
轉帳	$______		
現金	$______		
總結	$______		
目前結餘	$______	加或減	______
前班結餘	$______	班次：7-3	
收入總額	$______	出納員：	______
運通信用卡	$______		
大來信用卡	$______	作廢額：$	______
萬事達／威士卡	$______		
支票	$______		
轉帳	$______		
現金	$______		
總結	$______		
目前結餘	$______	加或減	______
前班結餘	$______	班次：3-11	
收入總額	$______	出納員：	______
運通信用卡	$______		
大來信用卡	$______	作廢額：$	______
萬事達／威士卡	$______		
支票	$______		
轉帳	$______		
現金	$______		
總結	$______		

前檯經緯

某旅館夜間稽查員發現112客房之帳卡中，一筆款項與部門帳務記錄有所不同。該筆登錄為15.42美元的餐飲消費，有別於顧客支票的支付款額51.12美元。你認為夜間稽查員對發覺此事的想法如何？

查對收入帳項的平衡

公司機構簽認轉帳乃旅館前檯客務部收入帳項之一種，如本書第4章曾述，公司簽認帳卡乃為合約授權之財務使用帳戶，或預付未來宴會、會議或招待會之訂金的帳戶。夜間稽查員將此種帳項視同為一般個人簽帳，亦須仔細核對每一項費用的正確性。由此帳戶支用的現金款項亦登列在每日出納報表中。

公司簽帳的額度通常高於個人簽帳之額度（credit balance）。例如，對於合作較佳的公司，旅館可給予10,000～25,000美金的使用額度。旅館依合約同意書亦可先給予某公司信用帳戶，以便先行支付旅館大筆費用。致使未來須召開之會議或宴會時，即可由該信用帳戶中支出25,000～50,000美元以上的數額以供消費。旅館財務部門對於該種帳戶應須嚴密追蹤，並控制結餘以確保現金流通管理的效率。

信用卡主帳戶（master credit card accounts）乃為另一類櫃檯收入帳項，詳細記錄顧客使用各種信用卡來支付消費帳款，如銀行、大型企業公司、獨立公司、俱樂部、加油站所發行的信用卡、Visa卡等即為其中一例。信用卡主帳戶的款額可因旅館大小，提供顧客的服務項目多寡，與向各信用卡公司收帳的速度快慢而有所差異。以一般中型旅館而言，可有高達30,000～50,000美元的信用卡結餘款數，直至獲取信用卡公司之付款支票，該數額才得縮減。惟當顧客繼續使用信用卡時，又會提升其結餘總額。

採用人工機器登帳的夜間稽查員，因須將公司簽帳及信用卡之帳項與各營業部門之帳項比對，以確保無誤。是而，其工作之艱困可想而知。相較之下，使用電腦管理系統之夜間稽查員的工作就來得輕鬆許多。因電腦系統中包括了公司簽帳，以及信用卡簽帳款項的登錄與製作報表的功能。只要選取需要的選項，電腦便可迅速完成作業並列印報告。

製作夜間稽核報表的目標

「為何夜間稽核需要製作查核結果的報表呢？」答案是── 該報表可提供日間各部門營業的財務狀況，俾使總經理能迅速對經營上的問題有所瞭解，是而採取因應措施。夜間稽核報表實可謂為提升旅館營業效率的重要資訊。報表提供的每日住宿率、客房銷售率、平均房租數據，給予各部門經理一個機會做即時反應和適當的調整，顧客也因此增加對客帳精確性的信心。

由夜間稽核報表的各種統計中，不難發現各營業部門財務活動的重要性，以及對提供最佳服務品質的影響程度。同時，各類統計數字也進一步助益各部門策略的訂定和預算的規劃。

製作夜間稽核報表

夜間稽核報表可因每家旅館之管理而有不同設計。某些較重視財務資料。如**圖11-5**例舉以全日財務活動為經緯的夜間稽核報

圖 11-5　夜間稽核報表

Night Audit		Date ______	
	$ Actual	$ Budget	Goal(%)
ROOM	3,750.00	5,250.00	71.43
TAX	262.50	367.50	
RESTAURANT #1	453.89	525.00	86.46
RESTAURANT #2	761.09	535.00	142.26
RESTAURANT #3	420.81	500.00	84.16
TOTAL RST SALES	1,635.79	1,560.00	104.86
SALES TAX	81.79	78.00	104.86
REST #1 TIP	68.08	78.75	86.46
REST #2 TIP	114.16	80.25	142.26
REST #3 TIP	63.12	75.00	84.16
TOTAL REST TIP	245.37	234.00	104.86
ROOM SRV #1	190.00	200.00	95.00
ROOM SRV #2	85.00	100.00	85.00
ROOM SRV #3	175.00	250.00	70.00
TOTAL ROOM SRV	450.00	550.00	81.82
ROOM SRV #1 TIP	28.50	30.00	95.00
ROOM SRV #2 TIP	12.75	15.00	85.00
ROOM SRV #3 TIP	26.25	37.50	70.00
TOTAL RM SRV TIP	67.50	82.50	81.82
BANQ BKFST	457.98	250.00	183.19
BANQ LUNCH	1,439.00	1,500.00	95.93
BANQ DINNER	4,823.90	5,000.00	96.48
TOTAL BANQ	6,720.88	6,750.00	99.57
BANQ BKFST TIP	82.44	45.00	183.19
BANQ LUNCH TIP	259.02	270.00	95.93
BANQ DINNER TIP	868.30	900.00	96.48
TOTAL BANQ TIP	1,209.76	1,215.00	99.57
BANQ BAR LUNCH	55.50	75.00	74.00
BANQ BAR DINNER	450.00	500.00	90.00

（續）圖 11-5　夜間稽核報表

	$ Actual	$ Budget	Goal(%)
TOTAL BANQ BAR	505.50	575.00	87.91
ROOM RENTAL	1,800.00	1,500.00	120.00
LOUNGE #1	78.00	100.00	78.00
LOUNGE #2	459.00	650.00	70.62
LOUNGE #3	85.00	100.00	85.00
LOUNGE #4	691.00	1,000.00	69.10
TOTAL LOUNGE SALES	1,313.00	1,850.00	70.97
LOUNGE TIP #1	15.60	20.00	78.00
LOUNGE TIP #2	91.80	130.00	70.62
LOUNGE TIP #3	17.00	20.00	85.00
LOUNGE TIP #4	138.20	200.00	69.10
TOTAL LOUNGE TIPS	262.60	370.00	70.97
VALET	204.00	200.00	102.00
TELE LOCAL	68.15	75.00	90.87
TELE LONG DIST	196.00	150.00	130.67
TOTAL PHONE	264.15	225.00	117.40
GIFT SHOP	287.00	300.00	95.67
GIFT SHOP SALES TAX	14.35	15.00	95.67
VENDING	317.25	300.00	105.75
SPA	345.00	300.00	115.00
PARKING	471.00	500.00	94.20
TOTAL REVENUE	20,207.44	22,222.00	90.93
Less Paid-outs			
valet	131.50		
tips	0.00		
house	223.52		
TOTAL PAID-OUTS	355.02		
Less Discounts			
room	153.67		

(續)圖 11-5　夜間稽核報表

	$ Actual	$ Budget	Goal(%)
restaurant	65.41		
TOTAL DISCOUNTS	219.08		
Less Write-offs			
rooms	0.00		
restaurant	21.61		
TOTAL WRITE-OFFS	21.61		
Total Paid Out and Noncollect Sales	595.71		
Total Cash Sales	13,578.10		
Today's Outstd A/R	6,033.63		
Total Revenue	20,207.44		
Yesterday's Outstd A/R	65,812.07		
TOTAL OUTSTD A/R	71,845.70		
CREDIT CARD REC'D A/R	15,097.00		
CASH REC'D A/R	23,581.72		
TOTAL REC'D A/R	38,678.72		
BAL A/R	33,166.98	40,000.00	82.92
ANALYSIS OF A/R			
City Ledger	18,241.84		
Direct Bill	3,316.70		
Visa	3,980.04		
M/C	4,975.05		
Amex	2,653.36		
Total A/R	33,166.98		

（續）圖 11-5　夜間稽核報表

D-report（Amts.Posted to Guest Accounts）

Department	$ Amount
Rooms	3,750.00
Tax	262.50
Restaurant	163.58
Sales Tax	8.18
Rest Tip	36.81
Room Serv	450.00
Room Tip	67.50
Lounge	393.90
Lounge Tip	262.60
Valet	204.00
Phone	264.15
Gift Shop	43.05
Gift Sales Tax	2.15
Spa	35.21
Parking	90.00
TOTAL	6,033.63

BANK DEPOSIT		Analysis Bank Deposit:	
Cash	$37,159.82		
Visa	3,774.25	Total Cash Sales	$13,578.10
M/C	6,793.65	Cred Card Rec'd A/R	5,097.00
Amex	4,529.10	Cash Rec'd A/R	23,581.72
TTL BANK DEP	$52,256.82	TOTAL	$52,256.82
AMT TR A/R	$6,033.63		

（續）圖 11-5　夜間稽核報表

Cashier's Report

	Actual	Machine Total	Difference	Analysis Cash Report	
Shift #1					
Cash	$3,715.98	$3,715.98	0.00	Cash Sls	$13,578.10
Cr Cd	1,509.70	1,509.70	0.00	Crd A/R	15,097.00
TOTAL #1	$5,225.68	$5,225.68	0.00	Cash A/R	23,581.72
Shift #2				TOTAL	$52,256.82
Cash	$18,579.91	$18,579.91	0.00		
Cr Cd	9,058.20	9,058.20	0.00		
TOTAL #2	$27,638.11	$27,638.11	0.00		
Shift #3					
Cash	$14,863.93	$14,861.90	$2.03		
Cr Cd	4,529.10	4,529.10	0.00		
TOTAL #3	$19,393.03	$19,391.00	$2.03		
TOTALS	$52,256.82	$52,254.79	$2.03		

	Actual	Budget	Difference
ROOMS AVAIL	100	100	0
ROOMS SOLD	60	75	-15
ROOMS VAC	35	24	11
ROOMS OOO	5	1	4
ROOMS COMP	0	0	0
OCC %	60.00	75.00	-15.00
DBL OCC %	22	51	-29
YIELD %	54	100	-46
ROOM INC	$3,750.00	$5,250.00	-$1,500.00
NO. GUESTS	73	113	-40
AV. RATE	$62.50	$70.00	-$7.50
NO-SHOWS	4	0	4

表。值得注意的是，該表之預算及營業目標二項列。其預算數據乃當日之銷售預估值，而營業目標數據則爲達成預估銷售值的百分比。如果預算值過高於實際銷售值，則意味著某部分作業未能克竟其成。某些旅館經理則對每日累積數據較爲重視，因其較能顯示達成財務目標的全盤情勢。

須注意的是，旅館經理人員欲仰賴夜間稽核報表爲每日營業之財務指標。因其涵蓋的要素過於複雜，一時也許無法盡得其中菁華。惟隨著工作經驗增長，便能清楚瞭解每日報表中各種類型作業的回饋資訊，致使其管理策略更富彈性，必可達成旅館財務目標。

各部門財務總計（Department Totals）

旅館每一部門須將當日銷售記錄遞交前檯客務部。各部門之營業數據須一一登錄，並與預估銷售值相互比較。旅館總經理可依此些數據的比對，瞭解各部門營利狀況及行銷推廣計畫的效率。

各部門客帳總計報表（D-Report）

各部門之總計報表的最終結果亦是爲夜間稽核工作的一部分。此表列示各種顧客帳項費用之總計，用以比對確認各部門銷售的客帳記錄。總經理亦須藉此表來瞭解各部門行銷的反饋，進而裁決是否鼓勵使用旅館銷售點的推銷業務。

銀行存款（Bank Deposit）

銀行存款亦屬夜間稽核業務範疇。基於安全理由，一般大型旅館每日分多次將現金、支票、信用卡支付金等存放銀行。同時亦因前檯在一日中不同的時段獲收顧客支付的現金、交易支票及信用卡公司支付帳款的支票之故，前檯服務員在記錄所收數額之後，便交由前檯出納登錄，以便與個人與公司簽認帳戶之款項核對。

收入帳戶（Accounts Receivable）

收入帳戶乃一持續不斷登錄顧客積欠旅館的帳款帳戶。本書第9章曾論及收入帳戶對旅館現金流暢有關鍵性的影響。旅館財務部及總經理每日之重要功課，便是查閱管理與更新收入帳戶。

出納報表（Cashier's Report）

一般旅館通常有三班出工作時段（爲早班七時至下午三時，晚班下午三時至十一時，和夜班十一時至清晨七時）。大型企業旅館每班可能有多位出納員同時工作，俾以應付繁忙的業務。不論出納人數多寡，每位出納皆須負責處理現金與信用卡的支付，一如電腦管理系統的處理過程。出納報表則因列示當日現金與信用卡，與人工機器登錄總計數的各種信用財務活動，成爲旅館財務控制系統之重要部分。總經理與旅館財務主管的職責之一，便是仔細過目夜間稽核之出納報表，以便找出實際款項收入數據，與登錄總計數據的差異，來顯現前檯出納作業的正確性。

營業部門經理報表（Manager's Report）

經理報表（manager's report）內提供了一日旅館住宿統計，包括住宿率、最高客房銷售率、每日平均房租和顧客總數等資訊。對於評鑑旅館營業操作及盈收，有絕對性的指標作用。是而總經理以下，包括財務主管、前檯經理與行銷部經理，皆須對每日的經理報表內容瞭如指掌，方有助於策略的調整與訂定。

夜間稽核報表數據的檢對公式

茲以下列公式分述如何檢查各項目數據的平衡。

個人簽帳檢對公式

收入總額
－代支和未收帳款
————————
＝每日收入總額
－現金收入總額
－本日簽帳額
————————
＝0

公司機構簽帳檢對公式

昨日簽帳結餘額
＋今日簽帳收入額
————————
＝簽帳收入總額
－信用卡支付簽帳額
－現金支付簽帳款額
————————
＝簽帳平衡額

營業部門財務報表檢對公式

營收總額
－代支總額與未收銷售款額
－現金銷售總額
————————
＝登錄客帳之銷售額
－營業部門報表登錄營收總額
————————
＝0

銀行存款總額

存入銀行款總額

－現金銷售額

－信用卡支付簽帳款額

－現金支付簽帳款額

＝0

客房銷售與稅費

客房銷售數額（room sales figure）代表每日所有房帳款項費用的累積總額，包括房價及其他消費款項，由人工登錄機或電腦管理系統作業提供給夜間稽查員核對。基於該數爲累積額（cumulative total feature），必須仰賴前檯服務員正確的登錄款數。因爲絕大部分的客房收入乃爲旅館營業所得，故經理人員對此數據須嚴密注意。客房銷售數額可由房務部報表中各房間住宿狀態，與當日住宿房數來核對。至於相關消費稅總額（tax cumulative total feature）亦可自電腦系統的累積稅總數選項，或人工操作登錄機作業中獲得該項數據，對向顧客收取稅費及呈報稅務等皆有絕對的幫助。

餐飲銷售總額及稅費

餐飲銷售總額（total restaurant sales figure）包括在旅館餐廳或食物販賣處發生的費用，並以不同的用餐時段作細部分類，如餐飲1代表早餐，餐飲3代表晚餐。視各旅館規定不同，也可將餐飲1代表在A餐廳的費用總額，餐飲2代表游泳池畔的販賣處費用總額。該類費用額可以各部門之每日銷售報表（daily sales report）來核對，其中並包括各營業銷售點之消費記錄及現金交易記錄。旅館產品銷售稅額亦可由每日銷售報表中獲得。

餐廳、客房服務、宴會及酒吧服務員小費

支付旅館人員的小費須予以嚴密控制。基於該費總額須呈報政府相關機構，和該費可能由簽帳、信用卡或服務前檯出納先行代支，因此有必要以各種費用單據來核對此項費用總額。

客房服務銷售

某些旅館將客房服務銷售營收與餐飲銷售總收入分別登記處理，可能是基於配合提升客房服務之行銷需要。因而夜間稽查員亦必須呈報此數額，例如客房服務1可指早餐，2爲午餐，3爲晚餐等之銷售。

宴會銷售

某些旅館提供大型宴會之服務，通常會將宴會銷售費用與餐飲銷售費用分開，而以顧客支票總額類別作報表，並詳列各個宴會帳項費用。夜間稽查員則須查閱旅館活動報表，以確定每一宴會費用皆已登帳。

旅館總經理可依宴會銷售數據來評斷餐飲部經理對此類業務、財務和財務控制的效率。同時亦可瞭解行銷部門推廣生意的效能。不同時段的用餐宴會，如早、中、晚餐須分別記錄，以突顯那一方面的宴會爲最成功，那一方面業務仍有待加強。一如客房銷售數額，宴會銷售額也提供了旅館內現金流動的資訊。例如，某旅館若在週末安排了一個價值325,000美元的宴會，與25,000美元的客房銷售交易營收，則週一到期的帳款便可順利的予以支付。因此不難察覺，旅館財務部門對客房銷售及宴會銷售付予重大寄望，且嚴密注意銷售數據的變化。

宴會吧檯與酒廊銷售費用

此類銷售費用發生於各個迷你吧銷售點，每班迷你吧服務員在工作結束後須向前檯呈報該班之銷售總額。該類費用總額報告便和出納帳項記錄與夜間稽核記錄一起查對。

惟某些餐飲部經理要求宴會吧檯與各個酒廊迷你吧的銷售分別呈報，俾以決裁成本控制的效率。同時，亦使行銷部門瞭解某些行銷計畫與產品推銷之成效。

場地租用

某些旅館場地或房間的出租非為住宿，而是以會議或其他功能為目的。該項銷售費用須以特別場地租用之顧客支票類別來呈報。夜間稽核應檢驗日間活動表，確認宴會經理將費用登錄在正確客帳上。

某些旅館要求宴會場地出租為會議、演講會、展示會或展覽之目的，但不包括飲料、食物等，應以場地出租名義報帳。基於場地在宴會租用的淡季出租，有助旅館營收的利益，總經理應多瞭解行銷部門對提升此項銷售的效能。

代客燙洗服務

代客燙洗（valet）乃旅館提供顧客的服務之一。前檯客務部對此服務須嚴密監督，因大多燙洗作業乃交由館外乾洗或洗衣店處理，並代客支付費用。該項費用應加入旅館之附加服務費登入客帳。某些旅館甚至備有燙洗日誌，詳列燙洗店名稱、代號、日期、費用、服務費、燙洗項目及每日總額等。燙洗費用收據則須妥善保存，以備夜間稽核作業使用。

電話費用

1980年代早期，美國電話產業規格化旅館顧客使用電話的個人記帳費用，其中包括外州長途計費及附加服務費用（surcharge rates）等。自此，電話服務部門乃成爲旅館獲利頗高的單位，基於個人電話費須登入客人帳卡，費用帳務管理的正確性更形重要。

夜間稽查員須由客帳卡上獲取所有電話費用，再逐一列示在電話帳頁內。惟該項作業亦可使用電腦管理系統之選項自動處理。

禮品中心銷售及稅費

旅館之商品中心須將每日銷售數額提報前檯客務部，而採出納費用記錄及營業銷售點之記錄用爲核對工作。有鑑於現金之流動率大，總經理及管理主管皆對該項銷售予以重視及嚴密監督。商品銷售的稅費也應確實向顧客收取並列入報表。

販賣機銷售

旅館內之各種食物商品販賣機的銷售費用亦須收集點數再行登錄。基於數目過多，大型旅館甚而指定專人負責販賣機之銷售費用回收，以及處理報表作業以顯示每日銷售總數。

健身休閒中心

時下眾多旅館皆提供顧客免費使用旅館健身房、游泳池及三溫暖等設備。惟相關備品與服務，如游泳衣、健康產品、器具、按摩服務、運動課程及器材則須予以收費或販賣。因此每一健身休閒設備中心亦應提報營業日報表。某些旅館還開放其健身休閒中心給非住客的一般大眾之收費使用。健身休閒中心銷售之客帳中，有屬公司簽帳支付的部分，則須特別登錄，俾利於每月收帳作業。

停車費

旅館若提供住客或一般大眾代客泊車或場地停車，便須大量現金以敷使用。至於一般大眾則多以現金、公司支票、信用卡或公司帳卡等方式支付一般停車、長期性停車與代客停車等費用。旅館住客之停車費則可能直接登錄在其客帳上。停車場經理每日除製作每班工作時段停車管理的現金，與其他費用款項的報告外，亦須收集停車費收據、現金機之記錄與每日停車費單，以備夜間稽查員統計、總合帳務使用。

總收入額與總取消額

以上所論各項每日帳款總額比對每日實際收入與預測收入的資訊，將給予旅館總經理清晰的概念，並瞭解每日營運情形是否達成旅館之財務目標。

前檯經理每日亦須為客帳簽授無數燙洗服務、服務小費等之代支單，房租與餐飲費用的折扣，以及房租、電話費、餐飲調整費用的取消單據。因此，旅館總經理應嚴格控制該類取消款額，並確定每一代支單收據和轉帳單的核對工作。

現金銷售額與收入帳款的平衡

旅館收入總額包括了現金銷售與簽帳銷售。惟現金銷售額須個別呈報，俾以顯示得自各營業部門的每日現金數額，以及核對確認每日存入銀行的款額。

信用簽帳銷售額則反應每日收入帳款額數，該項款額即為顧客虧欠旅館的費用，但不包括代支費總額、折扣總額及其他費用調整的總數。每日收入帳總額須與前一日收入帳總相加，俾以反應每日累積收入帳總額。

支付信用卡與收入帳現金

旅館財務部門每日都可收到許多宴會、房租等使用信用卡及簽帳帳卡的支付支票，包括個人及公司支票或現金等款項。信用卡公司支付旅館的款數亦涵蓋在此類款項中。旅館總經理應過目該項總額，以決定每日現金之流動率。不可諱言，收入帳現金額必須每日更新，以保持正確訊息。

每日收入帳分析

前檯客務經理衆多的工作之一，乃爲製作每日收入帳的分析表，以顯現收入帳的各種來源，如公司簽帳匯帳與各種信用卡帳。值得注意的是，雖然公司簽帳可能仍有信用的結餘，卻應歸屬在收入帳類。譬如，某顧客爲未來之宴會預付了500美元訂金，其信用結餘便維持在其客帳內。直至信用結餘與用款結餘相對後，貸方結餘便可顯現。旅館財務部須依據此收入帳分析表，來追蹤收入帳的支付狀況（aging of accounts）。如逾期十日未付、三十日未付或六十日未付，有利於追帳作業的設計。

銀行存款與轉入收入帳的款項

旅館每日接受償還客帳、信用卡或收入帳的現金或支票等，須存入旅館在銀行的帳戶，或轉入旅館財務部內部收入帳（internal accounts receivable）。夜間稽查員可提供每日銀行存款的總額。某些信用卡支付款單據則在預付時已視爲現金。所有現金總額與信用卡支付款單據，應與每日現金銷售額及收入帳現

前檯經緯

某旅館電腦管理系統當機失靈，你將建議夜間稽查員如何製作當日之夜間稽查報表？

金總額（但不包括代支款額）相符無誤。夜間稽核列示每日實際收入現金額則應與每日收入帳款額相當。

出納報表

某些旅館前檯服務員或出納員須負責每日確認並收集各部門營業日報表。同時須將現金額與償付信用卡款額，和歸屬收入帳之現金與信用卡支票共列入當班出納報表內。而每班出納報表內容可與各部門營業日報表、現金與信用卡支付單據、收入帳現金、信用卡支票等來查對正確性。

使用出納報表亦可找出實際營收額與登帳機營業數額之差異。而旅館方面須明訂規章來處理造成該項差異之前檯服務員或出納的誠實性。譬如，如果該差異只限於美金一分錢上下，前檯服務員或出納便無須做任何處理。若該差異超越一元美金，便應深入瞭解，如此之損失是否發生尋常。當實際收入款額較出納報表數額爲多，多餘之款額將留存在旅館基金內，以備彌補收入損失的時刻。惟仍應予以追查瞭解多餘部分之原因，至於過度的損失及多餘收入，便須由客帳明細款項中一一核對，俾以查明眞相。

營業統計數據

夜間稽查員尙應製作每日營業統計，以呈報旅館總經理與各部門主管。該份統計乃簡要的回顧當日所有的營業活動，及檢視是否達成營業預算之目標。旅館總經理須依賴該表統計數據，來評鑑各部門作業的績效，其亦提供了現行作業程序是否需要修正預算的訊息。而該表之統計數據也成為旅館營業記錄之部分。

旅館之客房售出數、可售客房數、整修客房數可據客房顯示架及房務報表來檢核正確性（**圖11-6**）。免費招待客房數則可由訂房紀錄、住宿登記卡和客帳予以核對。**圖11-7**例示一簡捷方式來計算住宿率、多重住宿率、最高住房銷售率與每日平均房租。

每日客房收入額可由當日夜班登錄之房租總額，以及半天房租費用資訊中獲得。住客人數則可自客房顯示表決定。訂房未到數應可自訂房數比對確認到館數而得。但須注意的是，保證訂房數並不包括在此統計數內，原因乃在該數已歸類至信用卡收入額，無論顧客抵館與否。

顯而易見，製作夜間稽查報表實為費時費力的作業，故旅館各部門之通力合作，周全的事前計畫，有序之整理歸檔，加以電腦管理系統配合各營業銷售點的確實登錄作業，可大量削減夜間稽核的時間。總言之，精確的夜間稽核報表是為旅館優良管理控制和溝通的關鍵性工具。

解決前言問題之道

前檯經理應規劃一份員工培訓大綱，俾以加強訓練夜間稽查員各項重要作業。訓練課程可始於解釋夜間稽核業務之目的，乃在評鑑旅館財務活動，和監督各營業部門的財務活動情形。訓練大綱應包括登錄房價和房稅、集中處理客帳費用和支付款額、統計各部門財務帳項、進行財務平衡測試、統合收入帳款及製作夜

圖 11-6　房務部報表可提供爲每日客房出售數的核對資料

房務部報表　　日期＿＿＿＿

房間	房態	房間	房態	房間	房態
101	O	134	OOO	167	V
102	O	135	O	168	O
103	O	136	V	169	O
104	O	137	V	170	O
105	V	138	O	171	O
106	V	139	O	172	O
107	O	140	V	173	O
108	O	141	O	174	O
109	O	142	O	175	O
110	O	143	O	176	O
111	O	144	OOO	177	OOO
112	O	145	OOO	178	OOO
113	O	146	O	179	O
114	O	147	O	180	O
115	O	148	V	181	V
116	O	149	V	182	O
117	O	150	O	183	O
118	O	151	O	184	O
119	O	152	O	185	O
120	O	153	O	186	O
121	O	154	O	187	V
122	O	155	V	188	V
123	O	156	V	189	V
124	O	157	O	190	O
125	O	158	O	191	V
126	O	159	O	192	V
127	O	160	V	193	O
128	O	161	V	194	V
129	O	162	V	195	V
130	O	163	O	196	V
131	O	164	O	197	O
132	O	165	O	198	V
133	O	166	V	199	V
				200	V

O：已售房　V：空房　OOO：整修房

旅館春秋

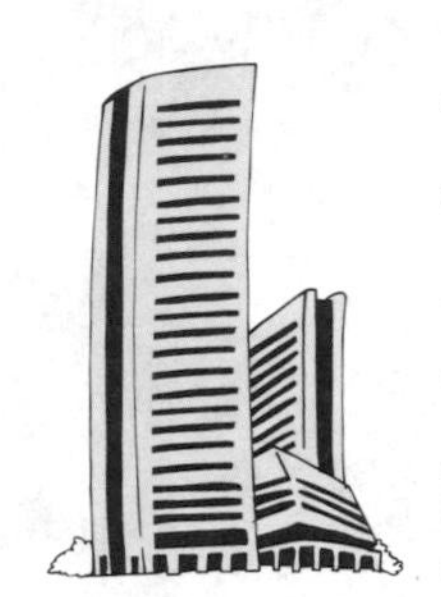

威斯康辛州麥迪森市優西旅館的總經理張蓓蒂，認為夜間稽查員呈報之經理報表乃為旅館營業管理的重要資料。因其數據乃旅館經營業務之重要指標，顯示了每日、月、年之客房出售數額、每日平均房價、每月營收預測目標、每日轉帳總額，以及登錄房價與最高房售價比例的各種重要資訊。

張總經理並言閱讀經理報表的第一項目應是前一日房售數，接著依次為每日平均房價，轉帳總額與當日遷入與遷出之數據。而後再一一檢閱住館顧客數和即將到館顧客數。最後並分送前檯經理與行銷部主管各一份影印副本，以供參考備用。

圖 11-7 下列公式是計算相關營業統計數據的簡易方法

統計	方法
住宿率	$\frac{\text{已售房數}}{\text{可售客房總數}} \times 100$
多重住宿率	$\frac{\text{住客數}-\text{已售房數}}{\text{已售房數}} \times 100$
最高客房銷售率	$\frac{\text{已售房數} \times \text{每日平均房租}}{\text{可售客房總數} \times \text{最高房價}} \times 100$
每日平均房租	$\frac{\text{房租收入}}{\text{已售房數}}$

間稽核報表。同時應介紹各種計算公式，如個人和公司簽帳公式、各部門報表公式、銀行存款公式及計算營業統計數據等。

結論

本章展示了正確製作每日旅館財務總結報表的重要性，並且一一敘述夜間稽核作業的要素。其中包括登錄房價與房稅、彙集客帳及支付費用、統合各部門財務活動、進行財務平衡測試、整合收入帳項、製作夜間稽核報表等。更細述使用登帳人工作業與電腦管理系統作業的情形。最後並討論如何製作夜間稽核報表及其解釋意義。故而，確實無誤的製作夜間稽核報表以及時常更新各項資訊，實對旅館管理團隊調整各種財務計畫助以一臂之力。

問題與作業

1.為何旅館必須每日平衡其營業財務收支？
2.何謂夜間稽核？其作業步驟有哪些？
3.何謂經理報表？其統計數據對旅館總經理有何意義？
4.為何夜間稽核作業必須系統化？
5.請比較使用人工登錄機作業與電腦管理系統處理夜間稽核之差異。你認為何者較有效率？
6.何謂部門業務表？其資料對夜間稽核有何作用？
7.為何夜間稽核作業須包括核對旅館收入帳？旅館收入帳項有哪些種類？

8.試述夜間稽核對每日旅館管理工作的重要性。何人須過目夜間稽核報表？其目的爲何？

9.爲何需要分析旅館收入帳項？

10.爲何每日存入旅館銀行之款額及轉帳款額須列入夜間稽核報表中？各數據代表何種意義？

11.前檯客務經理如何控制前檯之現金流動？

12.試述製作旅館營業統計分析的重要性。

13.試述核對每日住宿率、雙重住宿率、每日平均房租的步驟。

14.試述如何查對最高客房銷售率，以及其對總經理工作的重要性。

研究個案 1101

下列爲時代旅館某日營業財務狀況資料。請使用圖11-8顯示之表格，整合該旅館財務資訊，並列入夜間稽核報表。請注意「總金額」已包括「消費總額」。例如，餐廳 #1爲總額200美元，其中120美元是爲消費的數額。

各部門每日營業銷售報表

	Total $	Charges $		Total $	Charges $
RESTAURANT					
Restaruant #1	200.00	120.00	Tip #1	30.00	30.00
Restaruant #2	293.00	200.00	Tip #2	43.95	43.95
Restaruant #3	425.00	368.50	Tip #3	63.75	63.75
TOTAL	918.00	688.50		137.70	137.70
Sales Tax	45.90	34.42			
ROOM SERVICE					
Room Serv #1	75.00	75.00	Tip #1	11.25	11.25
Room Serv #2	15.00	15.00	Tip #2	2.25	2.25
Room Serv #3	85.00	85.00	Tip #3	12.75	12.75
TOTAL	175.00	175.00		26.25	26.25
BANQUET					
Breakfast	0.00	0.00			
Tip	0.00	0.00			
Lunch	427.00	0.00			
Tip	76.86	0.00			
Dinner	870.00	0.00			
Tip	156.60	0.00			
Banq Bar L	159.00	0.00			
Banq Bar D	0.00	0.00			
Room Rental	0.00	0.00			
LOUNGE					
Lounge #1	35.00	24.00	Tip #1	7.00	7.00
Lounge #2	145.00	125.00	Tip #2	29.00	22.90
Lounge #3	75.00	70.00	Tip #3	15.00	11.00
Lounge #4	250.00	235.50	Tip #4	50.00	50.00
TOTAL	505.00	64.00		101.00	90.90
VALET	64.00	64.00			
PHONE					
Local	25.00	25.00			
Long Dist	45.00	45.00			
TOTAL	70.00	70.00			

(續)各部門每日營業銷售報表

	Total $	Charges $		Total $	Charges $
GIFT SHOP					
Sales	190.00	171.00			
Sales Tax	9.50	8.55			
VENDING					
Machine #01	15.00	0.00			
Machine #02	25.00	0.00			
Machine #03	35.00	0.00			
TOTAL	75.00	0.00			
SPA					
Merchandise	75.00	75.00			
Fees	20.00	20.00			
Misc.	22.00	22.00			
TOTAL	117.00	117.00			
PARKING GARAGE					
Fees	158.00	116.67			
PAID-OUTS					
Valet	47.00				
House	84.84				
TOTAL	131.84				
DISCOUNTS					
Room	0.00				
Restaurant	25.00				
TOTAL	25.00				
WRITE-OFFS			0.00		
Total Cash Sales			1970.47		
Today's Outstanding A/R			4000.25		
Yesterday's Outstanding A/R			15005.00		
Credit Card Rec'd and Applied to A/R			2941.00		
Cash Rec'd and Applied to A/R			1493.00		
A/R					
City Ledger			8014.29		
Direct Bill			1457.12		
Visa			1748.55		
M/C			2185.69		
JCB			1165.70		

（續）各部門每日營業銷售報表

	Total $	Charges $
BANK DEPOSITS		
Cash		3463.47
Visa		735.25
M/C		1323.45
JCB		882.30
CASHIER'S REPORT		
	Actual	Machine Total
Shift #1		
Cash	346.35	346.35
Credit Card	294.10	294.10
Shift #2		
Cash	2078.08	2075.50
Credit Card	1764.60	1764.60
Shift #3		
Cash	1039.04	1044.40
Credit Card	882.30	882.30
STATISTICS		
	Actual	Machine Total
Rooms Available	38	38
Rooms Sold	30	38
Rooms Vac	8	0
Rooms OOO	0	0
Rooms Comp	0	0
Occ %		100
Double Occ %		32
Yield %		100
Room Income	1725.00	2280.00
Room Tax	120.75	
No. Guests	50	50
Ave. Rate		60
No-Shows	8	0

圖 11-8

Times Hotel Night Audit		**Date**________	
	$ Actual	$ Budget	Goal(%)
ROOM	______	2,280.00	______
TAX #1	______	159.60	______
	______	225.00	______
RESTAURANT #2	______	300.00	______
RESTAURANT #3	______	600.00	______
TOTAL RST SALES	______	1,125.00	______
SALES TAX	______	56.25	______
REST #1 TIP	______	33.75	______
REST #2 TIP	______	45.00	______
REST #3 TIP	______	90.00	______
TOTAL REST TIP	______	168.75	______
ROOM SERV #1	______	100.00	______
ROOM SERV #2	______	50.00	______
ROOM SERV #3	______	50.00	______
TOTAL ROOM SERV	______	200.00	______
ROOM SRV #1 TIP	______	15.00	______
ROOM SRV #2 TIP	______	7.50	______
ROOM SRV #3 TIP	______	7.50	______
TOTAL RM SRV TIP	______	30.00	______
BANQ BKFST	______	200.00	______
BANQ LUNCH	______	500.00	______
BANQ DINNER	______	1,000.00	______
TOTAL BANQ	______	1,700.00	______
BANQ BKFST TIP	______	36.00	______
BANQ LUNCH TIP	______	90.00	______
BANQ DINNER TIP	______	180.00	______
TOTAL BANQ TIP	______	306.00	______
TOTAL BAR LUNCH	______	200.00	______
TOTAL BAR DINNER	______	250.00	______
TOTAL BANQ BAR	______	450.00	______
ROOM RENTAL	______	200.00	______
LOUNGE #1	______	100.00	______
LOUNGE #2	______	200.00	______
LOUNGE #3	______	100.00	______
LOUNGE #4	______	350.00	______
TOTAL LOUNGE SALES	______	750.00	______
LOUNGE TIP #1	______	20.00	______

（續）圖 11-8

	$ Actual	$ Budget	Goal(%)
LOUNGE TIP #2	———	40.00	———
LOUNGE TIP #3	———	20.00	———
LOUNGE TIP #4	———	70.00	———
TOTAL LOUNGE TIP	———	150.00	———
VALET	———	75.00	———
TELE LOCAL	———	25.00	———
TELE LONG DIST	———	50.00	———
TOTAL PHONE	———	75.00	———
GIFT SHOP	———	225.00	———
GIFT SHOP SALES TAX	———	11.25	———
VENDING	———	50.00	———
SPA	———	125.00	———
PARKING	———	175.00	———
TOTAL REVENUE	———	8,311.85	———
TOTAL Revenue	———	8,311.85	———
Less Paid-outs			
valet	———		
tips	———		
house	———		
TOTAL Paid-outs	———		
Less Discounts			
room	———		
restaurant	———		
TOTAL Discounts	———		
Less Write-offs			
rooms	———		
restaurant	———		
TOTAL Write-offs	———		
Total Paid-out & Noncollect Sales	———		
Total Cash Sales	———		
Today's Outstd A/R	———		
Total Revenue	———		
Yesterday's Outstd A/R	———		
TOTAL Outside A/R	———		
Credit Card Rec'd A/R	———		
Cash Rec'd A/R	———		
TOTAL Rec'd A/R	———		
BAL A/R	———	15,000.00	———

（續）圖 11-8

	$ Actual	$ Budget	Goal(%)
Analysis of A/R	______		
City Ledger	______		
Direct Bill	______		
Visa	______		
M/C	______		
Amex	______		
Total A/R	______		

Department	Amount
Rooms	______
Tax	______
Restaurant	______
Sales Tax	______
Rest Tip	______
Room Serv	______
Room Tip	______
Lounge	______
Lounge Tip	______
Valet	______
Phone	______
Gift Shop	______
Gift Sales Tax	______
Spa	______
Parking	______
TOTAL CHARGES	______

BANK DEPOSIT	______	Analysis Bank Deposit:	______
Cash	______	Total Cash Sales	______
Visa	______	Cred Card Rec'd A/R	______
M/C	______	Cash Rec'd A/R	______
Amex	______	TOTAL	______
TTL BANK DEP	______		
AMT TR A/R	______		

（續）圖 11-8

Cashier's Report					
	$ Actual	Machine Ttl	Difference	Analysis Cash Report	
Shift #1				Cash Sls	____
Cash	____	____	____	Crd A/R	____
Cr Cd	____	____	____	Cash A/R	____
TOTAL #1	____	____	____		
				TOTAL	____
Shift #2					
Cash	____	____	____		
Cr Cd	____	____	____		
TOTAL #2	____	____	____		
Shift #3					
Cash	____	____	____		
Cr Cd	____	____	____		
TOTAL #3	____	____	____		
TOTALS	____	____	____		

Statistics			
	Actual	Budget	Difference
ROOMS AVAIL	____	____	____
ROOMS SOLD	____	____	____
ROOMS VAC	____	____	____
ROOMS OOO	____	____	____
ROOMS COMP	____	____	____
OCC %	____	____	____
DBL OCC %	____	____	____
YIELD %	____	____	____
ROOM INC	____	____	____
NO. GUESTS	____	____	____
AV. RATE	____	____	____
NO-SHOWS	____	____	____

研究個案 1102

下列爲百齡頓旅館今日營業財務狀況。請使用圖11-9表格，整合此財務資訊並列入夜間稽核報表內。請注意「總金額」包括了「消費總額」。例如，餐廳 #1爲總額200美元，其中120美元是爲消費的數額。

各部門每日營業銷售報表

	Total $	Charges $		Total $	Charges $
RESTAURANT					
Restaruant #1	450.00	200.80	Tip #1	67.50	25.52
Restaruant #2	852.00	424.00	Tip #2	127.80	50.20
Restaruant #3	510.00	100.00	Tip #3	76.50	33.00
TOTAL	1812.00	724.80		271.80	108.72
Sales Tax	90.60	36.24			
ROOM SERVICE					
Room Serv #1	345.00	345.00	Tip #1	51.75	51.75
Room Serv #2	110.00	110.00	Tip #2	16.50	16.50
Room Serv #3	185.00	185.00	Tip #3	27.75	27.75
TOTAL	640.00	640.00		96.00	96.00
BANQUET					
Breakfast	385.00	0.00			
Tip	69.30	0.00			
Lunch	2000.00	0.00			
Tip	360.00	0.00			
Dinner	6000.00	0.00			
Tip	1080.00	0.00			
Banq Bar L	75.00	0.00			
Banq Bar D	1000.00	0.00			
Room Rental	2500.00	0.00			
LOUNGE					
Lounge #1	100.00	40.00	Tip #1	20.00	20.00
Lounge #2	425.00	170.00	Tip #2	85.00	85.00
Lounge #3	125.00	50.00	Tip #3	25.00	25.00
Lounge #4	847.00	338.80	Tip #4	169.00	169.00
TOTAL	1497.00	598.80		299.40	299.40
VALET	586.00	586.00			
PHONE					
Local	95.00	95.00			
Long Dist	330.00	330.00			
TOTAL	425.00	425.00			
GIFT SHOP					
Sales	480.00				
Sales Tax	24.00				

（續）各部門每日營業銷售報表

	Total $	Charges $		Total $	Charges $
VENDING					
Machine #01	53.00				
Machine #02	105.00				
Machine #03	100.00				
TOTAL	258.00				
SPA					
Merchandise	80.00				
Fees	225.00				
Misc.	165.00				
TOTAL	470.00				
PARKING GARAGE					
Fees	525.00				
PAID-OUTS					
Valet	250.00				
House	58.00				
TOTAL	308.00				
DISCOUNTS					
Room	50.00				
Restaurant	25.00				
TOTAL	75.00				
WRITE-OFFS					
Rooms	35.00				
Restaurant	18.99				
Total Write Offs	53.99				
Total Cash Sales		16327.14			
Today's Outstanding A/R		12204.97			
Yesterday's Outstanding A/R		58741.00			
Credit Card Rec'd and Applied to A/R		28115.00			
Cash Rec'd and Applied to A/R		7800.00			
A/R					
City Ledger		10509.29			
Direct Bill		1751.55			
Visa		12260.84			
M/C		7006.19			
JCB		3503.10			

（續）各部門每日營業銷售報表

	Total $	Charges $	Total $	Charges $
BANK DEPOSITS				
Cash		26121.07		
Visa		13060.54		
M/C		9142.37		
JCB		3918.16		
CASHIER'S REPORT				
	Actual	Machine Total		
Shift #1				
Cash	5224.21	5224.21		
Credit Card	2612.21	2612.12		
Shift #2				
Cash	13060.54	13060.54		
Credit Card	20896.86	20896.86		
Shift #3				
Cash	7836.32	7836.32		
Credit Card	2612.11	2612.11		
STATISTICS				
	Actual	Machine Total		
Rooms Available	115	38		
Rooms Sold	90	38		
Rooms Vac	24	0		
Rooms OOO	1	0		
Rooms Comp	0	0		
Occ %		100		
Double Occ %		32		
Yield %		100		
Room Income	7500.00	8000.00		
Room Tax	525.00	560.00		
No. Guests	100	105		
Ave. Rate		60		
No-Shows	5	0		

圖 11-9

Barrington Hotel Night Audit		Date ______	
	$ Actual	$ Budget	Goal(%)
ROOM	______	7,800.00	______
TAX	______	546.00	______
RESTAURANT #1	______	498.00	______
RESTAURANT #2	______	950.00	______
RESTAURANT #3	______	465.00	______
TOTAL RST SALES	______	1,913.00	______
SALES TAX	______	95.65	______
REST #1 TIP	______	74.70	______
REST #2 TIP	______	142.50	______
REST #3 TIP	______	69.75	______
TOTAL REST TIP	______	286.95	______
ROOM SERV #1	______	335.00	______
ROOM SERV #2	______	100.00	______
ROOM SERV #3	______	250.00	______
TOTAL ROOM SERV	______	685.00	______
ROOM SRV #1 TIP	______	50.25	______
ROOM SRV #2 TIP	______	15.00	______
ROOM SRV #3 TIP	______	37.50	______
TOTAL RM SRV TIP	______	102.75	______
BANQ BKFST	______	250.00	______
BANQ LUNCH	______	1,500.00	______
BANQ DINNER	______	5,000.00	______
TOTAL BANQ	______	6,750.00	______
BANQ BKFST TIP	______	45.00	______
BANQ LUNCH TIP	______	270.00	______
BANQ DINNER TIP	______	900.00	______
TOTAL BANQ TIP	______	1,215.00	______
TOTAL BAR LUNCH	______	75.00	______
TOTAL BAR DINNER	______	850.00	______
TOTAL BANQ BAR	______	925.00	______
ROOM RENTAL	______	2,000.00	______
LOUNGE #1	______	110.00	______
LOUNGE #2	______	575.00	______
LOUNGE #3	______	195.00	______
LOUNGE #4	______	1,000.00	______
TOTAL LOUNGE SALES	______	1,880.00	______
LOUNGE TIP #1	______	22.00	______

（續）圖 11-9

	$ Actual	$ Budget	Goal(%)
LOUNGE TIP #2	———	115.00	———
LOUNGE TIP #3	———	39.00	———
LOUNGE TIP #4	———	200.00	———
TOTAL LOUNGE TIPS	———	376.00	———
VALET	———	350.00	———
TELE LOCAL	———	75.00	———
TELE LONG DIST	———	250.00	———
TOTAL PHONE	———	325.00	———
GIFT SHOP	———	400.00	———
GIFT SHOP SALES TAX	———	20.00	———
VENDING	———	300.00	———
SPA	———	355.00	———
PARKING	———	500.00	———
TOTAL REVENUE	———	2,6825.35	———
TOTAL REVENUE	———	2,6825.35	———
Less Paid-outs			
valet	———		
tips	———		
house	———		
TOTAL PAID-OUTS	———		
Less Discounts			
room	———		
restaurant	———		
TOTAL DISCOUNTS	———		
Less Write-offs			
rooms	———		
restaurant	———		
TOTAL WRITE-OFFS	———		
Total Paid-out & Noncollect Sales	———		
Total Cash Sales	———		
Today's Outstd A/R	———		
Total Revenue	———		
Yesterday's Outstd A/R	———		
TOTAL OUTSTD A/R	———		
CREDIT CARD REC'D A/R	———		
CASH REC'D A/R	———		
TOTAL REC'D A/R	———		
BAL A/R	———	3,8000.00	———

（續）圖 11-9

	$ Actual	$ Budget	Goal(%)
ANALYSIS OF A/R			
City Ledger			
Direct Bill			
Visa			
M/C			
Amex			
TOTAL A/R			

Department	Amount
Rooms	
Tax	
Restaurant	
Sales Tax	
Rest Tip	
Room Serv	
Room Tip	
Lounge	
Lounge Tip	
Valet	
Phone	
Gift Shop	
Gift Sales Tax	
Spa	
Parking	
TOTAL CHARGES	

BANK DEPOSIT		Analysis Bank Deposit:	
Cash		Total Cash Sales	
Visa		Cred Card Rec'd A/R	
M/C		Cash Rec'd A/R	
Amex		TOTAL	
TTL BANK DEP			
AMT TR A/R			

（續）圖 11-9

Cashier's Report					
	$ Actual	Machine Ttl	Difference	Analysis Cash Report	
Shift #1				Cash Sls	______
Cash	______	______	______	Crd A/R	______
Cr Cd	______	______	______	Cash A/R	______
TOTAL #1	______	______	______		
				TOTAL	______
Shift #2					
Cash	______	______	______		
Cr Cd	______	______	______		
TOTAL #2	______	______	______		
Shift #3					
Cash	______	______	______		
Cr Cd	______	______	______		
TOTAL #3	______	______	______		
TOTALS	______	______	______		

Statistics			
	Actual	Budget	Difference
ROOMS AVAIL	______	______	______
ROOMS SOLD	______	______	______
ROOMS VAC	______	______	______
ROOMS OOO	______	______	______
ROOMS COMP	______	______	______
OCC %	______	______	______
DBL OCC %	______	______	______
YIELD %	______	______	______
ROOM INC	______	______	______
NO. GUESTS	______	______	______
AV. RATE	______	______	______
NO-SHOWS	______	______	______

研究個案 1103

下列爲肯東旅館今日營業財務狀況。請使用圖11-10表格，整合此財務資訊並列入夜間稽核報表內。請注意「總金額」包括了「消費總額」。例如，餐廳 #1爲總額200美元，其中120美元是爲消費的數額。

各部門每日營業銷售表

	Total $	Charges $		Total $	Charges $
RESTAURANT					
Restaurant #1	895.00	200.80	Tip #1	134.25	25.52
Restaurant #2	1950.00	424.00	Tip #2	292.50	50.20
Restaurant #3	2745.00	100.00	Tip #3	411.75	33.00
TOTAL	5590.00	724.80		838.50	108.72
Sales Tax	279.50	36.24			
ROOM SERVICE					
Room Serv #1	541.00	345.00	Tip #1	81.15	51.75
Room Serv #2	400.00	110.00	Tip #2	60.00	16.50
Room Serv #3	750.00	185.00	Tip #3	112.50	27.75
TOTAL	1691.00	640.00		253.65	96.00
BANQUET					
Breakfast	1250.00	0.00			
Tip	225.00	0.00			
Lunch	3200.36	0.00			
Tip	576.00	0.00			
Dinner	27054.36	0.00			
Tip	4869.78	0.00			
Banq Bar L	250.00	0.00			
Banq Bar D	5250.50	0.00			
Room Rental	1500.00	0.00			
LOUNGE					
Lounge #1	358.00	40.00	Tip #1	71.60	3.00
Lounge #2	518.00	170.00	Tip #2	103.60	12.76
Lounge #3	65.00	50.00	Tip #3	13.00	3.75
Lounge #4	854.00	338.80	Tip #4	170.80	25.40
TOTAL	1795.00	598.80		359.00	44.91
VALET	1200.00	586.00			
PHONE					
Local	120.00	95.00			
Long Dist	491.00	330.00			
TOTAL	611.00	425.00			
GIFT SHOP					
Sales	750.00	240.00			
Sales Tax	37.50	12.00			

（續）各部門每日營業銷售報表

	Total $	Charges $		Total $	Charges $
VENDING					
Machine #01	125.00				
Machine #02	150.00				
Machine #03	150.00				
TOTAL	425.00				
SPA					
Merchandise	150.00	80.00			
Fees	650.00	225.00			
Misc.	57.00	47.00			
TOTAL	857.00	352.00			
PARKING GARAGE					
Fees	795.00	315.00			
PAID-OUTS					
Valet	250.00				
House	58.00				
TOTAL	308.00				
DISCOUNTS					
Room	125.00				
Restaurant	64.00				
TOTAL	189.00				
WRITE-OFFS					
Rooms	95.00				
Restaurant	6.58				
Total Write Offs	101.58				
Total Cash Sales		5033.51			
Today's Outstanding A/R		25309.20			
Yesterday's Outstanding A/R		65987.21			
Credit Card Rec'd and Applied to A/R		32800.00			
Cash Rec'd and Applied to A/R		8952.46			
A/R					
City Ledger		14863.19			
Direct Bill		2477.20			
Visa		17340.38			
M/C		9908.79			

（續）各部門每日營業銷售報表

	Total $	Charges $	Total $	Charges $
JCB		4954.40		
BANK DEPOSITS				
Cash		46043.99		
Visa		23021.99		
M/C		16115.40		
JCB		6906.60		
CASHIER'S REPORT				
	Actual	Machine Total		
Shift #1				
Cash	9208.80	9208.80		
Credit Card	4604.40	4604.40		
Shift #2				
Cash	23021.99	23021.50		
Credit Card	36835.19	36834.20		
Shift #3				
Cash	13813.20	13812.10		
Credit Card	4604.40	4604.40		
STATISTICS				
	Actual	Machine Total		
Rooms Available	175	175		
Rooms Sold	145	150		
Rooms Vac	27	24		
Rooms OOO	3	17		
Rooms Comp	0	0		
Occ %		100		
Double Occ %		32		
Yield %		100		
Room Income	15500.00	14950.00		
Room Tax	1085.00	1046.50		
No. Guests	195	200		
Ave. Rate		60		
No-Shows	5	0		

圖 11-10

Canton Hotel Night Audit		Date ______	
	$ Actual	$ Budget	Goal(%)
ROOM	______	14,950.00	______
TAX	______	1,046.50	______
RESTAURANT #1	______	800.00	______
RESTAURANT #2	______	2,000.00	______
RESTAURANT #3	______	2,500.00	______
TOTAL RST SALES	______	5,300.00	______
SALES TAX	______	265.00	______
REST #1 TIP	______	120.00	______
REST #2 TIP	______	300.00	______
REST #3 TIP	______	375.00	______
TOTAL REST TIP	______	795.00	______
ROOM SERV #1	______	525.00	______
ROOM SERV #2	______	375.00	______
ROOM SERV #3	______	525.00	______
TOTAL ROOM SERV	______	1,425.00	______
ROOM SRV #1 TIP	______	78.75	______
ROOM SRV #2 TIP	______	56.25	______
ROOM SRV #3 TIP	______	78.75	______
TOTAL RM SRV TIP	______	213.75	______
BANQ BKFST	______	1,500.00	______
BANQ LUNCH	______	4,500.00	______
BANQ DINNER	______	25,000.00	______
TOTAL BANQ	______	31,000.00	______
BANQ BKFST TIP	______	270.00	______
BANQ LUNCH TIP	______	810.00	______
BANQ DINNER TIP	______	4,500.00	______
TOTAL BANQ TIP	______	5,580.00	______
TOTAL BAR LUNCH	______	315.00	______
TOTAL BAR DINNER	______	5,000.00	______
TOTAL BANQ BAR	______	5,315.00	______
ROOM RENTAL	______	1,800.00	______
LOUNGE #1	______	350.00	______
LOUNGE #2	______	525.00	______
LOUNGE #3	______	100.00	______
LOUNGE #4	______	1,000.00	______
TOTAL LOUNGE SALES	______	1,975.00	______
LOUNGE TIP #1	______	70.00	______

（續）圖 11-10

	$ Actual	$ Budget	Goal(%)
LOUNGE TIP #2	——	105.00	——
LOUNGE TIP #3	——	20.00	——
LOUNGE TIP #4	——	200.00	——
TOTAL LOUNGE TIPS	——	395.00	——
VALET	——	1,005.00	——
TELE LOCAL	——	110.00	——
TELE LONG DIST	——	500.00	——
TOTAL PHONE	——	610.00	——
GIFT SHOP	——	625.00	——
GIFT SHOP SALES TAX	——	31.25	——
VENDING	——	410.00	——
SPA	——	600.00	——
PARKING	——	650.00	——
TOTAL REVENUE	——	73,991.50	——
TOTAL REVENUE	——	73,991.50	——
Less Paid-outs			
valet	——		
tips	—		
house	——		
TOTAL PAID-OUTS	——		
Less Discounts			
room	——		
restaurant	——		
TOTAL DISCOUNTS	——		
Less Write-offs			
rooms	——		
restaurant	——		
TOTAL WRITE-OFFS	——		
Total Paid-out & Noncollect Sales	——		
Total Cash Sales	——		
Today's Outstd A/R	——		
Total Revenue	——		
Yesterday's Outstd A/R	——		
TOTAL OUTSTD A/R	——		
CREDIT CARD REC'D A/R	——		
CASH REC'D A/R	——		
TOTAL REC'D A/R	——		
BAL A/R	——	45,000.00	——

（續）圖 11-10

	$ Actual	$ Budget	Goal(%)
ANALYSIS OF A/R	______		
City Ledger	______		
Direct Bill	______		
Visa	______		
M/C	______		
Amex	______		
TOTAL A/R	______		

Department	Amount
Rooms	______
Tax	______
Restaurant	______
Sales Tax	______
Rest Tip	______
Room Serv	______
Room Tip	______
Lounge	______
Lounge Tip	______
Valet	______
Phone	______
Gift Shop	______
Gift Sales Tax	______
Spa	______
Parking	______
TOTAL CHARGES	______

BANK DEPOSIT	______	Analysis Bank Deposit:	______
Cash	______	Total Cash Sales	______
Visa	______	Cred Card Rec'd A/R	______
M/C	______	Cash Rec'd A/R	______
Amex	______	TOTAL	______
TTL BANK DEP	______		
AMT TR A/R	______		

（續）圖 11-10

Cashier's Report

	$ Actual	Machine Ttl	Difference	Analysis Cash Report	
Shift #1				Cash Sls	______
Cash	______	______	______	Crd A/R	______
Cr Cd	______	______	______	Cash A/R	______
TOTAL #1	______	______	______		
				TOTAL	______
Shift #2					
Cash	______	______	______		
Cr Cd	______	______	______		
TOTAL #2	______	______	______		
Shift #3					
Cash	______	______	______		
Cr Cd	______	______	______		
TOTAL #3	______	______	______		
TOTALS	______	______	______		

Statistics

	Actual	Budget	Difference
ROOMS AVAIL	______	______	______
ROOMS SOLD	______	______	______
ROOMS VAC	______	______	______
ROOMS OOO	______	______	______
ROOMS COMP	______	______	______
OCC %	______	______	______
DBL OCC %	______	______	______
YIELD %	______	______	______
ROOM INC	______	______	______
NO. GUESTS	______	______	______
AV. RATE	______	______	______
NO-SHOWS	______	______	______

第12章

前檯服務業務管理

本章重點

* 最佳服務對旅館顧客與業主的重要性
* 提供最佳服務的管理
* 全品質服務管理的應用
* 服務管理方案的發展

前言

還出作業過程中，前檯服務員以憨直的口氣告訴顧客：對不起！我無法為您解釋那項7.5美元長途電話費的問題，您必須在一旁等待我們經理來處理，只有我們經理才有權利決定可不可以還你那筆費用。

親切慇勤的款待顧客乃旅館產業的核心工作，其包括提供客房租賃、餐飲、會議設備、客房預訂、旅館問詢及本地觀光景點資訊等。最佳的服務（hospitality）乃爲一主觀意識，是顧客獲得的服務之感受程度，並反應著旅館營利的成功與否。可想而知，顧客若不認爲得到服務人員的尊敬或所付金額之相同代價的服務，便會轉向其他可提供更佳服務的旅館。本章的目標在提升旅館業同仁提供專業服務品質的認知與重要性，以及對個人事業延續的幫助（圖12-1）。

本章內容架構乃受到早期商界管理諮商前輩卡爾阿爾伯切

圖 12-1
旅館員工的良好服務將保證顧客住館期間之最佳經驗（Photo courtesy of Palmer House, Chicago, Illinois/Hilton Hotels）

（Karl Albercht）和朗忍基（Ron Zemke）之著作《美洲的服務》（*Service America*, 1985）的服務觀念啓發，並配合本書作者多年在餐旅業實務之經驗而完成。基於前檯服務人員乃顧客最先及最後接觸的旅館員工，其服務品質的好壞影響著顧客對該旅館服務的整體形象。是故，專闢一章來探討櫃檯服務情形實爲必要。

最佳服務的重要性

最佳服務品質的提供乃旅館顧客及業主雙方所共同期許的。每位顧客皆期待在住館間能得到最好的服務。提供親切的招待不但具有正面效應，亦確使顧客可享受最好的服務經驗。以服務商務旅客爲主的旅館，須注意其顧客之服務應強調在準時及彈性化。基於該類顧客可能多在夜間抵館，清晨離館，故旅館餐廳應予以配合，準備快速且健康的早餐服務。清晨叫醒服務（wake-up）亦須正確的按時叫醒住客。旅館亦應設有辦公場所，備有文書處理、電話系統、傳眞影印、電腦等功能設備俾以提供使用。參加大型會議的住客可能要求提早遷入、延遲遷出、或各類的旅館全套服務。譬如，大會於週二午間開幕，顧客在當日清晨九時抵館，而須即時遷入客房梳洗整頓一番，俾使在中午之前一切就緒。倘若大會預定在週日下午三時閉幕，參加顧客就可能需要延遲遷出退房的時間。另者，在住館期間參加會議的顧客因爲會議時間的衝突，可能要求彈性開放游泳池、健身中心、酒廊、娛樂節目、禮品店、咖啡店及其他營業服務場所的使用時間。國際旅客更有需要協助其使用各種電器用品、兌換錢幣或解說重要場所的地理位置等服務。

旅館的經營成敗，端賴款待顧客之良窳。旅館服務人員須利用所有機會提供最佳服務。正如雷迪森旅館企業（Radisson Hotel）的諾蘭德（John Norlander）說道：「每年雷迪森有1,200萬顧客進出旅館，假設每位顧客住館期間有十二次接觸門房、櫃檯服務員及其他館內人員的機會。則總計旅館人員有14,400萬次機會給予顧客正面及負面的印象[1]。」由此可見，失去任一提供良好服務的機會，將可影響旅館營利的成功性。如阿爾伯切和忍基在其書中言道：

> 一般來說，每一旅館不應獲有96%失望顧客的抱怨。舉例言之，若某旅館有26位顧客不滿意所受款待，其中只有6位屬於嚴重失望者。但通常情況下，抱怨之顧客要較不抱怨顧客有可能再度光臨同一旅館，即使其不滿意之服務並未完全改進。如果所抱怨之問題皆已解決，54%～70%的抱怨顧客會再回到同一旅館。如果問題能快速解決，則再度光臨機率甚至可高達95%。從另一角度觀之，每一位不滿意顧客可將該問題及旅館轉告20位以上的親友，每一抱怨顧客在獲得滿意解決問題後，則可能分享5人以上的親友其所得到的經驗[2]。

由上述言論來看，慇勤款待顧客究竟對旅館業者有何意義呢？顯而易見，顧客若無法獲得期待的滿意招待，不但會轉投至其他競爭同業甚而影響其親朋好友放棄使用該家旅館。旅館業者深諳市場競爭情形，將明白此類負面廣告作用對旅館營業收益的重大影響。茲以下列解述不良服務品質對旅館經營的影響。

假設某日某旅館無法提供10位顧客滿意的服務，其中只有1位顧客正式提出抱怨。如該問題即刻獲得解決，此顧客必然有再度光臨的意願，同時可能改變5位親友轉而投宿該旅館，反觀其他

國際旅館物語

世界各國旅館供應服務的標準各有不同。某些旅館根據所訂定之標準作業程序提供服務，某些則著重服務提供之方法和過程。主要乃因各國文化傳統之差異而導致提供服務程度之不同。譬如，某些文化視服務他人為較卑微地位之工作，是以遵循標準化程序來作業。惟某些文化將服務視為專業工作，積極鼓勵員工利用機會多多注意、關心、照顧和協助客人，並配合其需要而感滿意。故以傳統上不視服務為上的旅館，須加強訓練系統，俾使員工能成功的提供令顧客滿意的最佳服務。

9位不滿意顧客雖未向旅館服務員提出抱怨，但必不會再登門光顧，且可能轉告其他20位親友有關該館之不良經驗，因此總計將有近180人得知該旅館服務不佳的印象。倘若該不良事件發生一年三百六十五日，結果就將有68,985人對該旅館產生負面不良印象〔（180位被告知者＋9位不滿意顧客）×365日〕，而只有2,190人獲得正面印象〔（5位被告知者＋1位滿意顧客）×365日〕。

換言之，上述不良印象人數對旅館之財務經營可謂是龐大而可怕的影響。因此旅館對顧客提供最佳的服務，應是絕對性而不是選擇性，並且是服務的標準化作業。

提供最佳服務的管理

欲提供顧客最滿意的服務，不僅需要前檯經理立下決心與工作人員一同努力，更要實際付諸行動，發展一套服務管理計畫（service management program）爲指引，強調迎合顧客之需求爲主旨，俾使達成旅館財務目標。該計畫須根基於優良的管理原則及旅館全體員工達成目的之堅強意願。

管理的角色

有鑑於前檯服務員，電話總機員與門房行李員乃顧客進入旅館首先接觸的前檯旅館員工，其服務態度、行爲言語直接的代表了旅館整體服務品質的標準。是而，前檯經理須有一套設計周全的管理系統，俾使服務的表現具持久性和專業性。舉例言之，管理階層決定修改一、二項服務政策以符合長久以來被忽略的顧客需求。管理人員發現因服務人員之怠慢、粗魯或漠不關心的態度，造成不必要的負面公共關係惡果。假設某一員工之服務表現無法達到訂定的標準，其表現將被顧客誤視爲旅館的整體服務品質，造成長久性的破壞，旅館的延續經營亦面臨迅速的打擊。因此，旅館管理人員亟需一套全盤完整的管理計畫，以永久提供顧客需求之最佳服務爲宗旨，方能確保旅館健康的營業收益。

惟服務管理計畫須與旅館整體目標平行，方不致與行銷方案、收支控制、預算和人事管理等各方面脫軌。事實上，因爲服務管理影響著所有其他旅館營運目的，致使成爲最關鍵之業務。時而常見的是，旅館服務員因受繁忙業務所牽制，整日埋首作業文件的完成與正確性，而忘記其投入旅館事業的初始宗旨。爲確使服務的品質不低落，服務人員之工作士氣須常保高昂，而旅館管理主管階層亦應專任一人員來負責該項工作之發展、組織和實施。

四季旅館（Four Seasons Hotels）人事部副總裁楊約翰（John Young）曾道：本旅館對總經理之期許在其能尊重每位員工的人格，瞭解所需，獎勵其貢獻之努力，確保其對工作的滿意，並鼓勵激發其工作效能和意願。並聘請外來顧問公司策劃詳盡的員工態度問卷，進行對員工的評鑑，俾以作爲員工在館內館

前檯經緯

某國際旅客趨身至前檯詢問旅館附近何處有藥房，因該客的小孩已然發燒，需要藥物治療。值此狀況，前檯服務員可提供何種服務？

外工作調升參考。同時，依旅館政策與總經理的要求明訂詳細之人際關係目標，要求員工執行，並予以評鑑，如對客服務態度的評估等[3]。

通常櫃檯客務經理擔負著督導服務管理的職責。其他相關營業部門主管，如餐飲部和推廣行銷部主管雖亦負責監視其屬員工對客服務的行爲舉止，但仍以前檯經理馬首是瞻，隨從其管理方式命令。然在此原則下，各部門當班主管（shift leader）與經理的部分職責仍包括確定其屬員工提供最高之服務品質。而櫃檯客務經理執導的服務管理政策應爲旅館整體服務提供的基本原則。

旅館業主及總經理須不吝對服務管理計畫提供財務上的投資，俾使確保成功。（圖12-2）其中重要的一環便是策劃獎勵辦法來激勵員工提供最佳品質之服務。獎勵辦法（incentive programs）應爲管理階層的共同努力，先以決定員工之需求，再發展出一套符合員工與旅館需求的獎勵計畫，以獎賞給經常提供顧客最優質服務的員工。獎金數額則應包括在旅館全年預算項目之內。至於獎賞內容則可由員工獎金、增加底薪、較好之工作時段、增加休假日期等各方式中選擇。

旅館應對顧客提供同等之服務，無論是在忙碌的週一早晨抵達的團體客或較輕鬆的週六晚抵館的一般旅客，皆應以相同服務態度接待。只要旅館全體上下齊心，配合前檯經理之服務管理策略，落實提供最高品質的服務，必可使顧客滿意，盡興而歸。

圖 12-2
旅館業主及高級經理人員應在財力資源上來全力配合服務管理計畫（Photo courtesy of Radisson Hospitality Worldwide）

服務策略

爲確保服務管理計畫的有效實施，旅館管理階層須制定一服務策略宣言（service strategy statement），以表管理階層對此一服務理念之正視並將全力以赴，以敬業之精神提供顧客需求的服務。惟在制定宣言之前，管理階層首先須辨別顧客的需求爲何。

旅館第一線服務人員，如大門行李員、櫃檯服務員、電話總機員、餐飲服務員或禮品店之銷售員通常最瞭解顧客之需要。如快速有效的服務、避免排長龍等候、瞭解旅館內外設施之位置、館內的產品與服務及住館期間的安全性等。旅館管理階層可始於整合上述之觀察，進一步深入瞭解顧客離鄉背井之需求。

四季飯店之楊約翰並且報告，除了正常的服務人員態度評鑑表外，四季飯店亦採用市場調查、顧客意見卡等方法來確保四季與其他同業不同——便是提供最滿意的服務[4]。

正如強生和雷頓（Johnson & Layton）強調，「唯有以顧客的角度，方能正確的定義服務品質。高層管理階層是無法正確的決定顧客的需求，直至一套有系統的顧客調查才能全盤有序的評估顧客的喜愛」[5]。換言之，除了明瞭顧客一般性的需求，管理階層亦應調查顧客之特性，以判定其期待的服務與服務的方式。總經理可將顧客調查之業務交由行銷的主管負責。通常主管可回顧過去一年以來之顧客意見卡，以確認顧客不滿的服務項目有哪些（圖12-3），是為設計顧客調查問卷的起點。而所發現之問題便可轉化為調查問卷的問題重點（圖12-4）。

實際執行顧客問卷調查者可能為行銷部門的某一職員，在訂

圖 12-3　顧客意見卡可反應顧客對旅館服務之不滿意方面及各種建設

時代旅館

顧客意見卡（9月至12月）

產品／服務	9月	10月	11月	12月
超額訂房	41	20	8	20
延遲遷入	50	31	12	25
延遲遷出	10	15	10	4
房價過高	10	7	9	8
延遲入房時間	35	12	18	5
延遲客房服務	90	3	3	10
餐廳食物不佳	6	10	2	8
菜單選項不佳	2	5	7	12
菜價過高	2	10	10	20
房間不潔	3	4	8	15
備品不佳	-	-	5	-
單巾不足	10	10	12	5
櫃檯員服務不佳	9	15	7	9
行李員服務不佳	1	-	5	-
餐飲部員工服務不佳	1	-	10	-

圖 12-4　顧客調查問卷可瞭解顧客對所提供服務之評鑑

時代旅館

1.請指名服務行李員並爲其服務評分。

____________	優良	好	一般	不佳
____________	優良	好	一般	不佳

2.請指名櫃檯服務員並爲其服務評分。

____________	優良	好	一般	不佳
____________	優良	好	一般	不佳
____________	優良	好	一般	不佳

3.請指名服務房務員並爲其服務評分。

____________	優良	好	一般	不佳
____________	優良	好	一般	不佳

4.請指名服務餐飲員工並爲其服務評分。

____________	優良	好	一般	不佳
____________	優良	好	一般	不佳
____________	優良	好	一般	不佳

定日之內多次進行，其調查結果協同顧客意見卡之反應可大致提示顧客之需求。惟基於社會時空的變換頻繁，欲正確無誤的指出顧客需求成爲相當困難棘手的工作。如圖12-3所示，提供服務之速度、高額價格、低劣的產品、缺乏產品選擇性、服務人員態度粗魯等，皆爲顧客認爲旅館服務上的重大缺失，無法迎合顧客之期望。是以所論缺點便應列爲服務策略宣言的重心，以爲修正服務的指引，來確保服務人員之款待受顧客喜愛而感滿意。

卡都提（Cadotte）與特爾健（Turgeon）曾分析美國餐飲（National Restaurant Association）及旅館協會（American Hotel & Motel Association）所屬會員之抱怨顧客的類別、次數

以及褒獎內容[6]。分析結果乃比較褒貶之內容將顧客分成四大類別：

1.不滿意型——多抱怨服務表現不佳，如停車場服務。
2.滿意型——以傑出服務表現給予褒揚。然而即使是一般服務表現較差亦不致引起此類顧客之不滿，如大廳服務。
3.批評型——依不同情形，可給予正反兩面的評語。如清潔服務品質、員工知識與服務態度或周圍環境的安寧。
4.中立型——某些因素既不取得較多的褒言，也不遭受過多的批評。換言之，該類因素既不易取信顧客或不易達到顧客之需求標準。

此外，阿爾伯切與忍基亦確認出幾項顧客期待之服務，茲列示如下[7]：

· 服務人員關切之心
· 及時反應——每人皆可自由思考
· 解決問題之能力——每人亦可尋找解決問題之道
· 更正補救——每人亦願努力將錯誤更正

以上分類結論爲服務策略宣言增添了另一層面。除了某些產品及服務要求以速度和品質提供外，顧客更期待服務人員能有解決問題的能力與權力。以免於面對漠不關心的服務人員，或在多位服務人員之間轉輒，期待將問題解除。此一服務策略層面的指認，確實爲旅館提供高品質服務的一大挑戰。

發展服務策略宣言

一旦管理階層確認出顧客之需求，發展服務策略宣言的工作便可開始。該宣言中應包括：

- 旅館業主及管理階層之體認將服務列爲經營之首要工作的承諾
- 發展及實施一套服務管理計畫的承諾
- 訓練員工提供最佳服務的承諾
- 提供財力資源發展獎勵辦法以獎賞提供良好服務員工的承諾

上述重點不但適用爲發展服務管理宣言的指引，更重要者，可促使管理階層爲之持續付出而努力。

楊約翰表示四季飯店之服務策略強調於提供「卓越的個人化服務」。員工乃爲我們最重要的資產，每位員工皆對其崗位工作擁有自尊與自信。提供最佳的服務乃奠基於旅館服務團隊的齊心合作，並瞭解每位同仁之貢獻與需要。同時每位員工亦須自我學習與激勵，善待他人如同對待自己，避免爲達成短期利益而犧牲長程之目標[8]。

茲以下例表達服務策略宣言之內容：

> 時代旅館業主、管理階層與全體員工誓志共同努力，來建立一個「款待顧客方案」，由管理階層執管全體員工共同施行。提供顧客優良之服務產品對旅館財務營運關係重大。本館業主更將對致力於提供最佳服務之員工予以財務上的鼓勵與支持。

不同內容之服務策略宣言亦可顯示如下：

本旅館延續長久以來領導旅館業界之地位，將發展一個「貴賓服務方案」。此方案的執行與實施將為旅館財務成功的要素，其亦包括員工獎勵辦法且列為今年首要預算項目。

以上宣言，不論以何種文字表達，皆為旅館業主與管理階層傳遞了一個重要訊息，那就是服務管理方案的成功與否，實有賴於旅館所有層次的管理人員與員工上下齊心，全力以赴，方能克竟其成。

財務的承諾

由上列各例可見，財務支持的承諾乃服務管理上再被強調的重要因素。各部門經理希望成功的發展和實施服務策略，須予以適當時間去規劃管理方案，俾以建立激勵員工提供最佳服務的方法。然而，不但計畫策略的發展會增加工作時間與預算，決定與鼓勵服務之機會亦增加財力的投資。可惜的是以上各項財力投資的考慮常被忽略，導致阻礙服務管理方案施行的意願。

前檯經緯

某旅館總經理向業主提出發展一套服務管理方案的建議。前檯經理是而受命規劃一份預算為5,000美元的方案，其中包括員工獎勵措施。旅館業主對該方案很有興趣，但要求將預算刪除，因他認為工作人員應自我激勵且對自己的行為負責。如果你是前檯經理，應如何調整方案預算？

全面品質管理應用

本書第3章曾介紹「全面品質管理」（TQM）概念。爲落實旅館同仁提供最佳服務，採用全面品質管理應爲必行之道。然而旅館業主與經理人員若無法提供明確的服務策略宣言，以及財力資源支持的承諾，將造成運用全面品質管理的困難。因全面品質管理要求工作人員具有高度的承諾與合作，去觀察分析顧客及服務人員的互動關係。時而謹記本身職責及授權，俾以助益服務的更新，和不斷學習新的管理方法之長期毅力。是故，採用全面品質管理的預備工作實爲實施成功之必要條件。

戴明（Edwards Deming）提出的全面品質管理[9]原則之中的許多層面，可被運用至前檯服務管理的執行上。該原則要求經理人員應著重前檯的獨特服務。經理人員與各部門服務人員亦須隨時觀察顧客與提供服務員工之間的互動情形。根據顧客口頭提出的各種服務要求，以及旅館所提供的產品與服務，前檯服務團隊可設計一份服務流程表（flow chart），並時時做記錄與分析，以及提出服務改進之建議。因此全面品質管理的一項關鍵要素便是經常性的分析所提供之服務以及改進計畫的決心。（圖12-5）

圖 12-5

全面品質管理團隊可提供爲顧客量身製作的服務，且經理人員與櫃檯服務員共同提出客觀之意見反應（Photo courtesy of Radisson Hospitality Worldwide）

旅館春秋

里茲飯店（Ritz-Carlton）服務品質部門副總裁派屈克米尼，其率領的工作團隊曾獲得1992年馬孔巴爾瑞基獎(Malcolm Baldridge Award)。

米尼言道雖然獲獎是對旅館整體優越表現其領導地位、營業利益和競爭力的榮譽肯定。事實上，參加競爭已為旅館經營獲取許多寶貴回饋。他又解釋，里茲旅館管理之人事原本是由上而下的組織架構，而今已改設為平行體制。是而強調並提供了批評管道以為提升服務品質的動力，和授予員工適當的決定權。例如一般旅館可能擁有30個部門，而里茲只有4個部門。每一部門由一平行組織團隊領導作業。某特定團隊負責顧客到館之前的業務（包括顧客與銷售部門的接頭、預訂客房、預訂會議如大型商會或宴會的安排），另一組團隊負責顧客到館後之業務（如燙洗服務、房務管理、櫃檯作業），第三組團員則主管餐飲業務，第四組團隊則專注於宴會等事務。如此的平行架構創立了一個學習、聯合及強力的組織。在此組織下經理的角色轉化為「教練或指導者」，而非一般傳統旅館的技術人員領導和問題解決者。

米尼並說，自旅館管理系統改組之後，顧客明顯地銳減對服務的不滿意程度。新組織避免了許多舊枷鎖的漏洞與補救錯誤的重複工作。例如，往昔曾有的不正確及延遲登帳、寄帳、客房備品的補充不良，以及顧客之電話問詢無人接聽，或無法尋找相關人員答覆等不專業的情形已大量減少。

米尼強調旅館之高品質管理服務乃一全新知識領域，往昔管理方式只一昧注重高度銷售，提升價位和強迫獲利，卻無法指認及解除資源浪費的所在。以致旅館30%的支出，乃源於產品與服務品質的低劣及不必要之浪費。最後米尼建議旅館採用全面品質管理且竭力運用成功，實乃達成旅館營運革新的最有效不二法門。

服務管理方案的發展

確使服務人員參與策劃服務管理方案，一如在財力上爭取業主的支持是同樣的重要。常見的是，服務人員從未受邀參加策劃過程，對交待任務的評語反會是「這簡直荒謬，對我行不通的，讓行銷部的人去傷腦筋吧！」同時，許多缺乏正確訓練的員工，總誤認爲服務只是管理部門想出來的花招名詞。因此，管理階層應優先解釋並澄清該服務態度，自始便邀請服務人員共同參與服務管理計畫方案的策劃過程，方能在實施上引起服務人員的共鳴。畢竟，該方案是他們一起發展決定的。

顧客服務環程

當前檯經理策劃一個有效的服務管理方案時，首先應協同其他部門主管自所督管的服務人員中，包括各類服務項目及不同工作中輪班次地挑選代表來參與計畫發展小組。基於其時間、人力及財務的消耗，以小組人員推動發展工作可說是一個非常累贅的過程，但卻可確保發展出之計畫方案的高度效率性。在方案發展階段，可因實行的服務員代表所提供之正確操作經驗建言與作業內容，而不斷地修改，俾使之成爲更符合事實的可行方案。同時亦給予員工足夠的時間去調整接受全面品質管理的服務。在每一發展階段，旅館員工可逐漸瞭解由新方案獲得的利益。因此該發展程序亦爲管理階層推動全面品質管理服務觀念的實際手法。

一旦方案發展小組成員選定，接下來的步驟便要分析顧客對最佳服務系統的觀念爲何。

試將旅館提供顧客的招待視爲一種循環式的服務，在各種的場合、情況下，由不同的服務人員來提供符合顧客要求與期望的一套不斷重複的服務活動。譬如顧客看到了行銷訊息，接獲銷售人員的電話，或提供電話的問詢服務。雖然服務在活動終止時短暫停止，但又在顧客決定使用旅館的時刻，再度運作[10]。

圖12-6敘述服務的環程活動（cycle of service），並顯示顧客向旅館各部門提出產品或服務之要求。該表只為前檯經理用以分析旅館提供顧客服務的工具，而不是詳盡的內容，亦不為標準服務項目。各旅館雖可因應其特質而各自作適當的規劃，惟不可諱言的，服務人員的建言方可竟其完美。

分析服務環程的另一好處是可突顯服務系統的缺點，是而予以矯正，以達成提供第一級服務品質的目標。即如紐約州華爾朵夫旅館（Waldorf-Astoria）之服務品質訓練部門的阿利思（Nancy Allin）與哈爾潘（Kelly Halpine）指出：

> 華爾朵夫旅館合併訓練櫃檯登記服務員與出納員的作業，旨在於考慮提供顧客更方便、快速的櫃檯服務。擁有兩方面業務訓練的員工可在業務忙碌的巔峰期加速遷入及遷出作業。辦理登記之櫃檯員可兼收登錄支票，出納員亦可分派客房鑰匙，遂而避免顧客在辦理手續時排隊苦等的必要[11]。

旅館服務管理眞相顯現

發展顧客服務管理方案的最終目的，是在顯現阿爾伯切和忍基所道服務之眞相大白的時刻（moments of truth），即「顧客與任何公司機構首次接觸的時刻所形成之印象」[12]。正如每次旅館顧客與各方面服務單位首次接觸時對所獲款待的評價。有可能發生的情況，包括顧客在訂房時被告知「必須以何種價位訂定何

圖 12-6　檢閱旅館提供顧客之服務環程可作爲發展服務管理計畫方案的根據

推廣行銷

* 顧客意見調查（住館前後）
* 廣告行銷：大型布告板／牆、郵寄廣告單、廣播電台、廣播電視台、印刷傳單、網際網路、獎勵升遷辦法、獨立作業及與他類服務機構合作。

訂房作業

* 免費電話號碼、傳眞、全國統一訂房系統、網際網路
* 訂房員的電話服務態度
* 取消訂房政策（合理的規定）
* 接受使用之信用卡
* 住宿的供應（價值與價位考慮）
* 免費招待服務／產品（價值與價位考慮）
* 旅館服務巴士及大眾交通工具的資訊

登記作業

* 旅館服務巴士及大眾交通工具
* 親切問候（大門守衛、行李員、櫃檯服務員）
* 協助搬運顧客行李
* 遷入程序（排隊等候時間，事先列印登記卡及自行登記機的方便）
* 客房住宿（價值與價位考慮）
* 接受使用之信用卡
* 免費招待服務／產品（價值與價位考慮）
* 客房狀態／供應
* 其他旅館服務資訊
* 旅館大廳、電梯及客房的清潔及裝潢
* 客房之空調冷暖器、電視機、收音機及鉛管維護作業
* 客房備品供應

住館期間

其他營業部門：

* 餐飲部門（菜單供應、工作時數、價錢、服務等級、周遭氣氛）
* 禮品店（選擇項目、紀念品、價值／價位）

（續）圖 12-6　檢閱旅館提供顧客之服務環程可作爲發展服務管理計畫方案的根據

* 酒廊（價位、娛樂、時段、服務等級）
* 客房服務（菜單供應、價位、供應時間、遞送食物與回收的時效性）
* 燙洗服務（送洗與回收次數、價位、服務品質）
* 房務服務（每日客房清整、客房備品補充、大眾場所的整潔、詢問旅館設施位置）
* 安全警衛（二十四小時當班、消防器具、客房鑰匙的不記名設計及分派、客房鑰匙及門鎖的維修更換、詢問旅館設施位置）

前檯部門：

* 資訊和協助服務的要求（叫醒服務、各部門營業時間、轉達其他部門服務的要求）
* 電話服務系統（工作人員協助）
* 更新客帳
* 延期住館

遷出作業

* 合理彈性退房時間
* 顧客行李搬運之協助
* 電梯供應及時效性
* 房內遷出作業
* 顧客排隊等候時間
* 即刻列印客帳顧客聯；正確登錄費用
* 未來客房預訂服務

前檯經緯

時代旅館前檯服務最近接獲顧客抱怨其服務人員缺乏當地舉行各種特別活動的知識。例如，無法清楚提供活動位置，大概所需交通時間、活動時間、門票價格或大眾交通工具的建議等事宜。每當顧客至櫃檯詢問相關問題，只能獲得簡短的答覆，而非圓滿的完整答案。

前檯經理決定採用全面品質管理方法來解決該情形，旅館同時宣布將竭誠管理階層與財力資源共同達成此一目標。如果你是前檯經理將如何進行此一事宜？

種客房，不然就另請他住」的言論而深感該旅館並不重視服務顧客。或要求與旅館總經理通電話時，自總機人員得到的竟是「他是誰？」的答案，絕對會造成客人認爲在使用該旅館時，所獲之招待也同樣會是漠不關心，缺乏個人化的待遇。另者，當顧客進入電梯時，發現與多位房務清潔員、吸塵器、垃圾筒及換下之床單、浴巾等同梯，將會感覺不受歡迎。以上印象皆可造就顧客認定旅館服務的不專業。

上述各例乃是由分析顧客服務環程的結果，所浮現的某些服務之眞相。且不論顧客將服務的現象視爲旅館整體的服務品質或個案，其皆爲接待顧客的累積表現。如阿爾伯切和忍基之所言，在每一顧客腦海裡皆有一份「成績單」，用以評定所受之服務款待值不值得再度光臨或另覓他處[13]。爲求得顧客成績單上的一百分，則須確實管理好每一服務眞相的顯現。端視業主、管理階層及全體員工的毅力和齊心努力，必可獲得滿分的成績。是以每一位參與發展服務管理計畫方案的小組成員，應將顧客成績單的概念銘記於心，方能有助研發出最符合事實的服務管理方案。

服務人員的信心

阿爾伯切與忍基同時提醒「任何一種銷售或服務的交易，關係交易的最重要因素即是『最後的堅持』(last four feet)，端賴館內服務人員是否能在最後關頭完成交易而實現目標。」[14]換言之，所有嚴密設計的行銷方案、良好執行的促銷活動、傑出的建築設計、管理人員的學歷和資歷完全只是供應高品質服務的背景。前檯服務人員之表現方為服務管理方案實施的樞紐，乃因其提供服務的必須性及頻繁性。但前檯經理主管又如何確保前檯所有員工皆能持續提供高品質的服務呢？

對此問題，阿爾伯切與忍基做了以下建議：

> 為保有高水準的服務，必須建立並維持一個能激發服務人員的工作環境，俾使其擁有竭力提供有益於顧客之服務的理由，也才能獲得期待的回饋。如精神上的感覺、地位、經驗，或如物質上的金錢回饋等。無論何者，管理的目的旨在精密設計一個激勵化的環境[15]。

四季飯店的楊約翰同意以上的看法並說道：「最大的挑戰，乃在如何激發員工提供顧客所要求的服務品質，且能長久持續的做下去……若欲成功的供應所期望的服務，則須努力說服員工相信新服務哲學與標準將帶來的利益。」[16]

總而言之，唯有全心投入服務管理方案的員工，才能恆久不斷提供高水準的服務。也只有管理階層方能確保該服務諾言的歷久彌新，進而影響服務人員願由心生，主動的向新來客介紹某一特殊音樂團體正在酒廊表演，或親切詢問自機場來館路途上的交通狀況，或熱誠建議向旅館大廳的問詢人員瞭解本地某些特殊去處的地理位置。本書第13章將繼續討論員工的動機，以及發展、執行服務管理方案的重要概念。

究竟應如何激發每一旅館員工對提供高品質服務的承諾呢？倘若金錢是爲最有效工具，則獎金制度便應設立以鼓勵正確的服務態度。其他選擇包括員工持有旅館擁有權股份亦可設爲獎勵辦法之一，或員工自行選擇工作班次，增加休假及節慶假期等。職位升遷則可採用爲長程的獎勵目標。茲舉加拿大多倫多市衛斯汀旅館（Westin Hotel）之「最佳銀元」（Premier Dollar）的獎勵方法言之，前檯服務員之領班以最佳銀元來獎賞服務顧客表現最優員工，俾以累積點數換取紅利獎品。

服務人員的精選

發展顧客服務管理方案時的另一考慮因素，乃是提供高品質服務人員的本性特質。換言之，並非所有員工皆可擔當前檯工作的職位。當評鑑員工是否適任前檯服務人員時，評鑑者應按規則來淘汰無法或不願勝任處理顧客需求的職員。阿爾伯切和忍基建議篩選前檯服務人員的原則是：「適當的人選應具有某些恰當的成熟度和自信心，合宜的言語表達能力，對社會體系和一般規範的認知，和得體的言語行爲來建立與維持和顧客的融洽關係，同時該員絕對亦須具有待客時的高度容忍性。」[17]四季飯店楊約翰亦提醒：

> 最重要者，激發員工的過程應始於前檯服務員的挑用。一般評審至少須有四名成員來評選應徵人員。當四季推出新旅館時，每位任用的員工皆由旅館總經理親自面試，首要條件便是挑選有自信、自我激發的候選人。四季飯店的薪資政策設計便奠基於對聘用、培訓和未來發展等的努力。同時也是告示本館員工持續支持我們的

經營哲學與策略——其本身幾乎是一個員工溝通的計畫[18]。

經理人員之小組討論，亦有助於突顯應徵者是否擁有提供高品質服務的人性特質，是可作爲篩選適當員工的一項非正式過程。至於應徵者之成熟度、自信心、言語表達能力、社會認知及接待顧客的容忍程度，亦可由小組共同討論而得知。經理人員也須事先瞭解挑選服務候選人的條件，方可確保爲適當工作尋獲適當人選。

服務人員的授權

此授權（empowerment）乃指旅館管理階層將某些事項的決定權責任，授予第一線服務人員（front-line employees），如前檯服務員、出納員、總機員、行李服務員、大廳問詢服務員和房務部員工等，皆屬服務管理方案的奠基石。至於授權服務人員的條件，須先要求前檯經理分析服務顧客的流暢情形，再行決定第一線服務人員應如何與顧客互動。仔細考慮一下有哪些服務，顧客可能會要求以不同標準來供應？又有哪些服務作業，顧客會要求以一致性之規格來處理？如匯寄帳單、客房使用權、房間的大小等。再者，第一線服務人員是否經常向顧客解釋：「我沒有權力去修正這個問題，你必須跟我們經理談」。假設自服務環程上顯現某些服務方面，可因授權便能將問題迅速解決，則授權服務人員處理該類事項便應落實執行。

落實前檯管理的授權

前檯服務人員原本不屬於管理人員或不慣於解決問題，一旦授予權力執行某些事項或作重要抉擇時，便可能會躊躇不前、猶豫不定。尤其對習慣凡事皆由經理來解決問題之職員，更視授權一事無此必要，不須來擾亂正常工作次序。然而，事實已愈趨明顯的展露在前檯經理的眼前，舊式的督導管理方法已無法成功的促使服務人員有效的參與解決問題的過程。是以前檯經理面對的挑戰，便是如何將授權的觀念介紹給前檯服務員工。

本章前面介紹的顧客流量之分析乃是開始實行員工授權的最佳方式。然而，此一分析必須由前檯客務經理與第一線服務員工共同施行。倘若不將第一線員工涵蓋在此一分析內，則寶貴資料將被忽略。進而喪失員工作業時的主動性。給予員工參與決策過程的機會可確保員工授權的正確使用。

服務人員授權之範疇

在授予服務人員之權責時，應十分清楚的與服務人員溝通，俾使其瞭解而正確操作。若顧客流動分析結果顯示客人詢問有關帳項問題，則帳務處理方法便須予以討論。例如該問題帳額乃低於5美元，前檯出納是否有權將該差額還給顧客？倘若差別是在25美元以下或以上，則出納又是否可自主修正帳額呢？除權限範疇的訂定外，管理回饋系統之建立亦為重要授權項目，以瞭解出納的財務活動與顧客滿意度的訊息。舉例言之，前檯服務員須將授權之退回款額一一登記並累積結算，以備前檯經理過目。若有超出授權限定之金額數則須詳細探查，以明白原委。

前檯經緯

某一旅館房客打電話給櫃檯要求將房外走道中的房間服務餐車移走，惟前櫃檯服務員回以無人當班是以無法完成該項要求，只能等待次日晨間來移除。旅館前檯經理與餐飲經理對該種狀況應如何授權員工處理？

服務人員授權之訓練

服務人員須經過授權訓練之課程，方能熟悉作正確的判斷。某些課程內容包括調整服務人員對管理人員卸下職責，轉而交付服務人員去處理問題的感覺。對某些服務人員可能在面對憤怒不悅的顧客時，產生焦慮或惶恐的經驗。前檯經理則需策劃較彈性但亦有規可循的作業程序，致使服務人員達成一致的服務表現。

訓練之始可先徵詢服務人員對提供高品質的看法。前檯經理也可試問員工有關旅館應如何做，方能使顧客感覺置身在舒逸的環境中。其他相關問題，如服務員親身體驗遷入和遷出過程，與顧客接觸情形等，亦是開啓討論的機會。接下來之訓練應包括列示授權政策之標準，並詳細描述各職位之授權範疇及責任。經理與員工間就授權標準的對話，將助益員工瞭解及關心經理想要溝通的議題。前檯經理應先告示授權政策之標準，並要求所有員工閱讀。而後，前檯經理須繼續實行後續培訓課程，俾以評鑑服務人員之表現及給予員工表達意見或回饋的機會。

最佳服務管理之訓練

部分服務管理方案包括訓練員工如何的提供最佳服務，經理人員須討論裁決應如何提供最佳服務給遠離家鄉的旅客。當然，該討論並非黑箱作業，亦須併入服務員工之意見，再參考旅館之顧客服務環程（見圖12-6），發展方案小組乃決定第一線服務人員應負之職責，以便提供最佳服務。

員工服務培訓所以成功之鑰，乃在確知員工結訓後可具有之服務能力。因此高效率的訓練過程，應肇始於服務表現的分析。首先瞭解何種表現方法才能確保提供顧客服務，爾後才可正確的說明各服務人員應有的服務知識、態度和技術[19]。

管理階層絕不可假設前檯服務人員會知曉在辦理遷入作業使用電腦時，應保持眼光接觸顧客；或總機員會聯絡安全人員某位顧客離奇掛斷一通詢問自身住館資訊的電話；或行李服務員在帶領顧客進入其客房後，會檢查冷暖器、電視機及通風口的運作是否正常。是故服務品質的內容必須指認清楚，方可正確的訓練員工和確實的供應給顧客。

服務管理方案之評鑑

任一計畫方案皆須有評鑑方法才能瞭解是否達成預定目標。本章在開始時便即定義最佳服務即是提供顧客親切熱誠的款待，然旅館業主和經理人員要如何知曉最佳服務已確實的供應給顧客呢？

阿爾伯切和忍基認爲發展一個優良的評鑑方法，應根基於對顧客服務眞相的確認[20]。**圖12-6**綱要列示顧客服務環程中的服務眞相的顯現時刻，於是該綱要便可使用爲評鑑服務項目的指引。各家旅館愈努力投入調查本身顧客服務環程的要素，愈可確保經理人員和服務員工能有效的評斷高品質服務的提供，其中特別要求的服務亦可被指認和測量。舉例言之，倘若前檯業務亦包含了旅館巴士接應並護送顧客至旅館，則顧客對巴士遲到與班次缺乏的抱怨，便清楚的告訴旅館業主、經理人員和服務人員，第一線工作人員無法正確的傳遞必要的服務。顧客意見卡亦可利用爲反應服務的有效管道。然而，並非所有滿意或不滿意顧客皆能完整的填寫意見卡。旅館業主、經理人員及服務員工矢志於發展顧客服務管理方案者，須另覓他法來決定顧客對服務的滿意情況。

獲取顧客反應的另一有效方法便是由第一線服務人員，多爲櫃檯服務員在遷出過程時直接詢問顧客住館的經驗。如「你在住館期間一切都好嗎？」之類的簡單問題絕不敷使用。服務員應仔細檢閱顧客帳卡消費項目，其上若登錄有餐飲、客房服務、長途電話或燙洗服務等帳項，便應詳細詢問各類服務的情況，如：「請問送至您房間的食物是否準時，送達時是否溫熱，用餐後是否迅速自您房門外收回？」或「您對酒廊的表演節目還滿意嗎？」再者，前檯應建立聯絡各部門的方法，俾以知會有關反應，使之迅速採取因應措施，以修改或獎勵服務員的行爲，因而助使完成服務管理方案的評鑑。例如，迅速電告有關問題的部門，有助於當班經理防止類似事件的再度發生。

前檯服務員在遷出過程時的問詢，可獲得提供服務後顧客即刻的反應意見。餐飲部、酒吧、行李服務部、房務部、維修部等單位主管，亦應與其員工建立良好的聯絡管道，以便監看顧客使用服務的反應。譬如，餐廳服務員須具有瞭解顧客對菜單及價錢反應的敏感度；行李員應瞭解顧客詢問各類資訊及協助處理行李的經常性；而房務員則須明瞭顧客對額外的備品、床單、毛巾及環境整潔的需求。當然，所有的顧客反應亦應知會第一線服務人員，使其得以改進服務。

服務管理方案的延續

每一服務管理方案成功的另一關鍵便爲永久持續的實行。對旅館業界來說，長期不斷實施某計畫方案，可爲困難之事。各旅館每日須操作無數的業務與不同的工作時數，並保持其順暢無誤和利益營收。常而易見的是，在實施服務管理方案之始，旅館上下皆興緻勃勃，充滿最高的承諾及意圖。惟日久之後，早期的雄心壯志便爲每日繁重的業務淹沒。阿爾伯切和忍基提醒，若是管理方案只爲施行而實施，「單方面改變與更新，只會影響員工服務表現的低落，終而導致該方案的日漸式微。換言之，一項管理方案與一長久承諾的差別乃在於管理階層的身上」[21]。由此可見，管理階層實爲顧客服務管理方案的一個有效重要因素，正如誓言致力於提供最佳服務的決心並非偶然，其要求恆久不斷的注意力、研究、訓練和評鑑。唯有如此之毅力與許諾，方可確使旅館服務人員每日提供顧客最高品質的服務。

各部門團隊合作

採用全面品質管理（TQM）的利益之一，便是促使參與員工深入瞭解整體團隊每一隊員工作的職責。因全面品質管理團隊乃由旅館各個營業部門組成，給予了其他同仁進一步明瞭自身工作的機會。全面品質管理的操作過程有時似圖表，有時似步驟，有時如人際互動般的撲朔迷離。是以對不具毅力的成員常造成困擾，無法明白究理。然而用心觀來，由全面品質管理的實際作業過程中，可清楚的明白顧客使用服務系統的情形，以及服務員工的職責。進而深切體會提供最佳服務實非一人可爲之工程。當然，某些盡職的服務人員對此事實可能感到困擾，因其視對顧客提供滿意之服務爲個人責任。同時，毫無疑問的，全面品質管理的施行，提供所有參與工作人員一個觀察各部門每位員工，爲提供最佳的服務所付出之努力和表現。

在一般管理系統中常見的「這不是我的工作」之現象是無法應用在全面品質管理系統內。某些服務員工自認在本身部門或各部門間，具有特殊職責而無視全面品質管理的政策規章，將無法提供被接受的服務表現。因每位施行全面品質管理的營業部經理，皆與其員工共同決定服務之概念和方法。該互動機會亦有助經理人員與每位員工釐清書面上工作職責的限制，以排除影響其提供最佳服務能力的因素。

實施全面品質管理的團隊會自旅館各部門指派代表，來負責某項顧客服務之改進工作。譬如，對客房浴巾不敷使用的問題，尤其是在房務部夜班下班後，將導致顧客的不滿，以及當班前檯服務員工作量的增加。

表面看來，該問題之答案可能是「只要在客房內多置放浴巾便可」。旅館財務部卻認爲該做法會增加購買及清洗的支出。房務員亦明瞭多置放浴巾在客房，將會導致過度堆放和增加支出的費用。倘由團隊來處理此一看似簡單的問題，便可愼重仔細的條列許多單一員工無法想見的解決方法。理由乃在由前檯員工、房務員、行李員、餐廳服務員、廚師、總機員、出納員和領班們共組的團隊共同針對問題討論，將可獲得較佳之服務更新的結論。客觀分析各種服務要素，可提供員工對各部門如何互動來達成任務，有更深一層的瞭解。而腦力激盪的會商亦可使團隊成員對問題改進方法作深入討論。其他各種會議亦可增進對各個成員之工作概念有清晰的體認和尊重。

對前述問題團隊成員可能決定，當有兩位以上顧客遷入同一客房時，前檯服務員便應即刻知會房務部同仁，以便房務員隨即在該客房內增置浴巾。該項解決之道不但避免顧客的不滿，同時亦給予第一線服務員發展和提供一個顧客服務的方法。是以滿足顧客需求和享受服務的工作，再也不是落在某一前檯服務員或房務員的肩上，而是由旅館各部門員工共同來承擔。

前檯經緯

912房的房客已多次打電話至櫃檯要求修理該房滴水的水龍頭，但卻未獲滿意答覆。如果你是前檯服務員，對該房客要求的即時服務應如何處理呢？

解決前言問題之道

解決顧客要求除去7.5美元帳項的最簡單方法便是交由經理來處理。惟在未來解決類似問題較有效的方式，則是與旅館業主、總經理共同規劃一個服務策略宣言與提供財務資源，俾促使服務管理方案實施的成功，並建立一個全面品質管理小組以協助員工決定提供應有的服務。新任前檯經理人員不應忽視提供最佳服務的重要性。優良服務的發生並不偶然，乃由謹慎策劃而產生。

結論

本章強調旅館應持續提供由顧客定義之優良服務的重要性。良好的款待起始於管理階層矢志發展一個服務管理方案。首要步驟便是提出服務策略宣言，俾以凝聚旅館業主、經理人員和員工的集中力和策劃決心。全面品質管理原則的應用，予以經理與第一線服務員工共同分析提供服務的要素和改進服務現況的方法。總體而言，服務管理方案發展過程牽涉許多步驟，包括第一線服務人員的參與、顧客服務環程的討論、服務眞相的顯現、員工信心的概念、篩選適當第一線服務人員、員工的授權、訓練、服務管理方案的評鑑及持續實施和與各部門齊心協力提供最佳服務等。是而，永續的實施承諾乃是促使服務管理方案成功的最重要因素。

問題與作業

1.試述親切款待之服務對旅館顧客之重要性，你若服務於某旅館，試訪問經理人員對提供高品質服務的看法。

2.試述你應如何發展一個服務策略宣言，爲何該宣言是爲策劃服務管理方案的第一步？

3.爲何第一線服務人員應參與服務管理方案發展之過程？

4.試述如何在你工作的環境應用全面品質管理系統？可能面對的困難有哪些？並請提出可能的解決方法。

5.試以你工作的旅館爲例，提出一份類似圖12-6顧客服務環程的大綱。

6.何謂「服務眞相顯現」？前檯經理應如何指認呢？

7.爲何旅館員工對服務管理方案須有認同的信心？你將如何做以確定員工的信心呢？

8.試討論評定服務人員是否具有提供親切服務特質的有效策略。

9.爲何員工訓練乃服務管理方案中的一項要素？前檯經理應如何開始指認提供最佳服務的必要技巧？在你服務的旅館曾提供服務管理方案的員工訓練嗎？

10.前檯經理要如何評鑑服務管理方案的有效性？

11.爲何服務管理方案的持續性是爲確保提供高品質服務的必要條件？

研究個案 1201

時代旅館的業主們剛由歐洲某城市搭機返美，停留歐洲期間，他們對所住豪華旅館提供之獨特超高水準的服務表現留下深刻印象。於搭乘的班機上，某業主在一份受歡迎的雜誌上，閱讀到一篇有關美國旅館業令人憂慮之服務的文章。文章內容詳述許多旅館缺乏對顧客的關切、過高的房價、員工服務態度的粗魯等，該業主剎時頓悟時代旅館同樣具有上述各項服務問題。

翌日，在例行員工會議上，該業主向經理人員提出上述問題。雖然經理同仁仔細聆聽業主的想法，卻也不禁暗自認爲這又是領導上層的誇張理想。對各部門的工作辛苦全然不知的結果。然而，此次連業主也承認對該問題不知應從何處著手解決；而對問題所涉範圍之廣也感到無助。最後業主建議道：「我們來研究發展一個方案以解決問題」。所有經理人員皆須就這些問題作深入研究，俾在二週後的腦力激盪會議上共同討論。

前檯經理馬蒂南茲也認爲這是一大挑戰，所幸她曾在相關旅館雜誌上閱讀到服務管理的文章。是以決定作進一步瞭解。

經過許多閱讀，馬蒂南茲明瞭欲使服務管理成功，必須獲得業主在精神上和財務上的投資，與全體員工的共同合作方竟其事。然員工代表必須參與策劃過程，而馬蒂茲認爲若能獲取業主財力的承諾，便不難獲得員工的合作。她並猜測即使硬性規定，其餘管理人員亦會勉爲其難的予以合作。

二週後在會議上馬蒂南茲綱要的報告她的研究結果。但業主對投資財務來激勵員工士氣一事猶豫不決，便回以「我們再想想其他有效辦法」。其他經理則建議將表現優良員工之相片、姓名張貼在公司的大布告欄上，或在員工室內掛設一個建議箱以方便員工提出建言。因爲財務方面的建議，偏離了正題── 服務管理方案內容的討論。經過二小時的努力，旅館業主決意將服務管理方案表列出來。

如果你是前檯經理，將如何製作一個有效的服務管理方法之報告？

研究個案 1202

馬蒂南茲與行銷部主任蓋保先生獲知該市將主辦下一屆奧林匹克競賽，該市市議會與觀光部門決定策劃一個方案以確保所有旅館餐飲單位，不論公家或私有性質，皆須提供國際旅客最佳的服務品質。每個觀光服務單位包括旅館餐廳、公共交通服務業等，皆被邀請參加各種準備會議，以決定重要工作和配合行動。總經理指示馬蒂南茲與蓋保代表時代旅館參加該旅館服務委員會。因距離下屆競賽尚有數年之久，因此有充裕時間得以發展一個完整周全的實施方案。

經過數次委員會議，會員感覺應分組討論以便策劃提供良好服務的細節要素。馬蒂南茲和蓋保負責領導「國際旅客服務」的策劃小組。你將建議馬蒂南茲二人如何領導該組之討論？並請準備該組第一次會議的議呈表。

NOTES

1. "'Yes I Can' Enthusiasm Wins Five Medallion Honors," *Lodging Hospitality* (Suppl.) 11, (4) (April 1988): 44.

2. Karl Albrecht and Ron Zemke, *Service America!* (New York: Dow Jones–Irwin, 1985): 6–7.

3. John W. Young, "Four Seasons Expansion into the U.S. Market," Toronto, Canada. Paper delivered at the Council on Hotel Restaurant and Institutional Education, July 30, 1988, 29.

4. *Ibid.*, 22.

5. Eric J. Johnson and William G. Layton, "Quality Customer Service, Part II," *Restaurant Hospitality* (October 1987): 40.

6. Ernest R. Cadotte and Normand Turgeon, "Key Factors in Guest Satisfaction," *Cornell Hotel Restaurant Administration Quarterly* 28 (4) (February 1988): 44–51.

7. Albrecht and Zemke, 33–34.

8. Young, 9–10.

9. Don Hellriegel and John W. Slochum, *Management* (New York: Addison-Wesley, 1991), 697. Used with permission.

10. Albrecht and Zemke, 37–38

11. Nancy J. Allin and Kelly Halpine, "From Clerk and Cashier to Guest Agent," *Florida International University Hospitality Review* 6 (1) (Spring 1988): 42.

12. Albrecht and Zemke, *Service America!*, 27.

13. *Ibid.*, 32.

14. *Ibid.*, 96–97.

15. *Ibid.*, 107–8.

16. Young, 14, 35.

17. Albrecht and Zemke, 114.

18. Young, 25–26.

19. Albrecht and Zemke, 112–13.

20. *Ibid.*, 139.

21. *Ibid.*, 144.

第13章

最佳服務之訓練

本章重點

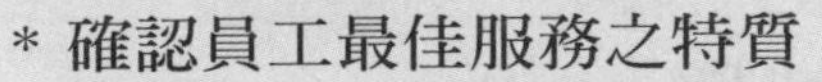

* 確認員工最佳服務之特質
* 篩選具有最佳服務特質之員工
* 發展新進人員訓練課程
* 發展員工培訓課程
* 各部門員工輪調訓練
* 訓練指導員之培育
* 實施員工授權
* 施行殘障人士保護法

前言

某旅館總經理帕瑞茲與某廣告行銷公司會商應如何改進其服務之連鎖旅館的不良形象。其旅館接到許多抱怨關於對肢體不便之顧客缺乏關心與照顧，而且無法即刻處理顧客之要求，與辦理遷入作業的極度緩慢等。廣告公司的建議乃是迅速推出一個廣告宣傳活動來提升該旅館之形象。

確認員工最佳服務之特質

評估人事的需要，首先須辨認旅館每項工作所要求之服務技巧和人格特性。時而常見前檯經理可列出一長串前檯服務人員之問題，卻無法指認出其長處所在。辨示正確人格特質不但有助於爲某職位選取適當工作者，亦可確認交付員工之業務乃是其能力範圍所及。換言之，缺乏瞭解聘任員工之技能及未來員工所需技術，將影響組織一個有效團隊來達成業務目標及發揮員工之技術潛能。

爲避免上述損失，前檯經理須先做好每部門各個崗位的工作分析和詳細解述，繼之以確定工作職責和目的，將助於指認各服務人員的必要特質、技能與經驗。舉例言之，前檯經理可能要求櫃檯員工銷售更多較高價的客房以及旅館其他設施服務。爲達此目的，服務人員須具有外向的個性或意願去接受新責任，爲挑戰自我與成長的機會。該特質也可能由舊有銷售經驗而獲得。如任職於某些服務俱樂部或社區的團體可助長個人領導技巧和策劃方案的能力。以上所述應視爲整體服務之特質，而本章後段討論之動機概念則將協助前檯經理確認和發展員工之正確服務態度。

前檯經理亦須考慮某些人性特質俾以承擔每日服務的工作項目，如成熟度、熱誠外向與耐性，以及接受建議性批評的意願，同時對銷售旅館產品及服務感到勝任愉快。

員工擁有熱誠外向之個性通常會主動與他人接觸以建立良好關係，因此樂於接待顧客並使之感覺倍受歡迎。此特質亦可助益服務人員扭轉乾坤，將不可能的局面改換成深具挑戰的優勢。舉例言之，因超額訂房之故，顧客非常不滿的告訴櫃檯服務員不願到另一家旅館去住——畢竟訂房是旅館經營的最主要承諾。在此情況下，熱誠外向個性的服務員可親切的說服該客在另一家旅館亦會獲得最滿意的服務品質。

成熟的服務員則多以「整體觀」來迅速的評估和分析某特殊情況，進而採取行動。成熟的思考促使該型服務員會先聆聽顧客之訴求，再研判恰當對策來回應。該服務員同樣有足夠的耐心展現在其招待行為上，是以給予顧客充裕時間去思考有關服務的要求。當客人對地方上各個重要景點感到迷惑不解時，成熟的服務員也會重複述說，甚而以筆詳細作出方向指標或簡圖，俾使顧客確實瞭解訊息。

對建設性的批評具有正確的接受態度，將永久助益員工旅館事業生涯的旺盛發展。旅館服務人員常在學習與操作其職務時偶爾會做出錯誤的決定，而無法達到要求標準。誠心接受批評的員工會毫不氣餒的持續學習，且多方面找出造成錯誤的原因以利改進。

前檯服務員樂於銷售旅館商品與服務者，實為前檯經理的最重要資產及致富利器。此型服務員勇於接受各種銷售挑戰，並致力尋覓各種途徑達成或超過銷售之目標。該特質亦促使前檯服務員深刻瞭解整體團隊的共同努力，可謂提升旅館營運利益的必要因素。

篩選最佳服務特質的方法

篩選最佳服務人員是否符合某些職務特質的面試之前，先行組成應試之問題，常可有效的決定正確的人選。同時，雖然面試程序已經嚴格訂定而成。但仍頗具彈性，俾使面試人員與應試候選人皆可自由的表達各自的想法。

前檯經理依據工作職務之敘述來制定相關題目用以引導面試過程，俾而甄選具有主要服務特質的合適人選。其包括熱誠、外向、耐性、接受建議性批評的雅量和銷售產品的能力，加以吻合其他特質職位的性格，便造就了前檯經理的理想人選。

熱誠外向個性

選擇適當服務人員之首要問題非外向熱誠之特質莫屬了。利用面試過程可觀察應試人員與他人相處的個性與技巧。諸如此類問題「請談談上回你在餐廳用餐情形，並敘述你對招待人員的看法」可更進一步助於發掘應試者之性向內幕。若其答案中表達對親切招待的感激看法，便可瞭解應試者對最佳服務理念的認知。

服務的耐性

欲獲知應試者對某一職務是否具有必要之耐性，可採用類似此問題「請談談你最近參加的活動但未獲得應期待之結果的感想」。倘若其回答表示，雖然某些細節被忽視，但整體經驗仍値得回味，即顯示應試者有意願作爲團隊的一員。

前檯經緯

前檯服務員之甄選已剩最後二位人選。其中一人曾在其他旅館已獲有相當經驗，另一人則是剛入旅館業界的新手。因時間急迫，在無法提供深入的員工培訓之前提下，你應採用何種問題，以進一步瞭解候選人之服務特質？

接受建議性批評的雅量

欲獲知應試者是否擁有接受批評的雅量，以下問題可提供正確內幕：「在你前一份工作，當你工作之表現未達標準時，你的上司主管如何處理？」由答案中可知曉該候選人受到何種程度的懲戒與更正的情形，以反映該員接受建設性批評的狀況。

銷售產品的興趣

詢問應試者其對於爲慈善機構四處請求樂捐的看法，將協助面試人員明白應試者銷售旅館產品與服務的興趣。

旅館春秋

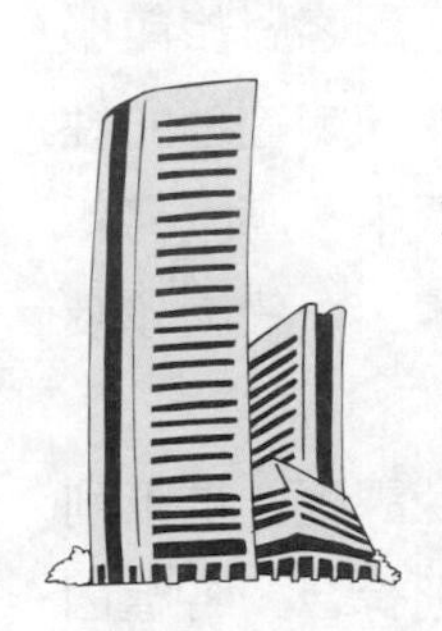

密蘇里州布蘭森市馬里奧客邸旅館（Marriott Residence Inn）前檯經理哈利認為甄選服務人員的首要條件應是與人相處的技巧。而候選人具有正確服務觀念，將可容忍顧客不合理之言語行為，以及與大眾交涉良好將是前檯部亟需的服務人員。哈利同時喜好見到前檯服務人員時時面帶微笑，因其有助於業務的順利完成，且堅信謹慎客觀篩選的服務員，可確使其任職崗位的長久。哈利並下結論，服務人員具有優秀的能力傳遞最佳的服務品質，可望在短期內獲得職位的升遷。

以上各類問題雖未能保證前檯經理作出明智的選擇，惟此類的甄試題目可有效的促使旅館篩選確切的服務人員。

發展新進人員訓練課程

前檯服務員之崗位乃較其他旅館職位來得獨特，原因在於其須通曉業務營運、人事管理與旅館各項設施的佈置。身爲前檯服務員須不斷的向顧客及其他部門員工解答有關即將舉行之宴會和招待會的場所，或客房鑰匙的管理領班何在，或如何到達酒廊及游泳池等問題。新進人員訓練過程（orientation process）旨在介紹新進人員有關旅館組織、工作環境及各種重要背景資訊。該訓練課程可協助新進人員迅速認識旅館之各類業務活動、作業程序、各部門人事與設施的佈置等，因而成爲訓練新進人員之重要步驟。

確保新進人員訓練之設計周全乃極其重要之關鍵。新任員工在予以簡短介紹其工作崗位的同仁、客房所在地、與有關工作時間班次之前，絕無法期待其工作之表現。然新進人員訓練課程結束後，新進服務員應可勝任回答顧客之問題。即使無法即刻提出答案，亦可知道如何快速將答案找出。譬如，若顧客指名找總經理談話，新進服務員卻回以「那是誰？」勢必造成顧客對旅館服務的低效率與不敬業之印象。該新服務員不但應熟知總經理的姓名且應以適當方式回答。另者，新進人員訓練課程中，應教導新進員工以禮貌恰當、正確完整的方式，來回答顧客、一般大眾及其他同仁的疑問。

各家旅館因政策不同而有不同的新進人員訓練課程。惟下列各項原則應可適用於任一旅館之訓練課程。該原則綜合了各種因素，包括旅館在當地經濟之重要地位、旅館經營總覽、員工手冊、政策與業務程序指引和櫃檯工作環境的介紹。

旅館在當地之經濟地位

瞭解服務旅館於所在社區或城市之經濟地位，可助益新進人員對旅館的深一層認識。譬如，該員工明瞭該旅館擁有10%社區勞工的經濟地位後感覺印象深刻。其他資訊如衍生於就業率的稅金價值、觀光旅遊市場的貢獻、大型會議的舉行次數及其所提供之服務品質，而吸引來客等業務的顯著成長，與他類經濟貢獻等。不但使新進人員對自己的正確選擇感到高興，更有服務該館之榮譽感。該類經濟指標亦幫助新進服務人員認識旅館業主爲地方上受尊重之人士。大型旅館更可舉辦幻燈片發表會或多種媒體展示會，來介紹旅館營運對地方社區的貢獻事實。

旅館營運總覽

旅館營運總覽應包括客房數目與客房佈置的詳細圖示。提供各種服務的清單，各部門職員之組織系統表。最後，並透徹的遊覽旅館環境，俾使新進人員瞭解各項設施之正確位置。

客房作業乃前檯服務員每日業務中極重要的部分。新進人員能在愈短時間內明瞭客房位置與設施狀況，能愈早對其職務感到舒適愉快。而各樓層之客房位置圖及標準客房之內部設備配置圖，亦可作爲新進人員爾後參考的簡便資訊。例如，每單數樓層皆有三間套房，而每雙數樓層則擁有供商務客使用之閱讀室等各種資訊小冊，都將助益新進員工之訓練。

旅館各部門（如餐廳、宴會設備、客房服務、酒廊、游泳池、健身設施與禮品商務中心）之服務項目應於訓練過程中詳細指認，俾使新進人員熟悉而方便協助和指引顧客使用。而各部門業務員工班次時間表的供給亦可促使新員工進一步明瞭旅館的系統運作。

再者，旅館組織架構表上之各部門人事須一一向新進員工介紹及解釋其職責。此類背景資訊可襄助新進服務員與各部門主管間訊息的溝通與決定，俾使新進人員感受爲旅館團隊之一員。

縱觀旅館整體營運時必不可遺漏遊覽旅館環境的環節，其巡視區域應含括各個客房、客房區、主要經營部門、餐飲部、宴會廳、禮品中心及休閒設施等。雖然遊覽方式可不拘形勢，惟其內容卻需詳盡。此過程不但可給予新進員工一個機會觀察到該旅館爲一工作環境，同時亦爲顧客休閒遊憩的場所，更促使其瞭解櫃檯部門與整體旅館機構之相關性。

員工手冊

員工手冊（employee handbook）提供新進人員有關旅館職員工作行爲之指導原則。在此手冊中，旅館經理解釋各個層面的人事議題。重要主題包括以下項目：

· 薪資等級
· 評鑑程序
· 休假制度
· 病假制度
· 固定假日制度
· 給薪日期
· 控制物資的使用
· 與顧客之社交關係
· 解決顧客和其他員工之糾紛
· 員工保險之利益

· 員工服飾之規定

某些新進員工或應徵者有意避免詢問有關上述政策問題，以防雇主誤認其貪婪、懶惰或對以上議題過度憂慮。事實正好相反，上列議項實爲建立良好僱用合約的根基，雇主應主動誠心的討論，或解釋其人事政策。

政策與業務程序指引

政策與業務程序指引（policy and procedure manual）乃敘述如何操作每一職位特定之責任，是故有助於新員工的訓練。政策與業務程序指引強調之概念如下：

· 櫃檯電腦管理系統與其他設備之操作
· 訂房作業
· 登記作業
· 遷入登錄作業
· 與顧客及其他部門同仁之口頭與書面溝通
· 遷出作業
· 夜間稽核之前置作業
· 消防與保全之評鑑

前檯經理致力於發展上述各項指引綱要者，事實上已建立良好監督管理的工具。訓練課程中除口頭的指導外，再添以書面指引，將促使新進人員對所習之技術有溫故知新的機會。

櫃檯工作環境的介紹

員工訓練的最後階段便是向新進服務員介紹櫃檯的工作環

圖 13-1
介紹在職人員的步驟將促使新進人員感受為團隊的一份子（Photo courtesy of IBM）

境，俾使其熟悉工作同仁、使用之設備工具、人事排班管理程序及部門間之業務關係。

前檯經理應安排新進人員即早認識全體工作同仁，包括前檯服務員、行李員、電話總機員、訂房員、夜間稽查員、各班領班與其他員工等。介紹過程應短暫並重點式敘述各工作人員之職責，不但可讓新進人員對共事同仁不感生澀，更可使在職人員自覺個人職務對團體工作之特殊性，並感激被介紹給新進人員的機會。可惜的是此一步驟多被忽視，導致新進人員須花費多時甚或更長時期來自我適應。（圖13-1）

櫃檯採用每項設備器具亦須向新進人員詳盡的示範解說。儘管各類設備在員工訓練中已經介紹，惟在此處再次溫習以備爾後不時之需。此階段之訓練過程須緩慢進行，俾確使新進人員熟悉各項設備之操作。如電話總機服務員可邀請新進人員坐在其旁觀察如何處理電話業務，或鼓勵觀察電腦管理作業系統之遷入登記及遷出之操作情形。前檯經理可乘機告知類似之詳盡訓練，應會在稍後予以提供，現時觀察旨在熟悉各項設備。

其他必須在此階段介紹之項目，尚有如何使用電腦管理系統中之換班程序或打卡鐘儀器。工作班次及時間表的公布欄之地點與時間，亦須告訴新進人員。

前檯經理在介紹工作環境時，須強調保持前檯部與其他各部門之良好工作關係。換言之，此時乃為建立前檯部、房務部、維修部、行銷部和餐飲部和諧氣氛之理想時刻。前檯部應率先建立與各部門之良好溝通管道。基於前檯是整個旅館首先接觸顧客的單位，因而成為獲取最新狀況報告、維持聯絡之暢通，以及每日各種服務功能之舉辦場所及事宜等資訊的中心。忽視與其他部門之間許多微不足道的誤解，將導致日後付出龐大的努力來改善種下的關係惡果。因此前檯部應時時保持溝通管道的開敞，俾使前檯服務員通曉全館業務，而其努力亦終將獲得顧客之感謝和讚許。

新進人員訓練課程之執行

執行新進人員訓練課程需要前檯經理事先的細心規劃安排。基於櫃檯業務的繁瑣，許多不同作業尚待新進服務人員一一學習。然而，首要學習項目則是對顧客要求之服務與資訊的關注。一份標準化的新進人員訓練查對表（orientation checklist）亦應準備妥當，列示訓練程序中所有必要涵蓋的項目，如圖13-2顯示。該表可確保前檯工作環境恰當的介紹給新進人員。在訓練結束後新進人員與訓練人員應在此表上共同簽名認可，以確定所有政策皆已解說交待。以備日後查詢備用，俾使新進人員無法提出未被告知的藉口。

圖 13-2 新進人員訓練查對表是促成良好訓練課程之有效工具

—— 在社區內之經濟地位
—— 社區地理形勢
—— 旅館各樓層地圖
—— 客房介紹
—— 服務員工之班次
—— 組織系統表
—— 主要管理人事解說
—— 各部門間之關係
—— 參觀介紹

* 餐飲區　　* 房務部　　* 維修部
* 行銷部　　* 財務部　　* 人事部
* 禮品中心　　* 游泳池、運動中心

—— 餐廳菜單樣本
—— 員工手冊

* 服飾規定　　* 個人衛生　　* 員工福利
* 薪水層級　　* 給薪日期　　* 工作評鑑程序
* 休假政策　　* 病假政策　　* 固定假日政策
* 工作班次　　* 勞資訴怨處理　　* 禁藥與飲酒政策
* 與顧客之社交行爲

—— 業務政策與程序手冊
—— 櫃檯工作同仁介紹
—— 櫃檯設備器材介紹
—— 打卡鐘
—— 消防與保全程序
—— 訓練課程

________________________　　________________________
（訓練員簽名/日期）　　（受訓員工簽名/日期）

前檯經緯

新聘前檯服務員至今已上任十天，但對處理業務仍感十分的緊張。對於同仁與顧客之問題皆以簡短方式回答，且向同仁請教問題與主動相處上仍感猶豫不決。你在該員工作二週後須提出對該員工作的感想，您將如何處理？

負責新進人員訓練之訓練員應由前檯督察主管或資深工作人員之一員擔任。該員必須能完整清楚的解說旅館之整體服務態度與風氣和各職員工作之責任。值得注意的是，負責訓練之訓練員不應與其當班職務衝突，以避免無法予以專心及清楚的指導示範。

新進人員訓練亦可謂確使勞資雙方良好關係的開端。該訓練不但介紹了工作環境、工作綱要與程序、工作同仁和管理階層人員，並鼓勵新進人員成為工作團隊的一份子。

發展在職員工培訓課程[1]

訓練課程乃一重要管理功能，用來發展和確保提供服務之品質。在旅館業界，許多旅館企業對在職員工之培訓採非常審慎的態度對待。某些旅館雖然討論，但總是雷聲大而雨點小，並無實際的動作。對致力於員工訓練課程發展實施，並不斷予以更新的旅館而言，員工培訓實為人力資源管理的重要資產。並提供管理團隊一個最佳機會去培育優良的工作人員，俾使依標準來提供顧客各種服務。周全的在職人員訓練可因詳盡的職務解說與示範，大幅度的減少作業錯誤的發生。

規劃前檯在職人員之訓練課程應包括確認前檯工作人員的職責、製作每項工作的細步程序、決定負責訓練人員、確實執行訓練課程，以及定期評估訓練之每一步驟。茲分述如下：

確認前檯工作職務與工作管理技巧

前檯各職員之工作之內容通常可由其職務敘述來確認。而各職務敘述又源於前檯經理之職務分析（本書第2章已述），其內容乃各職員每日之工作依時間次序一一條列出來。茲以下例解之：

6:00晨間	於電腦管理系統（PMS）上輸入開始工作時間。
6:05	與夜間稽查員交班，瞭解夜間十一時至清晨七時之發生活動，並檢查前檯資訊簿，俾以明瞭有關當班作業之注意事項。
6:10	清點現金匣（cash bank）內紙鈔及硬幣之數量，以供櫃檯出納做找零使用；並詳細記錄以為財務部備查。
6:30	閱讀每日住宿率及平均房租報表。
6:35	領取當日活動功能表，上列特殊活動或宴會、招待會等。
6:37	領取前日房務報表。
6:40	電話聯絡房務部及維修部以瞭解前班次交待之聯絡單上的各項重要事項。
6:45	電話聯絡餐廳部以瞭解中、晚餐之特餐內容。
6:50	檢閱當日期待遷出與客房預訂表。
6:55	辦理顧客遷出作業直至早上九點三十分。

所有職務分析中確認之工作須再細分為特定技能，俾助於員

工培訓課程之設計。此步驟看來確實十分繁雜，但通常各種計畫之起步皆較精密。由此可見，由職務分析衍生的前檯各員工之工作細目，以確保提供顧客之最高品質服務，皆應全數含括在員工訓練課程內。

製作細步程序

提供每項職務之細步程序不但有助於受訓員工瞭解應如何正確的表達工作，也協助訓練員更有效的準備及傳達各項訓練內容。

使用電腦管理系統（PMS）之旅館，應確定電腦操作是依程序步驟學習輸入各種資料或指令。指導小冊（documentation）乃一詳盡記載各電腦操作系統之軟體介紹及如何操作應用的書面文件。是以爲發展電腦管理系統細步訓練課程的基礎，更可借鏡爲發展其他工作細步程序的標準模式。

舉例言之，電腦管理系統（PMS）之遷出作業的細步程序可有如下步驟：

1.詢問顧客住館期間之經驗及房號。
2.輸入顧客之房號。
3.詢問顧客最後發生之消費。
4.確認付費方式。
5.列印客帳清單。
6.給予顧客客帳查閱清單。
7.接受現金、信用卡或簽帳之付清帳款。
8.輸入支付款額。
9.輸入付款方式。
10.輸入前檯部門代號。

11.檢查客帳是否全部結清。

12.交遞顧客聯收據。

13.詢問顧客是否需要辦理未來預約訂房。

14.向顧客禮貌道別，期待下次再會。

如有必要上述每一步驟均可再予細分。以第六步驟爲例，可進一步指導新進人員確認客帳內之主要項目和發生費用，俾使顧客明瞭各項細帳及總額。更方便了顧客在此刻提出有關帳項的問題，不必等待帳單開出之後。也因此爲財務部門減少許多不必要的額外工作。

管理概念

除工作表現外，其他較不具體之技能亦須涵蓋在前檯在職人員訓練中，如工作壓力管理、工作時間效率管理與工作組織化等等。雖前述技能多在各種討論會分別研討，事實上卻息息相關，故切不可單項一一處理，須整體納入管理訓練課程，以更清晰明瞭個中道理，故而助益服務員之工作表現。舉例言之，服務員應被指導在辦理遷出作業時，可能面對龐大壓力的心理準備。如顧客排長隊等待遷出、許多顧客質問客帳費用、其他不耐等待顧客之焦燥反應等。在此狀況下服務經驗便可促使櫃檯服務員保持冷靜，訓練課程中之壓力管理訓練，則可襄助各職員處理困難的案例。不可諱言的，自我控制及關注顧客之福祉乃至高無上的服務管理概念。

善用時間的管理乃促使員工在特定時段完成指定工作的另一重要技能。譬如各個營業部門須經常仰賴前檯將各種資訊傳遞給顧客及其他營業部門；如若不然，各營業部將面臨極大的作業困擾。另者，組織系統的技能，則可幫助職員有系統的處理繁重之工作量，而不致造成作業半途而廢的情況。如是，前檯平時皆可定時完成各種文書業務，不致堆積如山，落後進度。上述便是正確管理時間及系統化作業增進職員工作表現的最佳證明。

員工訓練課程之步驟

一套周全的員工培訓課程至少應包括下列幾項步驟：準備階段、實際示範階段、嘗試錯誤階段、追蹤評鑑階段等。茲分述如下：

準備階段

每一員工培訓訓練員須事前安排好訓練課程之細節。其起步便是爲受訓人訂定培訓行爲目標，以清楚明示受訓員工在結訓後應獲得的知識及期待的行爲改變。前述目標亦可幫助在職員工建立業務知識的基礎。培訓行爲目標之訂定須專注在員工應如何操作某業務，如何有效的操作，與在何時間應可完成該業務。例如，訓練辦理遷入之員工行爲目標可爲「受訓員工應在五分鐘內以電腦管理作業系統100%的辦妥已訂房顧客之遷入登記手續。」是以訓練員可依該目標專注指導受訓人如何操作處理已訂房顧客遷入作業，而非未訂房散客之對象。訓練員本身亦應於事前對電腦系統操作過程一一檢驗，瞭然於心，方能順利無誤的示範給受訓員工學習。訓練在職人員在五分鐘內完成遷入作業也許不切實際，惟前檯服務員須反覆練習，俾使熟能生巧而畢竟其功。

除行爲目標之外，訓練員亦須知道如何示範新技術給受訓員工，使其與員工之其他工作融合運用，並詳細過目培訓場地、時間與必要輔助器材，如音響設備和印刷品等。

訓練員在示範某業務操作技術程序之步驟時，應以受訓員工之需求爲主旨，而非顯耀自身工作效率的時刻，因此須耐心以受訓員工之角度來解說。首先，訓練員說明受訓人員將學習的內容項目，進而多次重複解說重要且複雜之設備的操作方法。同時，指導員亦應預先瞭解如何以及在何處可獲得所需之訓練輔助用品，如印刷品、電腦訓練軟體或其他同仁相助等。總而言之，訓練員須緩慢清楚的解釋各訓練過程，並不時詢問受訓員工是否完全明白所授內容。

詳細述說所示範各種作業技巧與其他業務之關聯，著實助長受訓人員瞭解某一特定作業如何融合其全盤職務的關聯性，進而幫助其記住各程序之步驟。此外，該解釋亦教導受訓人員正確執行個人技能之重要性，其結果也形成了整體系列工作之良好基礎。

訓練員尙須盤算何時將櫃檯或旅館之哪一部分之作業示範教導給受訓人員。其考慮問題包括哪一方面作業不致受困擾並可立即提供作爲訓練示範？而何時爲最佳示範時刻，是上午、下午亦或晚間時候？可想而知，選擇在晨間前檯業務尖峰時訓練員工如何操作電腦管理作業系統，將注定要失敗。儘管事實上在職人員同樣是在各種打擾與紛亂的狀況下工作，然而訓練過程應保持順暢方能專注訓練項目的操作技術。

另者，訓練員在訓練之前須有條不紊的備妥所需教授資料。譬如，是否獲取教材錄影帶？是否預覽過？錄影機是否運作正常？放映室是否可接收衛星訊息，或以電話線輸送及接收聲音影像？前述項目之使用同意權或合約書是否已辦妥？各訓練步驟及追蹤評鑑時，所需之印刷品是否已印妥或有足夠份數？以上皆爲專業訓練必要之前置工作，可確保透徹的訓練課程能毫無阻礙的順利完成，並給予受訓人員在結訓後得有反覆溫習的機會。

實際示範階段

如前所提及，訓練員在示範各種業務操作時應愼重考慮受訓人員的想法。譬如，示範時應站在受訓人員之左右，俾使其有清晰視野看見每一示範細節。反之，受訓人員若無法正確目擊各種技巧，將有礙瞭解及維持作業要求之表現。又受訓人員有慣用左手者，亦須特別設計示範方式，譬如面對慣使左手員工來顯示作業步驟，將協助某些作業之理解。訓練員事先瞭解受訓人員之身心需要而做不同之示範安排，可縮短訓練時間及避免錯誤之發生。

作爲一優秀訓練員尤其需要口齒清晰、言之有理的示範交待。喃喃自語或說話速度過快，皆可導致受訓人員困惑不明。是以訓練員不但應強調所談之內容，亦須注重如何述說的方法。在其語調中若暗示受訓人員無能力勝任，將影響日後同事間的隔離狀況。故而訓練員應極力鼓勵並讚賞受訓人員的努力學習與優良行爲表現，且持續保持耐心相對。

每一產業有其獨特用語，員工應利用受訓期間儘量學習使用。例如，客滿（full house）、訂房未到（no-show）、晚到客（late arrival）等旅館產業慣用名詞。即便新進員工曾任職於其他旅館，亦需再次複習俾確使瞭解現任旅館習慣用語之確實意義。舉例而言，前任旅館可能指定夜間九時以後抵館之顧客爲晚到客，惟現任旅館將任何在下午四時以後到店之顧客一律歸類之。

各種作業示範則須循其邏輯與先後之步驟來一一表達各細節，因此前檯經理可依預先準備之程序來有秩序的傳遞各種資訊。其結果非常有助於受訓員清晰瞭解，如「在鍵盤上按下此鍵便可啓動註冊目錄開始作業」，而非「這是註冊目錄……哦，等一下，讓我們重回註冊目錄去看一些東西……」。訓練印刷品載有作業程序之綱要，可進一步幫助受訓人員學習與練習各種技術。

在示範過程中訓練員可將各種想法大聲說出，詳細解釋每一步驟及其重要性，於是受訓人員可正確合理的跟隨每一步驟，或自在的發問。利用此溝通方式訓練員可觀察受訓人員瞭解示範內容的程度。換言之，促使受訓人員浸浴在訓練過程中而增進其學習的情形。

在結訓後，前檯經理應仔細觀察受訓人員工作表現，倘若順利正確，則表示培訓課程之成功。反之，若受訓人員對業務操作常表困擾或發生錯誤，即顯示訓練員在訓練過程中可能未適時確認受訓人員的瞭解狀況。當然，一位良好之訓練員亦須靠經驗鍛鍊而成。

示範發表方式

訓練員選擇示範的方式應配合所發表之內容。書面與電腦方面的操作技術通常由示範訓練或實際工作之培訓等方式進行。而維繫良好顧客關係則可藉由角色扮演、錄製與顧客應對過程、分析角色扮演結果，或觀賞分析商業訓練影帶及有線電視節目等。

技術示範（skill demonstration）

訓練員應親身示範某些特定業務所需之技能，以程序先後一一詳細解釋，並給予受訓人員親自練習的機會，俾使在訓練員觀看後得以提供正確的回饋指導，確定學習的成效。

在職訓練（on-the-job training）

在職訓練乃受訓人員在工作過程中同時觀察、學習但亦操作某特定作業。長久以來，此法實爲旅館餐飲界之主要訓練模式。在職訓練內容的安排發展及課程時間的設計皆需謹愼細密方可竟其成。此法實施最有效於訓練新進人員當其必須使用某一特定作業技術時。其缺點則在於當交易服務發生時，訓練往往落爲次要目的，導致新進人員永遠無法獲得完整訓練，以及缺乏施行該作業之正確工作技能。當此狀況發生，即表示訓練課程之基礎——規劃、發展、組織、示範及追蹤評鑑之程序顯然被忽視了。最終的影響便是服務人員無法具備提升工作效率應有的技能。

角色扮演（role playing）

此法給予受訓人員在正式上場工作之前有實際體驗服務顧客之機會。常見的是，前檯服務員扮演著顧客之抱怨目標與解決問題者的角色，包括那些與櫃檯部毫無相關的問題。經驗告訴我們每一前檯服務員或早或晚皆會面對已訂房顧客到館卻無空房可提供，或某顧客遷入未清理之客房，或顧客必須苦等多時方可遷入客房等困難抱怨之情境。然而處理該類問題之各種方式卻疏於傳授給新進人員。致使其只有依靠嘗試錯誤的方法，學習如何在超額訂房情況發生時，四處尋找可能收受住客的其他旅館同業；或向分配至未清理客房之顧客誠懇的致上歉意，並迅速給予另一整潔房間；或對於等候良久遷入的顧客，可在其客房內供應小點心，或指引至酒吧享用免費招待飲料來安撫情緒。角色扮演之訓練可使工作人員在實際狀況未發生之前有處理的練習機會。以備正式上場工作時，便可以專業化表現及溫馨之微笑來服務顧客。

旅館亦可錄影受訓員角色扮演之訓練過程，以提供受訓員觀賞並給予觀後感。訓練員可就員工服務之眼光接觸、解說之清晰度、談話的速度、待客之態度、衣著舉止等來分析服務行為，此法尤其有利於新員工處理前檯工作帶來之壓力或電話中之激動顧客。

商業服務教材影片（commercial vedios）

美國旅館與汽車旅館協會（American Hotel & Motel Association）及訓練印象公司（Training Images Company）製

作了訓練旅館前檯服務員之教材影本以提供需要之旅館購買使用。其內容展現了不同顧客服務的案例，以供受訓人員觀看前檯服務員應具有的服務態度與處理顧客關係的方法。訓練員應預先觀閱影片俾以提出一系列相關問題，來引導受訓人理解影片之內容及目的，進而採用在其工作服務上。

遠距視聽教學（distance learning）

隨著科技進步，現今旅館餐廳及食品店已可利用衛星電視頻道在任何時候、任何地點獲得員工訓練教材。旅館餐飲服務電視台（Hospitality Television, HTV）乃一設立於肯他基州路易斯維市的商業餐飲服務教育組織。該組織反覆不斷播出各種訓練單元，廣獵餐飲業之服務團隊的建立、推廣行銷之策略、顧客服務之產品銷售等方面課題，有利於經理人員實施員工訓練時採用。此類訓練對前檯業務操作有著不同貢獻，如經理可依節目表選擇某特定訓練單元，在一週內提供給不同工作班次的服務員重複觀看。爾後，前檯經理並可據此段教材發展其他員工指導訓練課程。

嘗試錯誤階段

在此訓練階段，新進人員已然向訓練員展露所習得之服務技術、表現，並經訓練員觀察，提供改進回饋與建言。此時，行為目標便發生作用，訓練員可依訂定之目標來決定受訓人員的服務表現是否達到要求之標準。

訓練員亦應不斷鼓勵受訓人員遵循規定之程序提供服務，俾以符合目標。訓練員同時可告訴其他服務人員學習某特定技術所需之時間及鼓勵言語。如「許多員工必須練習五、六次方能瞭解和達到操作速度」，間接的使受訓人員明白一蹴即至的學習絕不可

圖 13-3
為確知如何操作業務，受訓人員須有練習之機會（Photo courtesy of Palmer House, Chicago, Illinois/Hilton Hotels）

能發生，也不為訓練員所期望。訓練員應特別指出一般嘗試錯誤的練習階段所需時間，與增加額外訓練的可能性。

詳細之訓練步驟程序將非常有助於受訓人員操作某作業技術。因個人努力不懈的練習，對混沌不明之部分作業亦有澄清瞭解之作用。（圖13-3）

追蹤評鑑階段

每一周全之員工訓練，在課程結訓之後，訓練員仍會繼續追蹤受訓人員的工作表現。每位訓練員應擁有一份員工訓練記錄簿（training tickler file），詳細載錄各訓練單元之時間及有關每位新員工之未來重要事件日期，列名各訓練課程、時間、重要備註，與每一追蹤評鑑之日期。圖13-4顯示此項管理工具使用的方法。該資訊可儲存於電腦管理系統之特定檔案或保存在指標目錄卡檔案中。

追蹤評鑑可謂實際的總結員工訓練，乃因其提供了受訓人員工作表現之回饋。可進而促使達到訂定之工作行爲目標，更向管理階層保證最高品質服務之必要技術乃經仔細過考慮、規劃發展、示範、練習及操作而完成。

圖13-4 員工訓練記錄簿可協助前檯經理瞭解員工受訓的結果

訓練檔案	受訓人姓名:
課程:	新進人員培訓課程
日期:	12/1
備註:	該員異常熱衷訓練有意於訂房員之職務
追蹤評鑑:	12/5 再次觀察客房 12/6 會見夜間稽查員
訓練員:	JB
課程:	顧客遷入程序
日期:	12/6
備註:	達80%表現，第一次評鑑 12/6 達85%表現，第四次評鑑 12/9
追蹤評鑑:	12/15觀察其工作速度是否增快
訓練員:	JB

前檯經緯

旅館總經理要求你訓練幾位明日便開始工作的新聘訂房員。你將如何著手進行？

實施員工訓練課程

規劃訓練課程須包括設立施行之準備工作。是以許多細節應如悉涵蓋以予配合，如正確且具彈性之訓練單元時間必須訂立及維持。同時，訓練過程表亦應制定公布，訓練輔助材料之內容準備及複製一定要在課程開訓之前完成。

通常執行員工訓練課程之責任落在前檯經理的肩上，惟該職責若交付給前檯部助理或人事部助理，則須完整的與其討論執行之細節。

顯而易見，餐飲旅館界若僅僅依賴優良之前檯員工訓練課程，並不足以支持整體的營運。應保持櫃檯顧客流動、住房登記、特殊活動、電話詢問、緊急事件、商家電話與其需求的一氣呵成，而順暢作業則要求前檯經理平衡以上各項業務未來之需求。但在期望旅館提供高品質的產品與服務，絕對需要周全的規劃與發展員工訓練程序。

輪調訓練

即便是最基本之員工培訓課程也須具備能作爲發展員工技能的基礎準備工作。基於旅館之營業率與人事之頻繁更動，致使要求旅館員工能有彈性化及多方面作業之技能。輪調訓練（cross-training）儲備旅館員工得以發揮潛能，勝任於各層面的工作，實乃旅館持續營運之重要關鍵。而前檯服務員若可處理多方面業務，將成爲前檯經理面臨危機時之拯救者。當前檯經理發覺某日某前檯服務員與某電話服務員皆無法報到工作時，便是測試員工輪調訓練成果的最佳時機。倘若當時某行李服務員知道如何正確的操作電腦管理系統，或某訂房員亦曾接受電話總機作業的訓練，則當日業務的營運便得救了。因此，前檯經理應有先見之明，實施員工輪調訓練，在不期之緊急狀況下即能化險爲夷，避免混亂的局面發生。經過良好的訓練及完整的記錄，顯示了那些員工同時可勝任其他工作職責，致使員工輪調訓練成爲維持旅館經營的重要環節。當欲提供輪調訓練時，應詳細載明工作職責解說與給薪制度。必須注意的是，經理在規劃輪調訓練時，應瞭解許多勞工工會明言禁止旅館指定員工擔任非合約規定的工作，在此限制下，輪調訓練則無法實施。

訓練指導員的培育

選擇適當新員工訓練之訓練員須以審慎仔細的方式進行。除該員本身須具有專業精神且應能傳遞受訓人員正確的工作態度與熱忱。訓練員應擇自管理階層或資深員工，是以精通各種工作程序與熟諳訓練的方法技巧。

擁有廣闊的工作知識乃得自正式員工訓練後的工作經驗。在訓練過程中，工作經驗常扮演重要角色。其中原因乃在受訓員工會提出各種不同的詳細問題，訓練員則須以完整正確的答案回應。其中許多答案是無法在規章守則或訓練手冊中尋獲，而須領會於工作經驗的磨練。

優良的教導能力亦是訓練員須具備的重要條件之一。訓練員應以循序漸進的方式來安排訓練課程。清晰的溝通技巧亦爲訓練員不可或缺的訓練工具，並可以各種示範、討論、講習的訓練單元來傳遞訊息與技術。當然，訓練員應對櫃檯所有器具的操作瞭如指掌，並知道應如何準備印刷教材來輔助學習，同時亦會使用各類聲光輔助器材，以及熟稔訓練程序的基本步驟。最後，訓練員須能體會受訓人員的心境。將心比心，回顧自我當初在同樣情境下的感受，故而耐心重複解說困惑之處，俾以鼓勵受訓人員勇於發問，致使對即將上任的必要工作倍感信心與期待。

另者，訓練員對旅館經營之目標——提供最佳品質服務、提升營利、控制成本等，須有專業和正面的個人觀點。員工專業化的態度可自其對本身工作職責的表現顯露在外。如向顧客解釋訂房的錯誤、協助客人尋找旅館的某一營業部門、積極參與促銷活動以提升房價、控制營運成本等。若其對以上各事項之反應態度為：「我家旅館每年都在這時間超額訂房」、「隨著牆上的指標就找到餐廳了」、「我不會幫這個地方提升房價」、「這家旅館不會少我一個人工作，多休息十五分鐘吧！」諸如此類言行，足證其缺乏專業精神。

經驗豐富的經理們皆知某些資深員工儘管精通作業技術，惟對所服務旅館或高層管理人員持有負面觀點。是以，應避免將該類員工列入訓練員名單來影響新進人員。旅館經理負有教導員工作業技能、傳遞知識與豎立健康工作風氣的責任。若新進人員在訓練期間，接觸了影響旅館員工士氣的非專業之不正確態度，將毀損訓練的基本精神，是而訓練員應代表旅館並顯露良好的勞資關係。

員工授權的訓練

本書第12章曾論及之員工授權議題亦須含括在員工訓練課程內。員工授權（empowerment）乃指授予前檯服務員有關某些業

國際旅館物語

前檯服務員須明瞭接待國際旅客的重要性。尤其是其對錢幣兌換率、本市地理位置，或本地時間等資訊的需求，和不諳本地文化習慣、吸煙與餐廳禮儀等規定。是以在規劃服務國際旅客的員工訓練課程時，應包括受訓員工之角色扮演來練習，及交換員工舊有服務國際顧客的各方面經驗。提高旅館服務員對國際顧客需求的高度敏感，將確保旅館營運的永久性。

務職權的行爲，且是爲經營前檯業務的重要因素。在訓練課程中，前檯經理須向受訓員工詳細言明在何種狀況下，某個額度限制內，前檯服務員可不須請示經理，逕自調整客帳的不正確款數。訓練員則應傳授受訓員授權之正確概念，俾使其知曉如何保持修正額度與顧客滿意度的平衡。當然，某些特殊情況能迫使前檯服務員更正超過了規定數目，然服務員可在每日報表內提出合理解釋。如此一來，不但櫃檯業務得以順利進行，前檯員工也因經理階層之授權與信任，持續提供顧客快捷、正確、滿意的服務，促使賓主盡歡，進而提升旅館的營業收入。

正如旅館家勞倫斯史坦恩伯格（Lawrence E. Sternberg）所言：「現代旅館管理哲學便是高效率、高生產力及高顧客滿意的服務所獲之最大利益乃是管理系統的改進更新。那些改進多緣於員工被授予權責而可提出建設性的變更，逕而施行的情況下發生」[2]。

美國殘障人士保護法案

美國殘障人士保護法案（Americans with Disabilities Act, ADA）乃美國政府於1990年啓用之保護殘障人士在尋求住所及工作時免遭歧視的一則法律。該法包括兩大部分：殘障人士之住處與僱用殘障人士工作之議題。基於該法被美國法庭重視之程度，及對社會之重大影響，是而有必要瞭解該法中工作僱用部分之內容與涵義。該法之重要性不僅予以法律保護基本人權，更因其確保每一個人可因才能而被僱用工作，而不受外在身體障礙影響之平等機會。

美國殘障人士保護法案（ADA）明定，除非雇主認爲會造成其整體業務運作的困難，所有雇主皆應提供殘障人士「合理的工作環境」。該法1211節敘述「合理工作環境」之提供乃指確保現有之工作場所可允許殘障人士方便使用。其考慮方面包括調整工作操作方式、調整工作時間或半天工、重新指定職務，與視聽翻譯之協助等 [3]。

前檯經理從未僱用殘障人士者，須著重申請人之工作能力是否符合該項業務要求。每項工作應有詳盡職責解說與技術要求之文件，以爲評估所有工作申請人之依據。倘某項作業程序不適於殘障人士執行，則前檯經理應請示旅館總經理改變或調適工作環境，以便利殘障人員工作。舉例言之，當某使用輪椅殘障者申請前檯服務員職位時之反應爲「這是行不通的」、「這兒沒有足夠空間供輪椅活動」或「使用器材時需要過多動作」時，前檯經理應分析實際工作環境狀況須如何調整以適合該類員工之需求。然而，應將所有器材集中一處以方便殘障員工作業嗎？又，客務部可將櫃檯高度調整至適合輪椅服務員使用嗎？以上問題須謹慎考

前檯經緯

前檯經理正面臨聘用新進員工之難題。兩位申請人馬克與特西具有相似特質。馬克擁有兩年前檯服務之工作經驗，惟最近一件汽車意外奪走馬克一條腿且須依賴輪椅行動。特西則曾為一電器公司銷售部門工作兩年，並表示強烈意願學習旅館經營。對此案例你將如何處理？

慮並視所需費用來共同評估。惟該項花費亦應與另外新聘人員、新進員工訓練課程，以及新進人員犯錯等項目所耗支出來相比較，俾作出精確評定。

大多數情況來說，訓練殘障員工與其他新進員並無差別，所有訓練方式皆適用於各類新進員工，惟訓練員須再三思考訓練的基本四步驟，因其可提供殘障受訓員工熟悉工作環境的機會，或以殘障人士角度重新設計各種作業程序。

解決前言問題之道

對此小型連鎖旅館形象聲譽的難題雖可藉由廣告公司來改善，但是最根本的問題產生在提供服務的旅館員工身上。因此，謹愼嚴格的篩選聘用具有正確服務特質的人員來擔任前檯服務之工作，實乃代表該企業形象最重要的關鍵。其中原因乃在恰當的人選可反應對工作的熱忱與專業精神，自然的便由其服務行爲上展露出來。

結論

前檯經理欲確保該部員工提供最佳品質之服務，則應始自聘任具有勝任前檯工作，處理每日繁瑣業務特質的員工。本章開始討論服務前檯工作所需必要之人性特質——外向、成熟、耐性、接受建設性批評之正確態度，以及銷售能力。尋找符合前述特質之候選人，可經由根據特質設計之面試問卷來達成。同時在新進人員工作之始，應給予詳盡完整之新進人員訓練課程。製作訓練課程內容檢查表乃有助於瞭解是否達成重要訓練項目。如瞭解旅館在社區內之經濟地位；總覽旅館實體經營、服務範圍與認識工作同仁；以及巡視旅館各項設備。訓練課程亦應包括閱讀員工守則與政策規章手冊。最後領導受訓人員認識前檯部工作員工與管理階層來結束訓練課程。總之，員工訓練課程的執行乃延續了此項人事安排與任用。

訓練課程之實施則始於前檯經理之指認前檯各工作崗位的職務與管理內容。首先須製作步驟程序表以利訓練員規劃訓練單元。而訓練基本四步驟——準備工作、作業示範、操作練習及檢查進度——可協助訓練員確定完成訓練單元之各個細節。本章亦介紹各種訓練單元的內容方式，包括作業技術示範、在職訓練、角色扮演、角色扮演錄影討論、商業影片訓練、指導課程錄影帶與有線無線電視訓練節目等。由上述討論可見，訓練課程之執行良好對於持續提供高品質服務，實爲不可或缺之重要環節。

員工之輪調訓練則可襄助前檯經理每日管理、調度前檯之團隊工作。每一前檯職員備有各職位技術輪調之訓練，將可助前檯經理確保每日提供顧客要求之服務標準。

培育選擇良好訓練員亦是訓練員工提供高品質服務之重要因

素。擇取適當訓練員須奠基於其對工作業務的知識程度、指導能力，與擁有代表旅館之專業態度。

授權員工處理某些業務同樣爲訓練程序之重要部分，因其可提升旅館服務之品質。

本章最後介紹美國殘障人士保護法案，俾以瞭解該法之背景、概念與應用對各產業之重大影響。其強調提供殘障人士平等之僱用機會及聘用殘障人士的權利。

問題與作業

1.爲何前檯之人事安排與有效管理制度有關聯？
2.你準備如何來面試前檯服務人員？請列出面試之問題。
3.假設你正服務於某旅館企業，請敘述你所接受之員工訓練課程？若你是前檯經理，將如何更新該訓練？
4.假若你正服務於某旅館企業，請敘述你所接受之員工訓練？請與本章所述之訓練相比較。
5.試設計一項處理顧客遷出作業之訓練單元，你將由何處開始？並將訓練基本四步驟融入訓練單元內容。另準備一評鑑小組評估執行訓練之成果。
6.試論你對採用有線電視節目爲訓練資源的看法。
7.試述員工輪調訓練對前檯業務營運的重要性。
8.你應如何選擇訓練員？該員應擁有何種特質？其對訓練單元之成功有何貢獻？
9.試述你對員工授權之看法。你曾有此授權經驗嗎？感想如何？顧客對此授權之反應如何？
10.假設你可聘用一殘障人士爲前檯出納員，你將如何考慮該情形的可行性？

研究個案1301

時代旅館前檯經理馬蒂南茲正進行爲前檯新進人員規劃訓練課程。其中包括介紹前檯器材操作與相關文件，而進一步解說將於日後再予以進行。

她開始該訓練於列示及解說所有器材設備，以及每件器材與前檯整體業務之關聯。基於許多員工離職，現任大部分前檯員工皆爲新進任用，馬蒂南茲決定親自指導員工訓練。

約翰與卡洛茲已被聘任爲前檯服務員。約翰將於週一早上七時接受訓練，而卡洛茲則於週一下午三時開始受訓。

週一當日將有整館之客房須在十一時十五分前辦理遷出作業，而於下午二時會開始另一批客滿客房之遷入作業。馬蒂南茲與約翰在清晨六時四十五分會面時，卻發現前檯電腦作業系統失靈及某位電話總機服務員因病請假。除此之外，她又接獲行銷部門通知，須額外準備20間客房待用的要求。直至下午一點三十分，約翰雖盡力幫忙作業，但仍未得到任何新任人員之訓練。馬蒂南茲不認爲有何不妥，打算再讓約翰工作至二點四十五分，待卡洛茲到班，一起授予訓練課程。

卡洛茲如期出現，馬蒂南茲帶領二人至咖啡室開始簡短介紹時代旅館。半小時後回到櫃檯發現有許多顧客已然大排長龍正等待遷入。她告訴約翰：「你去打卡下班，我明日再與你聯絡」，又對卡洛茲言道：「你先去電話總機處工作，直至我們處理完這亂局」。

下午五時，前檯情形較爲穩定，卡洛茲躍躍欲試想要學習前檯之業務。情急之下，馬蒂南茲快速寫下幾項要點交給卡洛茲去找總機服務員法蘭克，及前檯服務員何安來解說如何操作電話總機與登錄機作業。

相較於本章討論過之內容，你認爲馬蒂南茲對員工訓練觀點如何？她忽視了哪些重點？其訓練課程之時段有多實際？該訓練是否可由資深員工執行？在何情況下可由資深員工進行？你認爲馬蒂南茲部門之員工離職與其員工訓練課程有關嗎？

研究個案 1302

時代旅館前檯經理馬蒂南茲參與其企業團隊共同發展一個篩選前檯服務員的程序，以供其他連鎖旅館使用。幾位團隊成員不認爲該程序可行，因爲面試過程有太多變數。

馬蒂南茲不表同意，並言道如果該團隊詳細分析旅館營業成功之特性，及聘用人員之缺失，則必可發展出有效的方法。南部地區代表陳開雖認爲該法可行，但仍認爲是一件過於龐大的工作。西部地區代表馬可迪亞哥言道：「我們必須想出個辦法，在我們區域想要僱用人員是件非常艱難的事。所以我們必須策劃一套最好的方案。」由此觀來，該團隊成員有著高度的需求及期望來發展該份重要文件。

馬蒂南茲被選爲該隊之領導者並開始了腦力激盪的討論。

試扮演五位前檯經理的團隊成員，其肩負著決定提供最佳品質服務之員工的特質。

NOTES

1. The content of this section relies on ideas found in *Supervision in the Hospitality Industry*, 2d ed., Chapter 5, "Developing Job Expectations" (New York: John Wiley & Sons, 1992) by Jack Miller, Mary Porter, and Karen Eich Drummond.

2. Lawrence E. Sternberg, "Empowerment: Trust vs. Control," *The Cornell Hotel and Restaurant Administration Quarterly* 33(1) (February 1992):72.

3. John M. Ivancevich, *Human Resource Management*, 6th ed. (Chicago: Richard D. Irwin, Inc., 1995), p. 75, quoting J. Deutsch, "Welcoming Those with Disabilities," *New York Times*, February 3, 1991.

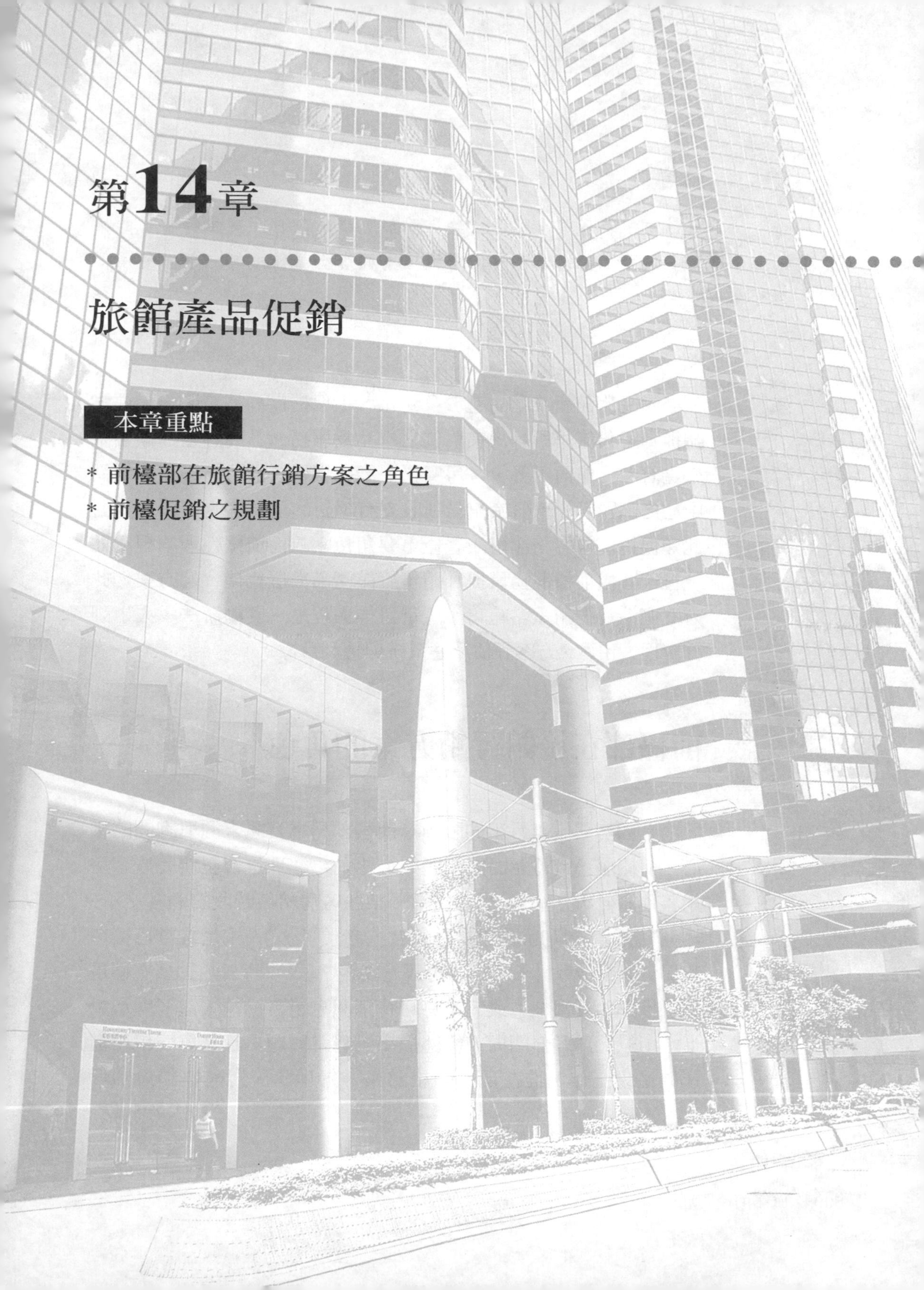

第14章

旅館產品促銷

本章重點

* 前檯部在旅館行銷方案之角色
* 前檯促銷之規劃

前言

旅館主廚重新推出餐廳主菜單並加列幾份每日「商業特餐」的菜單。然而，前檯服務員仍繼續推薦顧客至旅館毗鄰之餐館使用便餐。

當今旅館產業產品趨於多元化，不但提供高品質服務，更強調提升銷售旅館所有營業單位之產品及服務。其內容包括顧客未來之訂房、館內用餐、客房服務、酒廊與娛樂節目之服務、商品中心之購物等，皆對旅館營利收支有絕對的助益。（圖14-1）對此類促銷前檯客務部扮演著極重要角色。故而前檯經理須規劃並執行一套由前檯服務員提升銷售旅館產品與服務機會的方案。此方案應涉及促銷重點範疇、訂定目標與程序、獎勵辦法、人事訓練課程、預算、方案評估反應系統與獲利目標。

前檯部在旅館行銷方案的角色

在顧客與旅館員工的眼中，前檯部乃為資訊來源與詢問的軸心。前檯服務員可能面對問題如：「前檯經理是否製作完成客房銷售預測分析？」、「是否保留了某些客房給某時段的顧客？」、「哪些房間是指定留給這批討論會的參加者？」、「是誰當班接待和提供資訊給今日下午到達的觀光團客？」、「每日活動公布欄是否已經準備妥當？」或者「每日特別訊息是否已輸入電子顯示版上？」以上為各部門向前檯部提出的尋常問題，且為每一旅館營運的必須工作。惟在現今的旅館業，管理階層對前檯部愈加依

圖14-1
照片中之海報可告示顧客旅館之娛樂節目（Photo courtesy of Palmer House, Chicago, Illinois/Hilton Hotels）

賴，是而加重對其工作之要求。

在一《加拿大旅館和餐飲研究學刊》（*Canadian Hotel and Restaurant*）文章中，作者那魯拉（Avinash Narula）言道：

> 當市場情況發生變化，旅館前檯部業務本質與功能重要性亦隨之改變，即由接受訂購要求之角色轉化為助長訂購要求與銷售的中樞部門。尤其從每一旅館收支表上觀來，明顯的指出平均60%的主要收入帳項源自客房銷售[1]。

此一前檯部角色的更換，由較被動接受訂購者轉身一變爲積極訂購促生者。該變動促使前檯經理們不但得重新調整前檯人員已就緒之業務，且須致力尋找最有效途徑來引導員工全力支持行銷部門之努力。

爲完成此一目標，前檯經理首先須考慮前檯人員之態度。長久以來，服務人員被訓練及獎勵其正確的辦事員職務，但扮演消極服務銷售角色。由此推斷，究竟是否容易將前檯服務員轉換成

旅館春秋

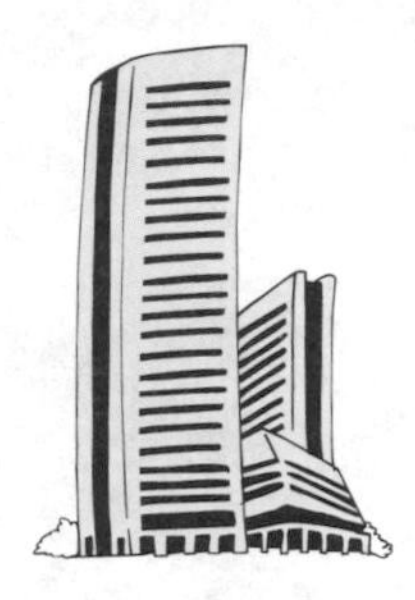

紐約州水牛城假日旅館（Holiday Inn）行銷部主管蘇珊考芙特曾任前檯經理、夜班經理與訂房中心經理。在現職崗位，她將旅館顧客歸納為一般汽車客、旅行團客、大學客、政府單位客、宗教團體客、會議團體客與企業商務旅客等不同客層。

考芙特自稱為旅館前檯客務與銷售產品業務合一的堅信者，因在擔任前檯經理時，深深體會前檯人員對旅館資訊提供不足所面臨之困擾。因此，她提供服務人員一份完整但簡短、包括所有客層之資料，俾以方便執行業務。並於每月在員工會議上共同商討如何銷售預訂客房。為了刺激員工向各客層推銷，考芙特亦提供服務員各種績效獎勵物品，例如，二張電影票、二張曲棍球賽門票或旅館餐廳二份免費用餐等。

考芙特言道她非常重視並依賴前檯服務員來銷售旅館產品，真可謂之為行銷部門的延伸。行銷部主管預先推銷旅館產品，然前檯服務員才是實際運作每日銷售的功臣。考芙特並言唯有透過前檯服務員，顧客方能獲得有關促銷活動、館內設施及附近環境的適當訊息。她認為前檯客務部的努力可確保顧客的再度光臨。

積極的銷售員，說服顧客購買未來預訂客房、餐廳、酒吧之服務及商品禮物中心之產品呢？改變之前，許多前檯經理們可能認爲該任務乃誇大不可及。畢竟員工們對建立之例行業務已感習慣、熟悉而無壓力。然而前檯經理乃是管理團隊之一員，在規劃前檯銷售方案過程中，須與其他管理團隊成員及員工頻繁的互相溝通。

圖 14-2
於旅館前檯展示其他營業部之產品銷售廣告，提供產品促銷及提升旅館營利之最佳機會（Photo courtesy of The Inn at Reading, Wyomissing, Pennsylvania）

規劃前檯銷售方案

前檯部銷售（point-of-sale front office）之方案意指前檯服務人員必須促銷旅館其他營業部門產品之計畫。（圖14-2）該銷售方案應包括訂定銷售目標、研擬促銷重點、評估選擇方案、擬定預算及規劃顧客評鑑辦法。若缺乏一套良好方案，前檯銷售之構想將無法成功。該方案之規劃應邀請旅館管理階層人員、各部門經理與各營業部之第一線服務人員共同參與。顯而易見，此一精挑細選之團隊將確保規劃出一套有效且能獲利之銷售方案。

那魯拉在文章中並提出前檯部在改採銷售態度時之營業目

標，可包括下列項目[2]：

· 向未訂房散客銷售客房
· 向訂房顧客推銷未在預計內之較高價旅館產品或服務
· 維持旅館各產品之清單，如客房
· 向顧客介紹旅館其他銷售產品，如食物與飲料。前檯部之目的乃在向顧客促銷旅館所有設施。前檯服務員則是顧客獲知供應項目的最重要來源
· 確保旅館最大營利獲自客房銷售之超額訂房與客滿的平衡
· 獲取方案實施後評估反應

前述目標加上那魯拉之建議，乃促進前檯部和行銷部之溝通爲目標，於是展開前檯銷售方案之規劃。前檯服務員可傳遞對行銷策略有關之顧客資訊給推廣行銷單位，俾以應付急遽變換的旅館市場情況[3]。而行銷部同時須獲取顧客在使用旅館產品服務後之滿意程度反應的重要資訊，以供改進更新之參考。

訂定目標

以銷售導向的前檯客務部之最終目標乃是增加客房銷售、餐飲銷售與其他營業部銷售之營利。是以，前檯經理在規劃前檯銷售方案之目標時，應以實際爲本。如餐廳銷售應增加10%，酒廊銷售增加15%，禮品商店銷售增加20%，或商業中心銷售應增加25%爲前檯經理所期待之目標。惟在訂定營業目標時切不可閉門造車，旅館總經理與各部經理皆須共同投入意見以作最後抉擇，如此方可設立符合現況之目標。而每一目標在指定月數時期內完成，然後才進行建立未來時段之目標。

促銷重點之共同討論

當規劃提升前檯銷售活動之課程時，前檯經理應聯合各部門經理主管與員工，詳盡確認需要促銷之旅館產品及服務。茲將慣見促銷項目列示如下：

I. 前檯部
  A.預訂客房
    1.提高銷售已訂房顧客之客房價位
    2.在遷入及遷出過程銷售未來訂房
  B.客房銷售
    1.在遷入登記時銷售更高價客房
    2.促銷套裝活動
    3.銷售辦公場所出租
    4.電影圖書館出租
  C.文書服務
    1.文件影印
    2.速記聽寫
    3.文件打印
    4.文件傳眞
    5.個人電腦出租
    6.室內攝影機出租
  D.個人服務
    1.幼兒看護
    2.購物
    3.行李員協助搬運顧客行李
    4.大廳問詢
      a.戲劇、音樂與藝術門票

b.一般觀光資訊
c.當地旅遊團
d.航空機票預訂
e.緊急服務
f.當地大眾交通工具資訊

II.餐飲部
A.餐廳
1.本日特餐菜單
2.本廳特色菜單
3.合菜特價
4.訂位服務
5.禮券購買
B.客房服務
1.餐飲
2.早餐
3.宴餐
4.零食／夜宵
5.水酒飲料
C.宴會服務
D.酒廊
1.本日特價項目
2.本日主題
3.主要娛樂人物
4.促銷套裝項目

III.禮品商物中心

A.緊急需求項目

1.衣物

2.衛浴用品

B.紀念用品

C.促銷商品

IV.健身設備

A.游泳池

1.開放時間

2.會員制度／禮券購買

B.每日慢跑團體、路線及時間

C.健身俱樂部

1.開放時間

2.會員制度／禮券購買

評估選擇方案

在此階段規劃小組之重要工作，乃謹慎決定在討論會所提出之理念中，何者較具可行性。雖然該決定並非爲簡單工作，若依循訂定之目標與目的，將有助於規劃小組達成一致的決定。以慣例來看，前檯銷售方案的總目標，在於增加前檯服務員銷售各部門之產品與服務，而規劃小組也因此必須決定最可獲利之銷售項目。

員工獎勵辦法

在規劃前檯銷售方案的過程，規劃小組亦須討論支持計畫，即員工獎勵辦法（incentive program），俾確保銷案方案的成功。員工獎勵辦法之設立，可協助瞭解員工銷售之動機，與爲員工開創達成目標之機會，更可鼓勵前檯銷售之服務員間的齊心合作，以達成預定銷售目標。

雖然前檯經理應負責激勵每位前檯服務員，但許多鼓勵策略實需要管理階層的財力支持，而該支出則應列入在旅館營業預算項目之中。當旅館業主看見由前檯銷售方案所創造的額外營收，自然願意將部分收入分享給努力工作之員工。

深入瞭解員工之需求與期望，並發展一套辦法來配合，可謂規劃前檯銷售方案的關鍵。而問題在於前檯經理應如何發掘其員工之需求？由麥葛瑞哥（Douglas McGregor）、馬斯洛（Abraham Maslow）、梅堯（Elton Mayo）和赫茲柏格（Frederick Herzberg）等提出之各個理論，可協助指認員工行爲之動機 （motivation）（如表14-1所示）。當前檯經理確知員工所需後，便須發展一套方法來儘量配合需求，俾換取員工之優異工作表現。同樣地，前檯經理亦須與總經理和人事部齊力規劃有效辦法來達成員工之期望。值得注意的是，在此過程中，應由服務員工來決定何者謂爲有效率之獎勵辦法。

發展前檯服務員工獎勵辦法之目的，乃在激勵前檯部促銷旅館之產品與服務，包括部門有前檯客務部、餐飲部、禮品商物中心與健身設備中心等。每一促銷項目皆應詳細考慮，或前檯經理亦可選擇某些獲利較高之項目作爲獎勵之促銷目標。如下列所述：

1. 在遷入過程提升已訂房之銷售。若某前檯服務員可售予某已訂60美元之一晚客房之顧客一間70美元的客房，則其10元之銷售營收之某些百分比應可酬勞給該服務員。

表 14-1　動機理論一覽表

麥葛瑞哥	X 理論	人類有與生俱來不欲工作之意願。
	Y 理論	工作如同遊戲及休息般自然。
馬斯洛	滿足個人需求	以金字塔型表示人類之不同需求層次；最基本爲食物需求、衣物與棲身；最高需求爲自我體認。
梅堯	員工個人性之體認	主管若能體認每一員工爲特殊個體，將可獲得最佳工作業績成果。
赫茲柏格	優生因素	引導正確工作態度的因素，包括成就、個人成就體認、責任、工作興趣、個人成長與昝升。

2.銷售旅館餐廳之用餐。若某服務員成功地說服顧客至旅館餐廳用餐，則客人消費之某些百分比應退給該服務員作爲獎勵。另者，當該客在餐廳時顯示由該服務員簽給之貴賓卡，並享受貴賓服務，該服務員亦應收獲某些獎勵。

3.銷售客房服務。若某服務員成功地說服顧客使用客房服務，其消費之某些部分應作爲該服務員之獎勵。同樣地，若該客顯示某服務員簽給之貴賓卡，便證實該服務員在銷售上所付之努力，是以亦須獲取獎勵。

動機理論

麥葛瑞哥理論

麥葛瑞哥認爲管理階層有兩種方式看待旗下員工。即所謂X理論和Y理論。前者認爲一般人與生俱來就不喜愛工作，且極力去避免它 [4]。後者則認爲人類付諸於工作上之體力及腦力，乃如遊戲和休息一般自然 [5]。

顯而易見，該二則人類面對工作態度理論之截然不同。持X理論之管理人認爲，應持續不斷的強制服務人員工作。Y理論之擁護者則堅信員工有天賦的工作技術與才能，而主管們可藉良好之行政溝通系統使其工作更加精進有效。對此二理論有深入認識的主管可發現在某些時候，有些員工最適以X理論待之，而其他員工則以Y理論待之最佳。但亦有某些員工須混合以二理論來管理。此結果正是麥葛瑞哥所提倡的論點。管理階層應視每一員工爲單位個體，各有其不同特性，是以，對主管之管理方式便有不同之反應。

馬斯洛理論

馬斯洛認爲每一個人之需要可依重要性分爲不同層次，而最基本需要乃爲最重要者。其階層可示如下 [6]：

· 第一層——身體需求，如食物、衣物、棲身處
· 第二層——安全需求，免於恐懼、焦慮、混亂之安全與自由
· 第三層——愛、感情、歸屬感

· 第四層——自我尊重及尊重他人

· 第五層——自我認知、自我實現和自我成就

馬斯洛進一步論道，人類皆盡其可能去迎合第一層需求，爾後再考慮下一層需求，依此推及至最高層需求。同理觀來，旅館員工最應給予配合其身體上之食物及棲身場所的需求，次而才考慮對安全、穩定和工作保障的需要。更遑論對愛之要求的緩急性。

前檯經理可採用馬斯洛理論辨認各個員工之需求是否與所設計課程、方案相恰當。倘某員工的薪資不足以支付房租，將會竭力去迎合棲身之最基本需求，於是便將學費資助的獎勵視爲毫無意義。

旅館業主應藉由正式與非正式溝通管道來瞭解每一員工之最重要的需求。業務經理主管則須確知每一員工正面臨馬斯洛的哪一階層之需求，以設法去符合個人之現況需要，而非越層給予無助於員工需要之獎勵。

梅堯理論

梅堯在1927年至1932年在美國伊利諾州芝加哥市之西方電力公司施行之實驗結果顯示，業務主管若可辨識屬下員工之個別性，要較於其他主管視所有員工爲同一整體者，可獲更多成果。[7]其中原因乃是員工對主管能辨認其具有個別特殊資材與技能者，將感到榮幸，是而在其崗位上更加鞭策努力以獲佳績。同理而論，前檯服務員若被辨認能銷售旅館其他產品服務者，也可感覺與有榮焉；或可能也感覺正符合其提升事業之計畫。是以在此情況下，只要主管對員工能力之認可，便足以激發員工於交待之業務工作上繼續有相同之優越表現。

赫茲柏格理論

赫茲柏格認爲管理監督、人際關係、硬體工作環境情形、薪資、公司政策與行政措施、員工福利、工作安全等因素皆爲優生因素（hygiene factors）。當以上因素因故墮落至員工不可接受之程度，則工作不滿行爲現象即會層出不窮。惟當上述因素若滿足員工自我實現之需求時，即可引導其正面的工作態度 [8]。

根據赫茲柏格理論，優生因素之最低程度須設置在避免低產量工作環境的防線上。任何公司組織若提供低於此底線的工作環境，注定將面臨不滿的員工。是而，眞正有生產力的公司皆致力於提升員工之工作動機的因素，如成就、對員工成就之認可、責任、工作興趣、個人成就、工作晉升等 [9]。

動機理論之應用

對前檯經理來說，有效的應用動機理論實乃管理上一大挑戰。惟其亦予以機會去檢查員工之需求，俾以建立其每日工作的範疇及獎勵辦法。

前檯經理對動機理論原則有所瞭解者將明白每一員工各擁有不同工作動機。舉例言之，馬斯洛需求階層提供了如何應用需求層次來判斷員工動機的技巧。旅館員工有：爲與人互動而工作、爲增加家庭收入而工作、爲將來升爲部門主管而工作，而其對公司激勵策略亦各有不同反應。以欲維持社會人際關係之員工而言，將不重視每小時多收美金50角的工資，反而期待可多在假期工作。以增加家庭收入爲目的之員工，若其工作已付予健康保險，則對健康保險的額外獎勵不感興趣。反之，增加每小時工資與工作時數將刺激其工作欲望。另者，對未來工作有計畫之員工，對給予較好之工作時段將無動於衷，反而期許獲得更多不同工作崗位之訓練，或指任爲參加員工會議之代表，必可大大提升其興趣。

梅堯之理論則提供前檯經理發掘員工之溝通、滿意度及節省支出的機會。即使是大型旅館企業，幾句簡單的鼓勵員工繼續維持良好表現之言語，或表達對員工家庭成員與好友關注的表情、或認可讚許員工之傑出表現，皆足以使員工深感特別且榮幸。

赫茲柏格則提供管理主管一個不同的激勵概念方法。他言道提供員工自我實現，即個人成長與實踐的機會，將可助益其工作表現。即便員工仍需要一份恰當的薪資、工作保障、員工福利等等，前述動機仍是工作中不可或缺的。任何一項動機有低於員工所期盼者，將導致工作上的不滿。在採用此理論之前，業務主管須先分析工作之優生因素與使員工自我實現的機會。如旅館所提供之哪些激勵要素，卻未被員工所感激？爲何旅館無法招來員工參加員工野餐活動或節目宴會？其答案便可視爲員工激勵動機的關鍵。

前檯銷售之訓練課程

規劃前檯銷售方案之另一考慮重點，即是確使銷售成功之技巧的員工訓練。假設所有前檯員工皆爲天生之銷售員，乃一不實際且危險的想法。反之，前檯經理應想像沒有任何人與生俱來便是銷售人才。事實上，許多人在銷售時會懼於被拒絕或有強迫他人意願的感覺。前檯經理應利用訓練課程去除該類負面概念，轉而鼓勵員工銷售。如若不然，前檯銷售方案注定將要失敗。訓練之目的乃在發展並指導前檯員工促銷旅館各營業產品的方法技巧。

當員工相信促銷一事實際是在爲顧客介紹更多優良的服務及產品時，該職務便轉化成深具吸引力之工作。如前檯人員認爲向顧客建議時旨在增進其住館期間的經驗，則漸漸便對銷售一事感覺愉快自如。是以，逐步向服務人員介紹前檯銷售觀念，便可漸次增加服務人員之信心。且根據不同促銷經驗，服務人員可採用各種銷售的技巧。而員工獎勵辦法更有錦上添花之效，俾以強化其銷售之意願與努力。

另一有效卻常被忽視的方法，便是讓前檯服務人員親身經驗所銷售之產品與服務。譬如熟諳並感激主廚之拿手好菜、高級客房之享受、健身俱樂部設備、禮品商物中心之最新商品和問詢人員之特別指引協助等，皆有助於服務人員促銷此些產品的知識與熱誠。

每一指定促銷項目之訓練概念亦須詳盡清楚的傳達。簡短的告訴服務人員在辦理遷入登記時須促銷較高價之客房的方法，絕無法達成目標。服務人員應被詳細指引如何啓口與在何恰當時間開口促銷，因爲時機可謂銷售機會的重要關鍵。

錄影帶訓練技巧之使用，如前章所論，亦極具成效。譬如可將前檯服務人員向顧客銷售館內各種營業與服務之過程攝影成帶，再放映觀閱。此類過程切忌冗長，只須重點式表露有關銷售技巧與恰當時機便可。（圖14-3）

前檯經理欲採用錄影帶爲訓練工具須做好前置準備工作，如詳細考量並決定應教導或增進之某些促銷方法與行爲。再與其他營業部門主管共同研商必須建立之促銷概念的基礎。同時，前檯經理須客觀地觀察瞭解前檯服務人員的銷售技巧傾向。譬如他們是否外向主動？是否有洞悉顧客需求及期望的敏感度？

圖 14-3
規劃錄製訓練過程將有助發展一套獨特的訓練工具（Photo courtesy of Radisson Hotels）

接下來，前檯經理須決定納入錄影帶之特定促銷項目與方法。在訓練初期，促銷項目以不超過兩項爲宜。依選定項目爲目標，前檯經理須寫出銷售角色扮演之故事對話內容，其應包括員工應學習之操作程序之特別行爲與技巧。

製作錄影帶牽涉恰當之攝影時間。因此可能將適當員工職務時間調整俾以配合。事前排演時間亦應予以考慮安排，更遑論租用或購買必要相關器具所需之花費因素。

前檯經緯

個性內向羞澀之某旅館前檯出納員正在考慮，一旦前檯經理要求其在辦理遷出時向顧客促銷未來之訂房時，便提出辭呈。對此案例，應如何處理是好？

制定前檯銷售方案之預算

前檯經理必須提出實施前檯銷售方案的預算，其中包括實行員工獎勵辦法、製作訓練教材與規劃之時間。雖然上述支出不致爲大筆數目，但亦須有粗略概念之心理準備。倘若一切步驟順利進行，前檯爲各部門產品之促銷營收應遠高於執行該方案的花費。而促銷與有關支出費用之預估，將有助行銷重點的抉擇。

方案實施反應評估

規劃前檯銷售方案時，須愼重考慮實施該方案之反應評估。前檯經理應如何得知員工使用了訓練課程教授之銷售技巧？前檯經理又如何獲知員工在實行之新奇感時期過後的感覺？而顧客又對新的服務改變有何想法？顯然前檯經理無法完全獲知新策略的實施是否正確有效，但可盡其所能由顧客與員工處收集雙方反應。該反應資訊對策劃未來促銷面向、獎勵辦法和訓練課程非常具有利用價值。換言之，此規劃階段之目的可謂爲「發展一個有關員工操作表現、行爲態度、顧客認知及營利價值的反應回饋系統。」

顧客測驗

標準顧客測驗法（guest test）乃由旅館僱用非公司人員，假扮爲顧客親自體驗旅館服務，再將發現結果提報給管理階層。此測驗方法可助長前檯經理評鑑前檯服務員之銷售表現。例如某測驗人員來至旅館前檯，顯示其訂房文件，所獲之接待反應只是

「是的，我們有你的訂房記錄，請在此簽字認可。」前檯經理瞭解此段接待行爲插曲後，便可明白該服務員忽視了所交待之銷售程序。故而應即刻與該員工談話，進一步領會銷售工作未予實施之緣故。而可能獲得之理由包括該員工之工作目標已由資薪需求轉移至更多較合理之工作時段。或者，服務人員根本忘記了工作獎勵一事。亦有可能是基於過多顧客對服務人員促銷建議的負面回應，導致服務人員放棄繼續執行，而該資訊亦顯露選定之促銷產品與服務並非爲顧客所欲。

另一類方法，則是顧客意見卡反應回饋。當旅館管理階層在設計顧客書寫意見卡時，應列示不同促銷項目選擇的問題，俾獲取顧客之意向。當然亦須包括前檯服務員將提供之促銷項目，如客房升級、餐廳、禮品店、未來訂房及其他營業產品等。此法所獲資訊可顯示顧客是否得到前檯服務員促銷建議及服務員使用之技巧。同樣地，亦有可能顧客會認爲服務員之促銷行爲過於強求。

財務結果

最實際評鑑方案成效的方法，當爲營業財務狀況莫屬了。營業收益可透露促銷方法是否達成預算之估計目標。發用貴賓卡可促使餐廳經理瞭解哪些顧客是由前檯服務員所推薦的，亦有助於管理階層一針見血的找出客房預訂、禮品購買與其他產品的推銷者。同時前檯經理應會同各部門主管與財務部研商建立一個正確有效之銷售紀錄系統，俾以反應每位前檯人員促銷努力所獲之獎勵金額。

規劃前檯銷售方案之範例

一般規劃前檯銷售方案的準備過程大致可以下例表之：前檯經理安排了一個非正式會議，與行銷主管、餐飲部主管和前檯各個職位之代表們會商。會議之前，前檯經理已與方案規劃小組共同擬定幾項需要促銷的旅館產品。在此會議中，餐飲部主管首先發言並提出下列餐廳促銷活動：

1.一月健康特餐：任選健康午餐、晚餐特餐，贈送一張免費使用健身俱樂部的招待券。
2.二月情人節特餐：雙人特餐，可獲任選一開胃菜、甜點和酒水之免費招待。
3.三月午間特餐：主餐並附贈湯與沙拉。

接著，行銷部主管表示欲在同段期間增加客房銷售，並提出下列建議：

1.提高顧客所推薦之商業會議服務的銷售。
2.提高週末城市旅遊套裝計畫的銷售。

經過討論不同促銷項目，與會議者一致同意以健康特餐和顧客推薦之商會服務爲前檯服務員促銷之重點項目。員工獎勵金亦被同意發給促銷該兩項旅館產品之前檯服務員。另者，大家並同意製作一卷館內訓練教學錄影帶，以備爲訓練教材。

是而，前檯經理安排了錄製該訓練教學帶的時間，並選定幾位年資較長的員工扮演教材中之各角色。同時也安排妥當攝影機與相關器具之租用，並獲取旅館方案經費之許可。經過多日編寫及修改，該教學帶劇本之內容如下：

前檯服務員：早安！歡迎光臨時代旅館。您在來本館旅途上還一路愉快嗎？

顧客：機場業務太忙啦，連招輛計程車都不容易，你們這地方一直是如此忙碌嗎？

前檯服務員：每年這個時候本市通常有許多工商企業會議舉行。雖然本市已經加派公共交通工具，但問題是早到本地的旅客通常會遭遇嚴重的交通阻塞。對不起，請問您是否已預訂客房？

顧客：是的，我是湯姆士倫頓，來參加投資團體會議的。我預訂一間客房與麥可達德森先生共用。

前檯服務員：是的，倫頓先生，我們已為您預留一間客房，而且您預定在1月28日星期五離館。達德森先生將與您合住一房。所有您在館內消費金額將寄至勞森兄弟投資公司來支付，我們已將房間準備好了，請您在此住客登記卡上簽名。

顧客：謝謝你。這住房手續很快就辦好了嘛！比較起在機場苦等計程車，你們的服務速度好太多了。

前檯服務員：我們感謝您決定住在本館。倫頓先生，從您個人資料上顯示您是投資團體大會之策劃委員會的會員。本公司行銷部很榮幸的贈送您這張特殊週末證，可以用來支付其他週末在本館使用之房租與餐飲費。希望您能再度光臨本館且看看本館正在興建中的新型會議廳，可望在夏季啓用。本館總經理並告訴我們，新會議廳將可同時容納10,000名代表參與會議。

顧客：這真是個好消息。我可能在本月底利用假日使用這張週末證。

前檯銷售方案的預算計畫應涵蓋下列收入與支出項目。唯有當預估之收入與支出數字同時詳細並列時，方能落實方案的發

時代旅館

銷售預算——前檯客務部

預估增加銷售收入		
10份午餐	6美元＝60美元／每日×365	$ 21,900
15份晚餐	12美元＝180美元／每日×365	$ 65,700
5件客房服務	10美元＝50美元／每日×3365	$ 18,250
5件客房預訂	60美元＝300美元／每日×365	$ 109,500
5件禮品購買	20美元＝100美元／每日×365	$ 36,500
總計		$ 251,850
預估增加支出		
獎勵品（促銷午餐、客房服務、客房預約、禮品之現金獎勵）		$ 10,000
管理階層規劃時間		$ 1,000
製作教學錄影帶之員工加班費		$ 2,000
影印費用		$ 300
攝影器具租費		$ 100
硬體配備		$ 50
錄影機與電視螢幕購買		$ 1,000
雜費		$ 500
有關銷售物品支出：		
食物		$ 37,047
客房備品		$ 18,250
商品		$ 10,950
		$ 66,247
總計		$ 81,197
預估收益		$ 170,653

展。製作周全的預算測估將有助於說服旅館業主與高級經理人員，可以清楚看見以少量資金獲取大量營收的結果。換言之，前檯銷售方案乃一確切、有獲利潛能的理念。

上述預算數字有助於明瞭及決定前檯銷售之項目，在實施之後是否可獲取利益。是以，獎勵辦法、訓練課程及計畫預算的發展建立皆有利於實施作業之規劃。建立之反應回饋系統則包括了標準規格之顧客測驗、意見反應卡，與瞭解使用促銷的來源。

解決前言問題之道

前檯服務員向顧客推薦館外之餐廳乃許多旅館慣見之事。此處發生相同情形，乃因前檯服務人員尚未對旅館之獲利目標產生信心。前檯經理應負起責任領導前檯服務人員做好前檯銷售的工作。以此例而言，促銷館內餐廳產品便可爲前檯銷售之重點項目。前檯服務人員亦應給予機會，來共同決定哪一促銷活動最有益於旅館及本身之雙方利益。

結論

前檯客務部業務管理應有協助提升旅館之整體營利一項。規劃一套周全的前檯銷售方案牽涉到先行設立一個發展計畫，其中須包括建立促銷目標與目的、共同研討促銷項目、他項選擇、小組商討延續方案的辦法，如員工獎勵措施及員工訓練課程、製作預算提出預估收支數目，及設立方案實施反應之回饋系統。前述規劃架構有利於前檯經理從廣面來分析各重要因素，不至於閉門

旅館春秋

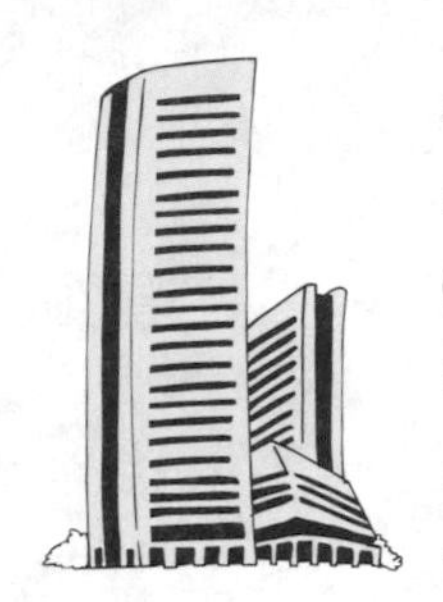

新墨西哥州聖塔菲市之皮卡丘旅館現任前檯經理優龍思曾接受衛斯汀（Westin Hotel）旅館之管理訓練課程。於現職他要求前檯人員在辦理遷入登記過程，一律遞交顧客一份載有關於館內餐廳特別餐食、季節性娛樂節目和健身俱樂部的資訊單。每位前檯人員亦擁有一份促銷項目與活動之資料。優龍思認為前檯員工參與旅館產品促銷實為十分重要，原因是，在此區區彈丸之地已有許多餐廳與旅館競爭同業。鼓勵顧客使用館內產品可幫助其瞭解所住旅館乃一設備完善之企業，並可增進旅館盈收，實創立一個雙贏局面。

前檯人員同時可因增加餐飲消費與客房預約而獲得獎勵金。譬如促銷每位顧客至餐廳用餐，每一主菜可有1美元之獎勵金歸於該促銷的前檯人員。

優龍思也認為客房銷售乃重要促銷項目之一。因此舉辦多次訓練課程以確定每一客房皆可被預訂，並且採用授權員工策略來即時給予顧客折扣，以提升業績。

造車，匆促實施未竟完整之銷售方案。

由各部門經理共組的促銷項目抉擇委員會，可襄助前檯經理篩選促銷策略及向前檯服務人員提供合理的解釋，以達成增加業務額外營利的目標。因此前檯經理可謂爲規劃確保業績成功的前檯銷售方案之主軸人物。此一周全方案務必含有促銷產品與服務、銷售目標與程序、獎勵計畫、訓練課程、收支預算、追查員工表現系統、顧客意見反應和獲利目標。由此可見，從事旅館專業人員將不難發現，促銷館內產品服務實爲前檯經理事業成功的重要關鍵之一。

問題與作業

1.爲何前檯通常被視爲旅館行銷部之延伸？

2.有可能引導前檯服務人員來支持行銷部之業務嗎？請解釋。

3.如果你任職某旅館前檯部服務員，你自認亦爲行銷部之一員嗎？請解釋。

4.何謂前檯銷售？

5.你應如何發展前檯銷售方案？

6.前檯銷售之主要目標與目的爲何？

7.請討論本章列示之提升銷售之機會。

8.請述員工獎勵辦法對實施前檯銷售之重要性，並舉例說明。

9.請述說你對製作發展一套訓練前檯服務員銷售技巧之教學影帶的看法及做法。

10.請在課堂內利用錄影帶對話劇本，來試行一個銷售訓練課程。要求學生觀察你的表現，並詢問他們學習之反應。你認爲他們的答案符合你想要傳達的前檯銷售訓練重點嗎？請解釋。

11.爲何製作預算對前檯銷售方案有重要影響？

12.一個完善的反應回饋系統可如何助益前檯銷售方案？該系統應包括哪些要素？對於旅館管理階層有何意義？

個案研究 1401

時代旅館員工會議提出了一非常清楚響亮的結論，即是提高銷售。前檯經理馬蒂南茲與幾位管理階層成員，在會後的傍晚非正式的商討增加旅館銷售一事。餐飲部經理帶來一份最新餐飲刊物，其中一篇文章論及提升館內銷售之努力和館外行銷之工作。此篇報導激起馬蒂南茲一個想法，也許前檯員工和其他館內服務人員對促銷一事有著不同的精闢見解。但是，餐飲部經理打消了那個念頭，他認爲管理階層應是旅館內唯一受僱及受訓來思考解決管理問題的團隊。行銷部主管卻要求馬蒂南茲進一步解釋她的想法。

馬蒂南茲認爲前檯部乃是提供顧客所有資訊的主腦中心，是以前檯服務人員似乎可扮演「內部銷售代理」的角色來銷售館內之產品與服務。她自信與屬下員工保有和諧良善之關係，並感覺前檯人員會願意嘗試此一新安排。馬蒂南茲本人亦表示將致力規劃一套銷售方案的意願。

馬蒂南茲應如何來發展此一計畫方案呢？

個案研究 1402

時代旅館夜間稽查員布朗司登已與行銷部主任蓋寶討論近來旅館餐廳銷售業績落後一事。於是蓋寶最近研擬了一套由前檯服務員協助促銷餐廳產品的計畫方案。該方案乃一思考周密、面面俱到的工作計畫。甚至還囊括員工獎勵辦法，所有前檯人員皆可獲得一張觀賞本市體育活動的免費門票。

些許時日之後，蓋寶疑惑重重的找上前檯經理馬蒂南茲問道：「妳的職員是怎麼搞的？爲什麼他們沒有照我們的計畫促銷本館餐廳食物呢？」馬蒂南茲不解地問蓋寶，他指的是何計畫活動。蓋寶便提醒言明乃由前檯人員協助提升餐廳銷售之計畫。馬蒂南茲只模糊記得該事曾在員工會議時提及，但並未有任何後續行動。

上例中，蓋寶之方案缺少了哪些要素？你將如何修改他的方案，俾以重新實施？

NOTES

1. Avinash Narula, "Boosting Sales Through the Front Office," *Canadian Hotel and Restaurant* (February 1987): 37.

2. *Ibid.*, 38.

3. *Ibid.*

4. Douglas McGregor, *The Human Side of Enterprise* (New York: McGraw-Hill, 1960), 33–34.

5. *Ibid.*, 47-48.

6. Abraham H. Maslow, *Motivation and Personality*, 3d ed. (New York: Harper & Row, 1987), 15–22.

7. Elton Mayo, *The Human Problems of an Industrial Civilization* (New York: Viking, 1960).

8. Frederick Herzberg, B. Mausner, and B. B. Snyderman, *The Motivation to Work*, 2d ed. (New York: Wiley, 1967), 113–14.

9. Frederick Herzberg, personal communication with author.

第15章

旅館安全

本章重點

* 安全部門對前檯管理的重要性
* 安全部門之組織
* 旅館安全部門與外僱保全服務
* 旅館安全規章
* 客房鑰匙安全管理
* 火災消防安全
* 緊急意外聯絡程序
* 員工安全課程

前言

旅館業主在最近一次員工會議又提出縮減經費的言論，並要求總經理重新審核支出經費，以指出何者為最重要及必須花費的項目。總經理明白旅館安全部對顧客與館內員工皆有其存在的必要。惟其龐大的維護經費教人不得不考慮是否外僱保全公司的服務較來得划算。

一般人總認爲提供最佳服務是旅館員工自然的表現。惟本書自始至終強調最佳服務的形成須經過一系列嚴審顧客需求的研究、政策規劃、培訓課程之建立與發展，與反應評鑑系統的工作結果。然而提供最佳服務亦應有最安全之旅館環境爲基本條件。其要求一個完善之安全部門來徹底監管與實施安全制度。明顯可見，每一旅館之安全部門乃提供顧客最佳服務之重要關鍵環節。安全部門主要工作系統則包括以下細節項目：

· 旅館顧客及員工安全管理
· 客房鑰匙安全管理
· 火災安全管理
· 爆炸威脅事件處理
· 緊急疏散安排
· 員工安全訓練安排
· 緊急意外聯絡安排

以上安全管理事項雖然重要但均未予重視直至旅館發生犯罪問題或面臨災難事件。旅館管理階層每日工作似乎在著重如何配合顧客之最直接之需求及達成旅館財務目標，而將旅館安全管理視爲次要工作。

美國聯邦、州及地方政府訂有安全法令規章，要求旅館業主提供顧客一個安全的賃租環境。本章將討論前檯部門相關安全職責及如何協助安全部門供應顧客各種安全服務。

旅館安全部門之重要性

前檯客務部乃旅館聯絡軸心，緊密聯繫著旅館管理階層與顧客。當顧客因火災、疾病、盜竊或其他緊急事件要求協助，前檯通常是第一線回應單位。惟前檯當班人員不應離開工作崗位去處理緊急事件，以繼續前檯之聯絡服務與財務交易。反之，安全部門之職員則應即刻反應，提供顧客迅速有效的服務。

旅館安全部常被誤認只是反應事件發生的被動部門。事實上，該部門經常保持高度機動性，設立最新安全政策，與組織及提供各種安全訓練活動，俾而提升維護顧客及旅館員工之安全。安全部主任應爲一位訓練有素之專業人員，方能確保業務繁忙的旅館顧客、員工及設備器具的安全。不可諱言，審慎計畫預防緊急意外事件的發生是爲安全部門之第一目標，惟訓練旅館全體員工如何因應緊急狀況、冷靜處理問題、提供恰當措施，則是另一重要工作目標。

在今日好訟的社會（litigious society）下，顧客可因旅館未依期待之作業程序供予應有的產品或服務而告發該旅館業主。故而維持一個良好完整的安全部門實爲相當重要的工作。況且因人爲疏忽的火災導致人命或財務的損失，將無法比擬且遠超於投資一個安全部門。表15-1所示自由顧問公司自1983年[1]以來所收集的1,000件旅館安全事件中的74位受害人所提出的103件安全事件

表 15-1 旅館安全事件案例

犯罪種類	和解率	平均和解費	最高和解費
攻擊毆打	27%	$934,710（美元）	$350萬（美元）
性強暴	41%	$303,333	$49.5萬
殺人致死	29%	$925,500	$230萬
強盜	29%	$524,000	$240萬

案例。足以證明安全部門在旅館業務中的重要地位。

茲以下案例顯示各種旅館犯罪的嚴重後果：

在旅館高知名度的犯罪事件中，應屬1974年紐約州西伯利市發生的女服務員被強暴案最爲嚴重。案發後引起媒體高度興趣和全程法庭審案之報導，及判決該出事旅館賠償幾百萬美元的結果。該案至今仍是美國旅館業界法律訴訟的最大警惕 [2]。

安全部門之組織

旅館安全部門之組織系統一如其他部門，其部門乃由安全主任領導，負責維護旅館顧客與員工一個安全之賃居及工作環境。爲維持二十四小時安全任務，安全主任亦須有人力、技術與預算的支持。端視旅館規模大小，某些尚包括副主任一職，負責代理主任與協助行政和監管部門之功能。安全部主任直接呈報總經理並與其他部門主管共同合作來維護旅館安全。每一當班員工，如自晨間七時至下午三時，自下午三時至晚間七時，夜間十一時至翌晨七時等三班，包括當班安全領班和警衛人員負責巡視旅館範圍內顧客、員工之各種活動，以及保全設備的檢查。至於每班安

圖 15-1　安全部門組織系統表

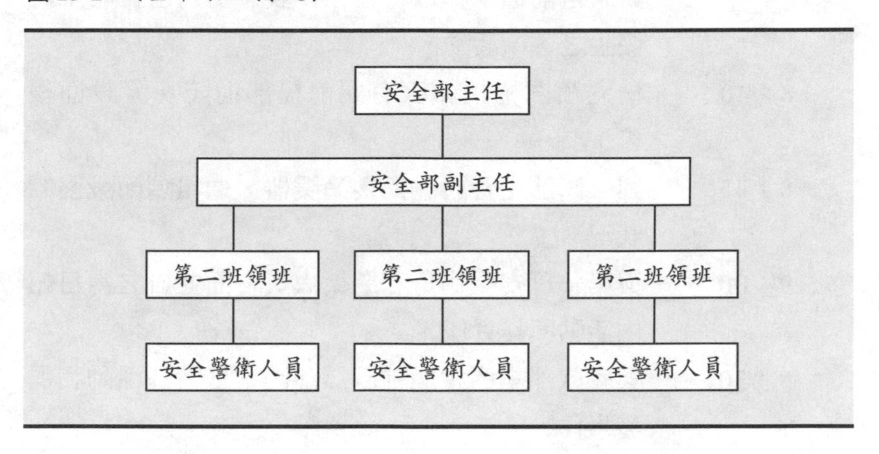

全人員之多寡乃視旅館大小而定。圖15-1例示一大型旅館安全部門之組織系統表。

安全部門主任職務分析

安全部主任之職務分析，顯示了此一管理階層成員之行政與督管的工作。其主動積極的安排，以確保迅速有效的解決問題與緊急事故，實爲工作表現成功的基礎。一般標準，安全主任每日職務細目可包括如下：

8：00晨間　至旅館單位報到。
8：05　與停車場值班員工討論以瞭解前夜停車場各種活動。
8：15　與值班安全警衛討論瞭解前夜旅館各種活動。
8：30　自夜間稽查員處獲取有關前夜館內各種活動之記

錄。自前檯部領取每日工作表，上列當日館中將發生之各項活動。

8：40　檢閱夜間稽核報表有關前檯部消防安警設備報告。

8：45　與維修部主管討論館內冷暖器、通風調節設備的狀況。

9：00　與第一班安全領班和警衛人員會面並告之當日館內活動與其責任。

9：30　與餐飲部主廚會面瞭解該部門當日特殊活動和偶發事件。

10：00　與房務員會面瞭解該部門發生事件。

10：30　回安全部審閱各班次每日安全報告。

10：45　呈報總經理館內最新安全狀況及各部門重要偶發事件。

11：00　與餐廳部經理商討當日活動。

11：30　回安全部安排每週活動時間表。

11：45　處理前檯部通告之某顧客受困於升降機中，協助維修工作順利。

12：45　與行銷推廣部主管會商如何提供將舉行之某高中畢業舞會與保險業高級主管會議的安全服務。

1：00午間　回安全部製作下一年度預算。

1：30　與該市消防部主管午餐商討在新建大樓安裝消防噴水栓。

2：15　與前檯部經理會商規劃前檯人員處理火災與爆炸恐嚇等緊急事故之程序。

2：45　與第一班及第二班安全警衛領班討論工作程序。

3：15　實施第四、五樓房務人員火警緊急事件應變程序訓練。

4：15　返回安全部修正前檯人員火警與爆炸事件處理辦法。

5：00　與總經理會商旅館所有部門火災安全訓練狀況。

5：30　處理前檯部通告之某顧客在館內跌倒事件。協助該客獲得即時護理並安排遣送附近醫療單位就醫。塡寫意外傷害報告表，協助受傷顧客家屬繼續留住館內之各項手續。

6：00　與維修部人員商討消防設備操作狀態。

6：15　準備翌日必要工作事項表。

6：30　向宴會主管瞭解當時進行宴會之顧客情形。

6：45　向酒廊經理瞭解顧客情形。

6：55　向前檯經理瞭解顧客辦理遷入情形

7：00　向停車場人員問詢該處各種事件情況。

7：05　向職班安全警衛領班問詢巡視之狀況。

7：10　離館下班

上述安全部主任之職務牽涉了許多各部門管理細節，以確保館內所有顧客與員工之安全。故須持續不斷會檢各部門主管、員工、有關政府官員、顧客和操作設備。由上例可見，該旅館實爲非常具有職業責任與道德的機構。茲以下文顯示旅館對顧客安全服務之目標：

前檯經緯

某顧客打電話至前檯宣稱聽到隔壁客房傳來的尖叫聲。

前檯服務員應採取何種措施？為提供即時有效的回應，何種設備應以設立？

旅館春秋

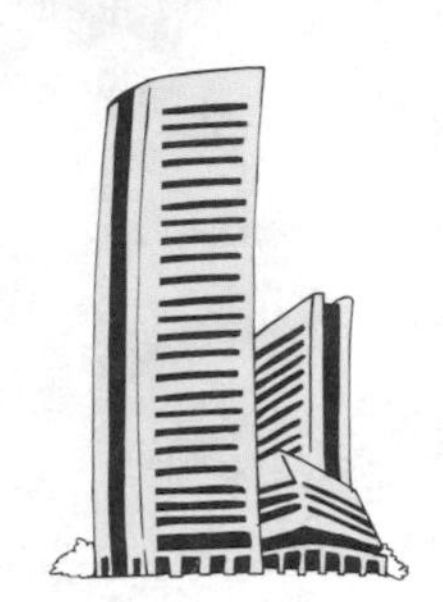

麻州劍橋市皇家梭尼斯他旅館安全部主任胡利安諾曾任其他旅館安全部工作達十一年之久。胡利安諾認為提供顧客一個安全穩定的居住環境實為十分重要。曾有顧客向其表示在梭尼斯他居住有如在自家般的感覺，或他們期望得到像在自家一般的安全舒適。

胡利安諾每日之工作中包括人員排班和管理等兩大方面。故須調查事故，如偷竊損壞設備，亦須與保險公司保持聯繫，同時擔任旅館安全委員會一員。更重要的，胡利安諾須參與員工之安全訓練，傳遞重要資訊至州與聯邦政府，並協助實施新安全政策的程序。

胡利安諾言道，其工作內管理部分實重於操作。因此設計了一個方法來預防及避免旅館遭受安全問題與法律訴訟，並隨時瞭解當地政府、該州及其公會之相關法令和規章。

一如前檯部，胡利安諾率領安全部員工參與前檯顧客服務之大廳問詢服務，俾與顧客保持良好關係。同時亦和前檯經理擁有順暢的溝通聯繫，提供其館內各營業部最新狀況的資訊大綱。經過一段時日之後，胡利安諾與前檯經理建立了良好默契，雙方皆知在各種情況下應採何措施來因應。甚至前檯經理會在胡利安諾尚未聯繫前主動電告前檯某些狀況，並徵求其意見。通常情況下，當事件發生時，胡利安諾會直接與顧客或員工接觸處理。

任一個旅館機構不但應確保顧客之安全，同時須謹慎的身體力行，合理有效的實施保全程序。此一責任雖加重旅館業主的職務，但亦保護顧客免於受到:

- 旅館員工之疏忽或有意的傷害行為
- 其他顧客之傷害行為
- 非旅館顧客，外來不明人物之傷害行為

未能確實達成上述三項安全保護目標，將導致旅館面臨法律訴訟的可能性 [3]。

基於預算因素，某些旅館可能將前述安全部主任之職責分派給其他館內人員。譬如，某一小型有限服務旅館總經理會將危機管理（crisis management）之維護、控制緊急狀況的責任交付給每一當班前檯經理。而該行政部分職責則由副經理、訂房部經理和房務員共同分擔。

館內安全部門與外僱保全服務

每一旅館總經理須做出明確抉擇，是否擁有一個館內安全部較符合成本效應。在考慮僱用館外保全公司之前須以運作一個完整的安全部門想法爲首要因素。正如安全部主任職務分析顯示，其工作不止於巡視（foot patrol）旅館的大廳和整體設施而已。不可諱言，詳細巡視旅館設施範圍直接維護了顧客與職員之安全，但只屬消極預防的方法，而非主動積極的安全措施行動。然而，受迫於許多情況，旅館總經理可因經濟理由，考慮僱用館外之保全服務。至於營運安全部門之行政和規劃程序則授權予其他部門主管共擔。惟提供顧客與員工之安全環境的維護費用便須詳細評估。

表面上看來，外僱保全公司的每小時服務費用，如護送（escort service）旅館員工至銀行存款、巡視各樓層及設施、監管停車場安全等，要較維持一個二十四小時，全年薪俸與行政費用的館內安全部門來得有吸引力。惟除費用之外，其他因素亦須予以考慮。譬如，誰應負責與其他部門主管共同建立火災及安全之處理程序？誰應負責規劃和實施消防及安全之訓練課程？誰應

圖 15-2
旅館之安全部門應與前檯經理保持緊密關係（Photo courtesy of Pinkerton Security and Investigation Services）

監管消防器具設備？誰應向該城消防部門人員瞭解最新消防與安全法令？誰又應與管理階層報告最新保全科技以確保旅館安全呢？以上問題皆需要旅館業主與管理階層明確的指示。

倘若決定僱用外來保全服務，則館內安全維護之職責便須分配至各部門主管。舉例而言，維修部主管可負責管理操作消防與安全器具設備、保持消防設施、升降機之使用記錄、處理危險情況等。總經理則在時間允許下，設立一個安全委員會以處理政府法令規章要求和潛在危險的狀況。同時，各部門主管在時間允許下，依個人經驗來共同發展一套安全規章。值得注意的是，在前述狀態中，若安全管理被疏忽為次要重點工作，並缺乏各部門之統合協調，幾乎可確定災難發生時之悲慘結果（圖15-2）。

在一篇關於旅館安全的文章中，某安全主任報導了如下訊息：

> 根據波士頓市魏斯汀旅館（Westin Boston）安全部主任指出，「過去幾年中最嚴重的旅館安全問題首推

意外之責任歸屬、危險管理、管理控制失調等。為避免法律訴訟，防止犯罪之教育與訓練便紛紛為旅館所採用。尤其是法庭之審決過程可耗去安全主任1/3的工作時間。是以，安全主管們多擔起危險管理之責，研讀相關民法與犯罪法，且扮演與警察單位之聯絡人，俾以保衛服務之旅館。[4]」

由上例可見，提供顧客與旅館職員安全的環境事實上需要一個全時職位的努力，方能必竟其成。只派任某一職員50%的工作時間來控制旅館的危機，將無法奏效。以下舉例解述無法提供適當安全管理之下場。

根據餐飲法律專家言，希爾頓飯店（Hilton Hotels Corp.）被訴之泰爾户克案的判決結果，應可作為訴訟旅館提供顧客安全環境的最深遠警惕。在此案中，前海軍上尉寶拉考夫琳控訴拉斯維加斯市希爾頓，無法在1991年之泰爾户克協會大會期間提供其所需安全的環境。陪審團判決考夫琳可獲自希爾頓企業之170萬美元賠償費，與500萬美元之刑事賠償費。但希爾頓企業辯稱該案件中之旅館3名安全警衛對5,000名參會者之行為非常恰當[5]。

客房鑰匙安全管理

安全部主管的許多職責之一包括建立和維護一個客房鑰匙控

制系統（room key control system），即一套行政程序只授權某些指定職員及登記住客得以使用鑰匙。原因乃在每一顧客皆期待擁有其住房之絕對隱私權。是以，旅館便有確定之責不許非登記住客、非授權員工，和不明人士觸用任何一個旅館的客房鑰匙[6]。

雖然分配和歸位門鑰爲前檯服務人員之職，惟客房鑰匙安全控制不止於該兩項作業。客房門鎖和鑰匙乃唯一最直接有效之確保顧客安全的方法。根據最近《旅館與管理》（*Hotel & Management*）刊物的一篇文章記載：

> 為減少面臨之危機和潛在的昂貴訴訟，投資使用電子門鎖系統（electronic-locking systems）實為較聰明的做法……許多連鎖旅館已然對該系統有所反應，給予每一旅館「三年緩衝期」去更換所有門鎖系統，否則將影響其連鎖權益。
>
> 根據前任美國旅館和客棧協會（American Hotel & Motel Association）顧問洛尹艾利斯報告，1997年1月1日可謂為喜來登（Sheraton）、希爾頓（Hilton Hotels）和假日旅館（Holiday Inn）企業啓用電子門鎖系統的紀念日。而品質客棧（Quality Inns）、日日客棧（Days Inns）、超級8汽車旅館（Super 8 Motels）、豪華強生連鎖企業系統（Howard Johnson Franchise Systems）亦趨步跟進，要求所有旗下旅館更換使用電子門鎖系統[7]。

常見門鎖系統有兩型，金屬鑰匙與電子門鎖鑰匙系統（圖15-3）。金屬鑰匙（hard-key systems）類乃是傳統大型金屬鑰匙可

圖 15-3
金屬鑰匙與電子門鎖鑰匙系統
（Photo courtesy of Palmer House, Chicago, Illinois/Hilton Hotels）

插入門鎖之鑰匙洞內。每一門鎖則有固定之鑰匙配之。而電子門鎖系統（electronic key systems）之組成如下：

以電池動力，或較少有之電線動力引動的門鎖、一台電腦主機、終端螢幕機、製卡機、特製門鑰卡等。電腦主機之作用乃在為每一門鎖製作不同新號碼組合、消除舊號碼組合、檢查並確保總鑰匙系統的操作正常。前檯服務員則使用電腦連線終端機將顧客登記，並用製卡機製作該客房之門鑰。電子門鎖系統可讓旅館給予每一住客一個新的門鑰。當顧客將其鑰匙卡插入門鎖，鎖內之微晶片便會掃描該鑰匙卡之號碼組合，並接受其為此門鎖之新鑰匙卡，同時消除前一住客之舊號碼組合[8]。

傳統金屬鑰匙門鎖系統在初期購買設立時成本雖較低，但日久之後，增購鑰匙與重配門鎖之費用漸漸積少成多，終成可觀之數字，是而不得不事先予以考慮。另者，將同一鑰匙不斷的交付給不同顧客使用，亦可能造成不期意外的憂慮。慣見的是，住客在退房遷出時忘記交回房門鑰匙，或某粗心的住客在大意之下丟棄其房門鑰匙，或某竊賊偷取某客房鑰匙，於是顧客之安全便足以堪慮。又，倘若門鎖之定期維護和重配鎖栓並未包括在防治維護計畫及預算內，則顧客安全已然受到嚴重影響。

電子門鎖系統不但可用於客房門鎖，亦可採用於館內其他部門之門戶，實可爲保障館內顧客與員工安全之最佳投資。當新顧客辦理住館登記時，可獲取一個全新的塑膠鑰匙卡、金屬鑰匙片或硬紙卡式鑰匙，而其住房門鎖只對該門鑰所賦號碼組合有所反應，因此幾乎確保了住房安全。決定使用此門鎖系統時，應考慮其啓用成本比傳統金屬鑰匙所需之長期維護，和重配門鎖之支出費用與衍生之顧客住房安全的憂慮。

電子門鎖系統乃設備器材部經理們可選擇的許多項目之一。該系統包括一個電子代號鑰匙和控制門鎖，可經簡易操作來辨認一組或多組的代號。基於該代號乃是由幾千萬個代號組合中選出，故而幾乎不可能被複製。

高科技之電子門鎖控制系統配有各種的功能，譬如記載何人何時進入某區域之門户，並連結該資訊至一中央主電腦，俾使設備經理得以提供所有人員使用電子門鎖的每項活動之準確記錄，是而大大助益犯罪事件的調查。電子門鎖控制系統亦可配備警鈴系統，俾使任何人在緊急狀況下開啓電子鎖門，便可發出強大的警鈴聲響[9]。

傳統式金屬鑰匙門鎖系統被旅館業界採用經年，惟其常年之損耗及高昂之維修費用皆指向是更換較新式優越門鎖系統的時候了。雖然更換過程可能須長時間完成，但其最大代價將是換取員工與財產的安全。相較之下，投資電子門鎖的經費便如鳳毛麟角了。

火災消防安全

當聽到有人急喊「火災啦！」將導致對此緊急狀況未有準備的任何人之極度驚慌和恐懼。編製完整的消防措施，在火災失事之始便有條有理的實行，將可挽救無數旅館住客與員工的生命。因此前檯經理及安全部主任有責任共同研討，來發展一套有效率的消防程序和疏散計畫，以及員工消防緊急措施的訓練，以確保該制度的有效性。

消防安全法令之要求

火災消防安全計畫應始於遵循旅館所在城市之消防安全法令。其明定旅館建築結構質料、室內裝潢布材、進出各門之規定、空間大小限制、濃煙示警器之裝設和維護、自動滅火器與噴水栓系統之裝設和維護、消防演習、消防警報器操作和維護等法令規章，皆為確保顧客生命財物安全而訂定。雖然為遵循法令可導致額外投資的相對提高，卻也保護了顧客人身安全與旅館之財產。

顧客之安全期望

每位顧客在尋找下榻旅館時，皆有意無意的期待住館期間的安然無恙，是以某些客人刻意要求底樓的客房或設有濃煙示警器的客房。多數的顧客則較重視其他服務而不在乎或詢問有關火災消防程序的問題。某些顧客在遷入客房後會大略流覽張掛在客房大門後之火災疏散措施。然某些顧客甚至會計算該客房離最近逃生門的距離。但如此做法是否就足夠了呢？人類的生命是否因顧客較注重其他服務品質，而將其性命安全交給旅館管理階層和員工的手上，而受到威脅呢？

火災消防安全措施

前檯經理欲採取積極方法來保障顧客安全者，應設立一套簡單易懂的火災消防措施，俾以與顧客和員工溝通清楚，致使訓練雙方皆可面臨處理緊急的狀況。該計畫措施應包括如下常識：

1. 在所有客房內與公共區域裝置和館內聯絡中心連線的煙幕示警器。
2. 定時測試和維檢煙幕示警器，保持最新測試記錄，如表15-2所示。
3. 依循當地消防法令裝置，維護及測試消防警報器，並且保持最新測試記錄，如表15-3所示。
4. 經常檢閱煙幕示警器和火警器系統。前檯部乃最佳主導部門。
5. 製作並張貼各區域協助火災疏散出口之指示圖，如公共區域、工作區域、住房區等（圖15-4和圖15-5）。
6. 提供顧客及員工最近之滅火器和消防警報器所在地的指示資訊，以及大樓建築疏散和消防安全指引（圖15-6）。
7. 爲前檯人員規劃一套火災行動聯絡程序。

表 15-2　煙幕示警器測試維護記錄表

401	12/1	正常	JB檢驗員	1/10	正常
402	12/1	正常	JB檢驗員	1/10	正常
403	12/1	更換電池	JB檢驗員	1/10	正常
404	12/2	正常	JB檢驗員	1/10	正常
405	12/2	正常	JB檢驗員	1/10	正常
406	12/2	正常	JB檢驗員	1/10	正常
407	12/2	正常	JB檢驗員	1/10	正常
408	12/2	正常	JB檢驗員	1/13	正常
409	12/2	正常	JB檢驗員	1/13	正常
410	12/2	正常	JB檢驗員	1/13	正常
411	12/2	正常	JB檢驗員	1/13	正常
412	12/2	正常	JB檢驗員	1/13	正常
413	12/3	更換電池	JB檢驗員	1/15	正常
414	12/3	更換電池	JB檢驗員	1/15	正常
415	12/3	正常	JB檢驗員	1/15	正常
JB檢驗員簽名					

消防安全措施員工訓練

在各個火災逃生門、滅火器、消防警報器所在地點，實際訓練旅館員工如何操作和疏散的方式與方向，可絕對增加所有住客在必要時刻安全離開現場的機會。在教導新舊員工旅館各個火災逃生門、滅火器和消防警報器的位置後，領班人員可不定時詢問員工以瞭解該訓練的效應。有關問題如：當你在清理707號客房時，最近的逃生門在哪裡？當你在烤麵包房工作，最近的滅火器在哪裡？當你在洗衣房內，最近的消防警報器在哪裡？諸如此類簡單問題須反覆的提出，俾使員工深切瞭解消防安全的重要性。

旅館亦可邀請當地消防中心人員或館內安全部主任，親自向

表15-3 消防警報器測試維護記錄表

地　點	日　期	狀　況
一樓，A區	4/10	正常
一樓，B區	4/10	正常
二樓，A區	4/10	正常
二樓，B區	4/10	正常
三樓，A區	4/10	正常
三樓，B區	4/10	正常
四樓，A區	4/10	正常
四樓，B區	4/10	正常
五樓，A區	4/10	無聲，已修正4/10
五樓，B區	4/10	無聲，已修正4/10
六樓，A區	4/10	正常
六樓，B區	4/10	正常
廚房	4/10	正常
麵包房	4/10	正常
宴會室A	4/10	正常
宴會室B	4/10	正常
酒廊／吧	4/10	正常
大廳	4/10	正常
洗衣房	4/10	正常
禮品商店中心	4/10	正常

員工示範如何使用滅火器。此類非正式訓練單元應包括在各型滅火器之操作程序和相關資訊中，俾以事先詳記所有消防與疏散重點。而非在緊急狀況發生時才慌張應付，致而給予旅館員工自信來處理緊急事件。

圖 15-4　清晰標示公共區域逃生門實爲消防措施的重要事項

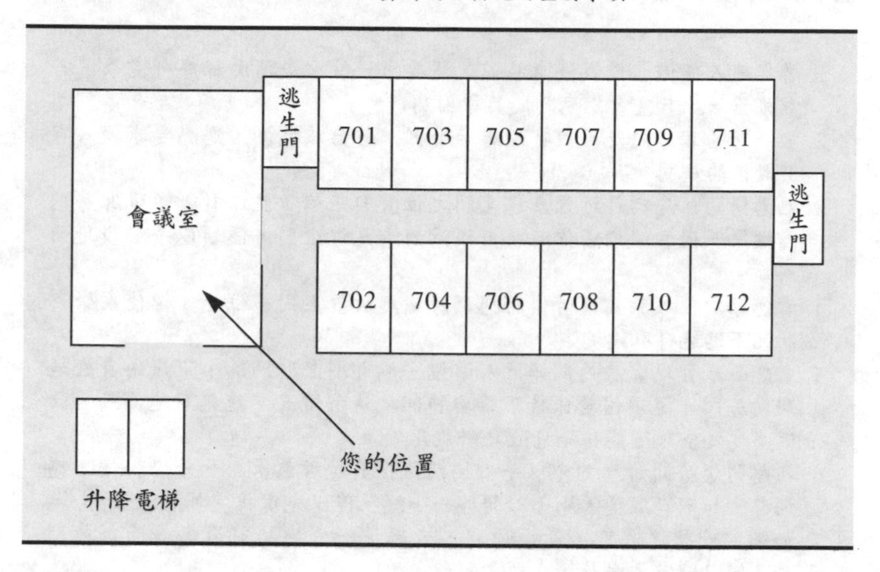

圖 15-5　如此圖示標幟應張掛在每客房大門後，以提供住客火災消防安全的資訊

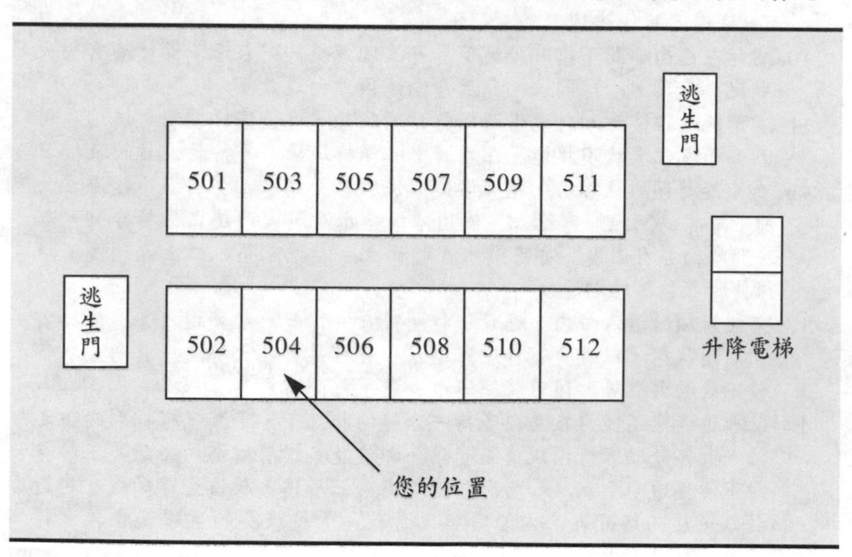

圖 15-6　旅館消防措施應張貼在每一客房內

1. 當您遷入任何旅館或汽車旅館，須要求一份火災消防程序計畫表。若該旅館無此計畫，您應詢問其原因爲何。
2. 檢查您的客房內是否設有煙霧示警器。若無該裝置，您應要求換入有其設備的房間。
3. 熟悉您的住房與最近緊急逃生門之位置與距離，並以計數多少客房門爲標準。因當濃煙密佈時將無法清楚看見逃生門，便須以手觸摸地面而知。
4. 當您每次住入旅館應習慣將您門房鑰匙放置在同一位置，俾使在緊急狀況下迅速得取鑰匙。
5. 當您醒來發現客房內開始注入濃煙，應即刻拿取門鑰，下床俯身在地爬向房門。您須儘量保持眼睛與肺部之清醒情況。謹記離地面五、六呎高度之空氣可能充滿危險之一氧化碳。
6. 在離開您房間時應首先以手心觸門試探其是否熱燙。如是者，便不應開啓。如不覺溫度，應小心開啓一小縫，俾以先窺視室外狀況。
7. 如果室外狀況許可，便慢慢爬入走廊，一邊撫牆前進，一面計數門房，俾以確定方向及逃生門之距離。
8. 務必不使用電梯爲逃生工具，濃煙、熱力和大火可導致其失去功能。
9. 當您抵達逃生門時，應沿梯下至底樓，因其他樓層逃生門可能被反鎖而無法進入其他樓層。
10. 當您在逃生梯間下樓時發現下層有濃煙聚集，則表示下面樓層有失火狀況，千萬勿心存闖入，應反身向樓頂方向疏散。
11. 當您抵達頂樓時，將逃生門保持打開狀態，俾使樓梯間空氣流通。停站在順風位置故不致迷漫在煙霧中。保持鎮靜，等待救火員的救援。
12. 如未能離開所住客房，應將浴缸或洗臉盆放滿水，並將浴巾浸濕在大門下縫隙以阻絕煙霧進入。使用冰桶盛水潑灑大門使之保持冷卻。如房門牆面亦有溫度，亦可潑水在牆面上。潑溼床墊推抵至大門並繼續保持所有界面的潮溼度。
13. 若煙霧開始進入房內，應設法打開窗户。惟若無煙霧進入，應保持窗户關閉狀態，以避免窗外煙霧進入。若可見窗外火勢，應將窗簾取下使不致觸火燃燒。同時將溼浴巾包裹手打開窗户。
14. 除非遭遇您不能再在房內多待一分鐘的狀況下，千萬不可採取跳樓之法。大部分顧客皆因跳樓而受傷，即使是第二層樓高的距離；三層樓跳下便可遭受重創。如您所居樓層高於三層樓，跳樓生還的機會幾近於零，反而留置在房內繼續與火奮戰，等待救援的生還機會較來得高。

顧客消防安全指引

經常可見許多旅館疏於指導顧客有關消防安全資訊。儘管顧客來館主要是為獲得一個輕鬆愉快的享受經驗，惟火災意外可隨時發生，即使是歡樂的住館期間。當顧客辦理遷入登記時，應告知所有客房離緊急逃生門位置會在緊鄰向右數第四間客房門旁，且每層樓升降電梯旁亦裝置了一個滅火器。至於房內顧客則可使用其房間電話撥打「0」，直接向前檯服務人員通報火災之發生等事項。將促使顧客對該旅館關心自己安全的細心體貼，表示無限感激。旅館管理階層亦可提供誘人之促銷活動，來鼓勵顧客閱讀張貼在其住房門後之火災疏散指引。譬如，當顧客辦理遷入手續時，會被告知在其客房門後之火災疏散計畫上貼有一特別贈券，可用來獲取買一送一之早餐，或酒廊之免費飲酒，或免費贈送報紙，或禮品中心折價券，或其他獎勵等。

旅館經理同時應給予身體殘障顧客之住房安全許多注意力。在有聽力障礙顧客之客房內應裝設閃光警報器（visual alarm systems），當館內有火災或其他緊急事故時便會顯示閃光示警。而前檯亦須建有身體殘障顧客之住房所在資料表，俾在緊急狀況發生時易於取用。

火災緊急意外聯絡程序

當火災發生時，前檯人員應率先採取行動以控制可能導致的慌亂局面，因此火災聯絡訓練課程應授給每一前檯員工。若火災發生在白日，前檯應有多人共同合作控制，維持情況。惟火災發生在晚間十時三十分，則前檯可能只有一人當班指揮聯絡系統。

聯絡程序始於某顧客或員工向電話總機員報告火災的發生。對當地消防中心而言，報警救火乃是分秒必爭，然而在多數情況

前檯經緯

某住客電告前檯其捲髮器因過熱而導致窗簾接觸著火。前檯服務員第一步的反應行動應如何？何種事前火災防治措施可確保迅速、有效的消防行動？

下，報警時間已因旅館試圖自行滅火而延誤。某些旅館將消防警報器之啓動與當地消防中心或私人收訊中心連線，致使同步獲得火災的報告。雖然該動作可能導致重複報警，但卻遠勝於無人報警。

在接獲火災通知後，旅館安全部與管理階層應即時警覺，馬上組織實施疏散顧客與員工的程序。遵循在建立之程序中明定應在何情況下通知某些人員，及哪些人員應協助疏導顧客及員工，將可大大提升此時疏散的效能。前檯服務員同時應馬上供應一份顧客的住房資料，因火災發生的樓層及其緊鄰上、下樓層皆爲救火人員與指導疏散人員最重要的目標。

當救火員抵館時會先向前檯報到，並要求火災發生現場與住客房間所在的資訊。該份資料中應特別註明孩童及殘障人士的住房位置，以協助救援的工作。

整個事件過程，前檯人員應絕對保持冷靜。電話總機員應保持對旅館內外通話的良好狀態。因火災緊急事故小組、救護小組和救援小組間相互傳遞之訊息皆仰賴前檯來轉達。加上傳播媒體與旅館顧客家屬來電詢問消息，前檯電話總機員須以簡短的方式回應，俾以保持電話線的開放。

在緊急狀況下旅館安全仍不可忽視。某些宵小可趁亂進行竊奪等非法事件，旅館現金匣與重要文件皆應放置在安全妥當地點。

各家旅館須規劃一套合適的火災緊急意外聯絡程序。該程序亦因前檯人員的能力與長處而有所不同。提供所有旅館員工火災意外之消防演習，可協助對緊急狀況的處理；無論在一般緊急事故中如何的保護冷靜沉著，所有員工應一律要求參與消防演習，並於每一班次皆給予訓練。如此在事實發生時可收事半功倍之效。

茲以下例強調事前準備的消防工作，對事故發生時之重要性：

> 訓練服務教育公司執行主任戴維森先生於1976年一爆動事件時，曾任百慕達一家旅館的前檯服務員。當時暴動者在該旅館頂樓放火，破壞了置於樓頂之旅館通訊電塔，導致聯絡系統瞬間消失。許多人在那場大火中喪命，包括許多試圖使用升降電機逃生的顧客，烈火將電梯內之顧客活活燒死。雖然該旅館設有緊急事故疏散措施，但卻無真正計畫引導顧客至燃燒大樓外之安全距離。
>
> 多年之後戴維森又任西喜肖爾群島一家旅館的總經理，是時該地正值二次軍事政變，並遭戒嚴令限制。尤其第二次戒嚴發布在半夜，該旅館只有少數工作人員當班。接下來六日，300多位顧客受困於該旅館，只有13位服務員工和有限之貯存食物。所有職員幾乎擔起所有部門之工作，甚至要求顧客共體時艱，一起擔起某些工作俾使旅館得以繼續營運，大部分顧客皆欣然以赴。
>
> 以上經驗教導戴維森館內預先計畫與聯絡管道的重要性，及實施定期緊急事件程序演習之嚴重影響 [10]。

緊急意外事件聯絡程序

在某些非緊急狀況時候，旅館仍須演練疏散顧客和員工離開旅館建築物。雖然自旅館清除所有人員乃無可避免之事，但疏散過程則不如眞正火災發生時之情急。旅館可能發生之意外事件包括爆裂物恐嚇、鄰棟建築大廈失火、瓦斯氣洩露或整體停電等等。當上述情況發生時，旅館須即刻採取緊急聯絡措施以確保有效的疏散工作。

旅館安全部主任應協同前檯經理與當地內政單位人員，爲所有部門規劃一套疏散辦法。前檯部直接聯繫顧客和員工之角色至爲重要，因其須負責通告館內員工和顧客緊急情況的存在。緊急聯絡辦法應建立一個聯絡組織，其中包括通知負責緊急事件之管理人員的先後次序名單（communications hierarchy）、何人應負起指揮責任、何人擔起旅館與當地內政單位人員的合作關係及何人負責訓練演習一事。

多年前美國世界貿易中心之爆炸事件，提供了事前緊急疏散準備工作一個最佳警惕。

> 當災難發生，不適當與不周全之準備工作演變成最慘痛及耗費的事實。這些不幸的教訓馬上在1993年2月26日，紐約市世界貿易中心大廈爆炸後顯現出來。尤其是毗鄰魏斯塔旅館（Vista Hotel）員工對當時危機狀況的英勇反應行動。例如，旅館電話總機失靈致使無法與管理階層及事前安排之緊急救援服務中心聯繫。若使用手機聯絡將導致近4,000萬元之電話帳單。而該旅館建築圖示又無法輕易獲取，造成救援小組許多的困擾與不

便 [11]。

茲以下列分述規劃有效緊急聯絡系統之重點。

規劃緊急狀況聯絡計畫

該計畫應由旅館安全部主任、前檯經理，以及當地內政單位相關人員共同擬定完成。前述人士須負責發展一份緊急狀況聯絡辦法，以用於威脅生命之緊急狀況。該計畫須包括以下員工訓練之各種考慮因素。

緊急事件聯絡經理

旅館各個管理人員職務的責任解說皆應包括「緊急事件聯絡經理」一則。該任務要求該員在緊急事件發生時扮演旅館與當地內政單位之聯絡負責人。每位管理階層成員均應接受該角色責任之適當訓練。

而擔任該角色之先後次序可如下：

- 總經理
- 副總經理
- 安全部主任
- 維修部主任
- 餐飲部經理
- 宴會部經理
- 餐廳經理
- 行銷部主任
- 財務主任
- 房務部主任
- 前檯部經理

· 前檯當班服務員
· 夜間稽查員

前檯部責任

接獲報案後，前檯人員應即刻知會旅館顧客及員工有危險狀況的發生。（圖15-7）其程序可如下：

1. 保持冷靜。寫下報案人姓名、電話號碼、工作單位及報案人打電話之位置。
2. 即刻通知緊急事件聯絡經理該危險狀況。若旅館主要電話服務無法作用，改用行動手機通知。
3. 知會其他前檯服務人員緊急情況。製作一份所有登記住客房間清單，並製作一份館內各項進行活動之清單。
4. 知會館內各部門緊急事件聯絡人該狀況的發生。各部門聯絡人須即刻向前檯部門報到，並與旅館緊急事件聯絡經理共同會商因應對策，使用住房顧客清單與館內進行活動清單以助益緊急疏散的工作。
5. 緊急事件聯絡經理將指導該小組那些地方官員須予以通知，如：
   · 警察部門
   · 消防部門
   · 除爆小組
   · 電力公司
   · 瓦斯公司
   · 水力公司
   · 救援小組
   · 紅十字會

圖 15-7
旅館電話總機員在緊急事件聯絡計畫中扮演著舉足輕重的角色（Photo courtesy of Northern Telecom）

· 旅館業主
· 旅館總經理

6. 依照緊急事件聯絡經理指示回覆有關問詢電話。
7. 停留在前檯部門處理緊急聯絡事宜，直至緊急事件聯絡經理通知疏散才離開崗位。

旅館各部門責任

緊急事件聯絡經理之職責可分配給其他部門之成員，須具備下列條件：

· 每一部門主管須製作一份作爲緊急事件聯絡領導人之先後次序表
· 每一緊急事件聯絡領導人應給予適當該項職務之訓練
· 當接獲報告旅館顧客與員工正陷於危險，須迅即撥打電話號碼「0」通告前檯部門
· 所有緊急事件聯絡領導人應旋即向前檯部報到參與緊急事

旅館春秋

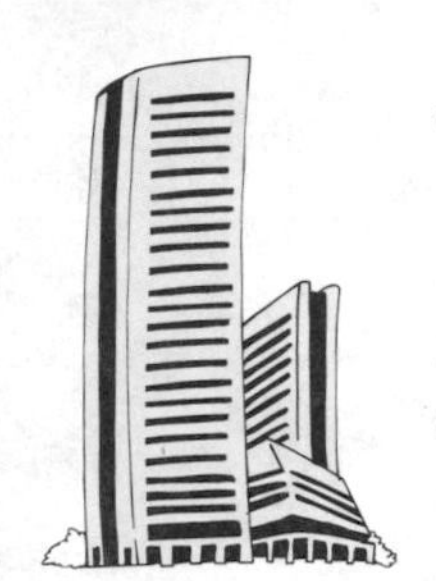

麻州劍橋市皇家索尼斯塔旅館安全部主任胡利安諾，提及參加由一群旅館企業組成的安全主管聯誼會，以互相交換旅館安全資訊。舉例來說，若某未付款顧客在其旅館引起某事件，索尼斯塔便可製作一份報告逕而傳真給魏斯汀飯店之安全部主任。該主任再將該訊息傳遞給在波士頓區域其他30～35家的旅館。此類安全措施特別有助於處理與預防某些顧客在一連串旅館造成相似問題。例如，不久之前在波士頓某男子在幾家旅館連續引動消防警報器，且在某旅館實際放起火來；當旅館顧客驚慌失措的奪門而出後，該名男子便進入客房竊取顧客之攜帶物品。是而該安全主管聯誼會便發揮功用，齊力擒拿該名男子，而制止了破壞行動。然而在現況，當索尼斯塔接獲詢問某特定人物之資訊，十次中有九次無法提供所需資料。

件聯絡會商。各人亦應接獲協助疏散顧客與員工之指示

· 各部門當班員工應自各聯絡領導人處取得指示，來協助疏散顧客與其他員工

訓練課程

各旅館緊急事件聯絡經理應至少接受十小時以上領導處理危機狀況的訓練，且該訓練應予以詳細記錄，俾對其內容每年溫故知新並再予以二小時之實際訓練。

現職員工須擁有二小時的緊急疏散程序訓練。新進人員則於新員工訓練中便應獲受該類訓練。然而，全體員工每年亦應有二小時該項訓練，以便溫故知新，熟悉作業程序。

旅館員工安全課程

旅館餐飲業之環境充滿各種致使員工發生意外的危機。旅館幕後工作人員每日在各種狹小的工作範圍內忙碌的準備餐飲食物，提供顧客各類之服務。面臨最高工作危險的職員，包括有維修器具設備、工作過於狹小之環境、或與對工作職務漫不經心的人共事等等的員工們。同時旅館前檯大廳外車輛停放及上、下行李情況亦是危機重重。至於顧客和員工共同使用之公共區域，也可因過度用量導致擁擠和破損以致造成意外。以下分述某旅棧業主所負有關員工安全之法令責任：

> 旅館業主須定期檢驗各項設施，以早日發現潛在或隱藏之問題，俾而將之移除或維修。在未進行調整前，旅館業主應向顧客提出警告，該項設施之危險狀況及其位置 [12]。

旅館管理階層應如何開始設立維護員工安全之條例呢？

保障員工安全委員會

最佳的辦法便是組織一個安全委員會（safety committee），由第一線工作人員及主管共組來討論有關員工與顧客安全之議題。之所以包括第一線員工在此委員會，乃在於其對工作危險性瞭如指掌、每日接觸有缺點之器具、來往於擁擠的宴會廳、在設計落後的廚房工作、清洗污穢的單巾、推動工具車穿梭於繁忙的公共區域，與在遷出過程聆聽顧客之抱怨。尤其，半數以上委員會之會員爲第一線員工，非常需要工作安全的保障，是以何不給

前檯經緯

某前檯員工被櫃檯後之電腦電線絆倒。該員工對其輕傷狀況聳聳肩說：「我反正需要休假一、二天。」請討論該類員工態度之潛在危險性。

予其機會爲自己創造一個安全的工作環境。儘管某些員工無意接受此項責任，其他員工則歡迎該項機會。隨著正面結果的產生，愈多的員工將自願參與下任的委員會。至於包括管理階層在安全委員會之必要性乃在於其可長期性的推行安全政策，並且提供實施政策之必要財務支持。

安全委員會組成與工作

安全委員會成員應由各旅館部門代表擔任。若該法不可行，則由每班次工作人員代表組成之共同委員亦可爲另一形式。無論何者，旅館階層應向員工解釋安全委員會存在之重要意義。每位委員之意見皆會予以重視且載入會議記錄中（**圖15-8**）。會議中有決議須巡視設備實際狀況之各項任務清單（將在下次會議時提出報告），應即時分送有關人員俾以展開行動。值得注意的是，安全會議不應趨於形式化，只爲召開而開會卻未予以深思會議之內容。每次會議上應首先宣讀前次會議記錄，繼而報告已完成之目標。譬如，會後所有會員須親自檢查洗衣房之破損地磚、蒸氣爐之漏氣處，以及前檯大廳陳舊磨損之地毯是否已修護或更換。

各部門領班之責任

各部門主管須鼓勵員工提高其安全意識。管理人員可以身作則於操作器具時遵循安全政策，並在工作巔峰期間安排多位員工

圖 15-8　消防安全會記錄促使參會者鑑往知來，瞭解旅館安全現況

旅館安全委員會
五月十九日會議記錄

出席委員：

A. Johnson, Housekeeping	T.Hopewell, Food and Beverage Manager
S. Thomas, Housekeeping	J. Harper, Banquets
L. Retter, Food Production	T. Senton, Restaurant
K. Wotson, Food Production	M. Povik, Lounge
M. Benssinger, Front Desk	A. Smith, Maintenance
V. Howe, Front Desk	J. Hanley, Maintenance
F. Black, Gift Shop	D. Frank, Parking Garage
B.Lacey, Director of Security	A. Gricki, Accounting

1. 宣讀4月12日會議記錄。班辛格指出記錄中言道強森地毯公司已修換前檯大廳之地毯與事實不符。班辛格未見任何人工作，也未得任何通知將要修護地毯。該條記錄是以更正。
2. 雷希報告3月1日會議決議之改進安全建議的進度。
   * 廚房蒸氣壓力器之安全開關已被更換。
   * 十一樓與十五樓清潔吸塵器之電線已修復。
   * 5位廚房員工已註冊參加一項衛生安全課程。賀甫衛爾負責督導其進度。
   * 地下室已被清整，多餘廢棄垃圾已被清除。貯存在暖器房邊之陳舊家具已被移除並將在拍賣會售出。
   * 新垃圾收取服務公司已被聘用，並將於每日來館收取，而非舊時間表之每週收三次。
   * 旅館大樓東梯之燈泡已被更換。維修各樓梯與停車場燈光之預防維護計畫已完成。
   * 3位職員已自願並匿名註冊參加一項受虐課程。
3. 賓維克報告啤酒冷藏器並未保持適當溫度。幾度通知堅崔冷藏公司前來檢修，但未獲任何回音。該情況將知會維修部主任。
4. 格依可依報告未能成功的促使強森地毯公司來館修護地毯。大廳地毯破損處已趨危險狀況。昨日一位顧客幾乎被絆倒。此情況將知會房務部主管。

（續）圖 15-8　消防安全會記錄促使參會者鑑往知來，瞭解旅館安全現況

5. 強森希望獲取安全委員支持購買二支有關提取重物和正確使用化學品之教學錄影帶。委員會同意將呈報總經理支持該項提議。
6. 委員們將於另一個時間集合非正式的共同檢閱維修部門、房務部及廚房等區域。其調查結果將提供給各部門主管。所有調查結果將於6月1日繳回。
7. 會議於下午四時四十二分結束。下次會議將於6月7日舉行。

工作，以減輕意外危險之機會，且依要求馬上維修各項設備。當旅館員工明瞭上司對員工安全之重視，自然會跟進採取相同的態度。

員工安全訓練課程

各部門主管須規劃詳盡的員工安全訓練課程。部門主管應仔細檢討自己部門安全意識與狀況，俾以決定需要何類安全訓練。其檢查項目包括治安、設備操作、衛生狀況、化學品使用、物品搬運和設備移動等。旅館提供之員工指導訓練課程，乃實施安全訓練之最佳機會。教材如影片、指引及小冊子等，不但可詳細提供安全作業方法，並可提升員工訓練及實際作業。

定時提供訓練課程，並在員工年度守則上公布訓練進度乃非常重要之工作。如此可增強員工對管理階層重視員工安全的誠意之印象，而非爲達到保險公司要求的假動作。安全訓練課程應在員工無其他職責干擾的情況下舉行，方可獲得其完全的注意力。換言之，訓練課程可能須安排在工作時間之前或下班後，並應付

與員工加班費。若管理階層誠心以訓練課程來提升員工之安全，則訓練課程應列入旅館預算項目之一。不可諱言，規劃保障員工之安全需要時間與金錢的投資。

解決前言問題之道

旅館安全部門主管職務之多樣性和多面性，實已超過一個全時工作職位所能承擔。一位安全部主管的職責包括聯絡政府安全部門人員，規劃消防安全與緊急狀況聯絡方案，以及與各營業部門主管研發員工安全訓練課程。過多的法律訴訟案件將嚴重影響旅館之財務營收。是以，旅館絕不可輕易忽視顧客與員工之安全問題；安全措施應審愼規劃和演習。

結論

旅館安全部門之消費乃一重要之支出。本章詳盡檢討有關前檯部門安全，與提供顧客與旅館工作人員一個安全環境之整體目標等議題。並討論旅館安全部之組織與運作，及安全部主管之職務分析，來顯示該部門之多面性。建立館內安全部門或聘用館外保全公司服務之抉擇，應取決於可提供顧客與員工之安全保障程度，而非財務之花費。

前檯部與安全部應共同承擔旅館客房鑰匙之安全管理。而新式電子鎖系統較傳統金屬鑰匙易於確保客房安全。成功的緊急事件疏散，實要求預先設立一套周全的疏散辦法，和給予顧客及員工如何因應火災發生之指導細節。一個良好的員工安全計畫則須員工與管理階層的共同研討建立。包括組織一個安全委員會來定時表達相關安全議題，和提供全體員工之安全訓練課程。緊急事件聯絡程序亦須由旅館管理階層、員工和地方內政官員共同建立，俾使事故發生時不致慌亂。

問題與作業

1.請舉例說明旅館安全部應如何與前檯部共同維護旅館安全？

2.請訪問一家設有安全部之旅館。該部門之組織結構如何？需要多少位員工提供二十四小時安全服務？該部門員工之正常職責爲何？

3.請訪問一家聘用館外保全公司服務的旅館。該保全公司提供之服務有哪些？旅館管理階層對該保全公司服務之程度與範圍滿意情形如何？

4.請比較問題2與問題3之答案。

5.請比較使用傳統門鎖系統之旅館與使用電子門鎖系統旅館之安全程度。

6.討論傳統門鎖系統的特性。

7.討論電子門鎖系統的特性。

8.旅館應如何預防火災意外之安全問題？

9.試述測試與維護煙霧示警器與消防警報器之重要性。

10.您認爲提供在客房內之火警消防安全程序應達到何種詳盡程度？旅館應如何鼓勵顧客去閱讀該程序？

11.試述包括旅館員工參與規劃安全課程之重要性。

12.在圖15-8所示安全委員會會議記錄中，哪些爲優先議題？

哪些爲較不重要之議題？

13.你認爲預備一個緊急事件聯絡系統對旅館之價值爲何？

14.本章介紹之緊急事件聯絡計畫中有何重要特性？

個案研究 1501

時代旅館前檯經理馬蒂南茲已安排將與安全部主任安德森會面。而安德森剛獲得一項消息，有關一家鄰近旅館近日曾得到一項爆炸威脅，致使疏散所有顧客和員工而造成極大之混亂與恐慌。當其他顧客和員工正驚愕眼前狀況，幾位旅館員工已驚喊「炸燀！炸燀！逃命啊！」。雖然結果顯示並無爆裂物的存在，不幸的是5位顧客和3位員工因疏散時之過度驚嚇和推擠，導致肢體受傷就醫治療。

經過檢閱旅館安全部檔案後，安德森認爲有必要與馬蒂南茲共同發展一套緊急事件聯絡程序，以確保不會重演鄰家旅館之安全事件。馬蒂南茲同意其建議，並以自身曾有之經驗，深深瞭解發展該程序措施之重要性。

請提供馬蒂南茲和安德森如何規劃緊急事件聯絡程序之建議。

個案研究 1502

時代旅館夜間稽查員布朗斯頓在下班後面見前檯經理馬蒂南茲，報告幾件當班期間發生的狀況。包括接獲客房301之住客報告曾在清晨一時二十三分接到恐嚇電話。布朗斯頓詢問該客是否一切平安，該客感謝其之關心並準備就寢。

二時五十二分，客房401住客電告布朗斯頓聽到其樓下客房發出巨大聲響。布朗斯頓於是知會並要求當班警衛人員趨至301客房察看究竟。警衛發現該房門戶大開，無人在內。雖未見有混亂跡象，但住客衣物已不存在，正如一般退房之客房狀態。

四時三十五分，布朗斯頓注意到一輛藍色汽車在館外徘徊，駕駛人曾停車五分鐘後駛去。布朗斯頓再次通知當班警衛。

馬蒂南茲要求布朗斯頓多留幾分鐘，俾以製作一份該三事件之報告，且言明將告知安全部主任安德森共同討論。此類事件在過去幾週似乎有增加的趨勢。馬蒂南茲認爲應有問題須解決。

與安德森之會議結果非常短暫。安德森認爲不須對此三事件大驚小怪，但建議應設計一套提升前檯部與安全部員工安全意識之訓練課程。馬蒂南茲指出過去服務旅館曾發生類似事件，終而導致旅館重大之問題。馬蒂南茲表示希望邀請當地警察局參與調查，並同意治安、安全訓練課程存在之重要性。你認爲安德森對該事件之態度如何？你認爲馬蒂南茲建議警方的參與的意見如何？你認爲前檯員工之安全訓練應包括哪些重要議題？

NOTES

1. Shannon McMullen, "Loss Control, Risk Management Major Factors Affecting Hotel Security," *Hotel Business* 4 (3)(February 7–20, 1995): 8, 10.

2. Timothy N. Troy, "Keys To Security," *Hotel & Motel Management* 209 (20) (Nov. 21, 1994): 17.

3. Mahmood Khan, Michael Olsen, and Turgut Var, *VNR's Encyclopedia of Hospitality and Tourism,* (New York: Van Nostrand Reinhold, 1993), 585.

4. McMullen, 8, 10.

5. Toni Giovanetti, "Looking at the Law," *Hotel Business* 3 (23) (December 7–20, 1994): 1.

6. Khan et al., 586, quoting Campbell v. Womack, 35 So. 2d 96 La. App. 1977.

7. Troy, 17.

8. "Securing Guest Safety," *Lodging Hospitality* 42 (1)(January 1986): 66.

9. Richard B. Cooper, "Secure Facilities Depend on Functional Design," *Hotel & Motel Management* 210 (9)(May 22, 1995): 23. Copyright *Hotels* magazine, a division of Reed USA.

10. James T. Davidson, "Are You Ready for an Emergency?" *Hotels* 28 (10)(October 1994): 20.

11. Michael Meyer, "Girding for Disaster," *Lodging Hospitality* 50 (7)(July 1994): 42.

12. Khan et al., 585.

旅館前檯管理　　觀光叢書 30

著　　者／James A. Bardi
譯　　者／袁超芳
出 版 者／揚智文化事業股份有限公司
發 行 人／葉忠賢
責任編輯／賴筱彌
執行編輯／鄭美珠
登 記 證／局版北市業字第 1117 號
地　　址／台北市新生南路三段 88 號 5 樓之 6
電　　話／(02)2366-0309　2366-0313
傳　　真／(02)2366-0310
E-mail／book2@ycrc.com.tw
網　　址／http: //www.ycrc.com.tw
郵政劃撥／14534976
戶　　名／揚智文化事業股份有限公司
印　　刷／偉勵彩色印刷股份有限公司
法律顧問／北辰著作權事務所　蕭雄淋律師
初版二刷／2003 年 9 月
ISBN／957-818-322-4
定　　價／新台幣 550 元
原著書名／Hotel Front Office Management, 2/e
Copyright © 1996 by Van Nostrand Reinhold, A Division of International Thomson Publishing Inc.
Copyright © 2001 by Yang-Chih Book Co.,Ltd.
All rights reserved.
For Sale in Worldwide
Print in Taiwan

*本書如有缺頁、破損、裝訂錯誤，請寄回更換。

版權所有　翻印必究

國家圖書館出版品預行編目資料

旅館前檯管理 ／ James A. Bardi 著；袁超芳譯.
-- 初版. -- 台北市：揚智文化，2001 [民 90]
面； 公分 -- （觀光叢書；30）
譯自：Hotel Front Office Management, 2nd ed.
ISBN 957-818-322-4（平裝）

1. 旅館 - 管理

489.2 90015073